PASSIVE HOUSE

패시브하우스 설계&시공 디테일

국립중앙도서관 출판시도서목록(CIP)

패시브하우스 설계 & 시공 디테일 = Passive house : 건축물리를
적용한 친환경 건축을 제안하다 / 홍도영 지음. – 서울 : 주택문화사,
2012
    p. ;   cm

참고문헌 수록
ISBN 978-89-6603-012-5 93540 : ₩35000

건축[建築]
친환경[親環境]

544-KDC5
720.47-DDC21   CIP2012003750

패시브하우스 설계 & 시공 디테일
PASSIVE HOUSE

지은이 · 홍도영

초판 3쇄 발행 2015년 2월 17일

발행처 · (주)주택문화사 | **출판등록번호** · 제13-177호
발행인 · 이 심 | **편집인** · 임병기
주소 · 서울시 강서구 강서로 466 우리벤처타운 6F
전화 · 02-2664-7114(代) | **팩스** · 02-2662-0847
홈페이지 · www.uujj.co.kr

정가 · 35,000원 | ISBN · 978-89-6603-012-5 (93540)

패시브하우스
설계 & 시공
디테일

홍도영 지음

PASSIVE HOUSE

건축물리를 적용한
친환경 건축을 제안하다

주식
회사 주택문화사

이 도서의 국립중앙도서관 출판시도서목록(CIP)은 e-CIP홈페이지(http://www.nl.go.kr/ecip)와
국가자료공동목록시스템(http://www.nl.go.kr/kolisnet)에서 이용하실 수 있습니다.
(CIP제어번호 : CIP2012003750)

독일에 있으면서 한국의 패시브하우스와 친환경 건축에 관한 정보를 제공하는 인터넷 사이트나 참고서적 등을 보고 느낀 바가 있다. 첫째는 절대적인 정보의 부족이었고, 둘째는 일부 잘못된 개념 정립으로 인해 방향을 잃은 것 같은 안타까움이었다. 그래서 가급적이면 올바르고 풍부한 정보를 제공하기 위해 홈페이지와 블로그www.passivehouse -korea.com blog.naver,com/bauhaushong를 통해 사진과 스케치에 보충 설명을 덧붙인 글을 올려왔다. 그나마 많은 이들의 방향 설정과 적용에 어느 정도 도움이 되는 것 같아 보람이 있었지만, 인터넷의 약점이 그렇듯 모든 내용을 일목조연하게 정리한 책과 달리 전체적인 흐름을 얻기에 부족함이 많았다.

전체적인 내용의 일괄적인 정리를 계획하고 있던 중에 출판을 결심하게 되었다. 그동안 미루어 온 일을 시작하게 된 계기가 되었고, 계획한 내용에는 부족하더라도 '시작이 반'이라는 믿음으로 조금씩 내용을 보강하면서 이처럼 결실을 맺게 되었다.

건축물리를 기반으로 건축물의 하자를 최소화하는 것은 단지 패시브하우스처럼 에너지를 절감하는 건물에만 국한된 것이 아니다. 건축계 전반적으로 모든 건물에 해당되는 일이라고 분명히 말하고 싶다. 혹자는 건물의 기밀이나 단열, 열교의 최소화가 단지 패시브하우스의 전유물인 것처럼 말하지만, 이는 단지 패시브하우스에 그 정도를 강화한 것에 불과하다. 이 책은 패시브하우스와 같은 에너지 절감형이나 친환경 건축에 관한 내용을 다루기도 하지만 더 큰 비중은 그동안 소홀히 한 기본을 재정립하는 데 있다. 충실한 기본이 비로소 여러 각도의 응용을 가능케 하기 때문이다. 또한 중유럽

특히, 독일어권의 상황과 앞으로의 동향을 단순 기술하는 것이 아니라 무엇보다 우리나라의 기후를 고려한 응용적 접근에 비중을 두고자 노력하였고, 향후 발전 방향도 개인적인 경험을 토대로 언급해 보았다.

우리나라에 가장 시급한 것은 한국 기후에 맞는 설계와 시공 방식을 연구하고 보급하는 일이다. 경제성만 보고 접근한 경량목구조나 경량스틸하우스의 단점이 바로 여기에 있다. 북미 기후에 바탕이 된 구조에 우리나라 기후의 차이점과 특성을 별다른 변경 없이 적용하여 하자로 이어지기에 그렇다. 이상기후, 지구 온난화 그리고 크고 작은 자연재해의 증가로 인한 불안감을 줄이는 대안으로 이 책을 쓴 것은 아니다. 단지 국가적으로 한정된 자원, 100% 에너지를 수입에 의존하는 상황과 더불어 사회적으로 건강한 집, 유지관리비가 덜 들어가는 집을 염두에 두었다.

건축을 공부하는 학생들에게는 특히 할 말이 많다. 유명 건축가 누구를 많이 알수록 유식하며 시대의 건축을 이해한다고 착각해서는 안 된다. 현대사회에서 건축사조를 형성하고 새로운 것을 시도하는 건축가는 극소수에 불과하다. 그 일부만을 건축 공부에 표본으로 삼기에는 '우리 이웃에 대한 건축가로서의 책임의식이 부족한 것은 아닐까' 라는 질문을 스스로 품어야 할 것이다. 기본에 충실한 건축, 내 언어보다는 건축주의 요구를 전문가로서 바른 건축으로 발전시키는 것이 더 올바른 접근이다.

보이는 것에 민감한 사회에서 보이지 않는 것에 생각을 하고 투자하는 것은 말처럼 그리 쉽지 않다. 그러나 우리 사회와 우리 건강을 생각한다면 이제는 그동안 소홀히 했던 보이지 않는 것들에 좀 더 관심을 쏟고 생각하는 시간을 가졌으면 한다. 특히 건설 관계자들은 사회의 보편적인 분위기에 휩싸여서는 안 된다. 열교나 기밀과 같은 중요한 사항들이 그동안 건축계에서 소홀히 한 이유는 바로 보이지 않기 때문이다.

눈에 보이지 않는 것에도 가치를 두는 사회가 바로 선진국이며, 참 된 사회라 생각한다. 작고 부족한 이 책으로 모든 것을 바꿀 수는 없음을 알고 있다. 단지 "작은 곳에서 작은 일을 하는 작은 사람들이 세계를 변화시킬 수 있다"는 아프리카의 한 속담처럼 나와 같은 공감대를 갖은 사람들에게 조그마한 도움을 주고 싶을 뿐이다.

급히 먹으면 체하고 빨리 하려고 하면 편법이 늘어나기 마련이다. 개인적으로는 우리만의 계획을 갖고 어느 정도 정해진 시간이라는 틀 안에서 시행착오를 거친다면 더 좋은 결과를 얻을 수 있으리라 믿는다. 그래서 이제는 내 목소리만 키울 것이 아니라 각 분야의 전문가들이 협력하여 선을 이루어야 할 때라고 본다. 건축가 역시 신재생에너지가 '건축을 망친다'는 선입견을 버리고 '건축언어'로 잘 승화시키려는 노력이 올바른 접근이며 책임 있는 의식의 출발점이다. '건축'의 질을 떨어트리는 것은 지붕 위의 태양집열판이 아니라 우리의 잘못된 인식과 관습이다.

이 책의 또 다른 목적은 패시브하우스를 계획하고 시공하려는 건설인들이 보다 쉽게 이해하고 문제를 해결하는데 도움을 주는 것이다. 패시브하우스는 어느 특정계층을 위한 건축행위가 아니다. 모든 사회계층에서 쉽게 접할 수 있어야 한다. 이를 위해서는 설계와 시공상의 개선도 중요하지만 경제성을 위해 건축물리가 바탕이 되는 기초지식의 섭렵이 필요하다. 이를 기반으로 불필요한 공정을 줄이고, 효율적인 설비시스템의 개발과 다양한 시도가 무엇보다 중요하다. 그래야 비로써 경제적인 건축이 가능하다. 많은 돈을 들여 에너지 절약형 건물을 짓는 것은 그리 의미 있는 것은 아니다.

개인적인 희망은 앞으로 패시브하우스의 바른 정착과 더불어 제로에너지는 물론 나아가 플러스에너지 건물의 증가로 우리나라의 대외 에너지의존도를 줄이는 것이다. 또한 주로 재테크의 관심사로 보아온 주거를 이제는 삶의 터전으로 보는 시선이 확대되어 '건강한 집'과 '건강한 건축문화'를 우리 후손에게 물려주는 것이다.

독일 Erbach에서
2012년 5월 25일
건축가 홍도영

CONTENTS

1
친환경 건축의
올바른 이해

'이상적인 집은 과연 무엇인가?' 라는 질문에 대한 정확한 정의를 내리는 것은 사람마다 선호도와 취향이 다르기에 사실 불가능하다. 그러나 가급적이면 에너지를 효과적으로 절약하여 관리비가 덜 들어가는, 쾌적한 실내 환경을 제공하는 집이라는 정도의 개념 접근은 누구나 공감할 것이다.

한정된 지하자원, 고유가 시대 그리고 지구 온난화로 인해 건설 분야가 새로운 국면으로 접어든 것은 분명히 우리가 직면한 현실이다. 하지만 건축분야에서 에너지 절감이 과연 그렇게 실제적으로 필요한 지에 대해서는 정부의 입법이나 정책의 빠른 움직임에 비해 아직까지 실감하지 못한 듯하다. 인식 부족도 원인이지만 첫째, 건설에 연관된 다른 분야의 균형적인 발전이 없는 가운데 단지 벽체에 두꺼운 단열을 하는 것은 사실 그 효과면에서 의미가 없고, 또 다른 예측하지 못했던 새로운 문제를 야기할 수가 있다는 시각이 있다. 둘째, 전반적인 발전이 있다손 치더라도 전체적인 조율이 하나의 시스템 안에서 이뤄지지 못하면 '처방이 잘못된 좋은 약재' 에 불과하다고 보기 때문이다. 마지막으로 에너지 절감 건축과 관련해서 특히 설계와 시공 전반에 걸친 신뢰도가 부족하기 때문이 아닐까 싶다. 또한 전체적인 기준과 해당 관련법의 깊이가 얕은 것도 한몫 하는데, 이런 이유로 외국기업과 공동작업을 하려는 시도나 외국 연구소로부터 인증을 받으려는 시도가 의외로 많다.

이제는 우리나라 건축계에서도 적어도 패시브하우스라는 말이 낯설지 않다. 에너지 절감 방안은 물론 신도시 개발 등에 대한 계획에는 어김없이 들어가는 수식어로 자리 잡고 있다. '패시브하우스Passive house' 혹은 '패스브하우스형'의 건축만이 에너지 절감과 실내 환경의 쾌적함을 위해 우리 건설문화가 앞으로 나아가야 할 유일한 길은 아니다. 하지만 그 기본원리는 건축물리와 관련해 건축가와 건설업체가 정확히 이해를 하고 발전시켜 현실에 적용시켜야 함은 올바른 방향이며 과정이라고 본다.

산업화 이전 적어도 2차 세계대전 전후까지의 건축은 자연에 순응하는 건축이었다면 현재의 건축은 산업화의 이기로 양적으로 많은 발전을 이루었다. 반면 질적으로는 재료의 정확한 성능과 적용에 관해 짧은 시간 내 장단점을 파악하기에는 현실적으로 어렵다.

이 책을 통해서 패시브하우스라는 것이 과연 무엇이며, 우리 주거환경에 어떤 의미를 부여하는지 언급하고자 한다. 더불어 우리 기후환경 속에서 유의해야 할 점과 패시브하우스 뿐 아니라 일반적인 건축에 있어서 주거환경의 쾌적성을 유지하고 개선시키는데 꼭 지켜야 될 기본원리를 정리하였다. 특히 설계 및 시공 시 주의할 사항에 대해 중점적으로 논하려 한다.

'친환경'이라고 하면 반드시 '과거로의 회귀'를 먼저 떠올리는 시각이 꽤 있는 듯하다. 결론적으로 과거로의 회귀만이 반드시 올바른 친환경의 해법은 아니다. 단지 선조들이 왜 그렇게 건물을 짓고 그런 재료를 사용했는지에 대한 근본 이유를 먼저 이해하고, 현 상황에 맞게 적용시키는 것이 친환경에 대한 올바른 접근 방법이다. 꼭 황토를 사용하고 목재를 사용해야만 환경친화적인 것은 아니다. 생각과 달리 자연에도 많은 독이 있다는 것을 간과해서는 안 된다. 중요한 것은 모든 것이 현재의 기술력과 연계해 재발견되어져야 한다는 점이다. 패시브하우스 역시 새로운 발명이 아닌 현재의 기술에 바탕을 둔 재발견이며, 경제성을 감안한 현재로서의 우리가 가진 최선의 답일 뿐이다.

2
중부유럽(독일어권)의 에너지 절감과
친환경 건축의 현황

    지난 10년간 독일과 오스트리아 그리고 스위스처럼 건축 분야에 에너지 절감 기술과 관련한 기준 및 법적 장치의 강화와 발전이 있었던 국가는 아마 없으리라 본다. 산업계 전반적으로 그 발전의 속도에 빠르게 대응하고 건축가들은 물론 현장 시공자 역시 별 어려움 없이 적응하는 것이 개인적으로 상당히 부럽다. 물론 신속한 변화에는 관련 기업들의 입김이 적잖게 영향을 미쳤다는 것도 공공연한 사실이지만, 에너지 절감을 위한 각계의 실질적인 노력을 인정하지 않을 수 없다.

    이처럼 현실과 유리되지 않고 함께 발전할 수 있는 원동력 중에는 각 국가들이 정한 기준을 일등공신으로 꼽는다. 독일에는 DIN, 오스트리아는 ÖN 그리고 스위스의 SIA가 바로 그것이다. 더불어 ISO나 EN같은 기준을 각 국가의 기준과 접목하거나 혹은 더 강화해서 적용하는 경우도 많다. 인접국이기에 내용면에서 비슷한 점도 적지 않게 있지만 각 국가의 상황에 따라 기준을 달리 적용하는 자주성을 엿볼 수도 있다. 다음으로 정보의 공유를 들 수 있다. 국가에서 정한 법적조항은 대부분 미리 있던 기준에 근거하거나 보충 기준을 만들어 가급적이면 일선에서 쉽게 적용되도록 만들어졌다. 그 이전에 각 전문기관의 사전검사나 보강을 위한 점검의 시간을 거치는 것은 물론이다. 이 법적인 내용은 법적 효력을 갖기 전부터 이미 건축가협회나 연구기관 및 각 기업의 연구팀에서 검토하고 바로 일선의 건축가나 시공자를 대상으로 교육이 이뤄진다. 더불어 생산업체들은 약간의 광고성이 있다손 치더라도 세미나 등을 통해 적극적으로 참여한다. 법적 효력이 발생하기 전에 많은 정보가 공개되므로 해당 소프트웨어회사들도 현장에서 쉽게 이용할 수 있는 제품을 출시한다.

우리나라 역시도 법적 장치나 기준 마련까지는 비슷한 과정을 거치고 있지만, 그 응용단계에서는 아직 초보적인 수준을 못 벗어나고 있다. 문제는 관공사만 보더라도 인증을 받기 위해 심지어 몇 개월을 기다려야 하고, 인증조차도 단 몇 개의 정해진 기관에서만 가능하다. 국가에서 국가정책의 효과적인 실현을 위해 프로젝트를 진행하고 연구가 되었다면 이는 일선에서 그 효과를 거두고 이익을 봐야 올바른 국가재정의 지출이라고 생각한다. 어떤 연구결과든 국민들에게 득이 되지 못하는 것은 국민을 위한 정책이 될 수가 없으며, 유감스럽게도 헛된 프로그램이 되고 만다.

독일

 독일에서는 에너지 절감을 위한 대표적인 것이 바로 패시브하우스라고 본다. 물론 그 어원 뿐만 아니라 국제적인 이슈와 많이 상응하기도 한다. 그 외에 KfW은행Kreditanstalt für Wiederaufbau, www.kfw.de에서 지원하는 KfW Effizienzhaus 70, KfW Effizienzhaus 55 그리고 KfW Effizienzhaus 40 등 다양한 일차에너지 및 에너지 손실에 명확한 한계를 정하는 여러 지원 프로그램도 잘 알려진 에너지 절약 프로그램 중 하나이다. 여기서 말하는 70, 55 그리고 40의 숫자는 일차에너지의 소비가 현재 적용되는 에너지 절약 시행법에서 정하는 일차에너지 소요량보다 각각 70, 55 그리고 40% 미만이 되어야 한다는 의미이다. 독일은 현재 신축 뿐 아니라 리모델링 분야에도 이러한 포괄형 프로그램들을 다수 보유하고 있다. 단순히 열병합발전기나 지붕에 태양전지를 설치하는 개개의 에너지 절약 방안에도 지원을 한다.

독일어권에서는 1, 2차 오일쇼크 이후 에너지 절감을 위한 법적 장치예 : DIN 4108, 건물의 최소한 단열 규정, 1952, 1981, 2001, 2003가 꾸준히 발전해 왔다. 이와 병행하여 재료산업 및 시공기술 분야에도 법이 요구하는 이상의 수준으로 발전을 거듭하고 있다. 환경보호를

위한 교토의정서의 내용을 충실하게 이행한 결과이며, 주어진 자연을 지키려는 많은 노력의 결실이기도 하다. 또한 전기를 비롯한 다른 에너지 값이 평균적으로 우리나라 보다 비싸기 때문에 에너지 절감을 위한 정책과 계획이 보다 손쉽게 일반인에게 받아 들여지고 있다. 각 지자체 기관에서도 연구결과를 널리 홍보하고 여러 가지 프로그램을 제공하고 있다. 상담 창구를 통해 일반 건축주들이 더욱 손쉽게 실질적인 정보를 얻을 수 있는 것도 큰 장점이다. 에너지 절감을 위한 초기 투자비도 현재 에너지 가격의 상승과 이자율, 기타 등등의 요인에 비추어 볼 때 더 빠른 시간에 회수되는 것이 현재의 관점으로는 사실이다. 다른 한편으로는 과연 미래의 에너지 가격과 소비 방향의 추측이 맞는 것인지는 두 번의 오일쇼크 이후 경험으로 보았을 때, 어느 누구도 단언 할 수는 없다. 그래서 에너지 절감을 위한 투자에 있어 필요 이상의 투자는 금물이다.

현재 독일에서는 기존의 에너지 절감 시행령EnEV2007[1]에서 일차에너지의 약 30% 절감을 요구하는 새로운 법안EnEV2009 개정이 지난 2009년 10월 1일에 실행되었다. 2014년 상반기로 전망되는 개정에서는 2009년도에 비해 약 30% 정도에 해당되는 에너지 절감을 다시 한 번 요구할 것으로 예상된다.

오스트리아

오스트리아의 대표적인 프로그램은 'Haus der Zukunft' 인데, 우리말로는 '미래의 집'으로 해석된다. 'Haus der Zukunft'는 연구 및 기술프로그램의 일환으로 오스트리아 건설교통부에서 추진하였다. 태양에너지를 사용하는 저에너지 건물과 패시브하우스 콘셉트를 기반으로 친환경 자재와 지속가능한 건축자재의 사용을 위한 미래지향적인 방법들을 발전시키고 현실화시키는 것이 주된 목표이다. 이러한 개발과 연구를 통해 새롭고 지속가능한 콘셉트를 신축뿐만 아니라 리모델링 분야에도 제공하는 하나의 근간을 이뤘다는 점에서 높게 평가된다. 2009년까지 약 300여개의 프로젝트에 35 Mio. Euro가 지원금으로 사용되었다.

---

[1] 시행령(EnEV2007) 독일의 에너지 절감법, Energieeinsparverordnung

'Haus der Zukunft Plus'는 이전 단계를 넘어 그동안 쌓인 노하우를 바탕으로 계획된 프로그램이다. 장기적인 목표는 생산과 사용의 효율 극대화를 통해 건물의 전체 라이프 사이클을 고려해 온실효과와 관련 있는 모든 배출Emission을 결과적으로 'Zero'로 줄이겠다는 것이다. http://www.hausderzukunft.at

스위스

스위스에는 'Minergie' www.minergie.ch 라는 프로그램이 있다. 여기에 또 세분화되어 패시브하우스에 해당되는 Minergie-P 그리고 친환경 요소를 강화한 Minergie-Eco 등이 있다.

최초의 아이디어는 Heinz Uebersax와 Ruedi Kriesi에 의해 1994년에 태동하였다. 같은 해에 Kolliken에 최초 두 채의 Minergie 건축물이 시공되었다. 그 건축의 근간은 1988~1990년에 엔지니어인 Ruedi Kriesi와 건축가 Ruedi Fraefel가 Wadenswil에 만든 제로에너지 마을이었다. 이 마크는 최초에는 Heinz Uebersax의 개인 소유였으나, 1997년 Zurich와 Bern이 그 소유권을 이전 받았다. 이 기간에 얻어진 Kriesi식의 기술적인 비전과 Uebersax식의 마케팅 전략이 바로 현재 Minergie의 기본 모델이기도 하다. Minergie 법인은 1998년에 최초로 그 활동을 시작했다. Franz Beyeler가 최초의 Minergie 대표로 활동했으며 Bern시는 기획 및 건축박람회 등을 담당하는 파이오니아적인 역할을 하기 시작했다.

Minergie는 지속가능형 건축을 위해 '패시브하우스 혹은 파시브하우스'라는 이름이 상표로 보호된 것이 아닌 것에 반해 보호되는 상표이다. Bern과 Zürich 지역에 소속되어 있으며 Minergie 법인에게 무료로 영구적으로 이 마크를 사용하게끔 하고 있다. 따라서 Minergie 법인의 대표적인 일은 인증 관련 업무와 Minergie 라벨의 마케팅이다.

Minergie는 스위스의 저에너지형 건물의 중요한 기준이며, 그 다음 모델로 Minergie-P가 대표적이다. Minergie-P는 독일의 패시브하우스 기본조건과 유사하며 2002년도부터 시작된 모델이다. 총 12개의 건물 유형다세대주거 / 단독 / 사무 / 학교 / 판매 / 레스토랑 / 산업 / 창고 / 스포츠시설 / 기타 등등에 따라 그 기존 조건은 서로 다르게 정의되어 있고, 신축과 리모델링에 따라서도 달리 규정된다.

현재는 약 13%의 신축과 2%의 리모델링 건물이 인증되었으며, 대부분은 주거용 건물이고 어떤 건물 유형은 아직까지 단 한 채도 인증되지 않은 경우도 있다. 목표수치는 2010년까지 신축은 20% 그리고 리모델링Refurbisment의 경우에는 5~10%를 달성하는 것이다. Minergie 기준은 신축의 경우 독일의 KfW40EnEV2007 기준 그리고 리모델링의 경우 KfW60EnEV2007 기준에 해당된다.

Minergie 기준이나 Minergie-P 건물의 경우는 만일 건강한 주거와 자원소비에 관한 기준을 만족시킨다면 추가적으로 Minergie-ECO와 Minergie-P-ECO의 인증도 받을 수 있다. Minergie-P를 넘어 Minergie-P-ECO로 발전하는 가장 큰 이유 중의 하나는 다름 아닌 Minergie-P를 만들어 내는 과정에서 이미 발생되는 Gray energy를 최소한으로 줄이겠다는 방침 때문이다. 이는 각 재료의 채취와 생산 시 소비되는 모든 에너지양을 고려하기에 공법이나 재료를 고를 때 더 많은 주의를 필요로 한다. 아직 재료의 선택 범위가 한정되어 있는 우리에게는 그다지 피부에 와 닿는 말은 아니지만, 적극적으로 검토되어야 할 항목이다. ECO하면 무조건 친환경적이고 환경 위해요소가 적은 재료에 국한시키는 경향이 있지만, 이는 단지 일부분에 불과하다.

실내에 적용되는 모든 자재에 친환경등급을 정해 의무화하는 것은 아직은 경제성과 거리가 있다. 다른 요소와의 연관성도 있기 때문에 일단은 공공건물, 특히 아이들과 노인들을 위한 시설에 집중적으로 의무화하는 방안도 바람직하다고 본다.

1
에너지 절감형,
친환경 건축의
개념

독일어권에서 저에너지하우스와 3리터하우스30kWh/㎡는 지난 10여 년간 건축계의 대표적인 에너지 절감형 건물이었다. 현재는 패시브하우스와 제로에너지하우스 나아가 플러스에너지하우스 등이 주류를 이루고 있다. 이와 더불어 에너지 절감법 Energieeinsparverordnung, EnEV의 지속적인 강화로 KfWKreditanstalt für Wiederaufbau, 국가재건은행에서는 이러한 추세에 맞는 새로운 저리의 금융상품 프로그램을 지속적으로 내놓고 있다.

개인은 물론 개발업자들도 상당한 관심을 보이고 있는데, 저리에다가 장기융자를 하더라도 그 이자가 일반적인 은행이자에 비해 상당히 낮기 때문이다. 신축뿐 아니라 리모델링이나 재건축에도 적용되며 해당 건물의 에너지 성능이 높을수록 이자는 더 내려간다. 일반적으로 프로그램에 따라 한 세대당 50,000~70,000유로의 은행융자를 기대할 수 있다.

다가구 주택을 짓는다거나 에너지 성능을 높이기 위해 리모델링을 하는 경우에는 각 세대당 지원을 받으므로 융자가 가능한 액수는 4가구인 경우면 최저 200,000유로가 되는 셈이다. 에너지 총량을 'DIN EN 832'에 근거한 프로그램을 통해 계산하고 그 수치가 각 프로그램의 요구조건을 만족시켜야 한다. 에너지 성능이 좋은 건물일수록 에너지평가사나 건축물리전문가들의 참여가 필수적이기도 하다. 특히 여러 건축박람회에서 이들의 적극적인 참여와 홍보 활동을 볼 수 있고, 전화나 기타 인터넷을 통한 상담에도 상당히 열심이다. 독일에서는 여러 가지 정부정책을 잘 알고 각종 지원프로그램에 익숙한 에너지평가사들이 많은 활동을 하고 있다. 단순한 건물의 에너지 평가에서 계획단계부터 참여해 자문을 하는 것이 그들의 주된 활동이다. 특히 에너지 절감을 위한 여러 가지 가능성을 비교분석하여 건축주나 건축가들의 선택의 폭을 넓혀준다. 이들이 하는 대표적인 일 중의 하나가 Energiepass Energy Pass를 만드는 일이다.

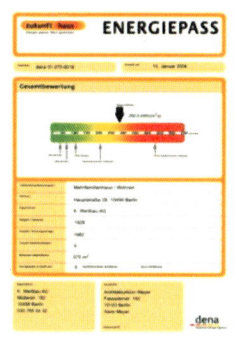

Energy Pass는 건물의 상태를 에너지적으로 요약한 차량성능평가서와 같다고 이해하면 쉽다. 요즘의 차량은 연비나 이산화탄소 배출량, 기타 타이어 정보와 같은 기본정보가 기록되어 있듯이 건물도 기본적인 에너지 성능이 표시되며 그 유효기간은 10년이다. 에너지의 사실적인 소비를 기록하거나 혹은 에너지총량제에 따라 계산된 예상 소모를 기록하기도 한다. 서로의 비교를 위해서는 총량제에 따른 소모량을 계산하는 것이 실제적인 소비량으로 계산하는 것 보다 더 합리적이다.

우리나라에서 그린홈사업과 관련해 대두되고 있는 에너지평가사와 독일의 에너지평가사 제도와는 현재 상태로는 직접적인 비교에 다소 무리가 있는 듯하다. 단순 자격증의 개념이 아니라 현실적으로 국가정책과 여러 프로그램, 아울러 법적인 발전과 교육 등이 동반하여 발전해야만 효과적이다.

패시브하우스

패시브하우스 연구소 로고

현재 우리가 말하는 '패시브하우스'는 1988년 스웨덴 Lund 대학의 Prof. Bo Adamson와 현 패시브하우스의 소장이며 2008년 봄부터 오스트리아 Innsbruck대학의 건축물리 교수로 재직 중인 Prof. Wolfgang Feist의 공동 협력 작업 작업에서 비롯된다. 1991년에 준공된 독일의 Darmstadt

Kranichstein에 지어진 4세대 주거건물을 실질적인 시작으로 보면 사실 역사가 그리 길지는 않다.

세계적인 전통건축 측면에서 보면 패시브하우스는 그 개념에 있어서 새로운 발명이 아닌 현재의 시각으로 본 새로운 재발견이라고 표현하는 것이 옳다. 특히 Prof. Bo Adamson가 〈Passive Climatisation of Residential Buildings in China〉의 저서를 통해 남중국의 전통건축이 자연과 조화되는 지혜를 소개한 것이 바로 그 대표적인 예이기도 하다.

패시브하우스 연구소에 따른 정의

① 난방에너지 ≤ 15kWh/㎡.a

② 난방부하 ≤ 10W/㎡

③ 기밀성능 n50 ≤ 0.6(1/h)

④ 일차에너지 ≤ 120kWh/㎡.a

패시브하우스는 건축법적인 의미에서 독일에너지절약법에 따라 약 30% 이상 에너지를 덜 소비하는 건물 형태인 저에너지형 건물난방에너지 30~70kWh/㎡·a의 업그레이드 된 형태이다. 저에너지형 건물이 건물의 콤팩트한 면을 강조한 반면 패시브하우스는 건물 전체의 에너지 소비에 관련되는 중요 이슈를 모두 다루었다. 기밀이나 열교 외에 일차에너지까지도 감안한 것이 대표적인 일예이다.

패시브하우스와 기존의 건물이나 저에너지형 건물과의 가장 큰 차이는 기존처럼 난방과 공기조화를 분리시키지 않는다는 점에 있다. 당연히 공기의 부족한 축열성능물 : 1,163Wh/㎡·K, 공기 : 0.33Wh/㎡·K으로는 일반적인 건물에서는 난방이 불가능했지만 단열재는 물론 설계와 시공기술의 개발 등으로 열손실이 공기조화기를 통해 난방할 수 있을 정도로 줄어들었기 때문이다. 이것이 바로 패시브하우스의 핵심 아이디어이다.

패시브하우스는 실내에서 발생되는 폐열인체의 발열, 가전기기의 폐열과 실내로 들어오는 햇빛을 적극적으로 사용해서 난방을 하는 건물이다. 직접적인 에너지 사용을 줄이고 간접적인 즉, 패시브적 요소를 적극적으로 사용한다는 의미에서 '패시브하우스'라고 부르는 것이다. 아무리 패시브하우스라 하더라도 약간의 난방은 필요하다. 이 부족분은 높은 기밀성Airtightness을 바탕으로 설치되는 폐열회수가 되는 공기조화장치의 유입공기Supply air를 사후예열장치를 통해 해결이 가능하다. 폐열회수를 통해 유입되는 외기 전체를 데우거나 식힐 필요가 없기 때문에 일반적인 난방장치에 비해 에너지 절감뿐 아니라 효율성에서도 뛰어나다. 또한 실내의 일정한 온도를 통해 쾌적성을 충족시킨다.

적정온도에 맞추어 설치된 공기조화기는 공기 난방을 하지 않고 부족한 난방을 위해 일반 난방장치가 설치된 경우에는 그 사용빈도를 줄일 수 있다. 그렇지만 경제적으로 보았을 때, 그 크기나 성능이 일반 건물에 비해 작기는 하지만 공기난방 하나로 난방을 해결하는 경우에 비추어 우리나라는 사정이 다르다. 바닥난방이 일반적이기 때문에 결과적으로 설비를 위한 투자가 늘어나므로 본연의 전형적인 패시브하우스 장점이 다소 퇴색될 수 있다. 마찬가지로 실내에 사람이 많을수록 공기 온도가 상승하므로 난방기기의 사용빈도도 줄어든다. 추운지역에 속하는 스위스나 오스트리아 그리고 기타 산간 지역의 패시브하우스의 경우에는 단순한 공기조화기를 통한 난방시스템은 드물며, 보통 일반 난방장치가 설치되는 경우가 흔하다. 물론 패시브하우스에서 공기난방은 가능하지만 실제적으로는 이론에 가깝다.

적은 난방에너지15kWh/㎡·a를 충족시키기 위해서는 고단열과 고기밀, 열교의 최소화가 기본적으로 충족되어야 할 항목이다. 패시브하우스의 기준을 만족하는 조건을 증명해야 하는 경우에는 패시브하우스연구소에서 개발한 PHPP[2]라는 엑셀MS-Excel 프로그램을 사용해야 한다.

제로에너지하우스와 플러스에너지하우스

미국의 David J.C. MacKay 교수는 어느 에너지 토론회에서 "우리가 필요한 것은 형용사적 표현이 아니라 숫자이다"라고 말한 바 있다. 패시브하우스와 마찬가지로 제로에너지 혹은 플러스에너지하우스는 정량화할 수 있는 수치작업이 선행되어야 한다. 이런 사전 작업 이후에만 계획하는 건물의 에너지 소비와 생산량을 어느 정도 정확히 계산해 낼 수가 있다.

---

2 PHPP, Passivhaus-Projektierungs-Paket, www.passiv.de

여러 국가 중 특히 독일을 보면 다수의 에너지 총량제 프로그램이 마련되어 있다. 대부분은 그 기본 계산조건이 EN이나 DIN을 근거로 하기 때문에 일반적으로 평균적인 계산을 할 때 문제가 없다. 그러나 패시브하우스 같은 에너지 절감형 건물은 이 기준 외에 그동안 모니터링을 기반으로 한 데이터를 고려하기 때문에 실제 시공 후에도 시뮬레이션과 그리 큰 차이가 없음을 알 수가 있다. 최근 KfW은행에서 DIN V 18599로 계산된 주거건물에 대한 지원을 잠시 중단한 적이 있었다. 이유는 이 기준에 따른 각 소프트웨어 회사들의 결과치들이 20% 이상 차이가 났기 때문이었다. 바로 해당 소프트웨어 업체와 KfW은행은 협의를 통해 문제점을 해소하고 다시 지원을 재개했지만, 그 정도로 총량제 프로그램의 정확한 현실 적용은 난제이기도 하다.

건축계 일부에는 제로에너지하우스나 플러스에너지하우스에 대해서도 어느 정도 알려졌지만 전체 건축인에게는 아직까지 생소한 것이 사실이다. 패시브하우스 보다 경제성이 떨어지기도 하거니와 다른 건물과 외관상 그리 큰 차이가 없기 때문이다. 제로에너지하우스를 두고 일각에서는 패시브하우스의 발전 또는 확대된 형태라 말한다. 만일 진일보한 것이라면 엄격한 의미에서 패시브하우스의 최고 난방에너지 요구량인 $15kWh/m^2 \cdot a$보다 훨씬 적거나, 말 그대로 'zero' 상태인 수치를 가져야 한다. 그러나 문제는 그렇지 않은 제로에너지하우스가 대부분이라는 점이다. 난방에너지를 패시브하우스 수준 이하로 낮추는 것 또한 그리 경제적인 방법은 아니다. 또 난방에너지를 제로로 만든다는 것도 사실 물리적으로 불가능하다. 그래서 제로에너지하우스는 1년을 기준으로 건물 자체에서 전체 소요에너지를 스스로 생산하는 건물로 봐야 한다. 이 때 난방에너지 소요량에 해당되는 에너지만 생산해 내면 '난방에너지제로하우스' 로 부를 수가 있다.

1년이 아니라 언제라도 필요한 에너지를 생산해 낸다면 에너지 자급자족형이 되는 것이고, 소요량 이상의 에너지를 생산하는 경우에는 플러스에너지하우스에 해당된다. 현재의 기술력으로 제로에너지하우스 혹은 플러스에너지하우스는 단지 전형적인 패시브하우스와 일반적인 태양전지의 혼합에서만 가능하다고 볼 수가 있다. 외부에 의존하지 않는 자급자족형의 제로에너지하우스와 플러스에너지하우스는 단지 전기를 저장할 수 있는 배터리를 설치함으로써 가능하다. 현 상황에도 그런 배터리가 있지만 너무나 비경제적이다. 최근에 대표적인 저장소로는 전기자동차를 꼽을 수가 있다. 자급자족형 제로에너지하우스 혹은 플러스에너지하우스의 장점은 무엇보다도 유가 변동이나 기타 외부적인 영향을 받지 않는 것에 있다. 더불어 생산된 에너지를 국가정책과 맞물려 다시 판매를 할 수 있다는 것이다.

　　현재 제로에너지하우스나 플러스에너지하우스는 새로운 에너지 절감형 건물의 전형Prototype이다. 아직 경제성이나 재료, 효율 측면에서 더 연구되어야 하지만 이런 형태의 건물을 통해 외부의 에너지 공급 없이 살아가는 것이 가능하다. 무엇보다도 에너지원이 친환경적이라는 것인데, 즉 화석연료나 CO_2가 제로인 것이다.

2
친환경 자재 및 공법의 적용

목섬유 단열재

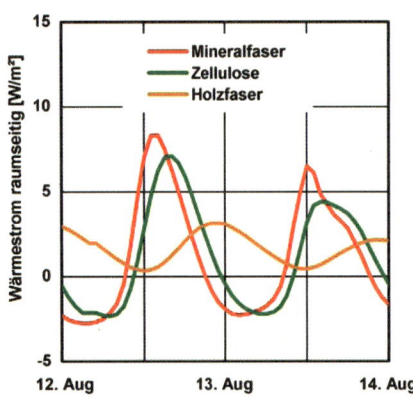

암면(빨간색), 셀룰로제(녹색) 그리고 목섬유 단열재(황색)의 시간지연(Time lag) 비교 그래프. 사인 곡선이 완만할수록 실내에 외부의 열이 미치는 영향이 적다. 출처 : IBP, Germany, Vorteile und Einsatzgrenzen von Dämmstoffen aus nachwachsenden Rohstoffen Benefits and Limits of Ecological Insulation Materials, Krus, M., Dr.-Ing.; Sedlbauer, K., Prof. Dr.-Ing.

서까래 위에 방습지를 시공하고 경질의 목섬유를 시공한 경우. 고정은 각상을 사용하며 허가된 나사로 바람을 통한 들림을 방지, 각상 아래 약 30mm 정도 하는 경질의 목섬유 단열재는 방수 기능이 있기에 일반적으로 지붕에 사용하는 투습방수지를 사용하지 않아도 된다. 출처 : Homatherm, Germany

목섬유 단열재는 재생종이를 사용한 셀룰로제 단열재와 더불어 모세관 현상이 우수한 특성을 지녔다. 주로 목조건물이나 경량스틸하우스에 사용되거나 기존의 방습지,

경질의 목섬유를 통하여 외단열 미장공법(EIFS)을 하는 경우. 출처 : Homatherm, Germany

목섬유 외단열 미장을 경량목구조에 적용하는 경우. 출처 : HOLZFASER–WÄRMEDÄMMVERBUNDSYSTEME, Holzbau Handbuch, REIHE 4, TEIL 5, FOLGE 3

미레랄 울과 조합하여 내단열용으로도 많이 쓰인다. 내단열용으로 사용되는 경우 기존 방식과는 다른 투습이 원활한 시스템으로 활용이 가능하다. 일반 단열재인 EPS나 혹은 글라스 울, 암면 같은 것을 내단열로 사용하면서 투습이 원활한 시스템으로 시공할 경우에는 100% 하자로 이어진다. 하지만 실내에서 외부로 향하는 확산Diffusion과는 반대로 모세관 현상에 근거한 수분의 이동은 반대이기에 실내로의 증발이 가능하다.

목섬유 단열재는 외단열 미장마감, 층간소음 방지와 더불어 평지붕 등에도 사용이 가능하다. 종종 '물이 들어가면 썩게 되는 목섬유를 외단열재로 사용할 수 있는가?' 라는 질문을 접한다. 이는 암면을 사용한 외단열도 마찬가지다. 비로 인해 수분이 단열재로 유입된다는 것은 외피의 최종 마감 시스템을 잘못 설정한 것이다. 외피의 최종마감에 속하는 미장이나 칠은 무엇보다 강수의 유입을 막는 것이 우선이다. 더불어 투습이 원활한 시스템을 사용해야 한다. 즉, 액체 형태의 물은 막고 투습은 가능해야 한다는 것이다. 그리고 어느 정도 유입이 되는 수분도 비중이 높기 때문에 일반 단열재에 비해 오히려 하자 발생이 현저히 낮다. 그 예로 구동독 지역의 한 목섬유 생산회사는 제품보증이 35년이다. 이유는 35년 전부터 시공을 했는데 아직까지 문제가 없기 때문이다.

외단열용으로 사용 시 가장 큰 장점은 다름 아닌 높은 비중에 있다. 비드법 보온판은 그 비중이 15~25kg/㎥에 불과하지만 외단열재로 사용되는 경질의 목섬유는 비중이 200kg/㎥이 넘는다. 이 수치에 대한 차이가 그리 중요치 않게 보일 수도 있지만, 가장 좋은 단열재는 다름 아닌 열전도는 낮으면서 비중이 높은 단열재이다. 물론 열전도 면에서는 기타 유리섬유나 EPS에 비해 높지만 비중이 훨씬 높기 때문에 특히, 고온다습한 우리나라의 여름을 고려할 때 셀룰로제와 더불어 적합한 단열재로 손꼽힌다.

축열성능을 비교하면 개개의 종류에 따라 어느 정도 차이는 있지만 글라스 울은 보통 4Wh/㎥K, 셀룰로제는 30Wh/㎥K 그리고 목섬유는 120Wh/㎥K 정도로 보면 무리가 없다. 여름의 실내환경의 조절에는 축열성능이 사실상 가장 큰 역할을 한다.

셀룰로제 단열재

셀룰로제 단열재는 기계적으로 재생 종이를 갈아서 만드는데, 신문지 같은 것을 주로 사용하고 고형으로 형태를 갖춘 것도 있다. 보통은 가격적인 면에서 건식으로 포대에 포장되어 이미 세워진 외벽이나 지붕에 구멍을 내 펌프로 채워 넣는 방식이 많이 사용된다. 최근에는 습식으로 물과 접착제를 섞어 뿜칠을 하는 경우도 있다. 하지만 중량형의 내단열재로 방습층 설치 없이 투습이 원활한 마감을 하는 경우를 제외하고는 경량목구조나 스틸하우스의 단열재로는 뿜칠 시 사용되는 많은 양의 물로 인해 습기에 의한 하자가 많아 적합하지 않다. 열전도율0.04W/mK은 일반적인 비드법이나 압출법 단열재 그리고 글라스 울18kg/㎥보다 나쁘지만 비중55kg/㎥이 높은 장점이 있어 우리나라 기후에는 적합한 단열재라 할 수 있다.

붙어 넣어서 시공하는 셀룰로제 단열재. 출처 : Homatherm, Germany

고형으로 시공하는 셀룰로제 단열재. 프레임 사이 혹은 서까래 사이에 시공한다. 출처 : Homatherm, Germany

셀룰로제 단열재의 장점은 목섬유 단열재와 마찬가지로 모세관 현상이 좋아 습기에 상당히 강하다는 데 있다. 특히 고온다습한 우리나라의 여름에 외부 열기를 차단하는데 경량의 단열재에 비해 좋은 물성을 제공한다. 셀룰로제 단열재가 습기에 강한 물성을 갖고 있으나 흔히 말하는 만병통치약은 아니다. 특히 대류Convection를 통해 지속적으로 습기가 단열재로 유입되면 언젠가는 습기 조절 능력의 한계에 다다른다. 심한 경우 곰팡이나 화재에 대비한 강한 첨가재붕산가 있더라도 곰팡이나 곤충 등의 발생을 막을 수 없다. 차라리 리노베이션의 경우에는 습식으로 뿜칠을 하고 미장하되 투습을 원활하게 하면 일반적으로 설치하는 방습층을 하지 않아도 된다. 이 원칙은 모세관 현상이 있는 단열재에만 유효하다.

EPS 단열재

EPS단열재는 요즘은 네오폴Neopor을 주로 사용하기에 기존의 흰색계열은 찾아보기가 힘들다. 네오폴도 EPS의 일종으로 적은 밀도로 높은 단열효과를 내기에 많이 사용된다. 단열성능이 좋은 대신 단점이 있는데, 문제는 축열성능을 제외하고라도 반사성능이 떨어져 표면온도가 큰 폭으로 상승을 하기에 얇은 일반 미장시스템에서는 균열을 비롯한 여러 가지 문제를 안고 있다. 이런 문제를 해결하기 위해서 얼마 전부터 건설시장에 선보인 제품은 네오폴의

백색의 EPS와 회색의 Neopor를 조합한 외단열 미장 단열재, 출처 · Quick-Mix, Mr.Amend, germany

단열성능과 기존 흰색의 EPS의 장점을 조합한 시스템이다. 열적으로 덜 팽창하기에 표면온도의 상승이 네오폴에 비해 훨씬 안정적이다.

패시브하우스 창호

패시브하우스 발전에 제일 먼저 발을 맞춘 것이 바로 창호이다. 처음 독일 Darmstadt의 Kranichstein에 4세대 패시브하우스가 1991년 준공될 당시만 하더라

도 단열 프레임이나 3중 유리가 공장생산 단계가 아니었기에 여러 번의 시행착오를 겪었다. 현재는 선택의 폭이 상당히 넓어져 가격 경쟁력을 우선적인 선택사항으로 보는 것이 일반적이다. PHI에 인증된 창호는 하나의 시스템으로 유리의 열관류가 U_g = $0.7W/m^2K$을 기준으로 전체 열관류인 U_w이 $0.8W/m^2K$ 이하를 만족해야 하고, 시공 시의 열교를 고려하면 $0.85W/m^2K$ 이하이어야 한다.

$$U_w \text{ 시공} = \frac{(U_g \times A_g) + (U_f \times A_f) + (\Psi_{RV} \times L_{RV}) + (\Psi_{시공} \times L_{시공})}{(A_g + A_f)}$$

U_w : 프레임, 프레임과 유리 연결 부위(Ψ, 간봉) 그리고 유리의 열관류를 합한 전체 열관류 값, w = window

U_g : 유리의 열관류율, g = glass

U_f : 창호프레임의 연관류율, f = frame[3]

Ψ_{RV} : 간봉의 열교

$\Psi_{시공}$: 시공에 따른 열교

A : 면적

L : 길이

단열간봉의 성능, $\Sigma(d\lambda)$, Thermix® TX.N® 0.0019 [W/K], 출처 : Thermix

---

3 ENISO 10077-2에 따른 표기

위의 그림에 나온 간봉의 경우는 예외적으로 보는 것이 좋다. 아무리 단열성능이 좋더라도 경제성이 떨어지고 그에 대한 효과에서 큰 차이가 없다면 간봉은 Swissspacer V처럼 0.03Ψg[W/(mK)]인 것도 훌륭한 제품같은 Swissspacer V라 할지라도 프레임에 따라 약간의 차이는 있음이다. 그 이하로 내려가는 것은 개인적으로는 추천하고 싶지 않다.

현재 일반적으로 독일에서 쉽게 구할 수 있는 유리의 열관류가 0.5W/㎡K인 것도 가능하다. 경우에 따라서는 프레임의 열관류가 조금 높더라도 패시브하우스 기준을 만족시키고 0.85W/㎡K에 못 미치더라도 일반적인 패시브창호보다 프레임의 두께가 얇아서 결론적으로는 더 많은 태양에너지를 같은 면적에 사용 가능하다는 측면에서 검토할 필요성은 있다. 반드시 여기에 사용되는 간봉의 열교는 0.04 이하의 단열간봉을 사용해야 예상되는 겨울철 창틀 주위의 결로 발생 빈번도를 줄일 수 있다고 본다.

대부분 패시브연구소에 인증된 제품은 독일권 국가에서 생산되기 때문에 기후와 관련하여 그리 신중하게 검토할 일은 없다. 다만 그 시스템을 우리나라에 적용할 경우에는 무엇보다 다습한 여름을 고려해 프레임을 선택해야 한다.

패시브하우스 창문. 목재와 알루미늄 조합형으로, 사용된 나무는 낙엽송 혹은 소나무이다.
출처 : Kneer GmbH, Germany

일반적으로 기후에 덜 민감한 것이 플라스틱 계열의 PVC창호이다. 환경을 고려해 독일 몇몇 공공건물 공모전 같은 곳에서는 사용이 제한되고 있지만, 가격적인 면에서 PVC창호는 목재, 알루미늄 그리고 목재 알루미늄 혼합형에 비해 저렴해 많이 사용된다.

목창호에는 참나무와 같은 메란티 Meranti라는 수종이 단열성 대비 경제성 그리고 습환경 측면에서 주로 쓰인다. 그 다음으로는 소나무 및 낙엽송 등의 재질이 꼽힌다. 패시브하우스용 프레임은 대부분 비중이 낮은열전도가 낮은 소나무나 낙엽송을 주로 사용하거나 혼합해서 활용한다. 단열 성능에서는 우수하지만 습기를 생각하면 우리나라 기후에는 메란티 보다는 덜 적합하다고 볼 수 있다. 시베리아나 북미산 참나무를 사용하면 가격도 상승하지만 문제는 열전도가 높아 패시브하우스용으로는 한정적으로만 가능하다. 다만 습기에 강한 수종이기에 내구성 면에서는 장점이 많다. 우리나라 기후에는 침엽수로 된 프레임의 사용은 높은 습도로 인해 절대 피해야 한다.

패시브하우스 창문. 폴리우레탄 시스템, Top Therm 90. 출처 : www.baulinks.de(독일)

진공유리를 사용한 경우. 출처 : SKZ-KFE GmbH Würzburg ZAE Bayern, Germany

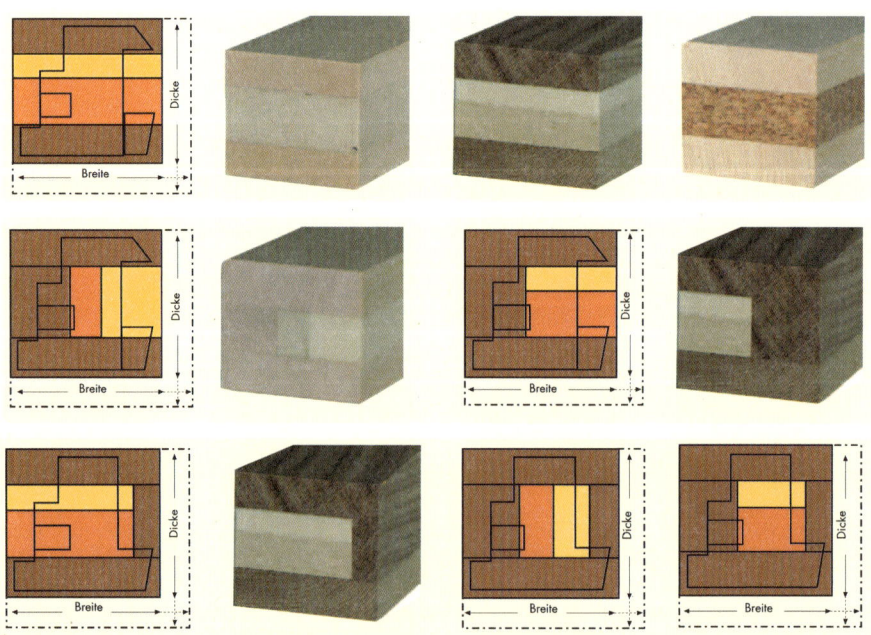

여러 종류의 단열강화 목조프레임 시스템, 출처 : www.holz-schiller.de(독일)

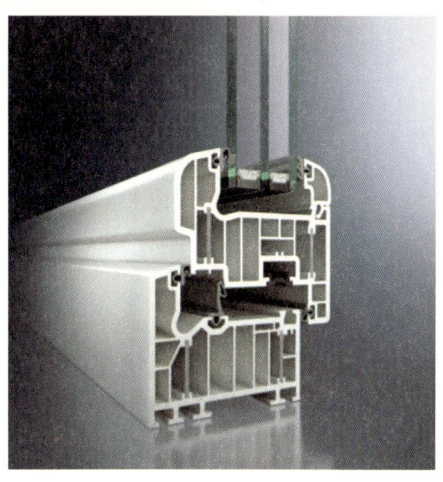

PVC 시스템으로 강화 섬유로 보강철물이 없는 패시브
하우스 창문. Geneo PHZ. 출처 : www.rehau.de(독일)

패시브하우스 창문, PVC 시스템, Corona 82+. 출처 :
www.schueco.de(독일)

한국에서는 목창호가 비나 습기에 약해 내구성이 떨어진다고 알려져 있다. 근본적으로는 틀린 말은 아니다. 연결 부위의 디테일과 창호 빗물 마구리와 같은 자재를 사용하지 않은 데다 창호 주변의 투습방수지나 방수테이프와 같이 보이지 않지만 중요한 부수기자재를 시공하지 않는데, 그 대부분의 원인이 있다. 또한 접합기술력과 프레임 칠의 질과 재료 부족도 문제점으로 꼽는다.

우리나라 기후에서는 특히 폴리우레탄을 이용해 단열이 강화된 목조프레임의 내구성에 대한 모니터링이 아직 부족하므로 단지 단열성능만을 보고 프레임을 신택하는 것은 지양해야 한다. PVC창호는 일반적으로 백색을 사용하거나 코팅지를 입힌 것, 내구성면에서 가장 좋은 차량도색에 사용되는 기술로 칠을 한 것이 있다. 칠을 한 것이 질은 좋지만 가격이 많이 상승하기 때문에 일반적인 선택 사항은 아니다. PVC창호의 취약점도 바로 UV자외선에 있다. 시간이 지나면서 색상이 바래지는 것은 보통의 PVC창호에서는 막을 수 없는 현상에 속한다. 그러나 경제성과 우리나라 기후 특성을 고려한다면 현재로서는 PVC창호가 가장 근접한 답이 아닌가 한다. 다만, 목창호가 주는 자연적인 느낌은 당연히 기대할 수 없다. PVC계열의 창호프레임을 생산하는 업체로는 Rehau의 Geneo PHZ, Schüco의 Corona SI 82+, Veka, Aluplast, Kömmerling, Gealan 등등 독일만 하더라도 많은 회사들이 있고 모두가 PHI Darmstadt에서 인증된 제품을 생산한다.

같은 PVC계열이지만 Rehau라는 업체는 조금은 다른 시스템을 가지고 있다. 이 회사에는 플라스틱 창호 구조를 보강하기 위해 일반적인 보강철물을 어느 정도 높이까지 프레임 내부에 사용하는 것과 달리 유리섬유 강화제로 보강한다는 점에서 차별성을 갖고 있다. 이 시스템은 열교면에서 우수하고 모서리 부위에 창호 하드웨어와의 연결에서 프레임 속에 보강철물이 없어 하나로 연결된다. 보통 다른 회사의 시스템에서는 이 보강철물이 끊어지기 때문에 구조적인 문제를 갖고 있는 것이 단점으로 지적된다.

열관류가 0.5W/㎡K 정도이면 전체 에너지 투과량인 g값은 경제성을 고려할 경우 0.5 즉, 50%를 넘기가 힘들다. 온도차를 고려한 안정성이나 내구성을 보면 열관류가 0.5에 이르는 유리는 아직은 다소 불안정하다고 판단된다. 그래서 우리나라 경우에는 전체 열관류는 조금 올라간다 할지라도 주변의 그림자나 좁은 대지로 인해 일사량이 부족한 상황을 반영해 0.6W/㎡K 정도의 열관류와 0.55 55% 정도의 유리를 사용하기를 권한다. 그 외에 우리에게 잘 알려져 있지 않은 키포인트는 아래와 같다.

$$Ug - 1.6 \ W/(m^2K) \times g \langle 0$$

독일의 경우 4㎜-12㎜-4㎜-12㎜-4㎜의 기본 두께로 열관류를 만족하는 3중 유리가 많이 있는 반면 우리나라는 아직까지 0.8W/㎡K 수준에 머무르고 있다. 또한 독일산 유리에 비해 가격이 아직은 너무 고가이다. 문제는 열관류가 상대적으로 높다는 것이 아니라 일반적으로 5㎜의 유리와 유리 간격을 벌려 열관류를 줄이려고 한다는 점이다. 결과적으로 유리 하중이 늘어나 많은 제약이 따르고 창호프레임의 최고높이를 고려하지 않아 파손으로 이어지는 경우가 많다. 보통 폭과 프레임 성능에 따라 다르지만 열고 닫는 문이나 창호의 최대높이는 2.2~2.3m를 넘지 않는 것이 좋다. 이를 넘게 되면 아무리 패시브하우스 인증을 받은 제품이라 할지라도 프레임을 추가적으로 철물로 보강해야 된다. 결국 전체적인 열관류가 상승하고 표준창호의 열관류 값이 0.80W/㎡K를 넘게 된다는 것이다. 한 가지 추가하자면 패시브하우스연구소의 인증이 없다고 해서 패시브하우스에 사용하지 못한다는 것은 잘못된 정보이다. 등록된 제품보다 등록되지 않은 우수한 제품도 많이 있다. 물론 패시브하우스연구소에 인증 등록이 되어 있지 않은 제품은 해당 시험성적서를 별도로 제출해야 한다.

3
에너지 절감에
영향을 미치는 중요 요소

건물 볼륨의 콤팩트한 디자인, A/V

외기에 면해서 에너지가 손실되는 외피면적A, ㎡과 이 외피가 둘러싸고 있는 건물의 볼륨V, ㎥의 비를 'A/V비율'이라고 한다. 이 비율이 낮을수록 에너지 성능이 좋고 패시브하우스를 계획하는 데 효과적이다. 여기서 말하는 면적과 볼륨은 난방이 되는 면적을 말한다. 단순히 생각하면 볼륨이 늘어날수록 해당 면적은 줄어들게 된다. 볼륨이 늘어날수록 건물은 더 콤팩트하게 되고, 그 형태는 주사위 모양으로 될수록 유리할 것이다. 물론 원구의 형태 즉, 공에 가까울수록 계산적으로는 가장 좋겠지만 현실적이지 않으므로 주사위 모양의 정육면체에 가까울수록 좋다고 볼 수가 있다.

일반적으로 A/V비율이 좋지 못한 단독 건물은 다가구 및 다세대 건물에 비해 더 많은 단열이 필요하다. 단순한 형태의 단독의 경우에는 약 0.6에서 그 이상, 다세대주택의 경우에는 평균 0.25~0.45 정도의 수치를 보인다. 독일의 기준으로 보면 다세대 주택의 경우 약 3층 정도까지는 화재방지 계획, 엘리베이터의 추가 시공비에 대한 부담 없이 아주 경제적으로 손쉽게 시공이 가능하다. 입면에서는 돌출을 가급적이면 줄이는 것이 바람직하지만 에너지 절약을 목적으로 '건축적 자유'가 무시되어서는 안 될 것이다. 더불어 건물의 깊이도 조명과 일광, 방향 요소를 고려해 정해야 한다. 이처럼 콤팩트한 디자인 요소가 건축가들이 흔쾌히 받아들이기에 어려운 부분이 있다. 그래서 절름발이 형태의 콘셉트만으로 진행되는 건축물을 보면 안타까운데, 에너지 절감 요소와 건축과의 접목이 그리 어려운 것만은 아니다.

의장적인 이유에서 혹은 대지의 주어진 조건상 A/V비율이 높을 경우에는 시공비 상승과 연결되지만 단열을 추가적으로 더 한다든가 아니면 보다 성능이 좋은 창호를 사용하거나, 더 기밀하게 시공하는 방법 등 여러 가지가 대안이 있을 수 있다. 가장 효율적인 것은 유리의 에너지 투사율을 높이는 것이다.

대지면적이 비교적 좁고 용적률이 높은 우리나라의 경우, 특히 A/V비율을 고려할 때 에너지 절감형 건축이 실질적으로 더 유리하다. 에너지 절감형 건축을 위한 주변 조건이 이미 갖춰진 셈이다. 중요한 것은 이런 요소들을 하나의 전체 콘셉트로 어떻게 묶는가이다. 오스트리아에서는 A/V비율의 역인 V/A비율을 추가적으로 계산하기도 하는데, 통상 A/V값이 더 많이 알려져 있다. A/V비율은 실제적으로 단열재 두께와 직접적인 관계가 있다. 굴곡이 심한 지하층이 있는 경우는 다르지만 전체 일층면적이 지하로 된 경우에는 패시브하우스의 조건을 만족시키기가 더 수월하여 더 적은 단열재의 두께로도 가능하다. 물론 보다 정확한 것은 프로젝트별로 PHPP를 통해 계산하는 것이 우선이다. 이를 통해 불필요한 지출을 막을 수 있다.

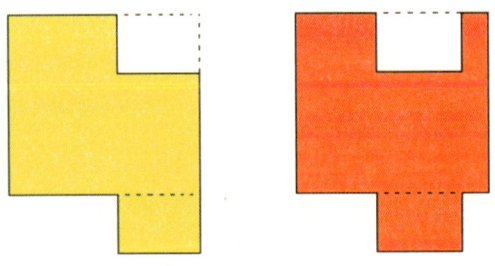

전체 길이의 증가로 인한 결과. 원래의 사각형 형태에서 전체 벽체 길이가 첫 번째 그림에서는 10% 추가됨에 따라 단열은 2cm가 필요하며, 두 번째 그림에서는 전체 길이가 20% 증가하여 추가단열은 4cm가 필요하다. 출처 : R. Borsch-Laaks

건물의 방향

태양에너지의 효과적인 사용을 위해서는 주창호가 남향을 향하는 것이 가장 좋다. 이 기본 사항은 특히 건물의 볼륨이 적은 건물일수록 더 큰 영향을 받는다. 즉, 일반적인 단독주택의 건물에서는 중요한 조건이지만 규모가 큰 다세대주택의 경우에는 영향력이 크지 않은데, 앞서 언급한 바와 같이 A/V값이 일반 단독주택보다 유리하기 때문이다. 한국의 경우는 겨울철 일사량이 독일에 비해 높아서 패시브적 난방에 대한 검토는 빠를수록 좋다.

남향에서 약 30°까지는 창으로 들어오는 에너지양에 그리 큰 차이는 없다. 주창호가 남쪽을 향하는 것은 겨울철 패시브한 태양에너지를 이용하는 데도 좋지만 여름철 높은 태양의 고도로 인해 동향과 서향의 창호에 비해 더 유리하다.

주거공간은 남쪽, 동쪽, 서쪽으로 배치하고 그 외 부수공간은 가급적이면 북쪽에 계획하는 것이 좋다. 물론 여름 단열을 위해 외부에 햇빛차양장치의 설치는 선택사항이 아닌 필수사항이지만, 이에 앞서 건축적인 매스에 되도록이면 그런 위험요소를 줄여주는 것이 좋다. 70%에 가까운 남측 창호에 햇빛차양장치가 효율적으로 설치되지 못하고 내부에 커튼이나 블라인드 등이 설치되거나 심지어는 아예 없을 경우에는 여름철의 쾌적한 실내는 당연히 기대할 수 없다. 패시브하우스라도 한계가 있기에 그렇다. 그로 인해 패시브하우스를 짓고도 괜한 오해가 생길 수 있다.

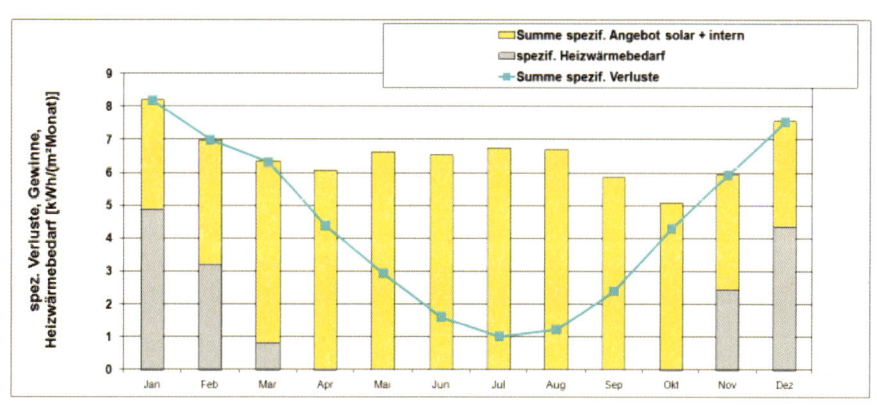

태양열과 내부발열, 난방에너지 소요, 에너지 손실 – 밝은 하늘색은 손실을 나타내는 선이며 이 손실에서 태양열과 내부발열량을 빼고 남는 것이 난방에너지의 소요이다. 여기서 볼 수 있는 것처럼 난방기간이 일반건물보다 줄어들게 된다. 태양열을 통한 에너지 획득은 전체에너지 획득의 60%를 넘는다. 출처 : Schöberl & Pöll OEG, PHPP를 사용한 계산

창호는 건물외피에서 단위면적당 소요되는 비용이 높기 때문에 경제성을 고려하지 않을 수가 없다. 전체면적으로 볼 때 약 20~30% 정도의 비율이 적당한데, 약간의 초

과는 괜찮다. 문제는 남측을 제외한 기타 방향의 창문면적인데, 독일의 각 지자체 건축법에 따르면 주마다 조금씩 차이가 있지만 거주공간의 창문면적은 해당 실면적의 10~12% 이상이 되어야 함을 원칙으로 한다. 유리면적만 볼 때는 10%, 창틀까지 포함하면 12%를 그 기준으로 보는 것이 좋다. 예를 들어 실면적이 작은 화장실이라 할지라도 창문 폭이 60㎝ 이하면 사실 패시브하우스 창이기에 유리면적은 40㎝를 조금 넘는 경우가 많아서 이러한 문제를 미리 고려해야 한다.

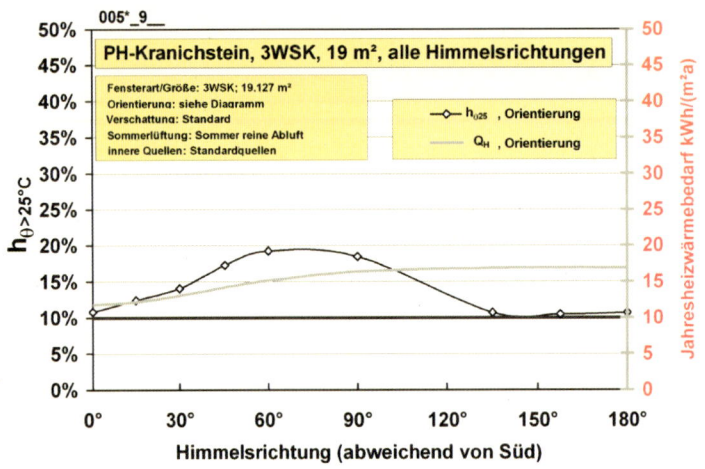

건물의 방향이 남쪽에서 서쪽으로 벗어날수록 실내온도가 25℃ 이상이 되는 빈번도와 난방에너지 소비와의 관계를 보여주는 그래프. Darmstadt Kranichstein, 중간세대의 경우. 출처 : Promotion of European Passive Houses, Passivhausinformation für Stadtplanung

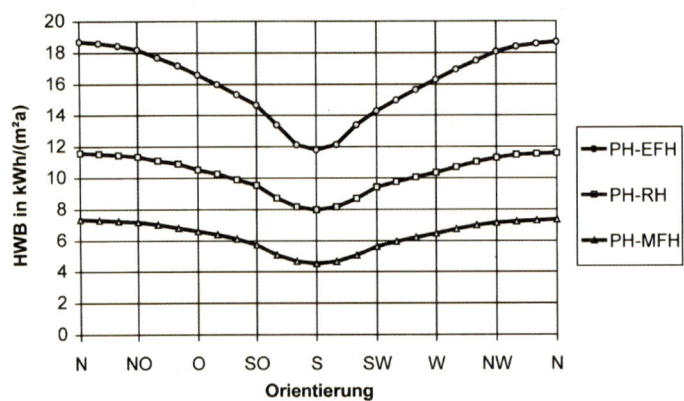

똑같은 조건 아래 건축물의 방향과 건축물 종류에 따른 난방에너지 소모 비교. PH-EFH 패시브하우스 단독, PH-RH 패시브하우스 타운형, PH-MFH 패시브하우스 다세대 건물. 출처 : Promotion of European Passive Houses, Passivhausinformation für Stadtplanung

그림자(음영)

패시브하우스의 기본 요소 중의 하나로 '패시브Passive'의 어원이라고도 할 수 있는 것이 바로 겨울철 창호를 통해 공급받는 일사량이다. 일차적으로 유리를 통과한 일사 에너지는 내부의 물건이나 구조물에 저장되어 데워지는 것과 또는 반사를 통해 다른 구조물에 열에너지로 저장된다. 이차적으로는 대류Convection와 복사Radiation를 통해 일·이차적으로 데워지지 않은 구조체가 데워지게 된다. 여기에 소위 말하는 '온실효과'가 투명한 창호에 나타나는데, 단파의 태양광이 일부는 유리표면에서 반사되지만 대부분은 내부로 통과한다. 통과된 태양열은 사물에 부딪치면서 장파로 전환되는데, 이 장파는 유리를 통해 외부로 다시 나가기가 어렵다. 예를 들어 겨울철 맑은 날 자동차를 운행하면서 히터를 작동시키지 않았는데도 내부가 따뜻한 것은 바로 이 온실효과 때문이다. 이 복사열을 주열원으로 사용하는 것이 바로 패시브하우스이다. 그래서 가급적이면 많은 복사열이 내부로 들어올 수 있도록 그리고 남향에 주창호를 설치하는 것이다.

겨울철 난방에너지와 관련해서는 창호의 정확한 위치와 수평, 수직, 발코니 그리고 외부 인접 건물과의 각도 등을 확실하게 PHPPPassive House Planning Package에 기입해야 한다. 보통 일반건물에서의 일사량은 그리 큰 영향을 미치지 못하지만 패시브하우스는 창호 위치에 따라 음영이 날라져 일사량도 이에 따라 큰 폭으로 변화한다. 보통 간단한 계산을 위해서는 창호 음영의 정도를 고려해 보통 실제 일사를 받아들이는 창호의 면적을 $fg = 70\%$로 보지만 PHPP에서는 기본값이 $75\%_{0.75}$이며 엑셀쉬트에 따로 정확하게 기입을 할 수가 있다. A++ 혹은 A+에 속하는 오스트리아의 고효율 에너지 절감형 건물의 경우는 반드시 ÖNORM B 8110-6에 따라 계산해야 한다.

패시브하우스는 보통의 건물보다 단열재 두께가 두껍다. 열교를 줄이기 위해 가장 효과적인 단열면에 창호를 설치하더라도 외부마감면에서 창문프레임까지 약 20cm 정도 깊이를 보이는 것이 일반적이다. 20cm 깊이도 일사량과 연관시켜보면 적은 것이 아니라는 것을 실감하게 되는데, 이런 이유에서 창호 주위를 사선으로 깎아 시공하는 건물도 자주 볼 수가 있다. 다만 그로 인해 창호물받이대로 기성품을 사용하기가 어렵다는 것이 문제이다. 소폭이라도 시공비의 상승을 피할 수 없고, 경사를 두어 시공하는 외단열 미장공법에서도 세심한 시공이 필요하다. 여름에는 반대로 효율적인 햇빛차단장치가 필요하다. 무엇보다 건축적으로 겨울철 일사량을 고려한 깊은 처마를 책정하는 것이 좋으며, 이는 부수적으로 입면에 들이치는 빗물을 막아줘 건물의 내구성에서도 도움이 된다. 또한 외피 습기로 인한 조균류의 번식을 억제하기 위해 화학첨가물을 사용한 페인트나 미장시스템을 사용할 필요가 전혀 없다. 햇빛차양장치는 특히 중량형 건물보다 경량의 목조나 스틸하우스에 절대적으로 필요하다. 열대야가 자주 나타나는 기후를 고려한다면 축열 성능을 막론하고 설치하는 것을 추천한다. 특히 햇빛차단장치를 설치했을 때만이 야간의 자연환기를 통해 낮 동안 축열된 열을 효과적으로 다시 배출할 수 있다. 이 사이클이 좋을수록 다시 그 다음날 아침부터 열을 축열하기가 용이하다.

패시브하우스에 설치된 공기조화기를 통해 축적된 열을 외부로 배출시키려 하는 경우도 있지만 효과면에서 자연환기보다 못하며, 많은 양의 공기를 순환시켜야 하므로 전기에너지의 소모도 문제가 된다. 기밀이 유지된 가운데 냉방부하는 다른 건물에 비해 낮지만 공기조화기에 냉방모듈을 장착해서 사용하는 것도 좋은 방법 중 하나이다.

사실 우리나라 기후에 가장 적합한 것은 제습장치이다. 지난 2011년 여름처럼 장기간 비가 오면 패시브하우스도 한계가 있을 수 있다. 제습장치는 간단하고 작은 성능의 에어컨을 설치하는 것으로도 가능하다. 최근의 제품으로는 공기조화기를 통해 유입되는 공기의 습도조절을 자동으로 연중 내내 유지시키는 장치도 있는데, 가격이 약 2,500유로에 이를 만큼 고가이다. 겨울이 상대적으로 건조하고 여름이 상당히 습한 우리 환경에는 충분히 고려해 볼만한 장치이다.

1
패시브의
의미

   '패시브Passive'의 의미는 앞에서 언급했듯이 난방에너지와 관련해서 창문을 통해 들어오는 외부의 태양열Thermal radiation, short wave과 실내의 전등, 가전제품 그리고 인체로부터 나오는 패시브한 열을 겨울철 난방에 적극적Active으로 사용한다는 의미에서 나온 말이다. 물론 중유럽의 패시브하우스에서 건물의 기밀성Airtightness을 위해 반드시 설치되는 폐열회수 공기조화장치Heat recovery ventilation는 전기를 소비함으로써 '액티브'적으로 작동하지만 유입되는 외부 공기를 땅속의 지열을 통해 겨울에는 데워주고 여름에는 식혀주기 때문에 '패시브'적이라고도 볼 수 있다.

   패시브의 의미는 일반적으로 설계와 시공에 있어서 에너지 절감을 위한 전체적인 접근방식을 지칭하기도 한다. 에너지의 손실을 먼저 줄이는 방안이 '패시브'적 접근방법이고, 그 다음으로 설비를 통해 에너지 효율을 높이는 것이 '액티브'적 접근이다. 그런데 이 순서가 바뀌면 이는 참다운 의미의 에너지 절감형 건축이라고 보기가 어렵다. 패시브하우스는 그동안 난방과 공조를 분리시켜 계획한 일반 건축물과는 달리 서로 다른 두 개의 시스템을 전체 하나의 상위 콘셉트에서 묶어서 계획한다는 측면에서 가장 큰 차이점이 있다.

   기존 건물에서 난방에 물과 같은 액체를 사용한 것은 물과 공기의 밀도가 다르고, 무엇보다 물이 열을 축척할 수 있는 축열 능력이 현저히 높아 작은 배관으로도 충분한 난방 성능을 확보할 수 있기 때문이다.

패시브하우스의 열적쾌적성을 높이기 위한 방법

- 건물외피 단열성능의 향상작은 열관류 값
- 폐열회수 성능이 높은 공기조화기
- 열교의 최소화
- 환기나 침기로 인한 열손실을 막기 위한 기밀성의 향상
- 창호를 통한 열손실의 최소화3중 유리와 동시에 창문을 통한 태양열 이용

패시브하우스의 건축적인 장점

- 외부에 면한 구조체의 단열성능 개선과 열교Thermal bridge의 최소화로 인한 표면온도 상승, 그에 따른 습기로 인한 문제결로현상, 곰팡이 발생가 현저히 줄어든다.
- 공기조화기를 통한 지속적인 환기로 실내공기 환경의 쾌적성 향상, 특히 오염 정도가 심한 도심이나 차량 소통이 많은 지역에서는 소음 억제 효과는 물론 미세먼지와 꽃가루, 곰팡이균 등의 실내 유입이 줄어 특히, 알레르기를 가진 사람들에게 권장할 만한 시스템이다.
- 여름철에도 공기조화기와 지중의 열동굴효과을 이용한 '패시브 냉방'이 구조체의 축열 능력과 연관해 여름철 실내 환경을 개선시킨다.
- 효과적인 단열설계로 일반 건물에 비해 냉난방을 위한 설비가 최소화 되며, 이는 건설비의 절감효과로 이어진다.
- 줄어든 냉난방부하로 인한 에너지의 절감과 차후의 유지 관리비 절감, 에너지 값의 변동에 덜 민감한 것이 그 대표적인 장점이다. 무엇보다 환경보호를 위한 효과적이고 직접적인 접근 방법이다.

2
전문가들이 말하는
패시브하우스

독일 다름슈타트에 소재한 패시브하우스연구소Passivhaus Institut, PHI에 따르면 "패시브하우스란 주거공간에 필요한 공기량DIN 1946을 단지 신선한 외부의 공기만을 데우거나 식힘으로 실내 열적쾌적감ISO 7730을 만족시킬 수 있는 건물"을 말한다. 이 정의는 단지 기능적인 표현이고, 어떠한 절대적 수치를 포함하지 않으며 어떤 기후에도 적용될 수 있다.

패시브하우스Passive house라는 용어의 선택은 임의적으로 명명된 것이 아니다. 건물의 계획과 사용에 있어서 최대한 간접적인 수단으로 열적 쾌적함이 이루어질 수 있도록 노력하고 직접적인 수단은 최소화시키는 데서 비롯된다. 직접적인 액티브적 수단은 단지 꼭 필요한 것과 필요한 곳에 한정하여 최소화시키는 것이 궁극적인 목적이다.

DIN 1946은 주거공간의 최소 환기 및 기타 환기 방법 등을 다루는 기준이다. 건물의 기밀 정도와 단열, 주변 바람의 세기와 더불어 침기량을 고려하여 최소 환기를 정하고 있다. 특히 주목할 것은 2006년도 기준에는 거주인의 재실 여부를 떠나 습기로 인한 문제가 없도록 환기 콘셉트를 해당 엔지니어가 세워야 한다고 규정하고 있다. 한편, ISO 7730은 열적쾌적감을 다루는 기준으로 우리가 거주하는 공간에서의 열적인 만족감을 구체적으로 정한 기준이다. 패시브하우스 기준을 위해 필요한 부수적인 요구사항으로는 첫째, 건물에서 사용되는 기타 에너지 사용 시 가장 효율적인 에너지 시스템_{가전제품,} 사무실 기자재나 전기시설 등을 사용해야 한다. 여기에는 개개의 효율뿐 아니라 전체 운영시스템도 포함된다.

둘째, 냉난방 등을 위한 시설의 효율성이 적어도 현재 신축건물에 설치되는 설비의 평균을 만족해야 한다.

셋째, 앞서 언급된 사용을 위해 투입되는 일차에너지Primary energy, 화석에너지의 경계인 $120kWh/㎡ \cdot a$를 충족시키는 것이다. 이 때 계산의 기본이 되는 면적은 실질적으로 사용하는 전용주거면적난방면적이 된다. 즉, 난방이 되지 않는 발코니 혹은 창고 등은 제외한다. 물론 복도 같은 부수공간을 난방면적으로 고려할 경우에는 100% 모두 포함되는 것이 아니라 부분적으로 고려가 된다.

첫 번째 부수적인 요구사항은 실제적으로 건축가나 개발업자가 시스템 제어를 제외하고 각각의 성능에 관해서 관여하기가 힘든 요소이다. 두 번째에 언급한 평균적인 설비에 대해 약간의 오해가 있을 수 있는데, 평균적인 시설로 충분히 냉난방을 할 수 있을 정도로 소요량이 적다는 것을 보여주는 반증으로 이해하면 된다. 물론 여기에도 더 효율적인 시스템을 사용하기를 권하지만 그로 인해 필요 이상의 경제적인 부담이 된다면 별 의미가 없다. 패시브하우스에서의 가장 핵심은 다름 아닌 건물외피와 공기조화기 설비의 효율성이다. 실제적으로 독일 프랑크푸르트 지역에서는 학교건물과 체육관 등을 리노베이션 할 경우에 패시브하우스 기준으로 공사해야 하지만, 최근에는 사용빈도와 경제성에 입각해 정책적으로 재검토가 이루어지고 있는 현실이다.

3
패시브하우스의
쉬운 이해(일반적인 정의)

　앞서 언급한 패시브하우스의 정의는 사실 일반인에게는 낯선 감이 있고, 어떤 수치나 비용 같은 것을 논하지도 않았다. 패시브하우스를 이해하기 쉽게 말하자면 이렇다. 일년 내내 해당 건물의 에너지 콘셉트는 거주자가 쾌적감을 갖고 신선한 공기가 충분히 실내로 유입되며, 필요에 따라서 그 신선한 공기를 약간의 에너지 공급을 통해 데우거나 혹은 여름철에 식힐 수 있는 것을 말한다.

　일반적인 건물에서의 공기는 다른 난방장치를 통해 직·간접적으로 대류를 통해 데워지는 이른바 순환형이라면 '전형적인' 패시브하우스는 단지 유입되는 신선한 공기 Supply air를 데우고 식히는 것으로 이해하면 된다. 그런데 많은 사람들이 패시브하우스에서는 반드시 이 유입된 공기만을 데워서 난방장치 대용으로 사용해야 한다고 생각하는데, 이는 잘못된 것이다. 패시브하우스의 난방부하는 단지 공기조화기를 통해 유입되는 공기만을 데워서 기존의 난방장치를 대체할 정도로도 충분하다는 그런 의미로 이해하는 것이 옳다.

　독일에도 단순히 신선한 공기만을 데워서 난방으로 사용하는 패시브하우스는 그리 많지 않고, 대부분의 설비전문가 역시 추천하지 않는다. 겨울철 실내의 낮은 상대습도와 여러 가지 이유에서 충분한 난방을 확보하지 못한 것이 가장 큰 걸림돌이다. 우리나라의 경우, 건물의 단열이나 기밀 성능이 좋더라도 기존의 생활습관이 있기 때문에 바닥난방과의 조합도 가능하다. 바닥난방이든 기타 난방시스템이더라도 주의할 사항은 유입되는 일사량을 고려한 난방장치의 조절 성능이다. 그렇지 못하면 한증막 같이 일시적으로 더운Over heating 시점이 있을 수도 있기에 그렇다. 춥고 햇빛이 잘 드는 겨울철 한낮이 바로 그렇다.

지난 2010년 강원도 횡성군 둔내에 지어진 패시브하우스를 보면 겨울철 햇빛의 성능과 실내온도의 연관관계를 잘 이해할 수 있다. 흔히 햇빛을 통한 간접난방의 성능을 간과하는 경우가 종종 있는데, 에너지 성능이 좋은 건물일수록 이 효과는 더욱 증가한다. 건축가는 사용되는 창호 유리의 단열성능과 가시광선 차폐율 외에 전체 에너지 투과율이라고 부르는 g값을 먼저 이해해야 한다. g값은 퍼센트 또는 단위 없이 사용되기도 하는데 0.55라 함은 외부의 에너지가 55% 실내로 유입된다는 것을 의미한다.

강원도 둔내 패시브하우스 입면
출처 : 세린 에너피아

결론적으로 패시브하우스는 아주 적은 에너지의 소비로 기후에 상관없이 최고의 실내 환경 쾌적성을 확보하기 위한 하나의 콘셉트이다. 그 부수적 결과물로 건강하고 내구성이 높아지는 장점을 아울러 얻는 것이다. 에너지 값이 아직은 저렴한 편에 속하는 우리나라에서는 오히려 이런 면이 에너지 절감보다 더 중요한 요소가 될 수도 있다. 미래를 염두에 두면 유지관리비가 적게 드는 것이 연금생활자의 큰 관심사이기도 하다.

4
패시브하우스
건축을 위한 조건

　앞서 언급된 정의나 기타 부수요건은 상당히 그 범위가 넓고 일반적이다. 더불어 유동적인 측면이 있어 실제 보다 구체적인 사항이 필요하다. 패시브하우스는 아래 열거한 조건을 만족했을 때, 앞서 언급한 정의를 만족시킨다. 그러나 이 조건은 단지 중유럽과 북유럽의 기후를 바탕으로 한 것이므로 우리나라 상황에 일대일로 적용하기 전에 반드시 조사와 연구가 필요하다는 점을 밝혀 둔다. 특히 높은 상대습도를 고려한 냉방부하가 그러하다.

① **난방부하** : 최대 난방부하는 300W/Pers를 넘지 말아야 한다.

② **냉방부하** : 최대 냉방부하는 300W/Pers를 넘지 말아야 한다.

③ **각 부위별 쾌적성** : 실내에 면해 있는 모든 부위의 표면온도와 실내의 평균온도Operative temperature와의 차이가 4.2K Kelvin 온도를 넘어서는 안 된다. 더불어 표면온도가 13℃ 이하가 되지 않아야 하며, 최고온도는 55℃ 이상이면 안 된다. 바닥 표면온도는 어느 곳이건 19~27℃ 사이에 있어야 하는데, 이 점이 바닥난방과 쾌적성을 떠나 우리 습관과 일치되지 못하는 점이기도 하다.

④ **공기** : 거주공간에는 항상 충분한 공기의 질이 확보되도록 공기조화기를 조율하는데, 일반적인 용도에서 30㎥/Pers/h이다. 유입공기Supply air는 천장에서 최고 25㎝ 떨어져서

이뤄지며, 이 때 유입공기의 온도가 실내 평균온도Operative temperature와의 차이가 10K를 넘어서는 안 되고Vop - Vsupply air ≤ 10K, 최고온도는 52.5℃ 이상이면 안 된다. 거주공간의 실내 상대습도는 장시간 30% 이하이면 안 되며, 60%를 넘어서도 안 된다.

⑤ **기밀성**Airtightness : 건물의 나머지 침기량은 내외부의 압력차가 50Pa의 경우 전체 내부의 공기량을 기준으로 0.6h-1을 넘어서는 안 된다.

① 조건에 언급된 패시브하우스의 최고난방부하의 계산은 다음과 같다.

위생상 필요한 신선한 공기량 : V 〉 30m³/(h · Pers)22℃를 기준, DIN 1956

먼지로 인한 정전기 그리고 냄새 발생을 억제하기 위해서 공기조화기를 통해 유입되는 공기는 최고 50°C 까지[4] 2차 예열을 통해 가능하다. 이로써 사용가능한 실내온도 대비 온도차는 30℃가 되며 이것이 난방으로 사용가능한 열에너지이다.

· **최고온도 :** 〈 50℃[5] 2차 예열30K
· **공기의 축열능력 :** 0.33 Wh/(m³ · K) = 1,204kg/m³ x 1,004KJ/(kg · K)
· PH = V × c × ΔT
· PH = 30m³/h/Pcrs × 0.33Wh/(m³K) × (50-20)K = 300W/Pers

위의 공식을 전용주거면적으로 환산하여 30m²/1인 : 〉1m³/(h · m²)을 기준으로 계산하면 PH = 1m³/(h · m²) × 0.33Wh/(m³ · K) × 30K = 10W/m²로 표현이 가능하다. 물론 300W/Pers에서 1인이 사용하는 면적을 30m²로 보고 나누어도 같은 값을 얻을 수가 있다.

30m³/h : 30m² = 1m³/h · m²

---

4 공식의 간편화를 위해 실내온도를 20°C, 최고 예열온도를 50°C로 보며 정확한 계산을 위해서는 ④에 의해 52.5°C-22°C를 근거로 두기도 한다.
5 52°C 혹은 55°C로 보는 경우도 많이 있다. PHPP 계산은 최고 52°C를 기준으로 한다.

난방부하인 10W/m²는 패시브하우스를 이해하기 위한 중요 키포인트이다. 이 이상의 난방부하는 급기를 통한 난방이 불가능해진다. 이 기준을 토대로 중유럽에서는 보통 15kWh/m².year가 나오게 된다. 마찬가지로 패시브하우스의 공기순환은 전체 평균 0.4h-1 이하로 내려가지 않는 것이 좋다. 이는 재실자의 유무를 떠나 실내의 공기오염을 줄이는 데도 중요하기 때문이다. 여기서 평균 실내 높이를 2.5m로 본다면 22℃ 조건에서 다음과 같은 계산이 가능하다.

$$p_{급기} = 0.4h\text{-}1 \cdot 2.5m^3/m^2 \cdot 1{,}187kg/m^3 \cdot (52.5 \cdot 22)K \cdot 1{,}004kJ/(kg \cdot K) = 10.1W/m^2$$

중요한 것은 이 부족한 난방에너지를 꼭 급기 온도를 데워야 패시브하우스가 된다는 것은 아니며, 다른 시스템으로도 가능하다는 것이다. 작은 크기의 라디에이터 혹은 바닥난방 등이 여기에 해당한다.

도시계획적 요구사항

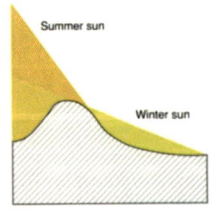  

대지를 주변으로 자연지형인 산이나 아니면 높은 건축물로 인해 겨울철 태양빛이 비추는 시간이 제한되는 것을 가급적 줄여야 한다. 이는 직접적으로 난방에너지 뿐만 아니라 집열판과 태양전지의 효율성과도 연관이 있다. 흔히 알려진 것처럼 낙엽송이 여름 햇볕을 막아주고 겨울에는 햇빛이 잘 들게 한다는 통념은 100% 사실이 아니다. 줄기나 두꺼운 가지의 낙엽송은 생각 이상의 영향을 줄 수가 있다. 각 지역별 태양 고도를 감안해 주 입면인 남쪽의 외피에는 그늘이 지지 않도록 계획해야 한다. 이는 태양광 모듈 설치 시에도 충분히 고려해야 한다.

PHPP를 통한 점검

PHPPPassive House Planning Package, http://www.passiv.de는 현재 우리나라 건설계에도 많이 알려져 있다. 실제 패시브하우스 건물의 계획 시에도 많이 적용하고 있는데, 패시브하우스 설계를 위한 소프트웨어로 에너지 소요를 사전에 계산할 수 있는 도구이다. 독일어뿐 아니라 여러 개의 언어로 제공되고 있으며, 지난 2011년부터는 한국패시브하우스연구소에서 한국어로도 제공하고 있다. 그동안 인증과 관련하여 독일의 패시브하우스연구소와의 언어적인 소통에 불편함이 있었는데, 앞으로는 우리나라 내에서도 처리가 가능하기에 좀 더 빠르고 경제적인 패시브하우스 접근이 가능하리라 본다. 무엇보다 반가운 일은 패시브하우스 디자이너 즉, 패시브하우스 플래너를 위한 교육도 2011년부터 우리나라에서 이뤄지고 있다는 것이다.

PHPP는 1998년에 처음 등장하였다. 지속적으로 업데이트 되면서 실제 지어진 패시브하우스 모니터링을 서로 비교분석해 그 내용을 실제에 가깝게 적용하는 인스톨 Install이 필요 없는 MS-Excel 프로그램이다. 난방에너지 외에 일차에너지, 기타 전기 소비와 함께 여름철 적정 실내온도 유지 정도를 계산하는 '에너지 총량제' 프로그램으로 볼 수 있다. 기본 주변 조건은 현재 독일의 에너지 절감 시행령인 EnEV[6]와 약간의 차이가 있다. 패시브하우스 성능을 계산하고 증명하는 것은 대부분 독일의 DIN 그리고 유럽연합의 EN[7]에 근기를 두고 있다. 하지만 PHPP는 패시브하우스연구소 Passivhaus Institut, PHI의 축적된 데이터와 경험을 바탕으로 좀 더 디테일하게 계산하고 실제 모니터링 결과에 맞게 어느 정도 변형을 했다. 오스트리아의 경우, 기존의 기준인 B 8110, H 50xx 그리고 H 7500이 패시브하우스를 계산하기에 합당하지 않아 국가적으로 그에 맞는 기준을 만드는 작업을 하고 있다. 대표적인 것이 바로 냉난방부하 산정 시 어떤 면적을 기준으로 하는가이다. 그 외에 기후데이터, 실내발열량[8], 열교에 대한 언급과 더불어 태양열에 의한 에너지 축적 등이 서로 다르다. 오스트리아는 얼마 전까

---

6 Energieeinsparverordnung 에너지 절약 시행령

7 DIN EN 832 : Thermal performance of building – Calculation of energy use for heating – Residential buildings (includes Corrigenda AC:2002); German version EN 832:1998 + AC:2002

8 PHPP에 따르면 2.1W/㎡, 오스트리아는 약 3.0W/㎡, 독일 EnEV는 5.0W/㎡으로 많은 차이를 보인다. 이 문제는 유럽 국가뿐 아니라 한국에서도 내부발열량을 모니터링하고 PHI와 협의할 필요가 있다.

지만 하더라도 건축법규에 만일을 대비해 한 거주공간에는 외부로 통하는 배기구를 만들어야 하는 것이 의무사항이었지만, 패시브하우스는 이 규정에서 제외[9]된다. 배기구를 통한 환기에너지 손실과 기밀층 형성에 문제가 되기 때문이다.

PHPP의 세부사항

- 증명서 : 에너지 총량제에 따른 중요 데이터 값을 총정리
- 면적 : 각각의 열관류 값을 고려한 면적계산
- 열관류 값 : 외기에 면하는 외피의 단열성능을 U값열관류으로 계산
- 열관류 리스트 : 사용되어지는 각각의 구조 부위의 목록
- 창문 : 창문의 열관류 값을 계산
- 창문의 형태Type : 사용되는 창문에 관한 정보프레임, 유리, 시공방식
- 지중 : 지중으로 통한 열손실 계산
- 그림자 : 건축물에 생기는 음영 계산
- 환기 : 필요한 공기의 양, 열회수 정도 그리고 기밀테스트 경과 등을 입력
- 난방에너지 : 월별에 따른 난방에너지 소요를 계산
- 난방부하 : PHPP에 따른 난방부하 계산
- 여름 : 여름철 실내에 생기는 평균온도 이상의 빈도를 계산
- 그림자-S : 여름철의 음영관계를 계산
- 여름환기 : 여름철 환기 콘셉트
- 급탕 및 분배 : 난방장치와 급탕의 열손실
- 태양에너지를 이용한 급탕
- 콤팩트시스템, 보일러
- 전기 : 전기 소용량
- 보조에너지
- 일차에너지 계산
- 기후 데이터
- 냉방장치 및 냉방부하 등등의 세부사항을 다루는 쉬트가 있다.

---

9 Wiener Bauordnung 2008, § 106

현재 독일어권에서는 PHPP에 몇 가지 사항이 더 보충되어야 한다는 의견이 많다. 에너지에 관계되는 면적계산과 내외부 볼륨, 외부면적 등에 대한 보강이다. 현재 모든 PHPP의 증명에 관한 면적은 모두 실용면적 즉, 내부 전용면적에 한정되어 내외부 비교가 불가능하고, 시행되는 일반 건축법규에 의한 면적계산과의 관련이 부족한 까닭에서다.

우리나라에서의 면적계산도 현재 바뀐 건축법령에 따르면 구조체 중심선을 기준으로 할 때 에너지 관련 면적과는 서로 달라지므로 이에 대한 작업도 병행되어야 할 것이다. 특히 열교를 계산하는 것도 예를 들어 DIN EN V 18599 그리고 DIN 4108에 따른 계산의 경우 외부 마감선을 기본으로 하기 때문에 이용자 입장에서 혼돈이 없도록 기준을 확충해야 한다.

우리나라에서 이용되는 총량제 소프트웨어 중에는 내부면적을 기준으로 독일의 DIN EN V 18599를 사용하는 경우가 있는데, 두 개의 연결은 불가능하다. 독일의 기준은 내부가 아닌 외부 외피선을 기준으로 하고 관련된 기준들 역시, 특히 EnEV의 볼륨계산도 외부면적에 기인하기 때문이다. 이럴 경우 결과가 좋게 나오는 것이 일반적이다. 다른 말로 PHPP에 따른 계산을 충족하지 못해도 위의 기준에 따라 계산하며 패시브하우스가 될 수도 있다는 것이다. 더불어 PHPP에 추가되기를 바라는 것으로는 A/V관계, V/에너지면적, 창호면적과 에너지 면적의 대비 등을 통한 서로의 비교이다. 이는 일차적인 컨트롤 도구로 PHPP로 끝까지 계산하지 않더라도 어느 정도 건축주나 건축가에게 처음 계획 당시에 언급할 수 있는 장점이 있다.

한국에서도 최근 작업되고 있는 내용이지만 설득력 있고 통일성 있는 중요기후별 분리와 이런 데이터를 꼭 PHPP만이 아니라 다른 시뮬레이션 프로그램과의 호환도 쉽게 이뤄져야 한다. 우리나라의 경우에는 지역적 특성이 너무 강해 스위스의 일반화된 Meteonorm이라는 기후 데이터 외에 국내 기후를 호환하여 사용할 수 있도록 하는 것이 좀 더 현실에 가까운 접근이 아닌가 한다. 물론 Meteonorm에 나오지 않는 지역은 인근 측정소의 데이터를 고려해 변환이 되기에 사용에 있어 주의가 요구된다. 인근 지역이라 할지라도 해발의 차이가 심하다면 반드시 이를 PHPP 기후 데이터에 표시해야 한다.

오스트리아에서는 연구 프로젝트의 수반으로 패시브하우스에 필요한 단열재의 두께를 좀 더 쉽게 예측할 수 있는 PH-Excel-Schatz-Tool der MA 39라는 엑셀프로그램을 개발했다. PHPP처럼 세부적이지는 않지만 중요한 조건에 대해서 다루고 있고 계산의 편의성을 위해 몇 가지 사항은 평균값으로 정한다. 이에 해당되는 것이 각 구조체별 온도계수 및 음영이다.

1
패시브하우스 계획 시
고려사항

어느 사회건 오랜 관습과 전통은 새로운 시도와 적용에 걸림돌이 되는 경우가 종종 있다. 단지 우리만의 문제가 아니며 화려한 건축유산을 가진 유럽 국가도 예외는 아니다.

패시브하우스Passive House, PH는 1991년 이후 수많은 모니터링을 통해 그 효율과 성능이 인증되어 왔고 다른 산업분야의 발전에 비해 놀라운 속도로 보급되고 있다. 그러나 실질적인 성장은 기대치보다는 느리다는 것이 개인적인 의견이다. 독일, 오스트리아, 스위스에서는 시장성 확대의 일환으로 각 국가의 장소성을 염두에 둔 전통적인 건축과 초기투자비를 절감하기 위한 경제적 측면을 강조한 두 경향의 패시브하우스를 위한 연구와 적용이 에너지 절감시대에 편승해 활발하다.

조적이나 철근콘크리트와 같은 중량Solid construction 건물과 대부분 목조로 지어지는 경량Lightweight construction 건물이 그 대표적인 두 유형이다. 비교적 산악지역이 많은 오스트리아와 스위스에는 목조를 근간으로 하는 패시브하우스가 늘고 있다. 건축가 입장에서 설계에 더 많은 시간을 필요로 하는 목조 패시브하우스가 독일에 비해 더 많이 지어지는 추세는 장소성에 근간을 둔 전통성에 그 원인을 찾을 수 있다. 또 다른 이유로는 지역마다 차이가 있는 건축비도 한몫 한다. 과거 독일에서는 돌이나 철이 부족한 산간지역에 주로 목조건물을 지었다. 그 후 70~80년대에 많은 목조건물이 경제성을 내세우며 주로 반조립식으로 보급되었으나, 습기와 단열로 인한 하자 문제로 하향 추세를 면치 못했다. 최근에 와서 심도 있게 대두되는 환경문제와 연계해 목조의 의미를 새로이 되찾게 되었다. 또한 건축자재와 조인트 기술의 향상으로 사전 공장제작구조체, 단열재, 방습층 그리고 설비에 필요한 기본이 이미 공장에서 같이 제작됨의 질적인 향상과 공사기간의 단축으로 인한 합리적인 경제성이 다시금 부각되었다. 더불어 친환경 소재에 더 좋은 실내 환경을 찾는 이들이 늘면서 다시 새로운 활기를 띠고 있다. 혼합형 구조 내벽이나 층간 슬래브는 중량의 콘크리트나 조적으로 하고 외벽만 커튼월처럼 목조로 해결해서 서로의 장점을 적절하게 활용한다. 흔히들 똑같은 모양의 건물을 공장생산해야만 경제성이 있다고 보지만, 사실은 그렇지만은 않다. 또 시장경제의 특성상 같은 형태의 건물을 선호하는 소비자는 거의 없다. 왜냐하면 서로의 요구나 필요사항이 다르기에 그렇다. 현재 중간 규모의 생산업체에서는 보통 하루에 한 채의 주택을 생산해 내고 있는데, 모두 모양이 같은 것은 아니다. 100% 서로 다르다고 보는 것이 옳다. 문제는 공장생산 시 시간 절약과 제작 노하우에 있다.

목조건물은 단지 재료나 그 형태만을 생각하고 목재 자체의 자연성질을 심도 있게 고려하지 않으면 안 된다. 방수, 습기, 틈새바람, 건물의 수명, 에너지 손실 등은 다른 건물에 비해 심각한 결과를 초래하므로 건축가의 책임 있는 참여와 디테일의 해결을 위한 노력이 선행되어야 한다.

우리나라에서는 목재를 대부분 수입에 이존하고 있다. 장시간의 운송과 저장과정, 다양한 설계방식의 부족으로 인한 화학재를 사용한 방부 처리로 목조의 장점인 친환경 재료라는 측면에는 재검토할 필요성이 있다. 또한 비용 상승 때문에 공학용 목재 등에 관한 사용은 많은 한계가 있고, 질적으로도 떨어지는 것이 사실이다. 겉으로 보기에는 막대한 양의 나무가 수입되지만 실질적으로는 목재 다양성이 너무나 부족해 계획 시 많은 한계가 따르는 것은 안타까운 현실이다. 더불어 한정된 단열 재료의 공급과 목조에서의 비효과적인 재료경질의 단열재, 예 : EPS 선택으로 시스템의 다양성과 목조건물의 장점을 최대한 활용하지 못한다는 것도 역시 우리가 안고 있는 문제로 지적된다.

산간지역을 제외한 전통적인 독일의 건축방식은 중량이며 약 90%가 이에 해당된다. 층간슬래브는 과거 목재Beam ceiling를 사용하는 경우가 흔했지만, 요즘은 특히 층간소음 문제로 인해 대부분 철근콘크리트로 대체되고 경사지붕은 대부분 경량인 목재 Roof frame, rafter로 시공된다. 더불어 벽돌 생산업체의 개발 노력과 외단열Thermal insulation composite system 시공과의 연계가 수월해 지면서 많은 시스템이 시장에 공급되고 있다. 특히, 별도의 단열재 사용 없이도 단열 성능이 강화된 벽돌Single-leaf masonry이 제한적으로 패시브하우스의 열관류율Heat transfer, thermal transmission coefficient, U-value, 단위 W/㎡ · K을 충족시키고 있다. 하지만 문제는 창호나 기타 개구부의 보 혹은 햇빛 차단을 위한 스크린 등을 설치하기 위한 구조체 설치 시에 벽체가 단열 성능 향상을 위해 많은 기포를 함유하고 있어 강도가 높지 못하다는 점이다. 그래서 추가적인 보강으로 국지적인 열교를 최대한으로 줄이는 것이 관건인데, 창호의 인방이 대표적인 예이다. 또한 단열 성능이 높은 벽돌은 절단 시에 성능이 좋은 고속톱을 사용하더라도 벽돌 파편이 많다는 것이 흠이다. 조심해서 작업을 하더라도 벽돌 사이에 단열모르타르로 충진해야 하는 경우가 종종 있다. 제조회사에서 홍보하는 패시브하우스용 디테일과 실제 적용에 있어서는 아직은 좀 더 개발되어야 할 부분이 있는 것으로 보이며, 가격면에서도 아직은 경쟁력이 부족하다. 장점으로는 방음성능과 동질의 재질이기에 외부마감이 쉽고 내구성이 좋다는 특징이 있다.

2
구조별 비교,
중량과 경량 그리고 혼합형 방식

독일에서는 '어떤 건축방식이 패시브하우스에 더 효과적인가' 하는 토론이 개개의 생산업체와 연구단체간에 활발하게 진행되고 있다. 그러나 현재 기술 수준에서 무엇이 좋다 나쁘다 단정 짓기에는 한계가 있다. 이는 설계를 하는 건축가의 올바른 재료 선택과 설계, 시공능력과 더불어 건축주의 개인적인 취향에 따라 결과물이 달라지기 때문에 하나의 결론을 내리기에는 무리가 따른다. 서로의 구조를 간략히 비교하여 장단점을 살펴보기로 한다.

난방에너지

중량, 경량 그리고 혼합형 구조 방식 모두가 현재 패시브하우스의 기본조건으로 보는 난방에너지 15kWh/㎡·a실용난방면적당 연간 1.5리터의 난방유 소비와 더불어 일차에너지의Primary energy 경계인 120kWh/㎡·a를 충족시키는 데 기술적 문제는 없다. 이를 만족시키기 위한 패시브하우스연구소PHI, Darmstadt Germany에서 권하는 적어도 0.15W/㎡·K 이하의 외기에 면하는 구조체의 열관류율U-value은 여러 다양한 시스템을 통해 가능하다. PHI에서 말하는 열관류율U-value인 0.15W/㎡·K는 최적조건에 한정할 뿐 일반적인 경우에는 그 이하가 되어야만 패시브하우스 조건을 충족시키기가 용이하다. 0.12W/㎡·K 이하가 되면 계획 시에 여유가 있으며, 어느 정도 입체감을 주기 위한 돌출형 설계도 가능하다.

오스트리아의 OIBOsterreichisches Institut fur Bautechnik의 기준에 따르면 난방에너지는 독일의 PHI보다 강화된 10kWh/㎡·a까지 보기도 한다. 물론 내부면적PHI, Living space이 아닌 외부마감선 면적OIB, Gross floor area이라는 것이 다르다. 건물이 세워질 때까지 난방에너지의 2~3배에 달하는 총소요에너지Grey energy에서는 중량의 건물이 경량의 건물에 비해 약 20% 이상 더 많이 소비하지만 건축방식보다 더 중요한 요소는 건물의 형태A/V관계, 외기에 면하는 외부 구조체의 면적과 건물의 볼륨관계이다. 즉, 응축된 주사위 모양의 건물은 돌출이 많고 긴 건물보다 약 1/3 이상의 총소요에너지를 절약할 수 있다.

실용면적

목조는 구조체와 단열재를 같은 면에 시공할 수가 있어 벽체의 두께가 상대적으로 얇아지므로 실용면적 사용에 있어 더 경제적이다. 예를 들어 외벽의 열관류율이 0.135 W/㎡·K이라면 목조는 약 33.5㎝, 외단열을 한 조적조의 경우는 약 47.5㎝ 두께가 필요하다. 이는 5m × 5m의 공간으로 계산할 경우 약 2.35㎡의 면적차를 보인다. 땅값이 비싼 우리나라에서 가급적이면 벽체 두께가 얇을수록 좋겠지만, 단지 단열성능이 좋다는 이유로 구조에 합당하지 않은 재료를 사용하는 것은 위험하다. 서로의 연관관계 특히, 여름철 단열계획과 습기는 유럽 국가들과 우리나라와는 현격한 차이가 있어 재료 선택에 보다 많은 주의가 필요하다.

건물의 기밀성

에너지 절약이 갈수록 강화되는 현시점에서 기밀층의 형성은 아직까지 우리에게 생소하지만 가장 중요한 요소 중 하나이다. 건물의 기밀성과 단열성능은 구조체와 창호

사이의 틈으로 따뜻한 공기가 통제 없이 손실되는 것과 직결되며, 구조체 내부와 표면의 결로 및 곰팡이 발생 억제를 위해서 세심하게 고려되고 시공되어야 할 부분이다.

철근콘크리트와 같은 중량형의 건물은 구조체 자체가 기밀하여 창호 연결 부위를 제외하고는 다른 별도의 부수적인 공사가 필요 없다. 하지만 조적조는 반드시 내부에 미장마감을 해야 기밀층이 형성된다. 벽돌 사이의 줄눈은 틈이 없는 완벽한 시공이 불가능하고, 이후 크랙 발생을 고려하면 기밀층을 형성하기가 어렵다는 점을 감안해야 한다.

목조의 경우에도 패시브하우스에서 기준으로 정하는 n50 ≤ 0.6/h$_{50pa}$의 압력차일 경우 60%의 실내공기가 시간당 교체가 된다는 의미로 이 수치는 무엇보다도 열교환기가 설치된 공기조화기의 성능을 발휘하기 위한 최소치로 볼 수가 있다. 낮을수록 좋지만 0.3 이하는 노력에 비해 비경제적이다를 충족시킬 수가 있지만 중량형의 건물에 비해 좀 더 세심한 계획이 필요하다. 특히 인증되지 못한 접착테이프 사용은 내구성에 문제를 일으킬 수도 있어 주의를 요한다. 또한 차후의 리노베이션을 염두에 두고 보다 손쉽게 수리와 재시공을 할 수 있도록 시공해야 한다.

일반적인 플라스틱 계열의 기밀제품을 꺼린다면 우리나라에서는 일반적이지 않지만 내부에 15㎜ 이상의 OSB[10]를 기밀층 겸 방습층으로 사용하는 것도 좋은 방법이 될 수 있다. 하지만 반드시 연결 부위는 기밀테이프로 마감해야 한다. 또한 가급적이면 모세관 현상이 원활하게 작용하여 습기를 골고루 펼쳐주는 성능이 강한 목섬유나 재생종이로 만든 셀룰로제를 단열재로 사용하는 것이 효과적이며, 아울러 습기로 인한 피해로부터도 안전할 수 있다.

조적조의 경우는 내부미장이 기밀층을 형성하므로 후에 금이 생기더라도 쉽게 수리할 수 있는 장점이 있다. '제8차 패시브하우스 콘퍼런스' 보고에 의하면 6년 그리고 13년이 지난 후에도 중량과 경량의 패시브하우스의 기밀성은 커다란 변화가 없는 것으로 조사되었다.

우리나라는 아직 북미식 목구조를 주로 시공하기에 OSB 11.1㎜가 외부에 시공되는 것이 일반적이다. 이런 가운데 우리나라에서 최초로 대전 유성구 한 단독주택에서는

---

[10] OSB를 방습층으로 사용하는 경우는 반드시 투습저항을 알아야 하고 사용이 가능한지를 검토해야 한다. 언급된 15㎜는 독일에서 일반적 OSB판을 기준으로 한 것이다.

기밀층 겸 방습층으로 OSB 18㎜를 외부가 아닌 내부에 설치하고, 마찬가지로 구조적 역할을 동시에 갖도록 시공하였다. 단열재는 셀룰로제를 사용하였는데, 기밀테스트에서 n50 = 0.25/h가 나왔다. 이는 수치를 떠나 OSB가 기밀층으로 전혀 문제가 없다는 것을 반증한 예이기도 하다. 건축물리적으로도 투습저항이 높은 자재를 내부에 사용하는 것이 맞다. OSB를 기밀층 겸 방습층으로 사용하기 위해서는 반드시 투습저항계수를 검토해야 한다.

소음차단

소음차단에 있어서는 중량의 건물이 그 밀도와 무게로 인해 단연 효과적이다. 반면 목조는 공기층을 두거나 여러 가지의 보조방법으로 소음 억제 효과를 볼 수는 있지만, 이는 시공비 상승으로 이어진다. 또한 실질적으로는 원하는 소음차단 성능은 계획한 것 보다 부족한 것이 일반적이다. 특히 창호 연결 부위는 기밀층 시공과 같이 틈 없이 처리되어야 한다.

공기가 통하는 곳은 소리도 전달되는 것이 자연의 원리이다. 단독주택을 제외한 다가구주택은 더구나 세대간 소음차단 효과가 높아야 하기 때문에 중량형의 방식 혹은 혼합형을 쓰는 것이 효과적이라고 판단된다. 중량형의 건물에 소위 말하는 외단열 미장공법을 하는 경우에는 보통 EPS단열재는 16㎝ 이상부터 방음 성능이 좋아지는 것을 알 수가 있다. 특히 세대간 칸막이벽의 방음 성능을 높이기 위해 경질의 EPS 혹은 XPS를 시공하면 결과적으로는 공명현상으로 인해 단열재가 없을 때 보다 방음 성능이 떨어지게 된다. 세대간의 칸막이벽 같은 경우에는 반드시 방음 및 소음 전문가와 조율을 하는 것이 나중의 층간소음이나 기타 문제로 인한 소송들을 사전에 줄이는 길이다. 특히 도심지에서는 외부소음의 억제를 위해 같은 EPS의 외단열재라 할지라도 방음성능이 개선된 것을 사용해야 한다.

축열능력과 단열

중량형의 건물은 경량의 목조건물에 비해 열을 실질적으로 저장할 수 있는 축열능력Effectively storage mass이 좋다. 환절기에는 단열성능에 따라 난방을 하지 않아도 되며, 겨울철에도 날씨가 좋은 날에는 특히 창문을 통해 들어온 태양열을 저장해 패시브한 난방으로 사용이 가능하다. 이처럼 패시브한 열을 장시간 보존하기 위해서는 무엇보다 외벽과 창호의 단열성능이 중요하다.

여름에는 실내온도 상승의 억제를 위해 중량Solid construction의 슬래브와 내벽을 이용하고 더불어 창문 앞에 가변형 햇빛차단장치를 설치해야 한다. 축열능력이 적은 목조건물의 경우에는 이 장치가 절대적으로 필요하다. 현재 코어와 내벽은 중량으로 지어지는 공동주택의 경우에는 각 세대의 천장 설치로 인해 구조체의 축열능력을 제대로 이용하지 못하고 있는 실정이다. 여름철 실내의 쾌적성을 유지하기 위해 '패시브한 냉방'의 적극적인 사용과 경우에 따라서는 '액티브한 냉방'의 부분적인 가동도 고려해야 할 것이다.

축열과 단열은 실내환경의 쾌적을 위해서 절대적인 요소이지만 패시브하우스에서는 기밀한 단열Thermal insulation이 축열Heat storage capacity보다 더 중요하다. 즉, 단열성능이 좋은 패시브하우스에서는 소위 말하는 축열과 관계된 외벽의 '시간지연Time lag'이 그리 큰 의미가 없다. 반대로 단열이 좋지 않은 건물에는 축열성능이 제일 중요하다.

경사지붕 : 셀룰로제 단열재
U(열관류율) : 0.21 W/m²K
TAV : 14
Phase 지연 : 11시간
출처 : Ingenieurbüro Bau +
Energie, Dipl.- Ing. Rolf Canters

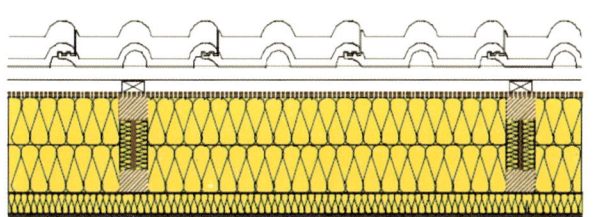

경사지붕 : 글래스 울 단열재
U(열관류율) : 0.21 W/m²K
TAV : 5
Phase 지연 : 6시간
출처 : Ingenieurbüro Bau +
Energie, Dipl.- Ing. Rolf Canters

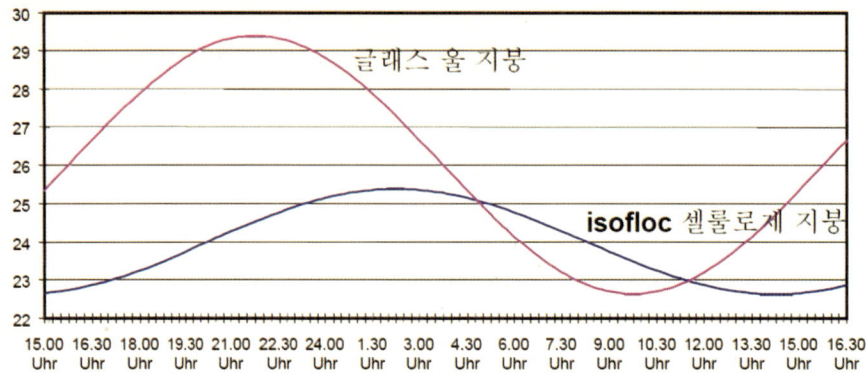

글래스 울 지붕

isofloc 셀룰로제 지붕

단열재 종류에 따른 실내 석고보드 표면온도의 변화. 출처 : isofloc Wärmedämmtechnik GmbH, germany

패시브하우스의 성능에 해당하는 모형건물에 얼음덩어리를 장시간 저장한 후 테스트
출처 : Energieargentur Regio Freiburg 2006

이 원리의 이해를 돕는 실험이 지난 2006년 여름, 독일 Freiburg에서 있었다. 패시브하우스의 단열 성능에 해당되는 두께의 단열재를 작은 목조건물에 시공하고 1,000ℓ 의 용량을 가진 얼음블럭을 넣고 밀폐를 했다. 4주 후, 9월 중순경에 남아 있는 얼음의 양을 검증하는 것이 테스트의 목표였다. 그 결과 한여름 날씨를 지난 후에도 240ℓ 만이 녹았다.

전체 중 약 24%만이 줄어든 것이다. 이를 통해 높은 단열과 기밀은 여름철에는 바깥의 열을 막고 겨울에는 열을 오랫동안 실내에 유지시켜 준다는 것이 증명되었다. 우리가 덮는 이불도 축열성능이 아니라 보온성능 즉, 단열이 좋은 것이다.

공장생산

목조는 공장생산으로 인한 공기 절약과 현장 날씨로 인한 영향이 적어 경제성을 높일 수 있다. 특히 구조체에 남아 있는 수분과 습기를 일반 건축물에 비해 빨리 증발시킬 수 있어 입주 후 예상되는 높은 습기로 인한 문제가 줄어든다. 그러나 우리나라는 조립식구조에 아직 선입견이 많은 편이다. 또한 설계에 대한 노하우가 아직 부족하여 이 부분에 대한 규준을 정립하고 보강해야 한다.

중량 건물의 공장생산은 최근 독일에서도 자주 선을 보이는 추세이지만, 아직까지 일반적이지는 못하다. 공장생산이 활성화되려면 가급적 설계 초기에 설비나 전기, 창호 제작 등 여러 전문 분야의 조합이 우선이다. 하지만 낮은 설계비로 이러한 사전 조율 작업을 기대하기에는 아직은 무리한 감이 있다. 또한 자재 선택의 제한성과 부족한 자재 등은 공정을 앞당기는 데 큰 장애요소로 작용한다. 장마나 긴 겨울 등의 자연적인 요소는 물론이고 인건비가 상승과 함께 노동력의 문제가 예견되므로 장래에는 반드시 공장 생산을 통해 수일 안에 조립하여 이사를 하는 시스템이 주류를 이룰 것으로 예상된다.

창호와 차양장치도 함께 조립, 생산하여 현장에서 조립하는 모습, 출처: Massivhauskatalog 24

실내환경의 쾌적성

쾌적한 실내환경을 위해서는 어떤 구조로 시공하는가 보다는 건축물 자체의 전체 시스템이 어떻게 계획되었는가가 더 중요하다. 패시브하우스에 있어서 단열, 기밀층, 열교방지 계획이 여기에 속한다. 이를 바탕으로 공기조화기의 폐열회수 성능과 냉난방장치 그리고 난방장치와의 합리적인 연결이 필요하다.

열교의 최소와 기밀성이 형성되지 못한 건물에서는 창문을 통한 '패시브 난방'이 의미가 없다. 또한 폐열회수장치Heat recovery, Heat exchanger가 그 성능을 발휘하지 못해 더 많은 보조에너지를 소비하며, 나아가 별도의 보조난방 없이 쾌적성을 기대할 수 없다. 마찬가지로 차후의 관리 문제가 계획단계에서 검토되어야 한다. 특히 공기조화기는 유지관리 계약을 맺어 정기적으로 점검해야 하며, 무엇보다도 필터 점검과 교체가 중요하다. 현재 우리나라의 여러 곳에 지어진 패시브하우스를 보면 부족한 상황에서도 실내 공기질의 전반적인 향상이 있었고, 더불어 아토피 환자들의 경우 그 증상이 호전된 것도 그리 새로운 사실이 아니다. 이 말은 결코 패시브하우스를 대충 지어도 된다는 것은 아니다. 패시브하우스와 비슷하게 짓더라도 현재 우리의 평균적인 주거환경에 비해 비교할 수 없을 정도로 차이를 보인다. 그렇다고 시공자나 설계자가 패시브하우스를 정확히 이해했다고 말할 수는 없다. 왜냐하면 또 다른 예기치 못한 하자가 이어질 수 있기에 그렇다. 특히 한국에서는 습기로 인한 문제가 그렇다. 따라서 개선점을 찾고 적용하는데 노력을 게을리 하면 안 될 것이다.

3
우리나라 기후에
합당한 구조

우리나라의 고온다습한 여름 기후를 고려해 패시브하우스를 건축한다면, 작은 규모의 건물에서 보다 바람직한 구조는 무엇인가?

실내는 중량의 철근콘크리트를 통해 층간슬래브와 코어를 시공하고, 공동주택의 경우에는 벽돌 같은 중량 재질과 같이 조금이라도 여름철 실내온도 안정에 도움을 주는 축열성능이 높은 재료를 많이 사용하는 것이 좋다. 반면 실용면적이 줄어드는 것을 감안해 외부 벽은 목조로 해결하는 혼합형이 바람직한 접근이라고 생각한다.

목조는 구조체인 스터드 사이에 단열이 가능하여 중량형 건물의 외단열 미장공법에 비해 벽체 두께가 얇아지는 장점이 있다. 물론 고층 건물은 목조와의 혼합 사용에 한계가 있지만 법적으로 문제가 없는 높이까지는 적극적으로 검토해 볼 만하다. 더불어 불연자재인 암면을 사용한 외단열 미장공법이나 통기층을 두는 식의 시스템을 고려한다면 고층도 가능하리라 본다.

슬래브를 지지하는 기둥을 일반적인 라멘조로 한 일반주택의 경우에는 시각적으로 그리 좋은 해결책으로 보이지 않는다. 그래서 목조에서 주로 사용하는 설비층의 폭을 일반적인 50㎜가 아닌 약 100㎜ 정도로 한다면, 그 층에 철골 기둥을 일정한 간격으로 설치해 슬래브를 지지할 수 있는 구조도 가능해진다. 구조적으로 그렇게 되면 내부의 벽은 철근콘크리트 계열로 시공해야 한다. 경우에 따라서 크기가 큰 기둥을 설치해야 하는 경우에도 충분히 외부로 보이지 않는 시공이 가능하다. 축열성능이 좋아지는 장점을 제외하고, 기밀층 훼손에 대한 위험 부담이 줄어드는 일석이조 이상의 장점이 있다. 더불어 구조재가 아닌 일반장선이 가진 처짐 현상과 층간소음, 화장실의 방수시공 하자로 인해 생길 수 있는 장선의 부식 같은 문제도 없다.

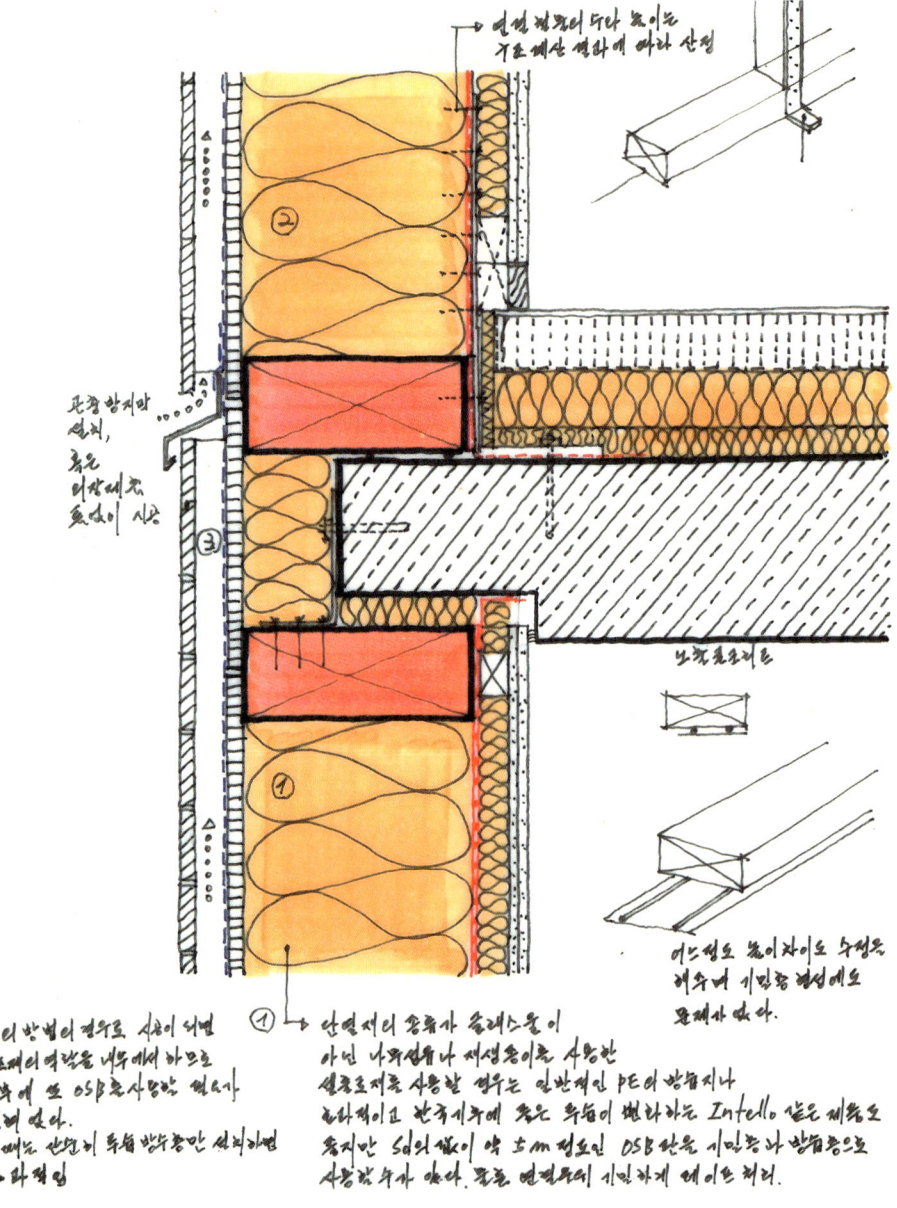

혼합형 구조를 위한 디테일 제안 01 – 혼합형 목조건물 구조 방식 예 / 목조를 커튼월처럼 공장 생산 후 현장에서 조립하는 경우

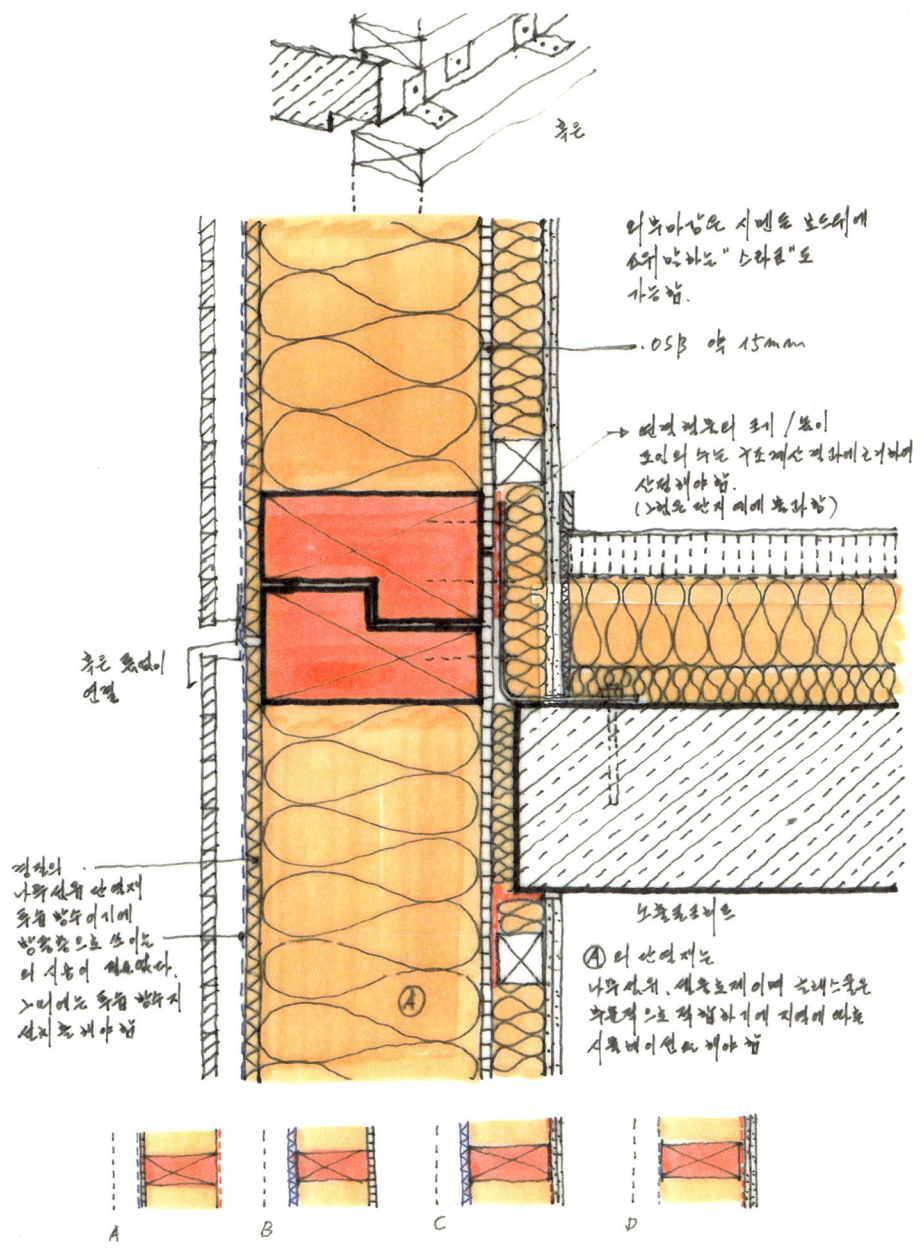

혼합형 구조를 위한 디테일 제안 02 – 혼합형 목조건물 결합 방식 / 목조외벽의 현장 조립

 단점으로는 계획단계부터 구조 전문가와 꾸준한 조율이 필요하다. 목조건축에서
가장 큰 선입견은 습식과 조합하는 방식을 상당히 꺼린다는 점이다. 목조의 구조적
내구성을 유지하기 위함이라고 하지만 목조에 습식구조를 접목하는 경험이 부족하고

시멘트 마감 모르타르 설치 시 정확한 레이어를 모르기 때문에 생기는 불안감도 원인으로 판단된다. 여기에 요즘 이슈로 떠오르는 복사냉난방 시스템을 천장 없이 슬래브에 설치한다면 더할 나위 없는 조합이지만 아직은 구조재에 설치하는 복사냉난방 시스템에 대한 노하우가 부족하기에 좀 더 기다려 볼 일이다. 그러나 이미 많이 사용되는 바닥난방관과 연결시켜 냉방을 같이하는 시스템은 쉽게 가능하다. 이런 시스템을 보완해주는 중간단계로 'PCMPhase Change Material'이라는 제품이 있는데, 원리는 아주 간단하다. 실내가 더워지면 이 재료가 열을 흡수하면서 실내온도 상승을 억제하는 것이다. 고형의 이 재료는 열을 흡수하면서 액체 상태로 바뀌게 된다. 밤 시간에 외기의 온도가 내려가면서 환기가 이뤄지면 함유하고 있는 열을 배출하면서 고형으로 물성이 바뀌게 되고, 다음날 아침부터 다시 열을 축적한다. 그러나 이렇게 열을 흡수하고 다시 돌려주고 하는 순환이 불안정하거나 PCM이 액체 상태로 되면서 열을 흡수하는 온도를 잘못 설정해 시공하면 이 고가의 제품은 사실상 한계에 다다르게 된다. 특히 열대야가 지속될 때에는 별도의 인공적인 장치 없이는 이미 함유한 열을 충분히 배출하기가 어려워 우리나라 기후에서는 충분한 검토와 연구가 필요하다.

단열재인 목섬유와 셀룰로재의 가치

여름철 일교차가 비교적 높은 중유럽에서는 이 사이클이 어느 정도 지켜지지만 경제성 측면에서 아직 많이 이용되고 있지는 않다. 차라리 이런 재료에 주목하는 것 보다는 밀도가 높은 단열재에 투자하는 것이 경제성은 물론 환경적으로도 우리 실정에 더 합당하다고 본다.

가장 좋은 단열재는 밀도가 높고 열전도가 낮은 것이다. 경량의 EPS 혹은 XPS의 경우, 열전도는 EPS 계열의 Neopor가 0.032이고 보통의 EPS는 0.035로 좋지만 밀도는 15~25kg/㎥으로 상당히 낮다. 요즘은 EPS의 경우 0.031까지 제공이 된다. 독일에서 외단열 미장공법에 사용되는 단열재의 밀도는 15kg/㎥이 대부분이다.

글라스 울도 목조에 많이 사용된다. 사실 합당한 재료는 아니지만 외기에 대비한 단열재로는 적은 밀도와 습기조절에 좋은 물성인 모세관 현상이 없고, 가격 경쟁력에서 설득력이 있기 때문에 많이 사용되고 있다. 피해야 할 것은 시공의 편이를 위해 방습지 혹은 크라프트 파피어가 붙어 나오는 북미식 글래스 울이다. 전혀 목구조에선 도움이 되지 않는 조합으로 판단되며, 역결로가 있는 우리나라 상황에서는 검토의 여지가 있다. 목조에서는 열전도율은 다소 높지만 밀도가 높은 목섬유나 재생종이로 만든 셀룰로재의 사용을 고려해 볼 만하다. 축열 및 습기 조절, 그로 인한 하자 발생 억제와 겨울뿐 아니라 여름철 단열까지 생각한다면 우리나라 기후 특성상 일반 방화 성능이 높지 않은 건물에는 가장 합당한 단열재이다.

　재생종이를 사용한 셀룰로재는 간혹 시공한 사례를 찾아볼 수 있지만 많이 알려져 있지 않고, 목섬유는 아직 생산업체가 없다. 이처럼 모세관 현상을 가진 단열재에 대한 경험이 부족하다. 이러저러한 이유로 미국식 혹은 일본식 방습층의 필요 여부를 놓고 많은 혼돈이 있는 것이 사실이다.

　결론적으로 건식인 셀룰로제의 가장 좋은 조합은 가변형 방습지를 실내에 따뜻한 쪽에 설치하는 것이다. 또한 내단열 용도로 시행되는 습식의 경우에는 투습이 원활한 미장과 칠로 마감하는 것이 가장 좋은 시스템이다. 물론 전제 조건이 있는데, 외부 벽에 크랙이 없어 내부로 빗물 유입이 없어야 한다는 점이다.

　다른 대안으로는 패시브하우스를 만족시키는 열관류까지는 아니더라도 ALC블럭을 약 50㎝ 정도의 다양한 조적블럭으로 생산해 내고 부수기자재를 만들어 낸다면, 우리 기후에 적합한 시스템이 될 수가 있을 것이다. 하지만 주의할 것은 시공 중의 수분이 충분이 건조되고, 미세한 크랙에 의해 외벽으로부터 빗물이 유입되지 않아야 한다는 점이다. 그리고 ALC건물의 경우 가급적이면 내부에 실크벽지 같은 투습이 어려운 마감층을 시공하지 않는 것이 곰팡이 발생을 훨씬 줄일 수 있다.

제5장 |

단열계획

1
열환경의
개요와 이해

단열계획은 건물에서 외부로 손실되는 에너지를 줄이는 방법에 관한 것이다. 점점 더워지고 길어지는 여름철을 감안한다면 실내에서 발생되는 냉방에너지를 줄이는 방안까지 확대해서 볼 수가 있다. 건축에서 단열은 겨울만 고려할 것이 아니다. 반드시 각 지역별, 방위에 따라 입면에 미치는 일사량을 반영해야 한다. 더불어 창호의 면적과 에너지 투사량인 g값을 감안해 각 실별로 기능성 여부도 함께 계산해야 한다.

독일은 에너지 절감법인 EnEV과 DIN 4108독일기준에 따라 모든 거주공간은 반드시 단열계획을 세워야 한다. 건축물의 단열은 에너지 절약을 위한 핵심 요소로 가장 먼저 검토할 사항이다. 창호, 벽체, 바닥이나 지붕으로의 열 손실을 '열관류Heat transmission'라고 한다. 잘못된 단열시공은 실내환경에 부정적인 결과를 낳게 되므로 무엇보다도 물성을 정확히 파악해 합당한 곳에 적절한 단열재를 설치해야 한다. 투습저항 계수가 높은 단열재는 단열재의 위치에 따라 벽체의 습기조절 능력을 저하시키고 결로나 곰팡이 발생의 위험을 높여 각 부위별 세심한 계획이 필요하다. 그렇다면 건축가가 설계에 반드시 기본적으로 반영해야 하는 요소와 어쩌면 일생에 한번 꿈을 갖고 건물을 짓는 건축주가 체크할 요소는 무엇인지 패시브하우스의 예를 들어 구체적으로 언급하고자 한다.

건물의 설비가 효과적으로 작동하기 위해서는 기본적으로 세 가지는 꼭 지켜져야 한다. 효과적인 단열계획과 열교의 최소화 그리고 기밀층의 형성이다.

건축에서 단열재 사용의 목적은 온도 차이로 인해 생기는 열의 이동을 줄이는 데 있다. 단열성능을 규정함에 있어 가장 큰 기준은 '열전도'이다. 열전도율(λ)이 낮을수록 단열성능은 높아진다. 열 이동의 종류에는 전도Conduction, 대류Convection, 적외선의 복사Radiation가 있다.

전도(Conduction)

개개의 원자나 입자의 열이 상대적으로 근접한 원자나 입자에 열을 전달하는 형태이다. 보통은 고체 물질에서 이뤄지지만 마찬가지로 정지된 액체나 가스 형태에서도 일어난다. 쉬운 예로 쇠막대기 한쪽 끝에 열을 가하면 원자가 움직이면서 에너지가 많아지게 되고 상대적으로 에너지가 적은 다른 방향으로 열에너지가 전도되는 것과 같다. 이러한 열전도를 통해 온도의 상쇄도 진행된다.

열 이동은 온도 차이와 자재의 열전도 성능에 따라 달라진다. 보편적으로 다른 경우에 비해 가스 형태에서 열의 전도가 낮아서 단열재는 미세공극이 많다. 공극이 많은 단열재라 할지라도 전도를 통한 열의 이동은 보통 60% 이상 된다. 표시는 λ로 하며 단위는 W/mK이다. 재료가 함유하고 있는 함수율 정도에 따라 열전도는 달라지는데, 물이 공기보다 약 25배 이상 열을 잘 전달하기 때문이다.

대류(Convection)

대류를 통한 열의 이동은 입자의 이동흐름과 연관이 있으며, 효과적인 열의 이동이 가능하다. 난방시스템에서 물의 순환이 바로 대류를 통한 열의 이동이다. 대류의 형태가 펌프나 팬 같은 장치나 바람으로 인해 생길 경우는 '강제 대류', 밀도 차이로 생기는 대류는 '자연 혹은 자유 대류'라고 표현한다. 기체나 액체 상태 사물의 밀도는 온도가 상승할수록 낮아지는데, 이는 가벼워진다는 의미로 더운 공기나 액체가 위로 올라가는 이유이다.[1] 라디에이터의 온도를 높이고 얇은 종이 한 장을 그 위에 두면 잠시 후 데워진 공기로 인해 종이가 움직이는 것을 볼 수가 있다. 단열재의 단열효과를 높이기 위해서는 무엇보다 먼저 대류를 통한 열의 이동을 최소화해야 한다. 이는 보통 입자의 크기가 작은 시스템을 통해 가능하다. 고체인 사

---

1 공기의 밀도는 +25°C 1,1839 kg/m³이며 ±0°C 1,2920 kg/m³로 온도가 상승할수록 가볍다.

물에는 대류로 인한 열의 이동은 입자들이 이동할 수가 없다. 마찬가지로 진공 상태에서도 대류를 통한 이동은 매개체인 공기가 없어 불가능하다.

복사(Radiation)

복사를 통한 열 이동은 그동안 소홀하게 간주해왔던 것이 사실이다. 복사는 입자와의 접촉이 없어도 열의 이동이 가능하며, 각각의 자재는 그 온도에 따라 열을 방출하기도 하고 흡수 혹은 분산시키기도 한다. 전체 에너지 이동에 있어서 복사열의 양은 온도가 낮은 경우에는 그 양이 미비하다. 공극이 있는 자재의 복사는 무엇보다 자재 밀도와 구조에 큰 영향을 받는다. 밀도가 높을수록 복사로 인한 열의 이동은 제한을 받게 된다.

단열계획에 앞서 경제성의 이유로 주로 많이 사용되는 '스티로폼비드법 EPS, Expanded polystyrene' 단열재가 환경적으로 무조건 좋지 않다는 선입견을 버려야 한다. 물론 생산 시에 나무섬유와 같은 친환경 소재의 단열재보다 더 많은 일차에너지를 소비한다. 하지만 실질적인 사용에 있어 건강에 무해하며, 소비된 일차에너지는 사용기간 동안의 에너지 절약을 통해 회수되므로 전체적인 시각에서는 문제가 없다.

마찬가지로 모든 미네랄 울글라스 울이 폐에 치명적이라는 것도 잘못된 것이다. 중요한 것은 입자의 크기이다. 독일은 미네랄 울에 대해 최소 입자의 크기가 정해져 있다. 길이는 보통 몇 ㎝이고 지름은 약 3~5㎛로 호흡 시 폐로 들어가 암을 유발할 위험이 높았던 1996년 이전의 미네랄 울 보다 그 규정이 강화되었다. 2000년 6월부터는 검사 표시 등급이 없는 제품은 사용이 금지되었다.

독일에서는 스티로폼비드법, EPS, Expanded polystyrene으로 외단열 시공 시에 일정 규모 이상의 건물은 특히, 화재 예방과 확산을 억제하기 위해 개구부 주위에 혹은 두 개 층마다 층간에 불연단열재를 설치하면 B1 즉, 난연성으로 인정된다. 22m 이상의 건물의 경우에는 난연성이 아니라 불연성 자재인 미네랄 울 혹은 암면으로 보통 외단열 미장 마감을 한다. 아니면 통기층을 갖고 있는 시스템을 사용하며 통상 글래스 울에 투습 멤브란이 부착되어 방풍기능이 강화된 제품을 사용한다. 저자의 개인적인 의견으로는 현재 B1인 난연성 등급의 EPS재질을 개구부와 이층마다 불연재를 사용해서 시공한다 할지라도 그 위험성은 완벽히 사라지는 것은 아니다.

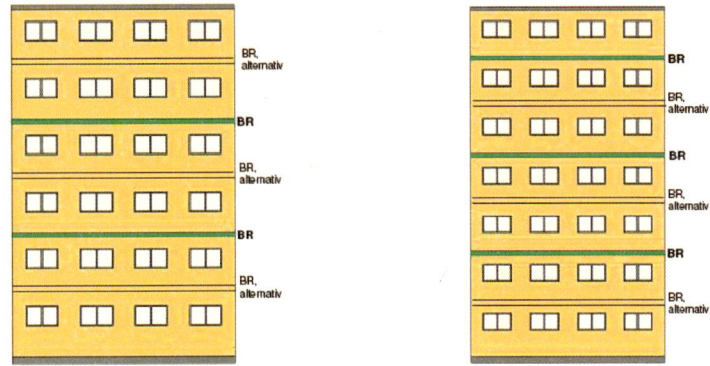

외단열 미장 시 화재 확장을 막기 위한 불연재(녹색). 출처 : Fachverband WDV, Germany

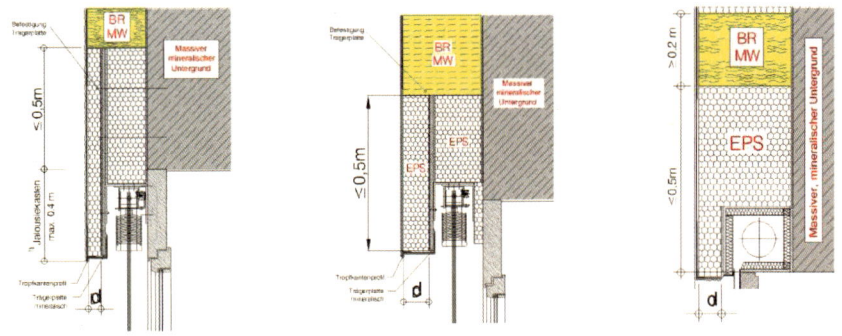

d의 두께에 따른 불연재의 위치와 두께(노란색) 첫 번째는 d=100mm 이하 두 번째 세 번째 그림은 d=100mm 이상인 경우. 출처 - Fachverband WDV, Germany

단열재 사용에 있어 가장 중요한 것은 품질관리이다. 양생과 저장과정에서 필요한 기간을 준수하지 않고 바로 현장으로 단열재를 반입하면 결국은 대부분 하자특히 외단열 미장마감의 경우로 이어진다. 무엇보다 각 단열재의 물성을 기준화 하는 작업이 선행되어야 생산자에게 현장에서 발생되는 문제에 대한 책임을 물을 수 있다. 재료의 생산뿐 아니라 각 단열재가 건물 부위별로 어디에 사용이 가능한 지에 대한 기준도 시급히 마련되어야 건축가나 시공자의 일이 훨씬 줄어든다. 이러한 기준은 전체적으로 질적인 관리 측면에서 장점도 있지만 결과적으로는 하자 시 책임 규명이 명확해져 건축주나 기타 시공자의 권리를 보호하는 장치가 되기도 한다. 허가 시에 받은 물성에 관한 기준치를 현장에 반입된 제품이 준수하는지는 자재를 제공하는 곳으로부터 동일한 물성임을 증명하는 서류를 받아놓는 것이 좋다. 단열재를 등급제로 분류하는 현재의 국내 상황은 단지 단열재를 위한 구분에 불과하지 사용자를 위한 기준은 아니다. 사용처별로 단열재를 분리하고 허가번호 및 물성치를 단열재에 표기한다면 사용에 있어 혼돈을 줄이고 하자를 줄이는 방편이 될 것이다.

패시브하우스에서 외단열 시스템의 경우, 경제적인 이유와 작업의 편이성으로 인해 주로 스티로폼EPS이 사용되며 경량의 목조건물은 미네랄 울, 암면, 셀룰로제, 목섬유 그리고 이런 단열재를 조합한 시스템을 쓴다.

단열계획에서는 중간에 끊어짐이 없어야 한다는 점에 주목해야 한다. 일반적으로 문제가 되는 부위는 옥상이나 지붕이 외벽과 만나는 지점, 외벽과 개구부, 발코니 그리고 외벽과 지하 혹은 기초와의 연결 부분 등이다. 이를 흔히 '열교지역Thermal bridge'이라고 한다. 구조적인 측면에서 지하 특히 부분적으로 난방이 되는 경우에는 연결 부위를 열교 없이 계획하는 것은 상당히 어렵다. 또한 지하주차장과 주거공간이 함께 있는 건물의 경우에는 더욱 어려운 상황이라 계획단계부터 열교 억제를 고려하지 않으면 나중에 변경하기가 불가능하다. 구조적인 것이 우선 순위이기에 완벽하게 분리하는 것은 어렵지만 열교를 최소한으로 줄일 수는 있다. 구조체를 양방향에서 1m 정도 단열재로 감싸는 것도 경제적이며 효과적인 방법이다. 대표적인 것이 지하층의 기둥이다.

요즘은 구조적으로 성능 좋은 단열재가 선보여 바닥슬래브 아래에 비교적 수분에 강한 경질의 단열재XPS를 깔고 그 위에 바닥콘크리트를 타설, 외벽의 단열재와 '완벽한 연결'이 가능하지만, 일반 비드법의 EPS보다 비싼 것이 단점이며 이 용도를 위한 테스트와 자재성능의 표기가 아직 부족한 것이 우리의 상황이다.

우리가 흔히 동결선 문제로 인한 80~100㎝ 깊이까지 설치하는 줄기초도 효과적인 열교 차단을 위해 단열계획에서 고려되어야 한다. 부가적인 물과 습기에 강한 단열재압출법, XPS, Extruded polystyrene를 패시브하우스의 경우 수평 방향으로 약 1.25m, 적어도 8㎝ 두께로 시공하면 줄기초를 할 필요가 없고, 겨울철 결빙의 위험도 없다. 결빙은 기초 부위의 강수 혹은 지하수로 인해 생기기 때문에 기초 부위가 배수가 잘되는 토양과 구조이면 걱정할 일은 아니다. 동결선 아래로 물이 모이지 않도록 하여 결빙을 방지하고 그로 인한 부동침하의 문제를 예방하는 것이 동결선의 진정한 의미일 것이다.

신축, 재보수 혹은 문화재 건물이냐에 따라 단열의 시스템을 선택한다. 무엇보다도 외관이 보존되어야 할 가치가 있는 기존 건축물이라면 외단열Thermal Insulation Composite System, 혹은 Exterior Insulation Finish System은 선택 대상에서 여러 제약조건이 따른다. 그러나 그 외의 경우에는 외단열을 건축물리적 측면에서 추천하고 싶다. 물론 패시브하우스에서 목조와 치장벽돌의 연결을 이용한 중간단열도 가능하다. 일반적으로 외단열에 비해 비싸며 아직까지 중공층을 연결하는 철물의 길이가 독일 기준인 DIN1503-1에 따라 패시브하우스 조건을 만족하기에 제약도 있다. 일반적인 건물에서 단열재가 개구부 부근에서 끊어지므로 패시브하우스에서의 적용을 꺼리는 경우도 있지만 두꺼운 단열재로 인해 충분히 설계적으로 열교를 억제하는 디테일도 가능하다.

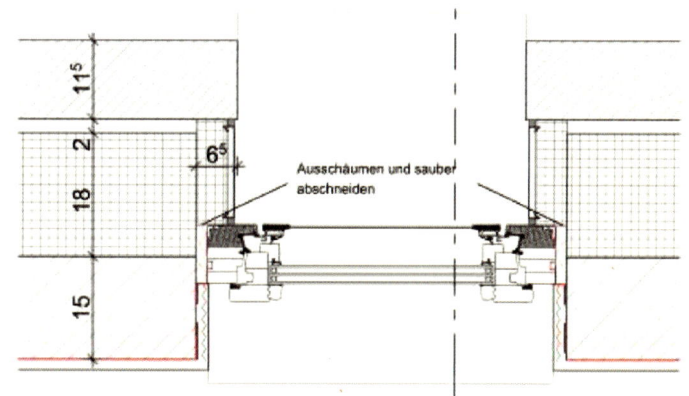

평면상세, 출처 : Architekturbuero Thiel, Muenster

중공층에 사용되는 앵커의 예로 현재 검사 허가증에 따라 360mm까지 가능하다(단열재 두께 최고 200mm), 300mm까지 가능한 시스템도 제공되고 있다. 출처 : Multi-Luftschichtanker Fa. Bever, Germany

건축물의 단면을 계획할 때는 무엇보다도 단열층과 구조층, 방습층Vapour barrier, 기밀층Airtightness이 어디에 있는지 명확해야 한다. 더불어 경량의 목조나 스틸하우스의 경우에는 방풍층의 위치도 중요하다. 이를 위해서는 전체적인 시스템의 경계와 간단한 상세계획이 무엇보다도 선결과제이다.

2
단열재의
종류 및 특성

    단열재는 많은 공극 속에 갇혀 있는 정지된 공기로 인해 단열과 방음의 성질을 갖는다. 독일에서는 DIN 4108-4에서 열전도율이 $\lambda < 0.15 W/mK$ 이하의 재료를 단열재로 구분하고 있다. 우리나라에서는 일반적으로 열전도율이 $0.058 W/mK$ 이하의 단열성을 가진 재료를 말한다.[2] 공극에 갇힌 공기가스의 열전도가 일반 액체나 고체에 비해 훨씬 낮아서 단열효과가 좋은 것으로 생각하면 이해하기가 쉽다.

    요즘 쓰이는 인공적인 단열재는 약 1870년경에 유리와 암석을 녹여서 만든 섬유를 그 시작으로 보고 있다. 유리섬유의 굵기가 지금과 비교해 현저히 커서 열전도율이 높았다.[3] 20세기 중반에 이르러 단열산업의 급격한 발전으로 열에 덜 민감하고 단열 성능이 강화된 얇은 미네랄 섬유가 등장하였다. 특히 경질이나 소프트형의 단열재와 무기질 재료를 사용한 공극이 큰 단열재도 생산되기 시작했다. 현재 다양한 종류와 형태의 단열재가 공급되고 있으나, 우리나라에서는 아직 그 선택의 폭이 좁은 것이 단점이다. 외단열 미장공법EIFS에서는 단지 몇 가지만의 단열재만을 사용할 수 있다. 단열재는 무기질과 유기질로 나눌 수가 있고, 유기질은 자연적 혹은 인공적인 원자재에 따라 세분되기도 한다.

---

2 환경 및 시간경과에 따른 건축용 단열재의 열전도율 변화에 관한 실험적 연구, 大韓建築學會論文集 計劃系 19권 12호(통권182호), 2003년 12월

3 Cammerer, W. F. : Warme-und Kalteschutz im Bauwesen und in der Industrie, Springer Verlag, Berlin Heidelberg 1995

3
단열 방법의
종류와 장단점

외단열(Outside insulation)

　외단열Outside insulation은 건축물리적으로 가장 효과적인 방법이다. 시공성과 경제성 면에서는 내단열 보다 떨어지지만 열교의 최소화 측면에서는 내단열에 비해 월등히 효과적이다. 외단열의 가장 큰 장점은 구조적인 면에서 철근콘크리트나 조적처럼 외벽이 중량인 경우 외부의 온도차에 민감하게 반응하지 않는다는 것이다. 철근이 부식된다든가 볼륨의 변화 혹은 길이의 변화나 균열의 문제로부터 비교적 안전하므로 구조체의 내구성을 보장해 준다. 또한 내부의 열을 상대적으로 오랫동안 저장하므로 난방 에너지 절약에 효과적이다.[4] 특히 여름철 외기의 변화에 대응하여 기존의 건물방식에 비해 민감하게 반응하지 않으므로 실내온도의 상승을 억제한다. 이 효과를 더 증가시키기 위해서 축열이 높고 밀도가 큰 단열재[5]가 사용되기도 한다.

　구조체에서 열성능은 내부에서 외부로 가면서 높아진다. 간단히 말해서 내부의 열이 더 천천히 빠져나가게 해야 한다는 의미이다. 앞서 외단열이 건축물리적으로 가장 효과적인 해결책이라는 것도 이와 같은 까닭에서다. 물론 외단열이 가지고 있는 문제

---

4 패시브하우스연구소(PHI Darmstadt)에 따르면 중량형 건물의 난방에너지 세이브는 다른 건물에 비해 약 4% 정도를 보인다.
5 가장 좋은 단열재는 열전도가 낮고 밀도가 높으며 축열 성능이 좋은 것이다. 목섬유, 셀룰로제가 그 대표적인 단열재에 속한다.

점도 있다. 외단열과 반대로 설계되어야 하는 것이 방습Vapour barrier이다. 온도에너지 차이로 생긴 습압Vapour pressure의 차이는 외부와 내부의 평형Vapour pressure equalization이 이루어질 때까지 계속해서 구조체를 통해 밖으로 또는 안으로 이동하게 된다. 이 과정을 습확산Vapour diffusion이라고 한다. 자연계의 평형 원칙이 이 습기를 움직이는 원동력이다. 습기를 많이 저장했다가 건조 시에 다시 습기를 돌려주는 나무나 황토 같은 재료는 실내습기 조절에 탁월하지만 콘크리트[6]나 시멘트 모르타르는 건축물의 습기를 조절하는 데 그리 효과적이지 못하다. 그래서 아파트 같은 실내에서 답답하거나 건조함을 느끼는 경우가 많은 것이다.

실내 습기 조절을 위해 벽 전체를 황토나 나무로 시공할 이유는 없다. 왜냐하면 표면에서 2㎝ 정도만이 습기 조절에 가장 많은 역할을 하기 때문이다. 1㎝ 정도의 시멘트 모르타르보통의 일반 주거건물의 경우 보다는 석회시멘트Lime cement나 아니면 공극이 큰 재료들이 좋다. 시멘트 모르타르도 1.5~2㎝ 정도면 그나마 상태가 나아질 것이다.

외단열 마감 시스템의 역사

1957년 독일의 Berlin-Dahlem에서 당시 도장 장인Master의 집에 최초로 적용되었는데, 이때 경질의 스티로폼이 사용되었다. 바스프BASF가 개발한 스티로폼Stropor이 이런 제품의 대명사가 된 이유이기도 하다. 1960년대 중반 이후 대량으로 사용되기 시작해 1973~74년의 오일 쇼크를 계기로 사용이 급격히 증가했다. 1979년에 이미 독일에만 30Mill.㎡가 시공되었다.

1975년 이후로는 대체 단열재로 미네랄 울을 사용하기 시작했다. 1985년에 외단열에 타일재료가 첨가되면서 시스템의 폭이 넓어졌다. 외단열 마감 시스템의 내구성은 외부에 생기는 시각적인 문제를 제외하고는 그 기능면에서는 일반 미장마감과 비교해 그 수명이 비슷하다.[7] 1970년대 본격적으로 외단열 미장마감 시스템이 적용된 이후로

---

6 일차에너지 소비 측면에서 바라본다면 조적이나 RC조는 목조 건물에 비해 문제가 있는 재료이다. 하지만 우리나라의 고온다습한 여름 기후를 고려한다면 효과적인 재료로 볼 수가 있고, 흔히 콘크리트와 목조를 비교해 친환경적이지 못하다는 주장은 현재 문제가 있는 주거환경의 주범으로 몰아가는 일종의 희생양이다.

7 Fraunhofer-Institut für Bauphysik(IBP)

40년 이상이 지났지만 아직 독일에서는 DIN과 같은 기준에서 이 시스템을 언급하지 않기 때문에 독일 건설기술연구소[8]의 허가서가 필요하다. 현재 독일은 약 700Mil.㎡ 이상이 이미 외단열 시스템으로 시공되었다.

아래 표는 독일 DIN 4108의 최소 단열기준의 변화를 간략하게 표현한 것이다. 먼저 최소 단열 기준의 정의를 DIN 4108-2 2003-07에 따른다면 모든 내부표면에서 충분한 난방과 환기가 이뤄지는 것을 기준으로 한다. 더불어 일반적인 용도를 기준으로 했을 때 결로수와 곰팡이 발생이 전체 그리고 구석에 발생하지 않는 경우에 위생적인 실내 환경을 보장하는 방안[9]을 말한다. 이는 최소 단열 기준이며 에너지 총량제에 따라 계산해야 하는 경우에는 이 기준치 이하로 단열을 해야 하는 경우가 일반적이다.

구조체	DIN 4108-2 1952, 1960	DIN 4108-2 1969, 1974	DIN 4108-2 1981, 1999	DIN 4108-2 2001, 2003
외벽	0.39㎡K/W	0.39㎡K/W	0.55㎡K/W	1.20㎡K/W
지하슬래브	0.47㎡K/W	0.65㎡K/W	0.90㎡K/W	0.90㎡K/W
슬래브(외기)	1.29㎡K/W	1.29㎡K/W	1.75㎡K/W	1.75㎡K/W

외단열 마감 시스템

ETICS = External Thermal Insulation Composite Systems

EIFS = Exterior Insulation Finish Systems

단열재가 모듈화되어 판의 형식으로 접착제접착모르타르, 폴리우레탄나 접시 모양의 고정재화스너를 통해 구조체에 연결된다. 유리섬유 메쉬Mesh를 통해 마감재의 균열을 방지하고 그 메쉬는 시스템에 따라 차이는 있지만 일반적으로 메쉬의 위치는 접착 모르타르의 전체 두께에 외부에서 볼 때 1/3[10] 지점에 위치한다. 메쉬와 단열재 사이의 최소

---

8 Das Deutsche Institut für Bautechnik(DIBT)
9 DIN 4108-2 2003-07
10 그 이유는 그 지점부터 접착력이 가장 많이 증가하기 때문이다. 너무 깊이 위치하면 즉, 단열재와 가까워질수록 상대적으로 큰 금이 가게 되고 접착제 마감층과 최종 마감재가 분리된다. 반대로 마감재에 너무 가깝게 메쉬가 설치되면 상대적으로 작은 금이 발생, 경우에 따라서는 최종마감층이 분리되어 떨어져 나가기도 한다.

두께는 1mm 이상을 확보해야 한다. 그 위에 최종 마감층을 두고 그 위에 마감하게 된다. 물론 성격에 따라서 타일이나 자연석, 적벽돌의 이미지와 축열성능이 높은 개량형 치장벽돌14~20mm 마감도 가능하다. 이때 주의할 사항은 한 회사의 이미 검증되고 인증된 시스템을 사용해야 한다는 점이다. 여러 회사 제품을 혼합해 사용하면 하자 위험이 높아지고 품질 보장을 받을 수가 없다. 독일에서는 여러 제품을 조합한 하나의 허가 시스템이 아니면 공식적으로 시공할 수가 없다. 이런 허가서에는 각 제품의 물성 및 두께, 사용가능한 단열재에 관한 정보가 자세하게 기록되어 있고, 이를 바탕으로 시험을 했기 때문이다. 시스템에 따라 사용되는 고정재, 메쉬의 크기 더불어 접착모르타르 등이 각각 다르기에 그렇다. 물론 건축주가 여러 재료를 구입해 스스로 시공한 경우에는 어쩔 수 없는 일이다.

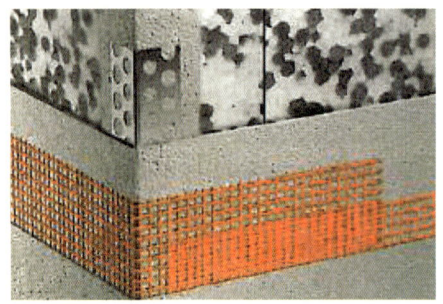

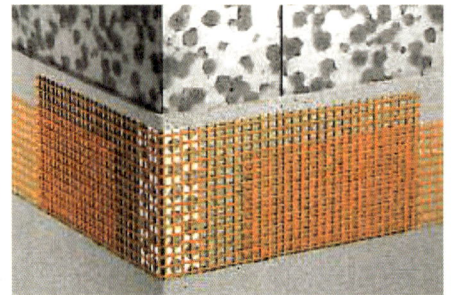

외단열 미장 공사 중 메쉬 설치 개념도, Caparol
WDVS-Handbuch 2009/2010

화스너를 사용한 EPS 단열재의 시공
출처 : Schwenk-Putztechnik, Germany

수많은 단열재 조각으로 퍼즐처럼 맞춘 단열공사,
Energieberater 11/12, 2010

구조체와 단열재의 연결을 위해 사용되는 접착 모르타르는 접착면적이 단열재 판의 40% 이상EPS의 경우 되어야 한다. 이는 시멘트 계열의 접착제나 폴리우레탄 계열의 접착제도 마찬가지다. 요즘은 작업의 시공성을 높이기 위해 폴리우레탄 접착제도 많이 사용된다.

EPS는 단열재를 사방으로 돌아가며 접착제를 붙이고 중간에 몇 군데 더 첨가해야 한다. 구조적인 측면 외에 구조체와 단열재 사이의 공기층을 차단하여 습기가 단열재와 구조체 사이에서 돌아다니는 것을 막기 위함이며, 단열재 자체가 두께가 얇은 마감층으로 인해 열적 팽창과 수축이 심하고 더불어 접시현상으로 불리는 휨 현상을 억제하기 위함이다.

미네랄 울이나 암면Rock wool의 경우에는 다른 방법도 가능하다. 즉 전체 면적을 기계장치를 통해 접착 모르타르로 시공하거나 아니면 10~15mm의 두께로 약 10cm의 간격을 두고 3cm 폭으로 접착제를 구조면에 시공하기도 한다. 접착 모르타르의 면적은 이 경우 보통 60%에 달한다.

창호의 개구부는 구조적으로 약한 부위라 특별히 마름모형의 메쉬로 보강해야 한다. 이는 마감재의 균열을 방지하기 위함인데, 이를 설치하지 않을 경우 모서리 부분에 대각선 모양의 미세 크랙이 생기게 된다. 모서리 부분이 구조적으로나 열적 변화에 있어 제일 민감하게 반응하기 때문이다. 보통은 적어도 30cm×20cm 크기로 보강 시공한다.

폴리우레탄 접착제를 통한 고정.
출처 : Heck, Germany

현재 우리나라에서 시급히 개선되어져야 할 점은 무엇보다도 외단열에 사용되는 단열재의 크기이다. 심한 경우는 온장(1,800mm×900mm)을 단지 몇 개의 화스너로 고정하고 엇갈리게 시공하지 않는 현장이 많다는 것이다. 일반적인 외단열 미장공법에 사용되는 단열재의 크기는 1,000mm×500mm이다. 이는 제곱미터당 보통 4~6개의 고정제 숫자와 작업의 효율성, 더불어 수축팽창의 요소를 고려해 나온 수치이다. 이 정도 크기의 단열재 생산이 어려울 경우에는 적어도 900mm×600mm 규격의 단열재가 시장에 공급되어야 한다.

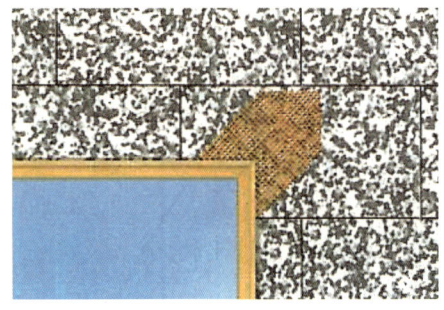

창호 주위를 마감 전에 메쉬로 보강한 모습. 출처 : Quick-Mix, Germany

창호 주위를 메쉬로 보강한 설치 개념도, Caparol WDVS-Handbuch 2009/2010

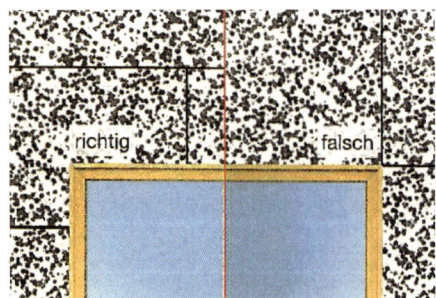

창호 주위에 취부하는 단열재 설치 개념도. 왼쪽은 올바른 시공방식이며 오른쪽 창틀면과 일직선의 시공은 시공의 편이성은 있지만 잘못된 시공방식이다. Caparol WDVS-Handbuch 2009/2010

고정재의 마감 위치는 외단열의 수명을 연장시키고 나아가 구조적 안정과 습기로 인한 문제를 줄일 수 있다. 연결 부위의 머리면이 단열재 면과 일직선인 상태가 마감재의 두께 변화를 줄여줘 가장 보편적으로 사용되는 방법이다. 아래 그림에서 ②번이 일반적인 시공 방법이다. ①번처럼 깊게 시공하는 경우에는 그 위에 이미 공장생산이 되는 단열재 캡을 덮어 다른 단열재와 같은 면을 이루도록 해야 한다. 차이가 나는 부위를 단열재가 아닌 접착제나 마감 모르타르로 시공하면 차후에 시각적으로 다른 색깔 톤이 드러날 수도 있고 두께가 달라 균열의 원인이 되기도 한다. 열교 참조

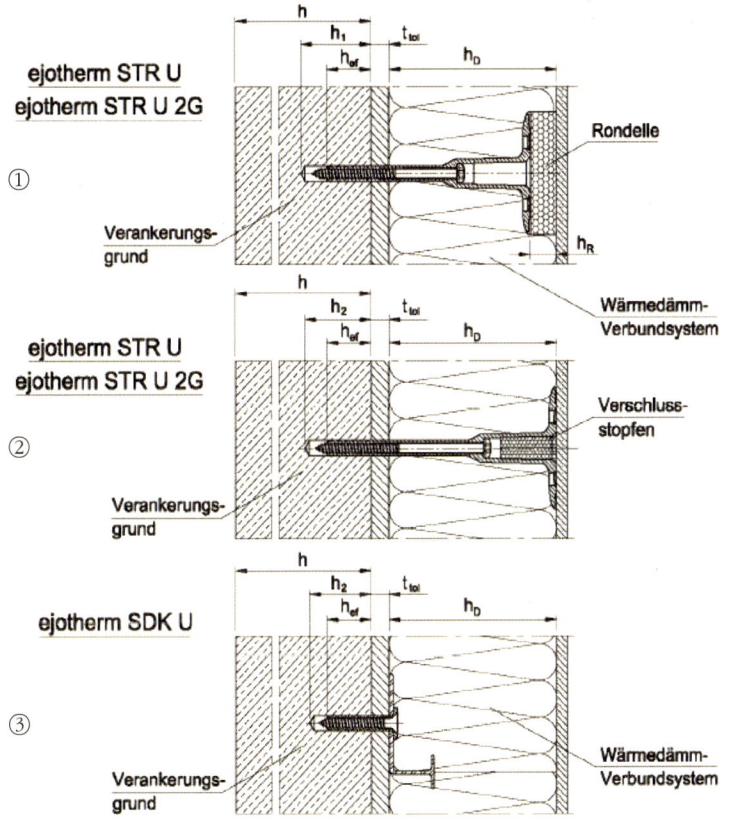

여러 가지 형태의 고정방법. 맨 아래 세 번째 방식은 리노베이션의 경우로 외부 미장의 접착 성능이 떨어질 때 보통 사용한다. 출처 : EJOT, Germany

이때 고정재간의 최소간격도 중요하다. 철근콘크리트의 경우 보통 5㎝, 경량콘크리트의 경우에는 15㎝를 반드시 지켜야 한다. 마찬가지로 각 지역별과 높이에 따른 고정재의 숫자에 관한 정리도 바람의 세기 그리고 고정재의 성능에 따라 시급히 이뤄져야 할 것이다. 더불어 외벽과 고정재의 종류에 따라 고정재의 깊이도 마찬가지로 기준화

시킬 필요성이 있다. 위 제품의 경우는 철근콘크리트는 약 35mm, ALC 경우에는 보통 80~90mm에 달한다.

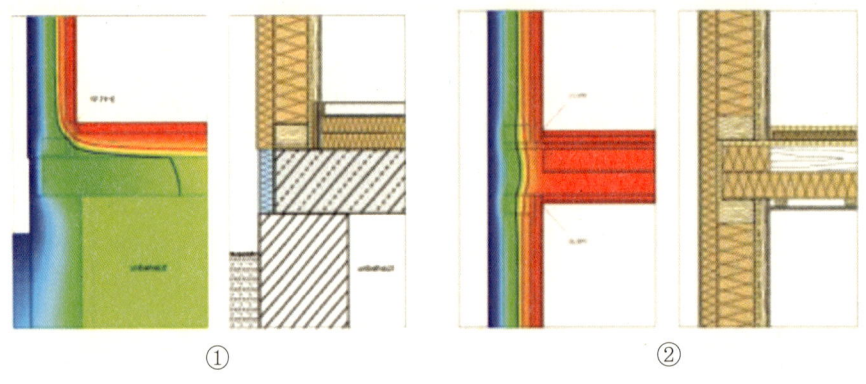

나무섬유와 마감층. 출처 : Pavatex, Germany

요즘은 목조나 경량스틸에도 외단열이 얼마든지 가능하다. 단열재인 나무섬유 위에 나무외장 뿐만 아니라 직접 마감재를 시공하기도 한다. 상단의 ①번 그림에서 단열재 파란색는 습기에 민감하지 않은 것으로 일반적으로 지면에 면해 있거나 땅속에 시공될 때 사용한다.

폴리우레탄도 쓰이지만 보통의 경우는 압출법의 XPS라는 제품을 많이 사용한다. 두 제품 모두 습기나 물에 강해 역전지붕이나 지하단열 시공에도 많이 사용된다. ②번 그림 왼쪽의 열선과 온도를 보면 모두 안정권곰팡이 발생 표면온도 12.6℃에 속하고, 특히 실내온도와의 차이가 줄어들어 결로와 곰팡이 발생의 위험이 줄어든다.

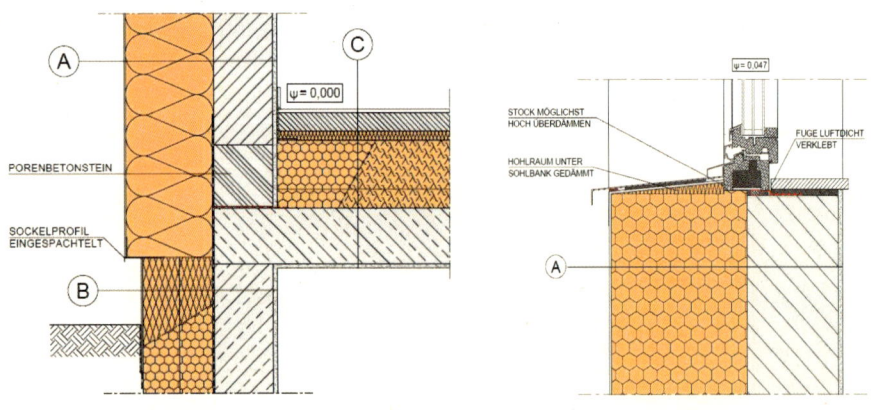

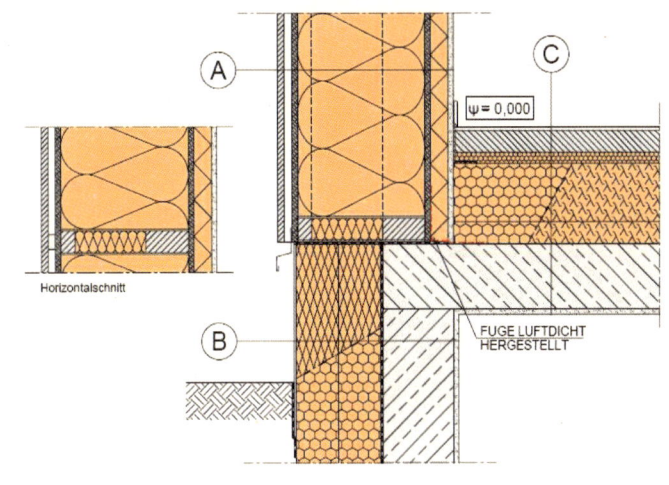

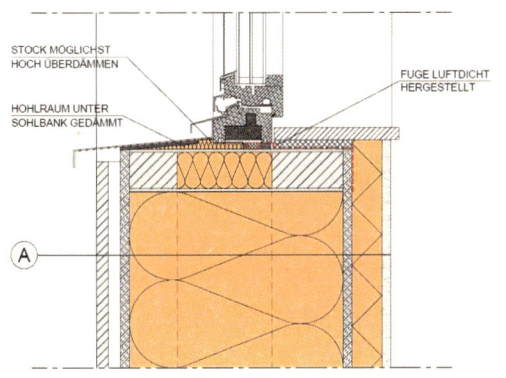

중량형과 경량목구조의 연결 부위 시공방법.
출처 : Gemeinschaft Daemmstoff Industrie,
www.gdi.at

최근에는 이런 경량의 목구조를 TJI라고 하는 시스템을 사용해서 리모델링도 많이
한다. 외장에 여러 가지 변화를 줄 수 있고, 기존의 외벽과 연결시키거나 열교에 있어
서 훨씬 효과적이기 때문이다.

출처 : Bundesministerium fuer Verkehr, Innovation und Technologie, www.hausderzukunft.at

위의 사진은 기존에 철근 콘크리트와 조립식 외피로 되어 있던 학교를 리모델링한 사례다. 건물 외피는 공장에서 사전 제작되어 현장에서 조립되었다. 기존의 특색 없던 콘크리트 외관을 외단열과 목조를 이용해 현대적 감각으로 시공한 좋은 예라 할 수 있다. 학교와 같은 공공시설은 일반 주거건물에 비해 그 디테일이 비교적 간단하고 규칙적인 면이 많아 보다 경제적으로 리모델링이 가능하다. 공공시설에서 무관심했던 에너지 절약에 있어서도 새로운 계기가 될 것으로 기대된다. 우리나라의 경우 학교 건물을 국가나 지방자치단체 사업의 일환으로 추진해 봄직하다.

건축 물리적 관찰

우리 주거건축에도 건축물의 단열 부족이나 열교로 인한 곰팡이 발생이 빈번하다. 그럼에도 불구하고 그리 심각한 문제로 부각되지 않은 이유는 여러 가지 중에서 우리 온돌바닥난방에 그 답이 있다고 필자는 생각한다.

온돌은 다른 난방시스템에 비해서 복사열의 양이 많다. 태양과 지구 사이 우주공간에 공기가 없어도 지구는 태양으로 인해 데워지는 것처럼 복사열은 공기를 먼저 데우는 것이 아니라 사물을 먼저 데운다. 이를 집에 적용하면 실내공기보다 외벽을 먼저 데우기 때문에 결로 현상이나 곰팡이 발생의 확률이 줄어드는 것이다.

- 창호 성능과 열교의 상관관계

창문에 주목해야 한다. 통상 일반적인 창문유리와 프레임이 단열 성능이 제일 취약한 부위로 표면온도가 낮다. 제일 먼저 결로수가 생기는 곳이 바로 창문인데, 실내 상대습도를 조절[11]하는 역할을 하면서 건조한 실내공기의 주된 원인이 되기도 한다. 문제는 창문의 단열성능이 향상되면서 실내에서 표면온도가 가장 낮은 곳이 창문 표면이 아니라 열교 지역인 구석이 된다는 점이다.

과거 유리 성능이 안 좋을 때는 유리에 생기는 결로를 통해 실내의 습기 정도를 파

---

[11] 겨울철 유리의 낮은 표면온도로 인해 인공적인 방법을 제외하고는 실내의 상대습도를 올릴 수가 없다. 실내에서 늘어나는 수증기는 유리표면에서 노점온도로 떨어지면서 결로수가 되기 때문이다. 유리의 성능이 좋을수록 실내의 상대습도도 증가한다.

악할 수가 있었다. 또한 유리에 생기는 결로는 닦아내면 됐지만, 구석에 생기는 결로는 보이지 않을 뿐만 아니라 통제도 불가능하다. 결국 내단열의 취약점과 열교의 제거 없이 단순히 창호 성능을 높이는 것은 더 큰 문제를 낳을 수 있다. 물론 창호에 생기는 결로수가 좋다는 의미는 아니다. 일시적으로 생기는 결로수는 하자에 속하지 않는다.

– 서로 다른 열전도에 의한 열교 발생

외단열의 기능을 제대로 확보하려면 무엇보다도 구조체 안은 물론이고 단열재에 결로수가 없어야 한다. 있더라도 빠른 시간 내에 원활한 투습을 통해 증발해야 한다. 이점을 감안하지 못하고 설계와 시공이 이뤄지면 입면에 곰팡이가 생기거나 혹은 단열재

프랑크푸르트 인근 다세대 건축물 외관에 생긴 외단열 고정재 자국, 단열재로는 EPS를 사용한 것으로 추정이 되며 법적인 면에서는 맨 마지막층의 창호의 높이가 22m 이상이 되므로 불연재를 사용했어야 한다.

를 지탱하는 고정재화스너의 접시 모양점형열교이 시간이 지나면서 비춰지게 된다. 최근 시공되고 있는 단열블럭은 단열재를 고정할 필요가 없다. 하지만 콘크리트 타설을 용이하게 하기 위해 일정한 간격으로 철선을 이용해 목재로 단열블럭을 고정시키는 경우가 있다. 여기서 약 5㎜의 얇은 철선이 일으키는 점형열교를 간과해서는 안 된다. 철선을 가급적이면 짧게 하고 절단하든가 아니면 전용자재로 추가적인 고정이 필요하다.

화스너요즘은 보통 플라스틱 재료를 통해 열교를 많이 억제는 단열재 내부에서 열교의 원인이 될 수 있으므로 생산업체의 시공방법에 준해 시공해야 한다. 열교의 발생 원인은 서로 다른 열전도에 원인이 있다. 보조재 주위로 습기가 많을 경우에도 상대적으로 열을 다른 부위보다 빨리 전달하므로 표면온도가 서로 달라진다. 그래서 눈이 온 후에 특히 알루미늄이나 동판과 같은 마감재 부분에 눈이 더 빨리 녹았음을 볼 수가 있다. 엄격히 보면 표면온도 차는 사실 크지는 않지만, 그 차이로 인한 변화를 확실하게 인지할 수 있다.

플라스틱 재질의 고정재가 점형열교를 줄여주는 것은 사실이지만 플라스틱도 단열재에 비하면 열전도가 빨라 단열캡을 사용하는 것이 더 효율적이다. 더불어 단열캡을 사용할 수 있는 고정재는 따로 있기에 주의해야 한다. 열교는 줄어든다고 하더라도 구조적 문제가 생길 수 있기 때문이다. 예를 들어 곰팡이 발생의 경우 미비한 차이가 표면 변화에 얼마나 영향을 미치는가를 잘 보여준다. 그러나 내부의 열이 구조체로 전달되는 것이 적기 때문에 외부 표면온도가 노점온도 이하로 떨어지는 경우가 단열이 되지 않은 구조체 보다 더 많아 주변 환경이 좋은 시골에선 미생물로 인한 특히, 곰팡이 피해가 더 많다고 볼 수 있다. 왜냐하면 표면의 습기나 수분 증발을 돕는 실내로부터의 열의 투입Input이 적고 마감층 자체가 보통 7~8㎜이기에 상대적으로 축열능력이 떨어지기 때문이다.

축열능력이 부족하면 적은 양의 비가 오더라도 빠른 시간 안에 증발되기가 어렵다. 그래서 외단열 시공에는 깊은 처마가 차후 문제를 예방하는 효과적인 방법 중의 하나이다. 요즘은 이런 부족한 축열성능을 높이기 위해 약 22㎜ 정도의 마감층을 하는 경우가 있는데, 효과는 당연히 우수하다. 다만, 시공비가 약 20~25% 이상 더 상승하는 단점이 있지만, 현재 독일어권에서는 시공이 늘어나는 추세이다.

표면 결로로 인한 문제는 처마 깊이와는 그다지 큰 연관 관계가 없지만야간의 복사열 손실로 인한 표면온도의 저하는 있음 들이치는 비로 인한 문제의 가중을 줄이기 위해서는 적절한 깊이의 처마가 최선책이다.

– 청정환경일수록 곰팡이 발생확률 높아

고온다습한 지역에서는 가급적이면 미네랄 울이나 암면 보다 EPS를 사용하는 것이 함수율 증가로 인한 문제를 줄여 준다.[12] 가장 문제가 되는 부분은 외부 마감재와 단열재와의 경계 부분으로, 이곳에 생기는 결로수는 가능한 빨리 증발되어야 한다. 만일 외부 마감재가 습기의 증발확산을 억제하는 Sd투습저항, 단위 m값이 높으면 결국은 곰팡이뿐만 아니라 결빙을 거듭한 후에 갈라지거나 마감재가 떨어져 나가는 경우가 많다. 특히 마감재가 습기 증발을 억제하는 타일 종류의 재료면 더욱더 신중을 기해야 한다.

최종 마감으로 쓰이는 페인트의 투습율도 검토되어야 한다. 나무도 그 표면이 칠해지지 않은 천연 상태나 습기조절을 덜 떨어지게 하는 가벼운 왁스, 투습성능이 좋은 마감은 괜찮다. 그러나 방수방수제품이라고 할지라도 투습은 가능를 고려해 투습이 거의 불가능한 마감을 한다면 습기 조절 능력이 급격히 떨어지고 단지 장식적인 역할 밖에 없다. 이러한 원리는 외부공간에 설치되는 벤치도 마찬가지다. 관리의 편이성을 위해 방수마감을 해야 한다는 생각은 좋지만 투습이 되지 않는다면 언젠가는 미세한 틈이 생기고 자외선의 영향으로 내구성에 문제가 발생할 수 있다. 이 틈으로 들어간 수분은 공교롭게도 다시 그 틈으로 승발하지 않는다.

미생물과는 다른 곰팡이는 마감층과 단열층 사이 결로수의 영향으로 겨울에는 얼 수도 있고 외장적으로도 문제가 되기도 한다. 특히 우리 환경에서는 여름 냉방을 감안해 신중하게 시스템을 선택하고 앞서 언급한 바와 같이 마감층과 페인트 등 각종 도색의 투습저항 계수를 정확히 계산해 시공해야 한다.

흔히 겨울의 결로수가 여름에 다 증발된다고 가정하지만 때로는 그 반대의 경우도 있기 때문이다. 특히 환경이 도심보다 좋은 계곡이나 강가 주변 지역은 곰팡이로 인한 피해가 도심에 비해 지역적인 상대습도로 인해 더 위험하다고도 볼 수 있다. 즉 호숫가 근처나 강가 근처 지역은 비단 외단열의 경우가 아니더라도 다른 지역에 비해 곰팡이

---

12 Einsatz von WDVS in anderen Klimazonen, D. Zirkelbach, H. M. Künzel und K. Sedlbauer, Bauphysik 26(2004), Heft 6

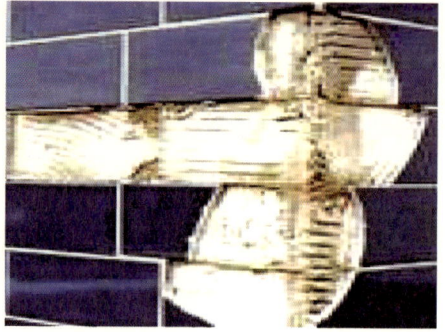

Technische Universitaet Berlin, Fachgebiet Bauphysik und Baukonstruktion

발생의 위험이 높으므로 외부시스템의 신중한 고려 외에 효과적인 실내 환기에 주의를 기울여야 할 것이다.

– 단열재의 축열성능

열전도가 낮은 단열재가 좋고, 가능하다면 축열능력이 높으며 모세관 현상이 좋은 단열재 일수록 습기로 인한 위험성을 줄일 수 있다. 왜냐하면 축열성능이 높을수록 온도가 천천히 내려가며겨울, 더운 여름의 열기에도 덜 민감하게 반응하기 때문이다. 예를 들면 일반 EPS보다 나무섬유가 이러한 능력이 뛰어난데, 결국 밀도와 볼륨과 많은 관계가 있는 것이다. 이로 인해 밤낮의 온도차, 계절별 온도차가 줄어듦으로 구조적인 안정감을 마찬가지로 확보할 수 있다. 겨울철 실내의 무거운 벽속에 저장된 열[13]은 저녁이나 늦은 밤 시간에 다시 쓸 수 있다. 또한 여름에는 이미 실내에 들어온 열을 저장했다가 밤 시간에 이미 온도가 내려간 외부 공기와 환기를 통해 열을 식힐 수가 있다. 즉, 낮에는 이 실내벽이나 외벽의 축열Heat storage capacity으로 실내의 온도 상승을 어느 정도 억제할 수 있다는 계산이다Time-lag. 결국 바깥의 열이 몇 시간 후에 실내에 도착하느냐가 여름철 실내 환경을 결정하고 냉방비를 절감하는 데 영향을 끼치게 되는 것이다.

---

[13] 독일PHI(Passivhaus Institut, www.passiv.de)의 연구결과에 따르면 중량으로 지은 건물의 경우에 난방에너지의 절약은 약 4% 내외이다. 중량형 건물은 난방에너지 절약의 관점보다는 여름철 실내온도 안정에 더 큰 비중을 차지한다. 특히, 여름이 더운 우리나라의 경우는 기밀과 함께 더불어 차양장치를 설치한다면 PCM같은 고가의 재료를 사용하지 않더라도 경제적으로 해결이 가능하다고 본다.

옛날 건물열관류가 높고 단열성능이 낮은은 축열성능으로 인한 지연 효과가 중요하지만, 단열성능이 좋은열관류율이 낮은 건물에는 지연효과가 사실상 큰 의미가 없다. 하지만 우리나라의 여름에는 단열과 더불어 축열성도 좋은 단열재를 시공하는 것이 더 효과 적이다.

　　보통 습도가 70~80% 이상인 상태로 일정기간 유지되면 미생물이 군집하고 표면 이 약간 녹색으로 변하기도 한다. 경우에 따라서는 약간 붉은 색을 띠는 경우도 있다. 내부 습기에 대한 대비도 중요하지만 외부 습기 즉, 외벽으로 흡수되는 직접적인 비에 대한 대책도 세워야 한다. 그런 만큼 표면재료의 수분을 흡수하는 양은 지역의 강수량 에 따라 달리 책정되어야 한다.독일의 경우 DIN 4108-3

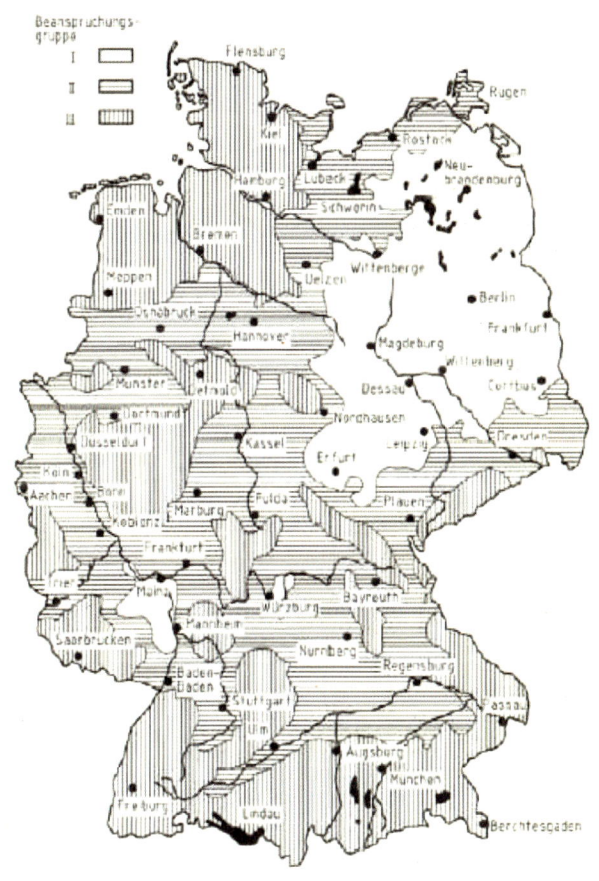

독일 DIN 4108-3에 따른 각 지역별 비로 인해 영향을 표시한 지도로 독일은 강수량 에 따라 총 3그룹으로 나눈다. 출처 : DIN 4108-3, Germany

건물 표면에 생긴 미생물의 군집은 북쪽면에 햇빛이 잘 들지 않아 마감층이나 단열재 내부의 수분이 빨리 증발하지 못해서 생기는 결과로, 독일에서 자주 접할 수 있다. 공기 중에 이런 미생물이 많다는 것은 환경이 그만큼 좋다는 것을 의미한다.

시골로 갈수록 더 심해지며, 외단열의 맹점으로 지적되는 부분이다. 모순되게도 대기 중의 오염이 이러한 현상을 억제해 주기도 한다. 처마 바로 아래 부분은 산성비로 인해 곰팡이나 미생물 균이 그리 심하지 않은 것을 볼 수 있다. 이제는 도심의 길이나 지붕 등에서 이끼라든가 비슷한 종류의 곰팡이를 찾아보기 어렵다. 산성비가 곰팡이 균을 죽이기 때문인데, 외부에 균의 개체수가 적어 실내에서도 문제가 발생하지 않는 것이다.

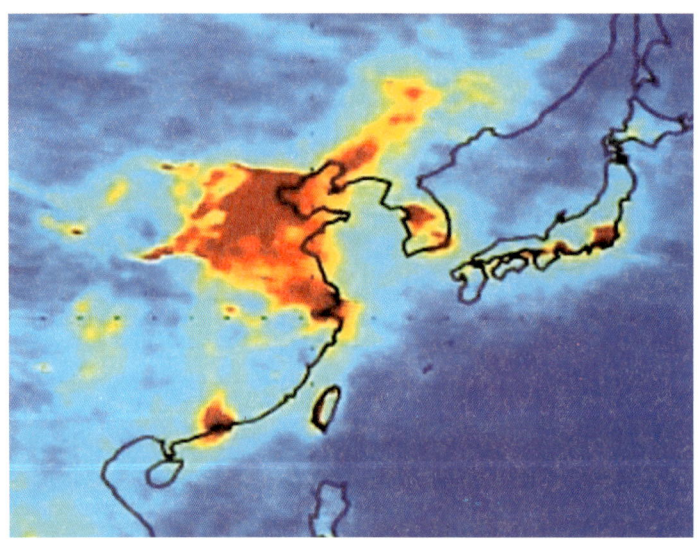

산성비. 출처 : University Heidelberg, Germany

이산화황		물		산소		황산
SO_2	+	H_2O	+	$1/2\ O_2$	→	$H2SO_4$
이산화질소		물		산소		질산
$2\ NO_2$	+	H_2O	+	$1/2\ O_2$	→	$2\ HNO_3$

수분의 증발시간이 지연될수록 오랫동안 수분이 입면에 있게 되면 주변의 먼지를 정전기처럼 모으게 되고 결국 균조류 같은 곰팡이가 발생될 위험이 높아진다.

독일의 한 사무소 건물, Darmstadt.

　　아래 도표에서 보듯이 단열을 한 외벽의 건물은 새벽 2시 이후부터 아침 8시30분경
까지 노점온도 이하로 내려가는 것을 알 수가 있다. 이 시간 동안은 계속해서 미장에
결로수가 생기게 되고 증발하기까지 외기의 상태에 따라 오랜 시간이 걸리게 된다.

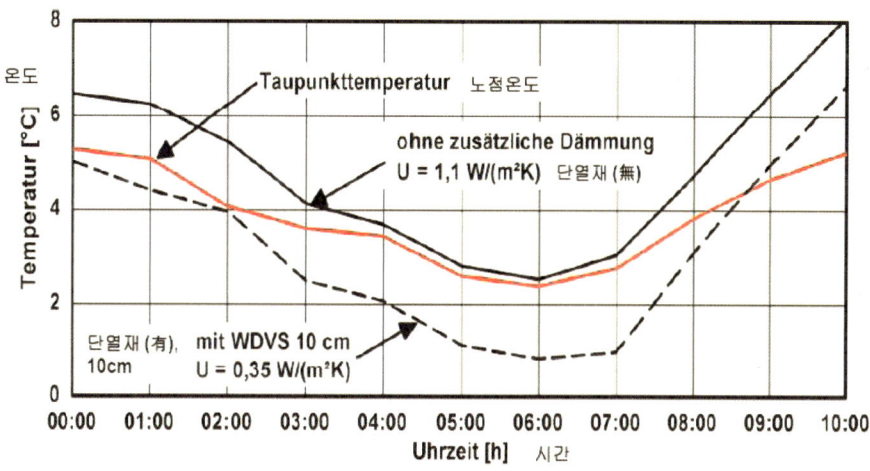

외벽의 노점온도에 대해 단열을 한 건물과 단열을 하지 않은 건물을 비교, 출처 : Hartwig M. Künzel,
Frauhoferinstitut IBP, germany

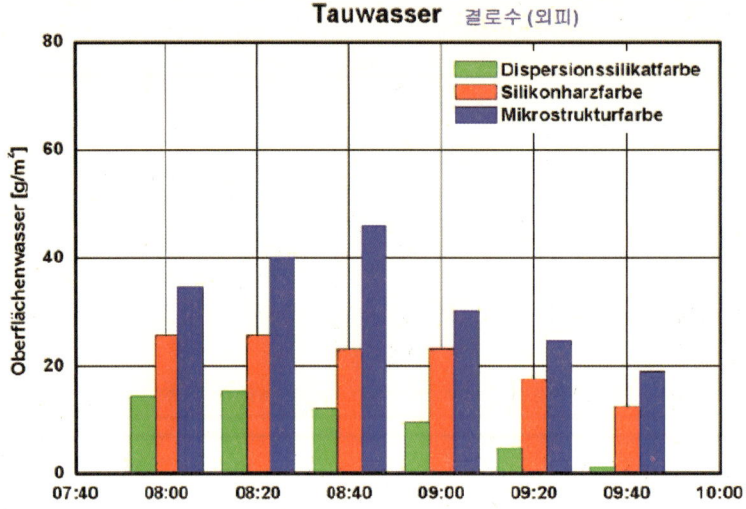

Tauwasser 결로수 (외피)

Oberflächenwasser [g/m²]

- Dispersionssilikatfarbe
- Silikonharzfarbe
- Mikrostrukturfarbe

07:40 08:00 08:20 08:40 09:00 09:20 09:40 10:00

외부마감 페인트에 따라 외피 결로수의 증발 속도를 보여주는 디아그램으로 실리케이트(녹색)가 가장 먼저 증발이되고 곰팡이 발생을 억제하기 위해 특수 처리를 한 페인트는 훨씬 오랜 시간 동안 증발이 되지 않는 것을 보여준다(파란색). 그 중간의 빨간색은 실리콘 계열의 마감이다. 출처 : Hartwig M. Künzel, Frauhoferinstitut IBP, Germany

– 외부 페인트 선택에 있어 주의점

　페인트 생산업체에서는 이러한 문제를 해결하기 위해 과연 무엇을 섞어 페인트를 생산해 낼까? 다름 아닌 살충제 또는 농약 같은 해충제를 섞는다. 그러나 이러한 약품은 조균류나 곰팡이에 반응해야 하기 때문에 물에 녹는 성격을 지닌다수용성이어야 균류와 접촉이 가능하다. 처마가 짧은 건물은 특히, 공동주택의 경우에는 빗물에 씻겨 내려간다고한다. 보통은 그 기간이 5년 이상이라고 시험성적서에 표기되어 있지만, 18개월 만에모두 씻겨 내려가 그 효과가 없다는 스위스 한 연구소Eawag and Empa, 2008의 최근 연구결과도 있다.

곰팡이 발생은 입면의 축열 성능과 얼마나빨리 수분이 증발하는가가 관건이다. 창문과 곰팡이 발생 지역간에 거의 구분이 없다. 위의 건물은 계곡과 강이 만나는 지점에 위치하며 일조량이 부족하며 주위는 산으로 막혀 있다. Eberbach, Germany

이를 가급적 억제하기 위해서는 반드시 약품을 섞어야 한다. Polymer계열의 화학제인데, 이를 사용하면 필연적으로 Sd값투습저항이 올라가고 투습력이 저하되는 결과를 가져온다. 그러므로 독일에서 들어오는 페인트 제품이라고 무조건 신뢰할 것만이 아니라 반드시 이에 대한 검토가 필요하다. 당연히 시험성적서에는 농약이니 기타 인체에 해로운 표시는 살짝 달리 되어 있는데, 보통은 무슨 코팅제라고 표현된다. 물론 모든 시스템이 다 그렇다는 것은 아니다. 다만 다른 형태의 제품보다 비싼 것이 단점인데, 보통 실리게이트Silicate 계열의 제품이 그러하다.

일반적으로 검증이 된 독일어권 제품이라 할지라도 실리콘 계열의 페인트는 반드시 점검하기를 권한다. 에너지 절감의 목표로 환경을 보호한다는 슬로건 아래 알고 보면 사실은 다른 하나의 자연을 다른 형태로 파괴하고 있는 것이다. 해마다 새롭게 나오는 화학 연결 고리를 우리는 충분히 검토하고 실험할 시간이 없다.

독일은 비교적 외부 환경이 좋고 습한 편이라 곰팡이나 조균류가 상당히 많다. 페인트에서 보장하는 기간인 5년 동안 외기에서 곰팡이류가 번식하지 못하도록 하려면 이런 처리방법이 사실은 필수 불가결하다. 그러한 처리를 해도 얼마 지나지 않아 문세가 생기는 경우도 빈번하다.

새로운 친환경적인 대체안이 필요하지만 아직은 못 미치는 듯하다. 우리나라는 독일처럼 식수원이 많이 분리되어 있는 조건이 아니기에 그 장기적 여파는 더 심각하다고 개인적으로 짐작한다. 어떤 연구결과에 따르면 어류조사에서 수컷의 개체수가 더 많아지는 것도 이와 무관하지 않다고 보고 있다.

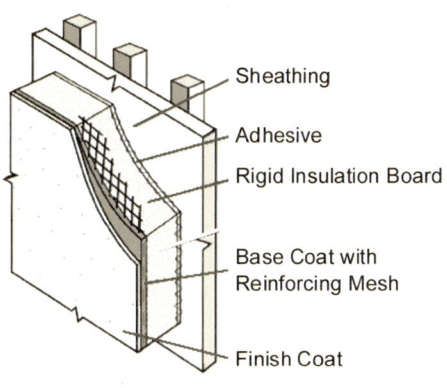

Sheathing

Adhesive

Rigid Insulation Board

Base Coat with
Reinforcing Mesh

Finish Coat

경량목구조 외단열 미장마감 시스템 단면(Exterior Insulation Finish Systems). 출처 : Hartwig M. Kunzel , Frauhoferinstitut IBP, Germany

- EPS를 사용한 외단열 미장공법

　요즘 단열성능을 높이고 열교 최소화를 위해 경량목구조와 스틸하우스에서 EPS비드법 단열재를 사용한 외단열 미장공법을 많이 채택하고 있다. 그런데 외벽에 사용되는 자재의 조합을 보면 불필요한 자재가 사용되는 경우가 적잖다. 먼저 왜 그런 선택이 되었는지 그 원인을 이해하고 사용해야 낭비가 되는 지출을 막을 수 있다.

　우리나라에서 OSB 앞에 투습방수지나 기타 배수를 위한 고가의 메쉬 등을 설치하는 이유는 지난 90년대 중반 북아메리카에서 비롯된 혼합형인 외단열 미장 시스템과 연관된 대단위 습기 피해와 무관하지 않다. 가장 타격을 받은 지역은 노스캐롤라이나 North Carolina로 서부해안 전체 지역과 그 외에 고온다습하며 강수량이 많은 지역에도 같은 문제가 발생하였다. 가장 심하게 문제가 된 것은 단열재를 고정하는 판인 OSB나 MDF, 습기를 먹어 변형된 석고보드 등이었다. 이로 인해 건설 분야는 구조 안정성에 확신이 서지 않게 되었고, 각계 전문가들과 연구자들이 그 원인을 알아내기 위해 소집 Nisson, N. & Best, D. : Exterior Insulation and Finish Systems. Compilation of articles from EDU-Newsletter, Cutter Information Corp., Arlington 1999.되었다. 그 결과 다름 아닌 창호 주위와 각 연결 부위의 틈새로 우수로 인한 빗물이 단열재 내부에 유입된다는 사실을 주 원인으로 판단하였다.[14] 물론 개별 건물의 경우에는 실내 습기가 틈새를 거쳐 확산과 대류를 통해 구조체 내에 습기양이 증가된 경우도 있었다. 더 문제가 된 것은 이런 이유로 생긴 습기의 증발 성능이 상대적으로 낮은 목구조였다. 방습의 성질을 가진 경질의 단열재를 통해 외부로의 습기 증발이 차단되었고, 실내에 시공된 방습지로 인해서는 내부로의 증발도 억제된 것이다.

　이로 인한 대비책으로 중미에서는 새로운 ASHRAE 기준에 잘 나타나 있다. 이 기준에는 비교적 우수에 강한 영향을 받는 건물의 경우 외부로부터 유입되는 습기나 물의 양을 미리 고려한다. 설득력 있는 테스트 결과가 없는 상황에는 예외 없이 표면에 맞닿는 우수의 1%를 방수층Weather-resistive barrier / Waterresistive barrier에 고려해야 하며, 이런 층이 없는 경우에는 1%의 양[15]을 소화할 수 있는 층을 만들어야만 한다. 이것이

---

14 Feuchteverhalten von Holzstanderkonstruktionen mit WDVS – Sind die Erfahrungen aus amerikanischen Schadensfallen auf Europa ubertragbar, Dr.-Ing. Hartwig M. Kunzel, Dipl.-Ing. Daniel Zirkelbach, Fraunhofer-Institut fur Bauphysik
15 ANSI/ASHRAE STANDARD 160-2009

바로 OSB 앞에 볼륨이 있는 메쉬를 통해 유입된 물을 중력의 힘으로 아래로 배수시키고, 투습방수지를 보호막으로 설치하는 이유이다. 그러나 창호개구부의 마감을 북미식으로 하지 않고 내부에 가변형의 방습지를 사용하는 경우에는 이런 위험을 현저히 줄일 수 있다.

– 내단열 시공 시 고려사항

문제는 우리나라 공동주택의 단열이 대부분 내단열로 시공된다는 점이다. 더욱이 화재 예방 차원에서 미네랄 울이나 글라스 울이 단열재로 선택되고 있는데, 이는 내단열재로 최고의 제품은 아니다. 특히 미네랄 울은 습기를 조절하는 능력이 떨어지며, 시간이 지나면서 습기가 물이 되어 중력의 힘으로 인해 아래로 떨어지게 된다. 그런데 그렇게 증발되지 못한 물은 곰팡이의 서식토양이 되고 만다. 이 때문에 미네랄 울로 시공할 때는 꼭 습기를 막는 방습지로 보통 PE비닐을 쓰지만, 그 마저도 시공이 깔끔하지 못하거나 전기배선 등으로 틈이 생기는 경우에는 효과가 없다. 개인적으론 오히려 없는 것 보다 경우에 따라서는 문제가 더 심각해진다고 생각한다. 여름철에 냉방이 되는 건물에는 더욱 심각하다. 겨울철의 결로수가 여름에는 증발되어야 하는데, 냉방으로 인해 여름에도 결로수역결로가 생기기 때문이다. 그래서 개인적으로는 공극이 크고 습기 조절 능력이 좋으며, 모세관 이동Capillary transport을 할 수 있는 규산 계열Calcium silicate의 제품을 권하고 싶다. 이 단열재는 PH값이 또한 높다. 즉, 알칼리성으로 곰팡이가 싫어하는 환경을 제공하고 방습층이 따로 필요 없어 여름 장마 후 구조체 내 습기

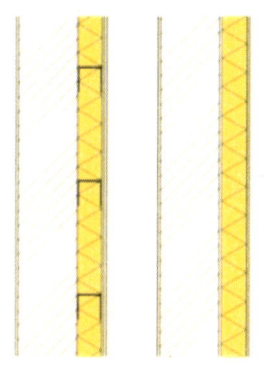

좌) 미네랄 울
우) calcium silicate 단열재

를 내부에서 증발시킬 수 있는 장점이 있다. 다만 열전도율에서 다른 단열재 보다 떨어지는 것이 흠이다. 또한 두께가 효과면에서 한정되어 있다. 혹은 요즘 습식의 셀룰로제를 통한 내단열도 있지만 주의할 사항은 내부마감 투습이 원활해야 한다는 것이다.

기존의 미네랄 울은 고정을 위해 따로 구조체가 필요했으나, 요즘은 미네랄 울도 직접 접착이 가능하다. 즉, 외벽의 내단열 시에 별도의 구조가 필요 없이 경량의 모르타르로 접착이 가능해져 경제성은 물론이고 열교현상

도 미네랄 울에 비해 현저히 줄어든다고 봐야 할 것이다. 조적조 건물의 경우 내단열 시공 시에는 콘크리트 외벽과는 달리 경우에 따라서는 방습층을 설치하지 않아도 된다.

합당한 단열재의 선택이 무엇보다 중요하다. 그 외 목조 건물은 특히, 2층 높이로 연결되어 있는 공간은 습기의 피해를 고려해 건물 기밀층과 방습층의 역할을 동시에 하는 제품의 설치를 권장한다. 층간의 높이차로 인한 압력과 온도의 차이는 부족한 단열과 기밀성의 부족으로 주거환경을 악화시키기에 충분하다 특히 주방이 거실과 연결되어 있는 경우. 또한 지붕 위 또는 서까래 사이에 단열재를 설치했더라도 보통 한 겹으로 설치한 경우에 문제가 발생한다. 공기층이 있는 구조일 경우 기밀층의 구멍을 통해 많은 양의 공기가 외부로 손실되고 실내의 온도차가 커지면서 소위 '웃풍' 이나 침기로 인해 불편함을 느끼게 된다. 아래 부분으로는 찬공기 유입이 많고 윗부분은 실내 더운 공기의 유출이 많아지게 된다.

목조건물 일수록 기밀성에 신경을 써야 되지만 나무라는 재료 자체가 시공 후 건조를 통한 볼륨이 틀려지는 경우가 많음으로 시공 시 무엇보다 함수량을 체크해야 한다. 그래서 가급적이면 화학적 나무 보호재를 사용하지 않는 것이 우선이고 미래의 기밀층 손상을 최소화하는 방법이기도 하다. 준공 후의 예상되는 기밀층 훼손을 예방하기 위해 설비관이나 배선을 위한 일종의 설비층을 외벽 내부에 약 3~5㎝ 깊이로 시공하는 것이 좋다. 물론 실 주거면적이 줄어들고 공사비도 상승한다는 것이 단점이지만 기밀층 보호를 위한 가장 확실한 방법 중 하나이다.

쉬운 이해를 위해 내부 20℃, 상대습도 50% / 외부 −10℃, 상대습도 80%인 경우 수증기압은 실내 2,340Pa, 외부 260Pa이 된다. 공기의 흐름이 자연의 법칙에 따라 내부에서 외부로 흐르게 되는데 습압의 차, 이때 실내 습기의 양은 8.65g/㎥이고 외부는 2.14g/㎥이 된다. 그렇다면 나머지 6.51g/㎥의 습기는 어디에 있는가? 공동주택은 물론 일반 건물에서 현재 주로 행해지고 있는 단열은 대부분 내단열 형식이다. 사실 내단열은 신축의 경우 추천하고 싶은 시스템은 아니지만 상황이 이렇다보니 변화시키기가 아직은 어렵다. 내단열은 단열재 뒤 구조체의 표면온도가 낮은 관계로 결로수나 곰팡이의 발생 확률이 제일 높다. 그러나 차후에 단열 보강 공사라든가 신축에 있어 공기 절감을 이유로 내단열을 선택하고 있는 상황이다.

다시 강조하지만 건축물리적 입장에서 내단열을 추천하고 싶지 않다. 특히 스티로폼EPS이나 미네랄 울을 사용할 경우 방습지의 올바른 사용이 없다면 그 시공의 의미역시 없다. 열관류 프로그램으로 계산하면 그 결과치가 좋더라도 방습지 부실로 습기가 대류를 통해 건물의 높이에 따라 문제가 증가된다. 또한 단열재 사이의 틈은 대류로인해 실제 열관류보다 1mm의 틈이 길이가 1m라 보면 약 4~5배가 높다는 발표도 있다.즉 0.3W/㎡K일 경우 1.5W/㎡K라고 보면 된다. 이와 같이 이론적인 계산치는 실제 현장 상황과는 많은 차이를 보인다. 집이 시간이 지날수록 춥게 느껴지는 것은 바로 이런원리와 무관하지가 않다.

일반적인 습기의 증발보다 더 위험한 것이 대류를 통한 따뜻한 공기의 이동이다. 아울러 단열 성능의 향상을 위해 무조건 두꺼운 단열재를 내부에 시공하는 것 또한 위험하다. 아래에 그러한 문제를 줄일 수 있는 여러 방법을 거론하고자 한다. 아래의 그림은 기본적으로 가능한 단열 시스템이다.

〈그림 1〉 내단열, 글라스 울.

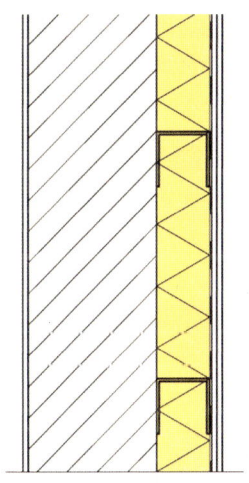

〈그림 2〉 내단열, 글라스 울, 방습층

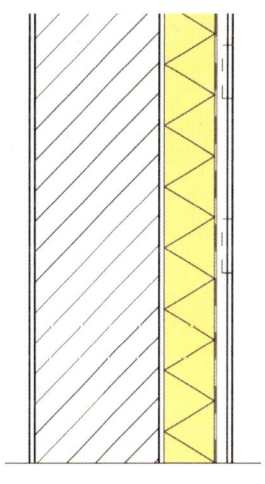

〈그림 3〉 내단열, 글라스 울, 방습층, 설비를 위한 공기층

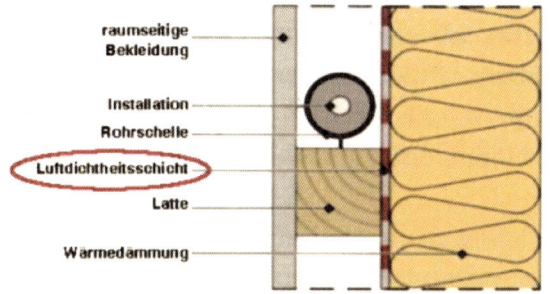

raumseitige
Bekleidung

Installation

Rohrschelle

Luftdichtheitsschicht

Latte

Warmedammung

〈그림 4〉 빨간색으로 표시된 것이 기밀층, 설비시설. 전기나 기타 설비시설의 설치로 인해 기밀층의 파손을막기 위한 최선의 방법이지만, 실면적이 줄어들고 건설비 상승이 된다는것이 단점이다.
출처 : Energiesparinformation 07 Hessen

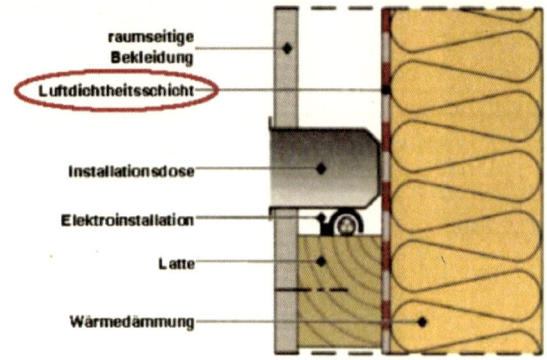

raumseitige Bekleidung
Luftdichtheitsschicht
Installationsdose
Elektroinstallation
Latte
Wärmedämmung

〈그림 5〉 빨간색으로 표시된 것이 기밀층, 전기 콘센트.
출처 : Energiesparinformation 07 Hessen

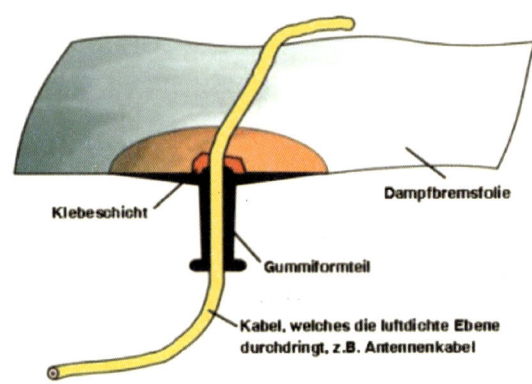

Klebeschicht
Gummiformteil
Dampfbremsfolie
Kabel, welches die luftdichte Ebene durchdringt, z.B. Antennenkabel

〈그림 6〉 배선과 공기 기밀층. 흔히 별 문제 없이 보기 쉽지만 구조 내 습기 증가에 큰 원인이 되기도 한다.
출처 : Energiesparinformation 07 Hessen

〈그림 7〉 내단열, calcium silicate

〈그림 8〉 외단열, 글라스 울, EPS

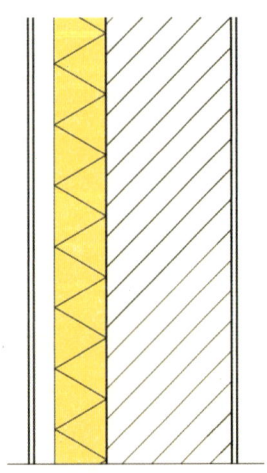

〈그림 9〉 외단열, 글라스 울, EPS, 공기층

결로는 실내의 온도와 습기가 연관 관계를 갖으면서 일정량의 습기가 포화 상태에 이르러 그 온도에서 물 형태로 변하면서 생기게 된다〈그림 1〉. 내단열은 단열재와 구조체, 즉 외벽이 만나는 부분에서 온도가 급강하하므로 그곳에 보통 결로가 생긴다. 만일 그 부분에 대류 역할을 하는 공기층틈이 있다면 그곳은 각종 곰팡이의 서식지로 변하게 될 것이다. 그래서 틈이 없게 시공해야 한다.

조적조에서 구운 치장벽돌이 아닌 습기를 조절하는 재료인 경우 특별히 방습지를 단열재와 마감재 사이에 설치할 필요가 없다. 하지만 만일 단열재와 만나는 구조체가 구운 치장벽돌이나 철근콘크리트 그리고 '니스' 같은 것으로 칠한 재료라면 그 사이 면에 생기는 결로수를 흡수하지 못해 경계면에 물기가 모이기 시작한다. 때문에 절대적으로 방습지를 설치해야만 한다.〈그림 2, 3〉

〈그림 10〉 프로클리마 가변형 방습지,
Intello. 출처 : Pro Clima Germany

방습지라고 다 똑같은 방습지로 생각하면 큰 낭패를 볼 수 있다. 필자가 공개한 디테일을 보고 문의하는 사람들은 대부분 '그림'에만 집중하는 경향이 강하다. 각 구조별로 적어 놓은 '설명'은 소홀히 하는 면이 적지 않다. 즉, 비슷한 디테일이라 할지라도 단순한 1 : 1 적용은 극히 위험하다.

구조에 따라 결로수가 생기지 않을 정도의, 가급적이면 필요한 만큼의 낮은 방습 성질을 가진 재료를 선택해야 한다. 왜냐하면 여름철 역결로현상도 고려해야 하기 때문이다. 이 현상은 글라스 울 같은 재료의 경우 더 심각해진다. 모세관 현상Capillary action 이 글라스 울에는 없기 때문에 결로로 생긴 수분을 내부이든 외부로 전달하는 것이 불가능하다. 결국 무거워지면서 중력에 의해 아래로 물의 형태로 떨어지게 된다. 이런 경우에 대비해 반드시 방습지를 설치해야 한다. 즉, 겨울에는 습기압Vapour diffusion이 실내가 높으므로 내부에서 외부로 진행된다. 따라서 습기를 함유한 내부의 공기가 단열재로 진행되는 것을 막아야 한다. 반대로 여름에는 습기압이 외부에서 내부로 진행되므로 실질적으로는 이 방습지가 필요가 없게 된다. 여름에는 겨울철에 생겼던 수분을 증발시켜야 하고, 여름의 응축수Condesation도 증발시켜야 하기 때문이다Permeable to vapour. 이 때 방습지가 있으면 증발하는데 방해가 된다. 더욱이 경질의 단열재는 방습의 성질을 가지고 있어 여름철의 수분 증발에 저해가 된다. 이는 대부분의 공동주택이 외부의 비로부터 건축적으로 보호되지 않는 설계가 이뤄지는 만큼 더욱 필요하다.

　문제는 그렇다고 계절별로 방습지를 뜯었다가 다시 시공할 수는 없는 일이다. 이러한 이유로 완벽하게 습기를 차단하는 방습지예를 들면 알루미늄 성분이 포함된 방습지, sd = 1,500m는 문제가 된다. 최근에는 이러한 변화하는 상대습도와 계절에 따라 대응하는 제품Intello : Proclima, Germany이 개발되었다. 습기에 문제가 예상되는 건물이나 목조의 건물, 내단열 건물의 경우는 이러한 제품이 쓰이기도 한다〈그림 10〉.

　우리나라 공동주택은 거실과 주방이 서로 연결된 공간 구성이 대부분이다. 습기가 상대적으로 많이 발생하므로 이를 충분히 고려해 볼 방안이다. 단, 여름철 습기의 이동을 돕기 위해서는 글라스 울이나 규산 계열, 투습계수가 높은 나무섬유의 단열재가 일반 경질의 단열재 보다는 우수하다. 참고로 우리나라의 조리 습관은 패시브하우스에는 개인적으로 도움이 된다고 본다. 패시브하우스는 겨울철 실내공기의 상대습도가 지속적인 환기로 인해 일반건물보다 낮기 때문이다. 물론 요즘에는 폐열로 나가는 공기에서 습기를 다시 쓸 수 있게 하는 폐열회수장치가 있지만, 이는 아직 보편적이지 않다. 독일 패시브하우스연구소에선 이런 환경을 이용해서 실내에서 공기조화기와 연계해서 빨래를 건조시키는 것도 이미 테스트를 했다. 개인적으로는 따로 이런 장치를 만드는 것은 별 의미가 없고, 기존의 습관대로 실내에 건조시키는 것이 제일 간단하고 효율적이며 경제적이라고 생각한다.

– 대류에 의한 결로

　화재 위험을 고려해 불연성의 글라스 울 계열의 제품이 많이 쓰이는 것도 이해하지만 방화규정에 문제가 되지 않는다면 습기 조절 능력이 강하고 모세관 활동과 이동Capillary action, transport이 강한 규산 계열Calcium silicate의 제품을 쓰는 것이 우리나라 환경에서는 더 현명한 선택이다. 이 단열재는 방습지를 꼭 설치할 필요는 없다.

아래 계산표는 우리가 흔히 잘 알고 있는 '글레이저Glaser 공식'에 따른 결과로 글라스 울과 규산 계열Calcium silicate의 제품을 서로 비교했다. 그 결로수의 양이 틀리지만 규산 계열 제품이 수년간의 시공 경험과 검사 결과로 보인 성공적인 수치에서 자못 그 차이를 보인다〈표 2~4〉. 왜냐하면 글레이저 공식은 단지 습기 이동의 하나인 이 확산 Diffusion만을 고려할 뿐 다른 흡수 능력이나 태양의 영향, 모세관 활동을 전혀 고려하지 않기 때문이다. 다시 말해 대류로 인한 습기와 결로는 고려하지 않는다. 그런데 이 대류로 인한 결로의 영향이 습기의 확산 보다 더 큰 영향력이 있다는 것을 간과하면 안 된다. 적게는 몇 십 배에서 몇 백 배에 이른다. 최근 하자보고 내용 중에서 각각의 지붕 서까래에서 약 40ℓ의 결로수를 양동이로 받아내는 사진을 보고 놀란 적이 있다. 공기

Baustoffe	Dicke d [cm]	λ [W/mK]	R [m²K/W]	maßg. μ [-]	äquiv. Dicke [m]	Temp.- Verlauf [°C]	Satt- dampf- druck [Pa]
						20.0	2338
Wärmeübergang innen			0.130			17.6	2014
Gipskarton-Platten DIN 18180	1.3	0.250	0.050	8	0.1	16.7	1900
Gipskarton-Platten DIN 18180	1.3	0.250	0.050	8	0.1	15.8	1792
Mineralfaser 040	5.0	0.040	1.250	1	0.05	-7.3	331
Beton armiert 1% Stahl	25.0	2.300	0.109	1.3E002	33	-9.3	277
Wärmeübergang aussen			0.040			-10.0	260
			$R_T = \Sigma(d/\lambda_i) =$ 1.629		$\Sigma S_i =$ 32.8		

$U = 1/\Sigma R_i = 0.61 \ W/m^2K$

〈표 1〉 그림 1을 계산한 표, 단열재 : 글라스 울 5cm, DIN V 4108-2:2003-07

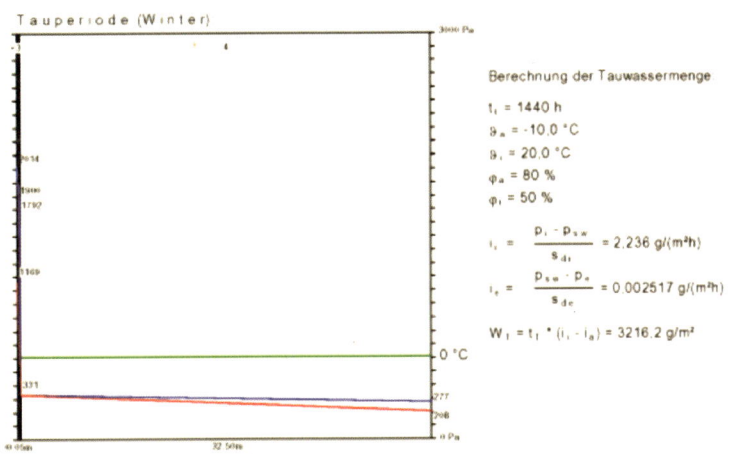

Tauperiode (Winter)

Berechnung der Tauwassermenge

$t_T = 1440 \ h$

$\vartheta_a = -10.0 \ °C$

$\vartheta_i = 20.0 \ °C$

$\varphi_a = 80 \ \%$

$\varphi_i = 50 \ \%$

$i_i = \dfrac{p_i - p_{sw}}{s_{di}} = 2.236 \ g/(m^2h)$

$i_e = \dfrac{p_{sw} - p_a}{s_{de}} = 0.002517 \ g/(m^2h)$

$W_T = t_T \cdot (i_i - i_a) = 3216.2 \ g/m^2$

〈표 2〉 그림 1을 계산한 표, 5cm 겨울철 결로수의 양

기밀층의 부실이 낳은 결과다. 그래서 요즘 건물을 기밀하게 지으려 하는 것이다. 건물이 기밀해지는 것은 좋으나 문제는 환기 습관이 종전과 같고, 전처럼 창호 연결 부위를 단순하게 현장 발포용 단열재로 시공하는 데 있다. 이는 습기로 인한 하자가 예정된 것이나 다름없다. 현장 발포 단열재인 PU계열은 기밀하지 못하고 온도에 따라 변화되는 창호의 열성에 따라 변화를 못한다. 아울러 흔히 밀폐용으로 쓰이는 실리콘 주입 역시 마찬가지이므로 백업제를 시공하지 않은 경우에는 사용하지 말아야 한다.

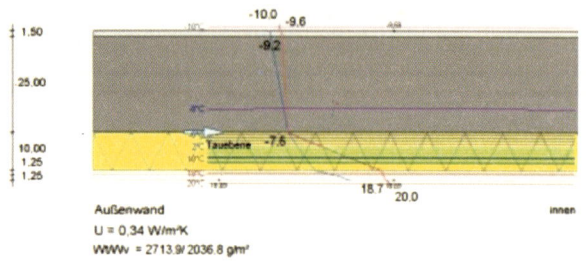

〈표 3〉 온도 변화와 10cm의 미네랄 울, 두 겹의 석고보드

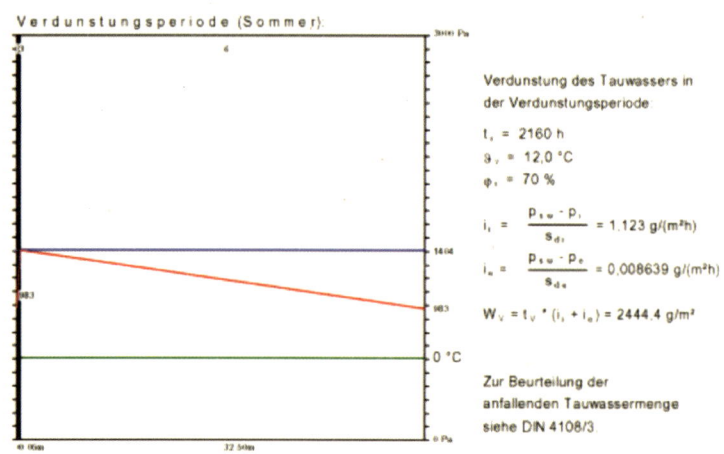

〈표 4〉 그림 1을 계산한 표, 5cm 여름의 증발

　방습층기밀층 없이 시공한 글라스 울의 예를 보면 3,216.2g의 결로수가 제곱미터 당 생기는 것을 볼 수 있다. 기준치DIN 4108-3를 초과 하거니와 발생한 결로수가 여름에 증발이 다 되지 못함을 알 수가 있다〈그림 1, 표 1~2〉. 우리 환경을 고려하면 증발량은 더 적어질 수 있다고 추측되는데, 여름철 높은 습기 때문이다.

Baustoffe	Dicke d [cm]	λ [W/mK]	R [m²K/W]	maßg. μ [-]	äquiv. Dicke [m]	Temp.-Verlauf [°C]	Satt-dampf-druck [Pa]
						20,0	2338
Wärmeübergang innen			0,130			18,4	2112
Gipskarton-Platten DIN 18180	1,3	0,250	0,050	8	0,1	17,7	2030
Gipskarton-Platten DIN 18180	1,3	0,250	0,050	8	0,1	17,1	1951
Mineralfaser 040	8,0	0,040	2,000	1	0,08	-8,1	307
Beton armiert 1% Stahl	25,0	2,300	0,109	1,3E002	33	-9,5	272
Wärmeübergang aussen			0,040			-10,0	260
$R_T = \Sigma (d/\lambda) =$			2,379	$\Sigma S_d =$	32,8		

$$U = 1/\Sigma R_t = 0,42 \ W/m^2K$$

〈표 5〉 그림 1을 계산한 표, 단열재 : 글라스 울 8cm, DIN V 4108-2:2003-07

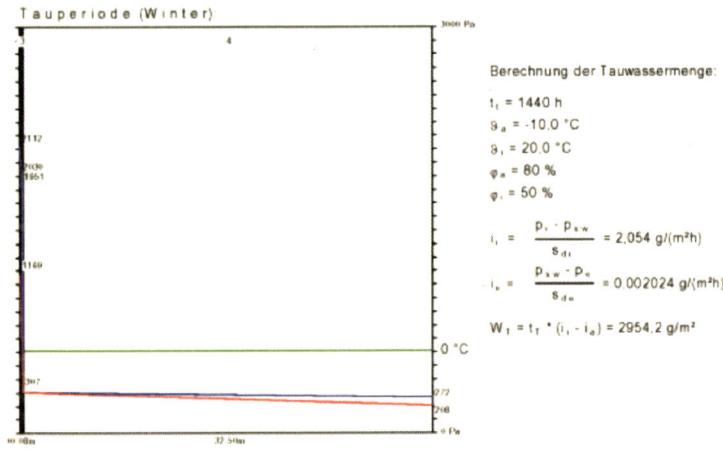

Tauperiode (Winter)

Berechnung der Tauwassermenge:

$t_t = 1440$ h

$\vartheta_a = -10,0\ °C$

$\vartheta_i = 20,0\ °C$

$\varphi_a = 80\ \%$

$\varphi_i = 50\ \%$

$i_i = \dfrac{p_i - p_{sw}}{s_{di}} = 2,054\ g/(m^2h)$

$i_e = \dfrac{p_{sw} - p_e}{s_{de}} = 0,002024\ g/(m^2h)$

$W_t = t_t \ast (i_i - i_e) = 2954,2\ g/m^2$

〈표 6〉 그림 1을 계산한 표, 8cm 겨울철 결로수의 양

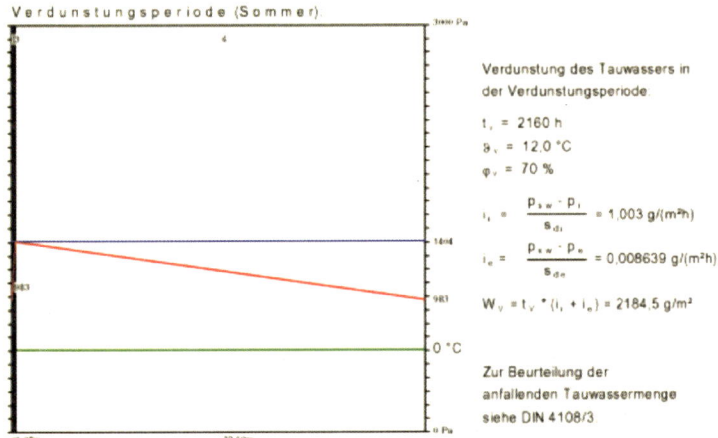

Verdunstungsperiode (Sommer)

Verdunstung des Tauwassers in der Verdunstungsperiode:

$t_v = 2160$ h

$\vartheta_v = 12,0\ °C$

$\varphi_v = 70\ \%$

$i_i = \dfrac{p_{sw} - p_i}{s_{di}} = 1,003\ g/(m^2h)$

$i_e = \dfrac{p_{sw} - p_e}{s_{de}} = 0,008639\ g/(m^2h)$

$W_v = t_v \ast (i_i + i_e) = 2184,5\ g/m^2$

Zur Beurteilung der anfallenden Tauwassermenge siehe DIN 4108/3

〈표 7〉 그림 1을 계산한 표, 8cm 여름의 증발

내단열에서 단열재 두께를 늘려도 사실상의 변화는 크게 없다. 내단열은 보통 8cm를 그 경계로 보는 경우가 많은데, 단열재와 구조체의 표면온도와 상관이 있다. 구조체의 온도가 내려가는 것은 물론이고 구조적으로나 실내 공기의 질적 유지를 위해서도 안전하지 못하다. 즉, 여름과 겨울의 온도차에 따라 구조체도 변화하기 때문이다. 8cm에서 10cm 이상의 단열은 전용면적에도 영향을 끼치며 단열재의 종류에 따라 다르기는 하지만 더불어 두께가 늘어난다고 에너지 절약도 비례해서 계속 늘어나는 것은 아니다. 또한 건축물리적으로도 추천하지 않는다.

Baustoffe	Dicke d [cm]	λ [W/mK]	R [m²K/W]	maßg. μ [-]	äquiv. Dicke [m]	Temp.- Verlauf [°C]	Satt- dampf- druck [Pa]
						20,0	2338
Wärmeübergang innen			0,130			18,4	2112
Gipskarton-Platten DIN 18180	1,3	0,250	0,050	8	0,1	17,7	2030
Gipskarton-Platten DIN 18180	1,3	0,250	0,050	8	0,1	17,1	1951
Folien (PE) d=0,2mm	0,02	1000,000	0,000	1E005	20	17,1	1951
Mineralfaser 040	8,0	0,040	2,000	1	0,08	-8,1	307
Beton armiert 1% Stahl	25,0	2,300	0,109	1,3E002	33	-9,5	272
Wärmeübergang aussen			0,040			-10,0	260
		$R_T = \Sigma(d/\lambda) =$	2,379	$\Sigma S_d =$	52,8		

$U = 1/\Sigma R_i = 0,42 \ W/m^2 K$

〈표 8〉 그림 2를 계산한 표, 단열재 : 글라스 울 8cm, 방습층, DIN V 4108-2:2003-07

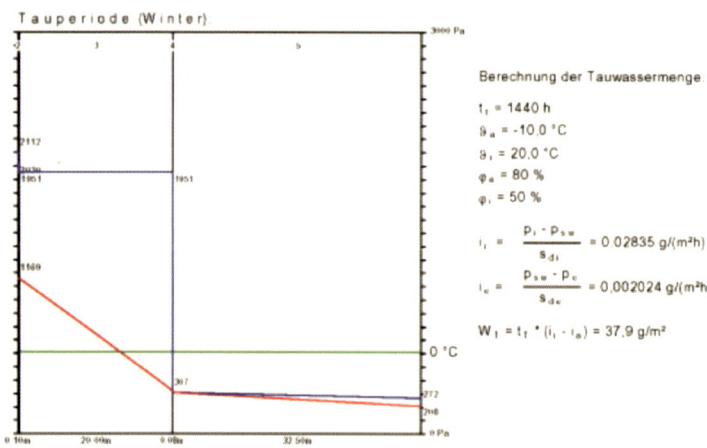

Tauperiode (Winter)

Berechnung der Tauwassermenge

$t_T = 1440 \ h$

$\vartheta_a = -10,0 \ °C$

$\vartheta_i = 20,0 \ °C$

$\varphi_a = 80 \ \%$

$\varphi_i = 50 \ \%$

$i_i = \dfrac{p_i - p_{sw}}{s_{di}} = 0,02835 \ g/(m^2 h)$

$i_e = \dfrac{p_{sw} - p_e}{s_{de}} = 0,002024 \ g/(m^2 h)$

$W_T = t_T * (i_i - i_e) = 37,9 \ g/m^2$

〈표 9〉 그림 2를 계산한 표, 8cm 겨울철의 결로수 양

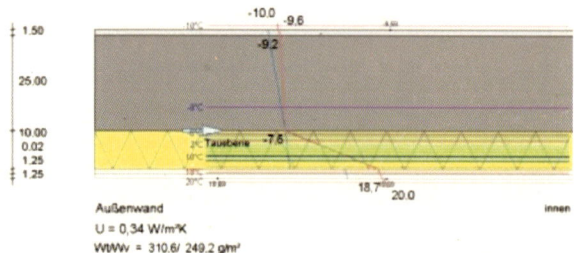

Außenwand

$U = 0,34 \ W/m^2 K$

WtWv = 310,6/ 249,2 g/m²

〈표 10〉 온도변화와 10cm의 미네랄 울, 다른 소재의 방습층, 두 겹의 석고보드

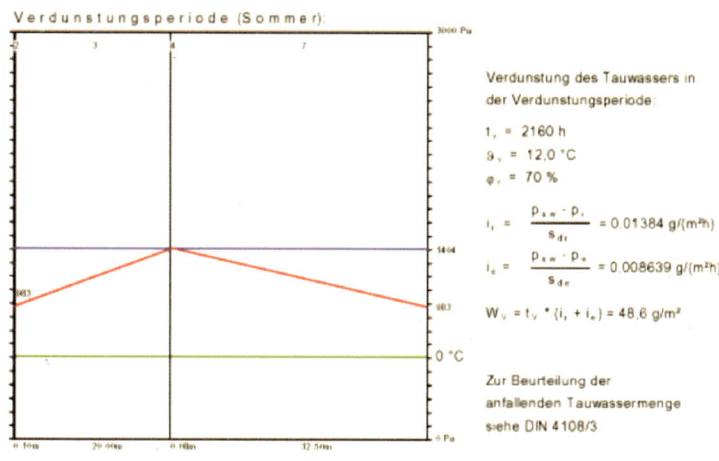

Verdunstungsperiode (Sommer):

Verdunstung des Tauwassers in
der Verdunstungsperiode:

$t_v = 2160\ h$

$\vartheta_v = 12{,}0\ °C$

$\varphi_v = 70\ \%$

$i_i = \dfrac{p_{sw} - p_i}{s_{di}} = 0{,}01384\ g/(m^2 h)$

$i_e = \dfrac{p_{sw} - p_e}{s_{de}} = 0{,}008639\ g/(m^2 h)$

$W_v = t_v * (i_i + i_e) = 48{,}6\ g/m^2$

Zur Beurteilung der
anfallenden Tauwassermenge
siehe DIN 4108/3

〈표 11〉 그림 2를 계산한 표, 8cm 여름의 증발

방습층Sd = 20m을 설치했을 경우 결로수 양이 줄어드는 것을 볼 수 있다. 기준치 이하인 결로수 양으로 계산상으로는 여름에 모두 증발이 가능하다. 그러나 현실은 조금 다르다. 더불어 기밀층의 훼손은 전혀 고려되지 않고 더불어 외벽의 크랙 사이로 유입되는 빗물 등을 전혀 감안하지 않은 계산적인 수치라 현실과 거리가 있다. 여름철 '역결로 현상Summer condensation'을 반드시 감안해야 한다. 자연적으로도 생기지만 특히, 냉방이 되는 경우에도 예상된다. 이때는 겨울철의 습기 유입을 막기 위해 설치한 방습층이 난시 방해될 뿐이다. 이런 경우에는 상황과 계절에 따라 투습계수가 변화하는 방습층의 설치가 효율적이다. 그렇지 못할 경우는 Sd가 낮은, 방습계수가 높지 않은 제품을 쓰는 것이 올바른 선택이다.

Baustoffe	Dicke d [cm]	λ [W/mK]	R [m²K/W]	maßg. μ [-]	äquiv. Dicke [m]	Temp.-Verlauf [°C]	Satt-dampf-druck [Pa]
						20,0	2338
Wärmeübergang innen			0,130			18,1	2083
Putzmörtel aus Kalkzement	1,5	1,000	0,015	15	0,22	17,9	2055
Multipor 80 mm	8,0	0,045	1,778	3	0,24	-7,5	324
Leichtputz <1000	1,00	0,380	0,026	20	0,2	-7,9	313
Beton armiert 1% Stahl	25,0	2,300	0,109	1,3E002	33	-9,4	273
Wärmeübergang aussen			0,040			-10,0	260
		$R_T = \Sigma(d/\lambda) =$	2,098	$\Sigma S_d =$	33,2		

$U = 1/\Sigma R_T = 0{,}48\ W/m^2 K$

〈표 12〉 그림 7을 계산한 표, 단열재 : calcium silicate 8cm, DIN V 4108-2:2003-07

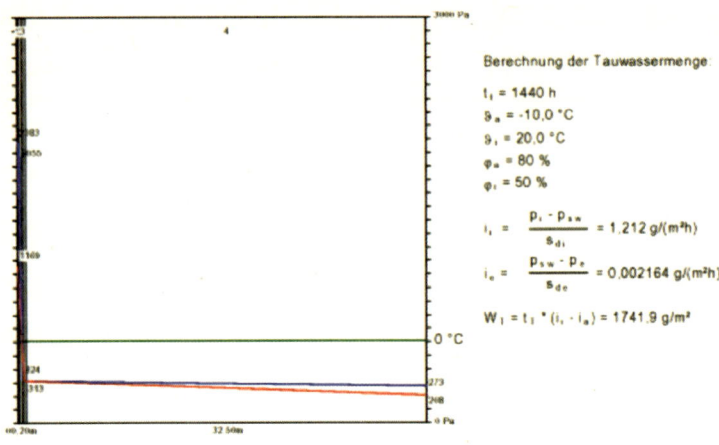

Berechnung der Tauwassermenge:

$t_i = 1440\ h$

$\vartheta_a = -10{,}0\ °C$

$\vartheta_i = 20{,}0\ °C$

$\varphi_a = 80\ \%$

$\varphi_i = 50\ \%$

$i_i = \dfrac{p_i - p_{sw}}{s_{di}} = 1{,}212\ g/(m^2h)$

$i_e = \dfrac{p_{sw} - p_e}{s_{de}} = 0{,}002164\ g/(m^2h)$

$W_i = t_i \cdot (i_i - i_e) = 1741{,}9\ g/m^2$

〈표 13〉 그림 7을 계산한 표, 8cm 겨울철의 결로수의 양

물론 대류를 막기 위해 각별한 시공이 전제되어야 함은 물론이다. 다소 공정이 늘어나지만 배선이나 여러 가지를 고려한다면 〈그림 3~5〉처럼 시공하는 것도 효과적이다. 기밀층이자 방습층이 망가지지 않는 장점이 있기 때문이다.

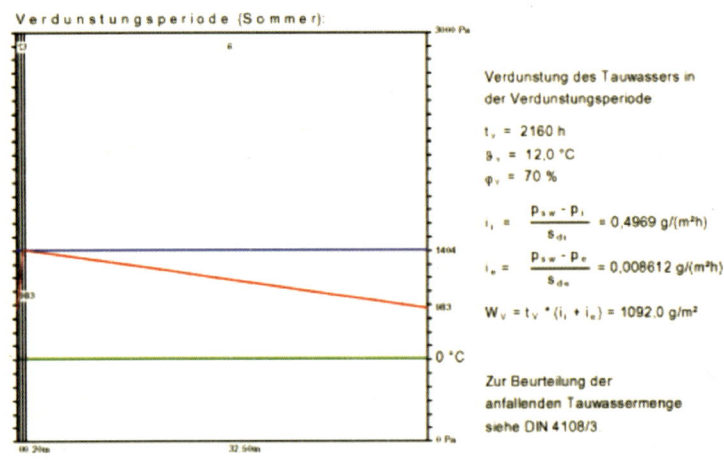

Verdunstungsperiode (Sommer):

Verdunstung des Tauwassers in der Verdunstungsperiode

$t_v = 2160\ h$

$\vartheta_v = 12{,}0\ °C$

$\varphi_v = 70\ \%$

$i_i = \dfrac{p_{sw} - p_i}{s_{di}} = 0{,}4969\ g/(m^2h)$

$i_e = \dfrac{p_{sw} - p_e}{s_{de}} = 0{,}008612\ g/(m^2h)$

$W_v = t_v \cdot (i_i + i_e) = 1092{,}0\ g/m^2$

Zur Beurteilung der anfallenden Tauwassermenge siehe DIN 4108/3

〈표 14〉 그림 7을 계산한 표, 8cm 여름의 증발

이 계산은 글레이저 공식의 한계를 드러내는 대표적인 예에 해당한다. 실질적으로 리모델링 공사에서 외단열이 여의치 않아 내단열로 할 수 밖에 없을 수가 있는데, 이때 방습층의 설치 없이 실제 현장에서 규산칼슘 계열의 단열재가 많이 사용된다. 그

효율성이 증명이 되었으나 계산상으로는 글라스 울 보다 50% 이상의 효과만 보일 뿐이다. 개념은 황토나 진흙처럼 습기를 잘 함유하고 조절하는 데 있다. 화재 위험에서도 글라스 울과 차이 없는 불연성이다. 그 위에 마감을 직접 할 수도 있어 공정상 방습층이 없으므로 경제적이라고 볼 수가 있다. 또한 재료의 성질상 곰팡이 발생을 억제한다. 다만 한국에서의 적용은 반드시 해당 지역의 기후와 실내에서 발생되는 습기량을 같이 시뮬레이션 할 수 있는 Wufi Fraunhoferinstitut, IBP, Germany와 같은 프로그램을 통해 검토하는 것이 좋다. 여름이 건조하고 겨울이 습한 독일에 비해서 우리나라는 여름의 장마라는 고온다습한 기후 변수가 있기에 여름에 단열재와 구조체 사이에 80% 이상의 표면 상대습도가 장기간 생길 수 있는 위험이 있다. 또한 아무리 재료가 알카리성이라 할지라도 틈 사이에, 그리고 시간이 지나면서 표면에 곰팡이가 발생할 위험이 높기 때문이다. 반대로 겨울철에 80% 이상의 상대습도는 단열재와 콘크리트 사이의 온도가 이미 낮으므로 곰팡이의 발생이 상대적으로 낮다. 그렇다 할지라도 전체 구조의 함수량이 시간이 지나면서 건조가 얼마나 빨리 증발되는지 아니면 함수량이 시간이 지나면서 증가하는지가 구조의 안전을 진단하는 척도가 되며, 이런 면에서는 햇빛을 거의 받지 않는 북측면은 위험하다. 이런 여러 기후적 상황을 고려하면 일반적으로 내단열은 우리나라 기후에서는 더욱 위험한 구조라고 볼 수가 있다.

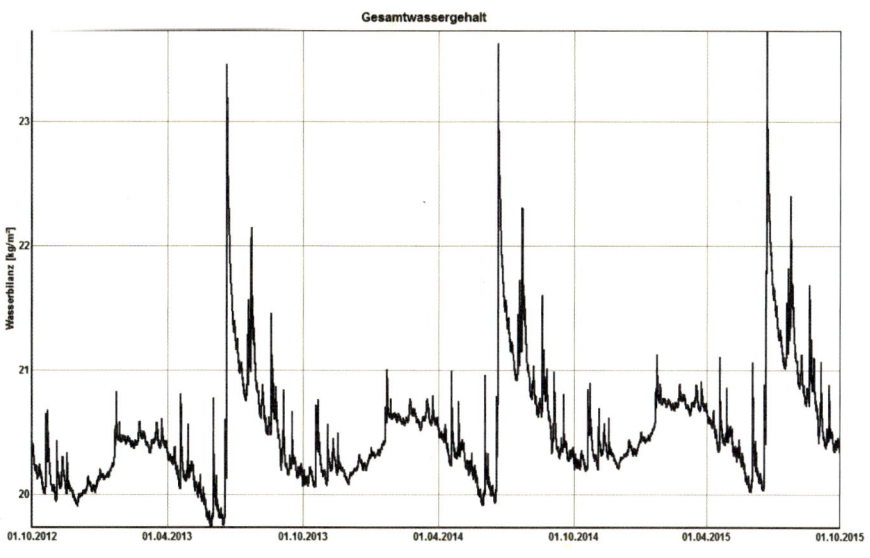

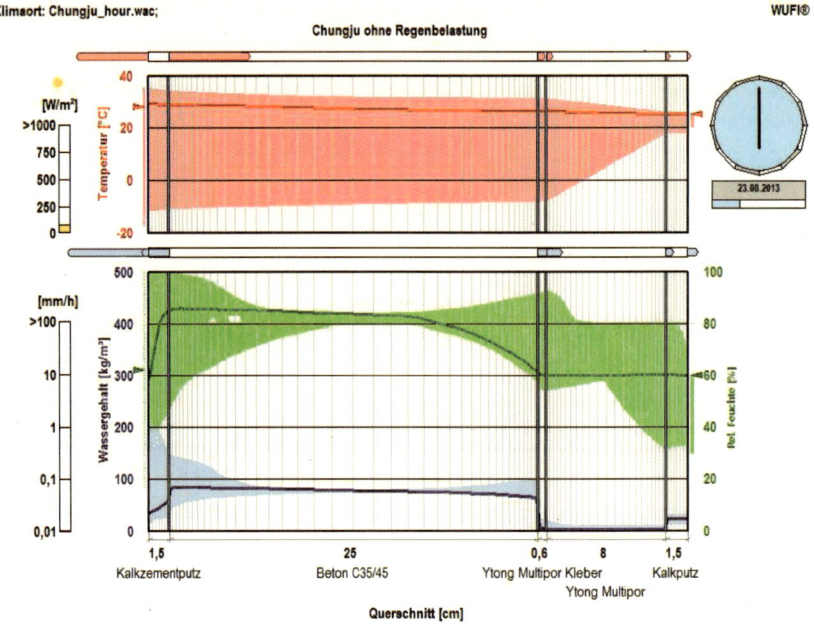

Klimaort: Chungju_hour.wac;   WUFI®

Chungju ohne Regenbelastung

1,5   25   0,6   8   1,5
Kalkzementputz   Beton C35/45   Ytong Multipor Kleber   Kalkputz
                              Ytong Multipor
Querschnitt [cm]

Wufi라는 프로그램을 통해 본 전체 구조체 함수량의 변화, 기후테이터 Meteonorm에서 청주의 데이터를 Wufi용으로 변환해서 사용, 3년간의 시뮬레이션의 결과 전체 구조의 함수량이 증가하는 것을 보여주며 가장 큰 원인은 외부로부터 즉, 강수로 인한 함수량의 증가이다.

Baustoffe	Dicke d	λ	R	maßg. μ	äquiv. Dicke	Temp.- Verlauf	Satt- dampf- druck
	[cm]	[W/mK]	[m²K/W]	[-]	[m]	[°C]	[Pa]
						20.0	2338
Wärmeübergang innen			0,130			18.3	2105
Putzmörtel aus Kalkzement	1.5	1.000	0.015	35	0.52	18.1	2080
Beton armiert 1% Stahl	25.0	2.300	0.109	1,3E002	33	16.7	1903
Mineralfaser 040	8.0	0.040	2.000	1	0.08	-9.2	278
Mineralputz	1.00	0.550	0.018	20	0.2	-9.5	272
Wärmeübergang aussen			0,040			-10,0	260
		$R_T = \Sigma(d/\lambda) =$	2.312		$\Sigma S_D =$	33.3	

$U = 1/\Sigma R_t = 0.43 \ W/m^2K$

〈표 15〉 그림 8을 계산한 표. 단열재 : 외단열 8cm, DIN V 4108-2 : 2003-07

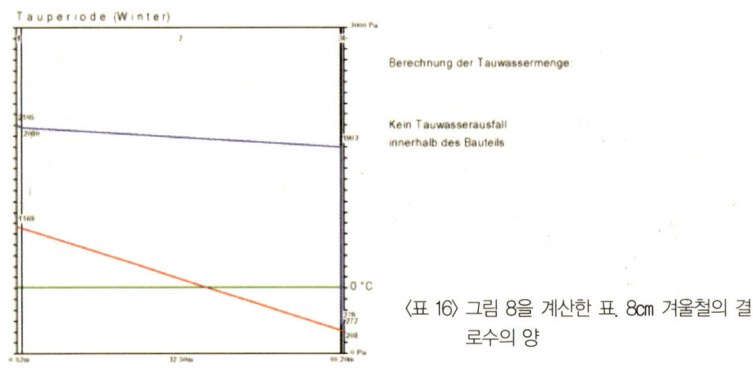

Tauperiode (Winter)

Berechnung der Tauwassermenge

Kein Tauwasserausfall innerhalb des Bauteils

0 °C

〈표 16〉 그림 8을 계산한 표. 8cm 겨울철의 결로수의 양

내단열 VS 외단열

외단열과 습기의 흔적

외단열의 경우도 계산상으로는 결로수가 전혀 없지만 이것 역시 방향에 따라 달라지고 단열재의 물리적 성질, 특히 외부 마감재의 투습계수에 따라 하자 여부가 결정 난다. 단열재나 표면 마감재에 흡수된 수분이 빨리 증발하지 못하면 외장의 문제뿐 아니라 곰팡이나 미생물이 군집될 가능성이 아주 높다. 옆 사진은 필자가 일하는 건물 앞의 주거 건물인데, 내부 공사 때문에 하루 정도 창문을 반쯤 열어 놓은 상태이다. 창문 상단의 흔적을 보면 보이지 않는 습기의 힘이 어느 정도인지 짐작케 한다. 다행히 남쪽창이라 문제의 신가성은 북측창에 비해 거의 없다고 볼 수 있다. 이러한 환기 습관은 외단열에는 독이다. 창문을 활짝 열어 강하게 환기하는 것이 에너지 절감이나 실내 공기 개선에도 더 도움이 된다. 환기 습관을 떠나서 창문의 상부가 기밀하지 않고 틈이 있다면 이런 문제를 더욱 가중시키게 된다. 유감스럽게도 여름의 막바지인 시기에도 이 흔적은 없어지지 않고 있다.

내단열은 앞서 언급한 것처럼 신축이나 잠시 동안 사용되는 건물을 제외하고는 그리 효과적이지 못한 단열구조이다. 여름철 외부의 열기를 막거나 화재 시, 열교적인 측면에서 다른 단열 시스템에 비해 취약점을 가지고 있다. 그 외 구조체와 단열재 사이의 온도가 저하되어 결로현상과 그에 따른 곰팡이의 발생 확률이 높다. 또한 구조체 내의 습기가 경질의 단열재로 인해 실내로 증발하는데, 시간이 오래 소요되거나 아니면 방습지로 인해 증발이 아주 불가능하기도 하다.

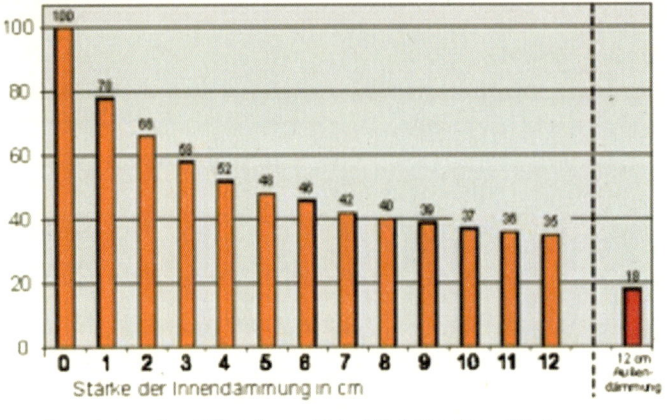

출처 : Technische Universitaet Darmstadt, Fachgebiet Werkstoffe im Bauwesen, Prof.
      Dr.-Ing. Harald Garrecht

위의 그래프를 보면 똑같은 두께의 단열재12㎝라 하더라도 내단열과35 외단열의18 경우에 에너지 절약 정도가 두 배의 차이를 보이는 것을 알 수가 있다. 또한 단열재 뒷부분의 온도 저하에 의한 결로 위험과 온도 저하에 따른 상대습도의 증가로 곰팡이 발생의 위험이 증가된다. 이는 특히 내단열이 시공된 외벽에 가구를 놓아둘 경우 그 위험성은 더 증가된다고 볼 수 있다. 가구와 외벽에 어느 정도의 틈이 있어 공기가 웬만큼 순환이 되더라도 대류로 인한 열에너지가 구석까지 전달되는 것은 한계가 있다. 더불어 두꺼운 재질의 긴 커튼이 창문에 전달되는 열의 이동을 막기도 한다.

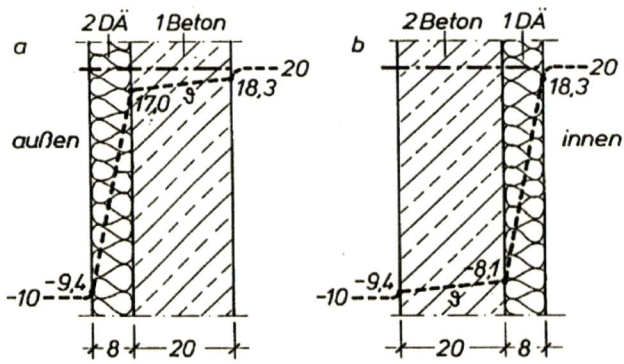

출처 : Technische Universitaet Darmstadt, Fachgebiet Werkstoffe im Bauwesen, Prof.
      Dr.-Ing. Harald Garrecht

위 그림의 왼쪽 단면은 외단열의 표면 온도 변화이며, 오른쪽 단면은 내단열로 시공될 경우의 표면온도를 나타낸 것이다.

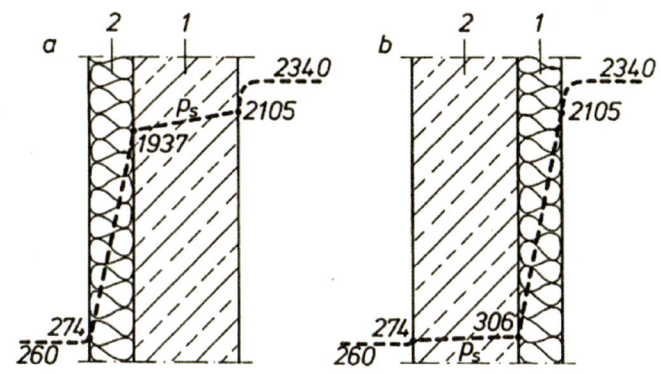

출처 : Technische Universitaet Darmstadt, Fachgebiet Werkstoffe im Bauwesen, Prof. Dr.-Ing. Harald Garrecht

각각의 단열 시스템에 따른 부위별 수증기 포화 수증기압을 표시한 그림이다. 내단열은 표면온도와 관련하여 상대적으로 포화 수증기압이 외단열에 비해 낮은 것을 볼 수가 있다. 이처럼 외단열이 바람직한 것을 알면서도 사실 현장에서는 공기 단축과 건축주의 경제적 이유 혹은 시간적인 제약으로 내단열을 선택하는 경우가 많다. 또한 외부의 입면을 보호한다는 명목 아래 사용되기도 한다.

내단열은 단순하게 시공하는 것은 위험하고 처음 계획 단계부터 정확한 시스템을 선택하고 디테일을 발전시켜야만 한다. 무엇보다도 수증기 형태의 습기와 대류를 통한 습기의 이동, 외부로부터의 유입강수나 비가 바닥에 튀어서 건물로 유입되는 경우, 나아가 바닥으로부터 올라오는 습기에 대해서 충분히 대비해야 한다. 특히 위험한 경우는 건물의 용도 변경에 있다. 전에는 습기를 많이 발산하지 않는 사무실이나 창고 등으로 쓰다가 거주용으로 될 경우에는 무엇보다도 곰팡이의 발생과 소금으로 인한 표면의 백화현상, 결빙, 부식 그리고 철재의 부식 위험이 높아지기 때문에 각별한 주의가 필요하다.

이러한 위험 요소를 최소화하기 위해 독일은 DIN 4108-2에서 최소한의 단열기준을 요구하고 있다. 우리나라 역시 지역별로 최소한의 단열 두께와 각 부위별 기준 조항이 있지만, 이는 말 그대로 최소한의 요구조건이다. 이 기준을 준수하면 법적으로는 문제가 없을지 몰라도 실제 건물에서는 적잖은 문제를 발생할 수 있기 때문에 시공되는 설비와 연관해서 조금은 넉넉히 하는 것이 예상되는 하자로 인한 피해를 그나마 줄일 수 있다. 현장의 대표적인 예가 열교지역이다. 독일에서는 내부온도가 20℃, 상대습도가 겨울 평균 50%일 경우 창문을 제외한 일반 외벽 표면온도가 12.6℃ 이하로 내려가면 안 된다. 이것이 최소 단열 기준의 근거가 된다.

유럽과 한국의 전혀 다른 대표적인 생활습관 중 하나가 요리 습관이다. 우리는 실내에서 요리로 인한 습기 발생이 높고, 빨래 건조로 인한 습기의 발생이 유럽보다 많기 때문에 실질적으로 습기에 대한 중점적인 대책을 필요로 한다. 규칙적이고 효과적인 환기와 더불어 적당한 난방 역시 무엇보다도 중요하다. 단지 에너지를 절약한다는 이유로 난방을 적게 하거나 또는 환기의 횟수를 줄이는 것은 문제의 심각성을 가중시킬 뿐이다.

확산의 형태로 전달되는 습기의 양은 사실 대류에 비해 미비하므로 외벽구조의 대류로 인한 대량의 습기 전달을 억제하기 위해서는 건물을 기밀하게 지어야 하는 것이 전제되어야 한다. 흔히 우리는 구멍이 있는 곳에 미네랄 울로 막으면 이것이 기밀하다고 생각하는데, 이는 잘못된 생각이다. 또한 석고보드 역시 그 재료 자체는 기밀하지만, 연결 부위를 석고로 처리하더라도 몇 년 후에 틈이 생길 수가 있으므로 접착제나 혹은 기밀용 테이프로 연결하는 것이 바람직하다.

내단열 시공에 있어서 아울러 명심할 사항은 구조체와 단열재가 만나는 부분에 요철이 없어야 한다는 점이다. 그 틈 사이로 공기층의 흐름이 있기 때문이다.

출처 : Energiesparinformation 11, Waermedaemmung von Aussenwaenden mit der Innendaemmung,Energiesparaktion, Germany

밀착되어 시공되지 못한 단열재는 더 많은 문제의 원인이 될 수 있기 때문에 표면의 상태를 미리 점검해야 한다. 요철이 상대적으로 많다면 경질의 단열재 보다 미네랄 울 혹은 목섬유나 셀룰로제 사용이 더 용이하고 유리하다. 아래 그림은 경질의 단열재를 부분적으로 접착한 사례인데, 시간이 경과한 후에 그 주위로 생긴 곰팡이 흔적을 볼 수 있다. 물론 이 외에 열교 현상과 기밀층의 부족으로 인한 영향도 있다. 경질의 경우는 접착면을 먼저 고르게 한 후에 시공하면 이런 문제를 억제할 수가 있다.

출처 : WTA-Journal 2 (2004)
Heft 4, Germany

위 사진에서 보다시피 더운 공기가 상부로 유입되어 구조체의 요철 부분과 경질의 단열재로 인해 생긴 틈을 따라 아래로 이동, 온도가 떨어지면서 결로로 이어진다. 특히 외부 구조체가 철근콘크리트가 아닌 조적의 경우에는 이와 같은 경로를 통해 많은 양의 에너지가 층수와 높이에 따라 손실된다. 이 손실을 최대한 줄이기 위해서는 무엇보다도 기밀층이 형성되어야 한다. 이는 위에서 잠깐 언급한 것처럼 석고보드 또는 OSB판으로도 가능하다. 이때 중요한 것은 공동주택의 경우 철근콘크리트가 대부분이므로 이 기밀층과 방습층을 같은 의미로 보고 시공할 수가 있다는 점이다. 주의할 것은 투습계수 혹은 다른 의미로 방습계수의 값 μ에 재료의 두께를 곱한 Sd값 어떤 제품이 습기를 통과시키는 저항의 정도이 0.5m 이상, 보통의 추천은 구조에 따라 다르지만 2m를 권장한다.

무조건 방습층이라고 비닐을 사용하는 것은 지극히 위험하다. 예를 들어 조적조가 외벽일 경우에는 이 방습층은 없어도 되지만[16] 기밀층은 그럼에도 불구하고 차질 없이

---

16 그렇지만 한국 기후에서는 반드시 Wufi같은 프로그램을 통해 검토가 되어야 한다.

시공되어야 한다. 참고로 조적조가 미장이 된 상태는 기밀하다고 볼 수가 있다. 주의할 것은 설비로 인해 미장이 파괴되어 외부로 따뜻한 공기가 빠져 나가지 않도록 유의해야 한다는 점이다. 더불어 방풍층으로 쓰이는 재료를 방습지로 쓰는 것도 잘못된 관행이다.

경질의 단열재, 예를 들어 EPS의 경우는 강한 방습 능력으로 표면의 결로 현상을 막는 데는 도움이 되지만, 구조체와 단열재 사이의 상대습도가 다른 단열재에 비해 높은 것이 단점이다. 여름에 충분히 증발되어야 하는데, 방습 능력이 좋아 미네랄 울이나 암면에 비해서 여름철 습기 증발 속도가 느리다. 그래서 가장 좋은 내단열은 위 사진처럼 특별한 방습층이 필요 없는 규산계열Calcium silicate의 단열재를 추천하고 싶다. 하지만 다른 단열재에 비해 열전도가 높아서 상대적으로 더 두꺼워져야 하는 것이 단점이다. 달리 말하면 실용면적이 줄어드는 것이다.

내단열 시공과정. 방습층이 필요 없고 바로 미장이 가능하다. 출처 : Multipor, Germany

일반적으로는 셀룰로제 혹은 글라스 울의 시공 시에는 상대 습도에 따라 투습 능력이 바뀌는 방습지 겸 기밀층 재료를 추천한다. 겨울에는 방습 능력이 좋아지고 여름에는 실내로의 증발을 돕기 위한 투습 능력이 향상되는 제품이다. 참고로 Sd값이 낮을수록 투습 능력이 좋고 높을수록 방습 능력이 좋은 것이다.

아래 그래프를 보면 상대습도에 따른 투습저항이 변화되는 것을 알 수가 있다. 프로클리마Proclima INTELLO 제품의 경우 이 수치가 0.25m에서 10m로 변화한다.

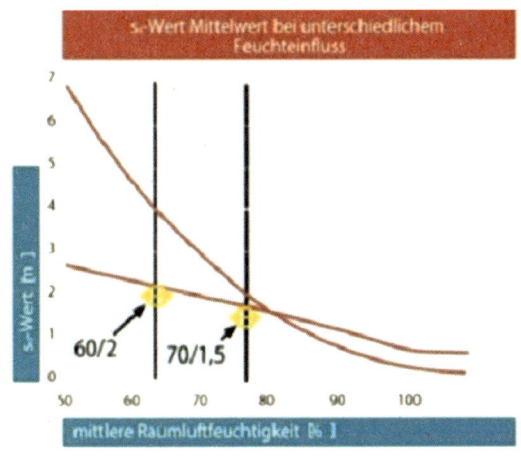

출처 : pro clima Dampfbremsen INTELLO(r) und DB+

경질의 단열재로 내단열을 하면 상대적으로 투습 성능이 낮은 EPS는 여름철에도 단열재 뒷면과 구조체 사이의 상대습도가 80%를 넘어 여름철의 증발을 억제한다. 반드시 결로수가 생겨야 곰팡이가 생기는 것은 아니다. 외벽의 표면온도 대비 표면 상대습도가 80%가 되면서부터 곰팡이의 성장이 시작된다.

미네랄 울 약 60~80mm, 최대한 100mm를 추천하고 투습성능이 상대습도에 따라 변하는 방습지의 사용을 권한다. 공동주택은 특히 외부의 우수로부터 그 외피가 보호되지 못하므로 더욱 그러하다. 단열 성능을 높이기 위해 단지 단열재의 두께를 높이는 것은 사실상 위험한 시도다. 실내 표면온도는 당연히 상승하지만 단열재 뒷면의 온도가 더 하강하기 때문에 심한 경우에는 구조체 표면의 결빙과 결로로 이어질 수도 있다.

– 내단열과 결로 및 곰팡이에 대해 다시 검토해야 할 사항
① 결로는 자연현상의 일부이기에 건축물에 생기는 결로수는 꼭 하자라고 보기는 어렵다.

② 결로와 곰팡이는 잦은 환기를 통해 억제할 수가 있다.

③ 규칙적인 환기는 결로와 곰팡이를 줄이는 좋은 방법이다.

④ 옷장이나 큰 가구는 외벽에서 10㎝ 띄어서 놓아야 결로를 막을 수 있다.

⑤ 실내에서 주거로 인해 많은 양의 수분이 생기므로 결로를 예방하기 위해서는 그때마다 환기를 하고 필요 시에는 강제환기를 해야 한다.

위에 언급한 얘기는 모두가 옳은 말이다. 그러나 상당히 이론적인 말에 불과하며, 하나하나의 내용을 세심히 검토해 볼 필요성이 있다.

첫째, 결로는 자연현상이 맞다. 또한 꼭 하자라고 볼 수 없는 것도 맞는 말이다. 그러나 내단열로 인해 외벽의 내부표면은 실내로부터 열을 흡수하지 못해 그 온도가 이미 낮다. 이 말은 이미 상대습도가 높다는 것이고, 또 외부의 물이 어떤 방식으로든 내부에 수증기 형태로 유입되면 문제는 더욱 심각해진다. 만일 경질의 단열재를 사용하면 표면의 요철로 인해 밀착시공이 어렵다. 결국 단열재와 구조체 표면에 공기 흐름이 생기고, 위에서 따뜻한 공기가 유입되어 아래로 공기가 흐르면서 노점온도에 이르게 되면서 결로수가 생기게 된다. 문제는 경질의 단열재이건 글라스 울이든 실내의 공기가 유입될 수 있는 틈이 내부 마감재에 있다면 이는 자현현상이지만 하자로 볼 수 있다. 그러면 어느 선부터 하자에 속하는지는 기준을 정해야 할 것이다. 공기조화기의 유무를 놓고 달라져야 할 것이다.

우리는 흔히 기밀층과 방습층을 혼동한다. 방습층은 기밀층의 역할을 동시에 수행할 수 있지만 기밀층은 방습층의 역할을 하지 못한다. 그러나 내단열에서는 방습층만큼이나 기밀층의 작용이 중요하다. 마감재나 석고보드, 방습지를 확산을 통해 통과하는 수증기의 양은 극히 소량에 불과하다. 반면 기밀층이 없거나 1㎜라도 틈이 있으면 그 결과는 확산처럼 그리 단순한 것이 아니다. 반면 방습층의 역할을 하는 자재가 틈이 있다면 이는 기밀층의 손상에 비해 그리 걱정할 일이 아니다. 이 틈으로 들어간 수증기 형태의 습기는 다시 내부나 외부로 증발되어야 하는데, 외부는 투습이 어려운 콘크리트 벽이 있기 때문에 내부로 증발이 진행되어야 한다. 그러나 방습지가 이를 막고 있다. 수증기가 들어온 곳으로 다시 나가면서 증발되면 좋은데, 주어진 자연 여건은 유감스럽게도 그렇지 못하다. 여름에 증발해야 하는데, 오히려 막혀 있고 더불어 높은 수분 함유로 상대습도가 높은 상태에서 실내에 에어컨이라도 가동되면 단열재와 방습지 사이에 물이 흘러내리게 된다. 이를 '역결로' 혹은 '여름결로'라고 부른다.

둘째 및 셋째, 결로와 곰팡이는 잦은 환기를 통해 억제가 가능하고, 규칙적인 환기로 줄일 수 있다. 옳은 표현이지만 잦은 환기로 인한 에너지 손실은 차치하더라도 건축 기술이 발전했다고는 하지만 과연 현대인의 생활패턴에 상응하는가 하는 문제이다. 맞벌이 부부가 있는 집의 경우 누가 규칙적으로 환기를 할 수 있겠는가. 또한 누가 자다가 일어나서 환기를 하겠는가?

넷째. 옷장이나 장롱을 10㎝ 띄워서 놓아야 한다. 역시 맞는 말이지만 문제를 근본적으로 해결하지는 못한다. 5㎝와 별 차이가 없다. 열교지역에서는 10㎝이건 20㎝이건 정도의 차이만 있지 근본적인 변화는 기대하기가 어렵다. 그리고 설계 시에 내벽에만 가구를 놓을 수 있도록 건축가나 시공사가 골똘히 고민하지는 않는다. 도면을 채우기 위해 외벽이건 내벽이건 공간이 있으면 가구를 그린다. 근본적인 열교를 최소화시키지 못하면 그 문제의 원인은 해결할 수 없다. 옷이 가득찬 옷장은 내단열이 되므로 열교 부위에 두는 것은 특히 위험하다.

다섯째, 실내에 많은 수분이 생기므로 자주 환기를 하고 필요하다면 강제 환기라도 해야 한다. 이 역시 백번 옳은 말이다. 그러나 특히 임대형 건물을 보면 요리하는 공간은 물론 빨래 건조 공간 역시 평면적으로 습기로 인한 피해를 줄이기에는 적합하지 못하다. 강제환기도 화장실이나 욕실, 주방에서 공기를 강제로 배기하면 건물 내에는 저압이 형성되면서 이를 상쇄시키기 위해 공기가 보충되어야 한다.

그렇다면 이 부족한 공기는 어디서 오는가? 틈새로 들어오는 통제되지 못한 공기뿐이다. 이런 이유에서 창호의 열관류는 차후 문제로 두더라도 그 부근에서 물이 비 오듯이 흘러내리는 것이다. 이미 그 주위 온도가 낮아졌기 때문에 노점온도가 되는 것은 그리 어려운 일은 아니다. 그래서 흡입되는 공기는 배기와 맞추어 조절해서 실내로 유입되도록 해야 한다. 결국 통제가 가능한 환기 장치를 설치해야 한다는 것이다. 이런 장치가 공동주택에 설치되지 않았다면 하자이고 부실이다. 독일에서는 DIN 1946-6에 의거한 환기계획을 세워야 한다. DIN 1946-6은 거주자의 환기 습관과 재실 여부와 상관없이 건물의 높이와 틈새바람, 바람의 영향 등을 고려해 환기계획을 수립할 것을 요구한다. 이러한 각국의 노력은 현재 한국의 공동주택에서 특히 많이 발생하는 결로와 곰팡이 문제를 줄이기 위한 기준을 만드는데 좋은 사례가 될 것이다. 물론 당연히 한국 상황에 맞는 응용작업이 필요한 것은 두 말할 여지도 없다.

결로와 곰팡이를 억제하고 하자 여부를 구분하기 위해서는 무엇보다 한국 상황에 맞는 주변조건을 정하는 것이 중요하다. 하지만 현실에 맞지 않는 기준, 현재의 기술력으로 불가능하거나 혹은 경제성 원칙에 소홀한 접근은 결코 올바른 해결 방법은 아니다. 예를 들어 결로 여부를 판단하기 위해 외부 온도를 필요 이상으로 낮춘다던가 유리와 프레임이 만나는 취약 부분을 뒤로 하고 선형열교가 전혀 없는 창호 중간 부분을 검토 부위로 정하는 것은 하자 판명을 위해 전혀 도움이 되지를 않는다.

사실 어떠한 기준을 정하는 것은 의외로 간단한 문제이다. 그러나 아직 기술력과 자본력이 부족한 중소기업에게 과다한 기준은 또 다른 사회적인 피해자와 편법을 조장하는 결과를 만들 수 있다. 단계적으로 관련 기준을 정비하되 기술력이 부족한 기존의 영세업체를 보호하기 위한 별도의 지원책도 같이 수행되어야 참된 친환경적 정책이며 지속가능한 사회적 발전이라고 생각한다.

4
부위별
단열계획

단순히 24~30㎝ 정도 되는 단열재만 시공하기만 하면 패시브하우스가 되는 것처럼 많은 사람이 잘못 이해하는 경우가 적지 않다. 건물의 형태와 방향 그리고 단열재의 성능, 창호의 크기 등 패시브하우스연구소에서 언급하는 단열 성능만으로는 사실 패시브하우스를 만족시키기란 어렵다. 경험으로 보았을 때, 위의 두께 정도면 패시브하우스를 짓기에 무리함이 없다고 이해하는 것이 좋다.

단열은 기밀과 항상 같은 맥락에서 접근해야 하며, 무엇보다 열교를 숨기기 위한 디테일의 개발이 우선되어야 한다. 아래에서는 건물의 각 부위별 단열계획을 좀 더 세분화 하여 언급하고자 한다. 또한 독일어권 국가에서 진행되는 일반적인 설계 및 시공방식과 법적인 요소에 대해서도 구체적으로 소개한다.

지하 및 기초

기초 및 외벽 부위와 만나는 곳의 단열은 독일어권 국가와 우리나라가 극명하게 차이가 나는 부분이다. 주로 사용되는 단열재는 압출법 보온재인 XPS Extruded Polystyrene Foam이며, 지하수나 침출수 등의 문제가 없을 때에는 일반 EPS비드법 보온재, Expanded

Polystyrene로도 표면에서 3m까지 시공이 가능하다. 요즘은 발수처리가 된 개량형 EPS 로도 지하 3m 이상 지중외벽 및 지중바닥슬래브 하부에 적용하는 경우도 있지만, 일 반적인 사항은 아니다.

독일에서는 재료연구소에서 허가 받은 제품에 국한되기 때문에 설계 시에 일반적으 로 XPS를 기본적으로 설정하고 도면을 작업한다. 건물의 하중과 기타 요소를 고려해 해당 단열재를 선별하는 것은 구조전문가가 일반적으로 한다. 건축가들이 설계 시 자 재를 고를 때, 모든 시장에 유통되는 제품들의 일련번호가 있어 사용처별 자재 선택이 상당히 쉽다. 용도에 따른 자재 사용에 대한 고민을 사실상 할 필요가 없다. 그 시간에 외벽의 일반적인 비드법 보온판인 EPS와 XPS가 만나는 부위의 디테일을 어떻게 해결 해야 내구성이 높아지며, 연결 부위에 사용되는 미장재로 무엇을 사용할지, 단열재와 가장 호환이 잘 되고 이질 재료간 문제는 없는지 등의 고민을 한다. 자재의 성능과 용 도가 기준화되어 기록된다는 의미는 자재의 질적인 향상 뿐 아니라 전체 건축행위의 발전과도 직접적인 연관이 있다. 그런 만큼 우리나라도 무엇보다 자재의 정량화된 정 보의 기준화가 시급히 자리 잡아야 한다고 생각한다.

아래 표에서 지중공간에 사용 가능한 단열재들을 알 수가 있다. 이는 일반적인 사항 이기에 사용을 위해서는 각각의 허가서를 토대로 검토해야 한다. DIN EN 13164[17]가 XPS를 다루는 기준으로 독일에서도 적용되면서 DIN EN ISO 10456[18]에서 정하는 열 전도율이 유효한 기준이 된다.

제품명	강도 (Compressive strength) (N/mm2)	측정 열전도율 (W/mK)	물속에서 흡수율 (Vol.-%)	확산으로 인한 흡수율 (Vol.-%)	결빙의 반복으로 인한 흡수율 (Vol.-%)	결빙의 반복으로 인한 compressive strength 변화(%)
EPS	0.15–0.35	0.035–0.040	3 – 7	5 – 20	10 – 20	〈 20
EPSh	0.25–0.35	0.035	〈 3	〈 5	〈 10	〈 20
PUR	0.15	0.030	〈 5	〈 8	〈 15	〈 20
XPS	0.3 – 0.7	0.030 – 0.040	〈 0.5	〈 3	〈 1	〈 10
기포글래스	0.5 – 1.2	0.040 – 0.055	없음	없음	없음	없음

지중에 사용이 허가된 단열재의 차이점. 출처 : Merkblatt fur den Warmeschutz erdberuhrter Bauteile, FPX

---

17 Thermal insulation products for buildings – Factory made products of extruded polystyrene foam (XPS) – Specification; German version EN 13164:2008
18 Building materials and products – Hygrothermal properties – Tabulated design values and procedures for determining declared and design thermal values (ISO 10456:2007 + Cor. 1:2009); German version EN ISO 10456:2007 + AC:2009

구입 가능한 단열재에는 CE-사인이라는 것이 있는데, 여기에는 각각의 제품의 모든 정보가 코드화 되어 표시되어 있다.

CE-사인이 포함되어야 하는 제품의 성능

① 생산자 표시개개의 코드를 사용해도 됨

② EN-번호제품이 어느 카테고리에 해당이 되는지 해당 기준 언급

③ 방화성능

④ 표준 열저항

⑤ 표준 열전도율

⑥ 두께

⑦ 기술적 성능을 표시하는 코드

압출법 단열재XPS의 CE-사인에 따른 표시의 예는 아래와 같다.

EN13164-T1-CS(10\Y)500-DLT(2)5-CC(2/1.5/50)180-WD(V)3-FT2

- T1 : 두께에 관한 최대 오차를 말하는 것으로 두께가 50 / 120㎜인 단열재인 경우 −2㎜ 그리고 +3㎜를 벗어나면 안 됨

- CS(10\Y)500 : Compressive stress 혹은 Cmpressive strength가 10% 변형 deformation의 경우 500kPa

- DLT(2)5 : 40kPa의 힘에서 변형율Deformation behaviour 그리고 80˚C 온도에서 168시간 동안의 변형율이 ⟨ 5% 미만을 만족시켜야 함

- CC(2/1.5/50)180 : 50년이라는 시간을 두고 단열재에 가해지는 지속적인 긴장강도를 ≤ 180kPa로 줄 경우 ⟨ 2% 두께 변화변형, deformation이며 creep deformation이 ⟨ 1.5% 이하여야 함

- WD(V)3 : DIN EN 12088에 따라 물의 흡수율이 50㎜까지는 ⟨ 5 Vol.-%이며 100㎜ ⟨ 3 Vol.-% 그리고 200㎜ ⟨ 1.5 Vol.-%를 만족시켜야 함

- FT2 : DIN EN 12091에 따라 결빙과 해동을 반복할 경우 물 흡수율이 1 Vol.-%보다 적어야 하고 강도가 처음 값의 10% 이상 줄어들면 안 됨

자재를 선택하는 과정에서 위의 모든 내용을 이해하고 진행하는 것은 사실 불가능하다. 설계 시에 필요한 수치는 단지 몇 가지에 불과하기에 그 정도만 알아도 사실은 충분하다. 그럼에도 위에 복잡하게 예를 들어 설명한 이유는 단순한 기호들 속에 숨겨진 질적인 내용을 수치화시킨 것이 건축가나 소비자를 안심시키기에 충분하기에 그렇다. 건축주 혹은 시공자는 해당 생산업체에게 해당 자재에 대해 위에서 언급된 수치가 질적으로나 기술적으로 계획된 사용에 있어 동일하다는 것을 확인하거나 검증을 요구할 수가 있다. 각각의 EU국가는 건축자재의 사용을 위해서 생산기준에 언급된 질적인 사항을 각 국가별로 요구사항을 정할 수가 있다. 독일은 국가에서 인정한 기관이 제3자로 자재의 내화성능을 테스트한 것을 증명해야 한다. 자재가 특별한 용도로 허가가 된 경우에는 허가서에 필요한 성능테스트가 자체 테스트인지 혹은 외부의 테스트 결과인지를 명시해야 한다. 이런 과정으로 허가된 제품은 감독 또는 감리가 되었다는 의미에서 독일선 Ü자 모양의 에티켓을 받는다.

아래 사진에서는 독일에서 가장 대표적인 지중단열재를 생산하는 3개 회사를 소개한다. 세 곳 모두 PHI Darmstadt에서 인증을 받은 제품으로 매트기초 아래나 줄기초 부위에 설치할 수 있는 단열재로 ISO-QUICK을 제외하고는 모두가 XPS 재질이다. 지중에 사용되는 단열재를 'Permiter insulation' 라고 표현한다.

모든 배관이 버림콘크리트 혹은 파석층 아래에 경사를 두고 묻혀 있는 것을 볼 수가 있다. 흔히 단열재 위에 간격재를 놓고 배근할 때 여러 설비관을 시공하는 경우가 있는데, 이는 공사의 속도에도 문제가 있고 특히 콘크리트 타설 시 아무리 철근에 고정하더라도 잡아놓은 경사를 유지하기에 문제가 있다. 더불어 배관 연결에서 밀폐하지 못하거나 나중에 문제가 생기면 모든 오수가 단열재 상부에 고이게 되므로 단열면에서도 비효과적이고 구조상으로도 문제가 될 위험이 높다. 출처 : Lohr Element, Germany

공정을 줄이기 위해서는 당연시 되는 버림 콘크리트 대신에 고운 파석을 약 5cm 두께로 수평층을 형성해도 무관하다. 그 아래에는 모세관 현상을 막아주는 잡석다짐을 해야 한다. 이렇게 하면 추가적으로 레미콘 타설이 필요 없으므로 차후 매트 콘크리트 타설 시 한 번만 하면 되기 때문에 경제성 또한 높다. 출처 : Lohr Element, Germany

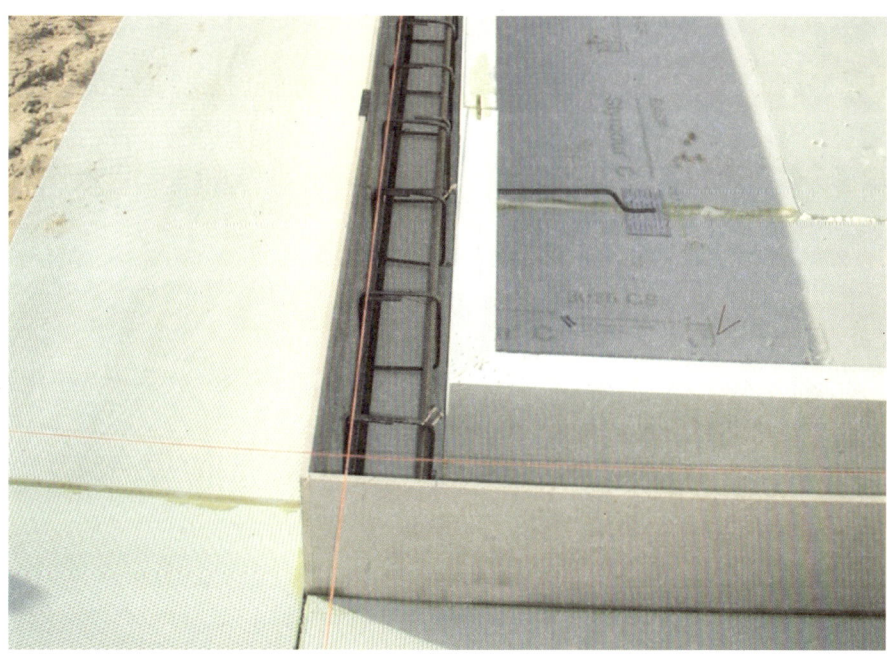

위 사진은 예외적인 경우로 외부에서 곤충이나 동물들이 단열재를 파고 들어가는 것을 막기 위한 시스템이자 거푸집으로 사용이 가능하다. 보통은 시멘트 보드의 재질이 사용된다. 기초 콘크리트 타설 후에 방수 공사 혹은 추가적인 단열재를 쉽게 아스팔트 용액 같은 것으로 접착시킬 수가 있다. 출처 : Lohr Element, Germany

단열재 간의 연결 부위를 보통 SIP구조에서의 조인트처럼 같은 재료로 시공한 모습이다. 물론 경우에 따라서는 레미콘 타설 시 압력을 고려해 추가적인 보조 고정이 필요하지만 획일적인 압력을 조정해서 타설하는 것도 방법이다.
출처 : Lohr Element, Germany

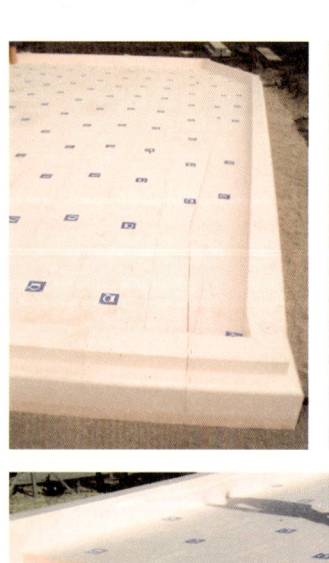

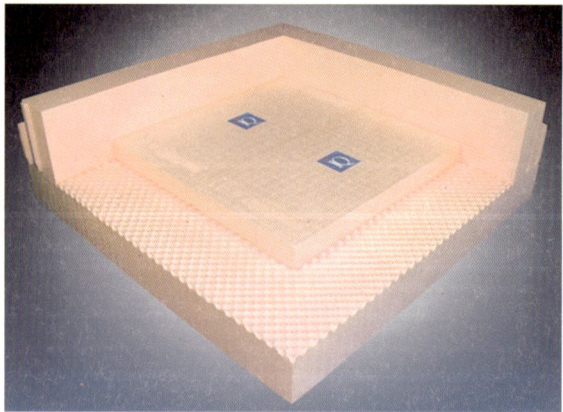

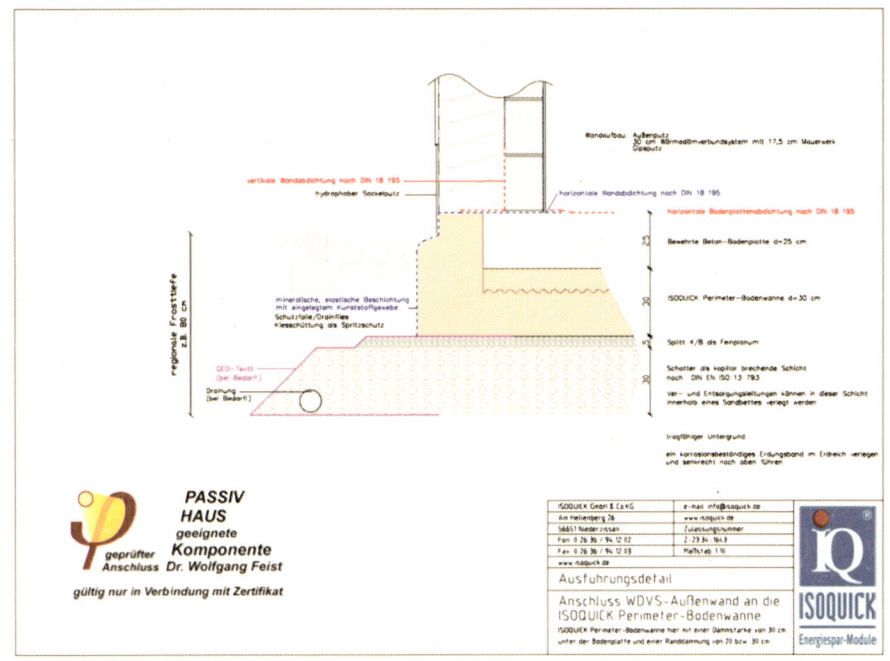

ISO-Quick 라는 제품으로 XPS가 아닌 EPS 재질이다. 다른 기존 시스템과의 차이점은 횡으로 밀리는 것을 막기 위해 요철이 있어 서로 맞물려서 시공이 가능하다는 장점이 있는데, 이런 시스템으로는 유일하다. 특히 경사지 같은 곳에 사용하기를 추천한다. 출처 : Iso-Quick, Germany

매트기초 아래 약 5㎝ 두께로 시공되는 버림콘크리트는 시멘트 함량이 적어 상대적으로 물이 잘 투과된다. 버림콘크리트 대체용으로는 고운 파석3~6㎜ 혹은 4~8㎜을 사용하기도 하는데 물이 잘 빠져 결빙의 위험이 적다. 다른 방법으로는 모래를 다져서 시공하는 경우도 종종 있다. 하중을 분산하는 잡석다짐은 하중에 따라 다르지만 보통 20~30㎝ 두께로 시공한다. 하중의 문제가 없더라도 패시브하우스처럼 열교를 줄이기 위해 줄기초가 없는 경우는 동결심도에 따라 결빙의 위험이 있어 부동침하를 막기 위해서는 해당지역 동결심도 이하까지 잡석다짐모세관 현상을 끊어주는 층 하여 표출수나 표면수 등 기타 지중의 물이 모여 발생하는 결빙의 위험을 줄여야 한다.

일반적으로 잡석다짐의 최소 두께는 15㎝이다. 동결심도 이하[19]까지보통 지표면에서 1m 이상 잡석다짐을 해야 한다고 해서 전체 두께를 40~50㎝ 이상 할 필요는 없다. 단지 건

---

19 잡석은 동결선 아래 20㎝까지 시공하는 것이 좋다.

물 가장자리만 돌아가면서 더 두껍게 하고 중앙 부위는 언급한 것처럼 15~30㎝ 정도로 마무리하면 된다. 제일 먼저 건물의 배관을 경사를 두고 잡석다짐8~32㎜가 주로 사용되며 0/32, 0/45 혹은 0/56도 사용 아래 혹은 중간 위치에 설치한 다음 잡석다짐 위에 사용되는 고운파석이나 모래0~4㎜로 채운다. 경우에 따라서는 파석과 잡석다짐 사이에 PE나 PVC쉬트를 추가적으로 시공하는 경우도 있지만, 이는 잡석의 공극과 연관이 있기 때문에 현장 상황을 고려해야 한다. 고운 잡석이나 모래는 수평잡기가 용이하며 단열재를 설치하기가 수월하고, 특히 버림콘크리트의 경우처럼 기다릴 필요가 없어 경제적인 방법이다. 만일 매트기초 아래 부분에 방수공사를 해야 한다면 파석 위에 버림콘크리트를 5~10㎝ 타설하고 아스팔트 성분의 방수시트나 아스팔트 혼합 방수층을 설치한 뒤, 그 위에 단열재를 깔기도 한다. 단, 주의사항은 방수재료가 매트 아래에 사용이 가능한 지를 검토해야 하며, 시험검사서 혹은 허가서를 생산자나 시공자에게 요구해야 한다.

출처 : MAGU Bausysteme GmbH, Germany

버림콘크리트 위에 방수시트를 시공하는
모습. 일반적인 시공방식은 아님.
출처 : Passivhausgruppe 24, weimar
Germany

콘크리트나 조적 같은 중량형 구조는 단열재를 매트 아래에 시공하는 것이 열교를
줄이기 위해서는 가장 효과적이다. 매트 아래 주단열재를 시공하고 나아가 매트 위에
일부 단열재를 시공하는 샌드위치 방식도 많이 시공된다. 매트의 두께는 보통 25㎝ 이
상이므로 연결형으로 바닥모르타르를 시공하면 특히, 바닥난방의 경우 필요 이상으로
구조체를 데워야 한다. 그래서 반드시 바닥난방관 아래에는 약 4㎝ 이상의 단열재를
시공해야 효과적인 난방을 할 수가 있다. 물론 추가적인 단열 없이 바로 매트 구조 위
에 시공을 한다면 구조체의 축열성능으로 여름철에는 효과적이지만 겨울은 그렇지가
못하다. 고단열 고기밀의 패시브하우스는 상대적으로 넓은 창문을 통한 패시브 난방을
하기 때문에 가급적이면 난방장치가 실내 환경에 따라 바로 바로 반응하는 것이 좋다.
이런 이유로 바닥난방은 빨리 반응하는 시스템이 아닌 만큼 난방관 아래에 단열재를
추가적으로 설치해서 필요 이상으로 매트 구조체를 데우는 일은 지양하는 것이 좋다.
그렇지 못하면 겨울철 '오버히팅Over heating' 현상이 생기는 경우가 많다. 이는 바닥난
방 뿐 아니라 외기에 의해 작동되는 벽난로도 마찬가지다. 벽난로를 통해 실내로 전해
지는 복사열의 양과 실내 난방장치와의 조율이 없으면 역시나 문제가 생긴다. 일반적
인 벽난로의 경우 패시브하우스에서는 열효율과 조절면에서는 마이너스 요소이다. 이
와 더불어 바닥난방 시스템처럼 반응이 늦는 시스템은 사용 시 위의 예를 통해 보듯이
어느 정도 난방에너지의 낭비도 있기에 이런 손실은 한국의 난방습관을 고려해 정확한
수치를 모니터링 해서 PHPP나 난방장치 계산에 반영하는 작업이 필요하다.

배근과 타설을 고려해 매트의 두께는 25㎝를 최소치로 보는 것이 좋은데, 보통 매트는

물이 통과하지 않는 방수 콘크리트로 타설한다. 배근의 양이 많아지고 잡석의 크기가 작아지며, 양생하며 생기는 고열과 그로 인한 크랙 방지를 위해 첨가제를 섞게 된다. 구체방수와는 다른 시스템이다. 배근의 양일반건물에 비해 약 25% 이상을 늘리는 것도 크랙을 최소화하려는 목적에 기인한다. 혼동해서는 안 될 사항으로는 물이 통과하지 않는 콘크리트라 하더라도 습기는 통과한다는 점이다. 이 두 가지 물성은 반드시 분리해서 이해해야 한다.

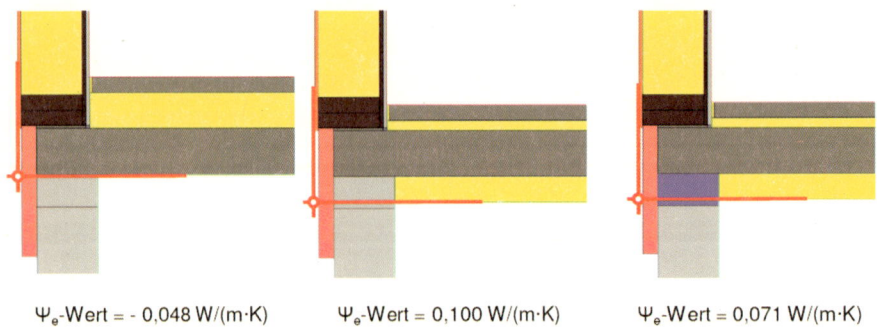

Ψ_e-Wert = - 0,048 W/(m·K) Ψ_e-Wert = 0,100 W/(m·K) Ψ_e-Wert = 0,071 W/(m·K)

경량형 구조에서 단열재 위치에 따른 선형열교의 비교로 지붕이건 혹은 난방이 되지 않는 지하실이 있다고 하더라도 구조체 위에 단열재를 설치하는 것이 열교면에서는 가장 유리하다. 파란색은 열교 억제 벽돌로 주로 조적조에 많이 이용되기에 철근콘크리트 구조에서는 다른 디테일이 필요하다. 출처 : Warmebrücken im Holzbau, Daniel Kehl, Dipl.-Ing. (FH), wissenschaftlicher Mitarbeiter Berner Fachhochschule, Architektur, Holz und Bau

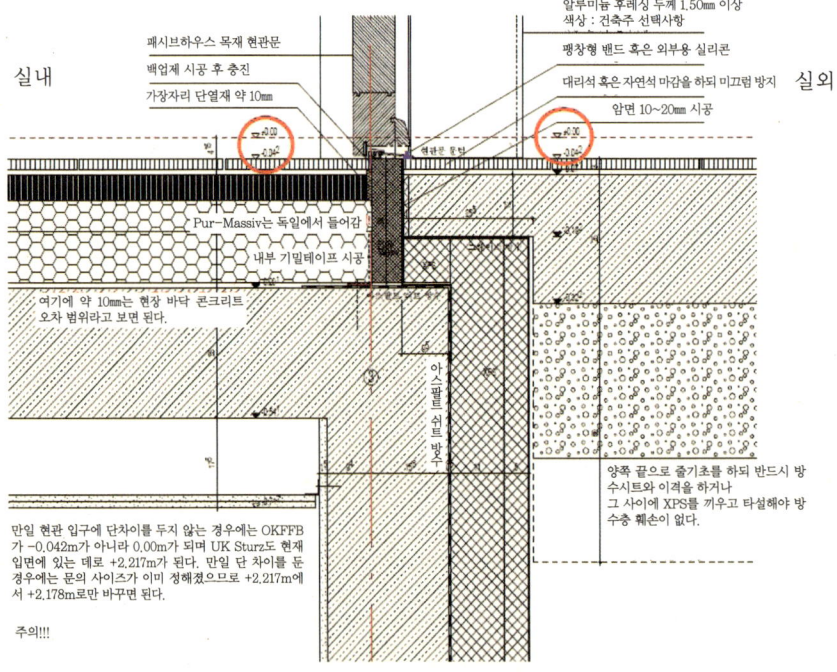

대전 지족동 패시브하우스 단독주택, 지중과 현관 연결 부위 디테일. 출처 : Dipl.-Ing. Do-Young Hong

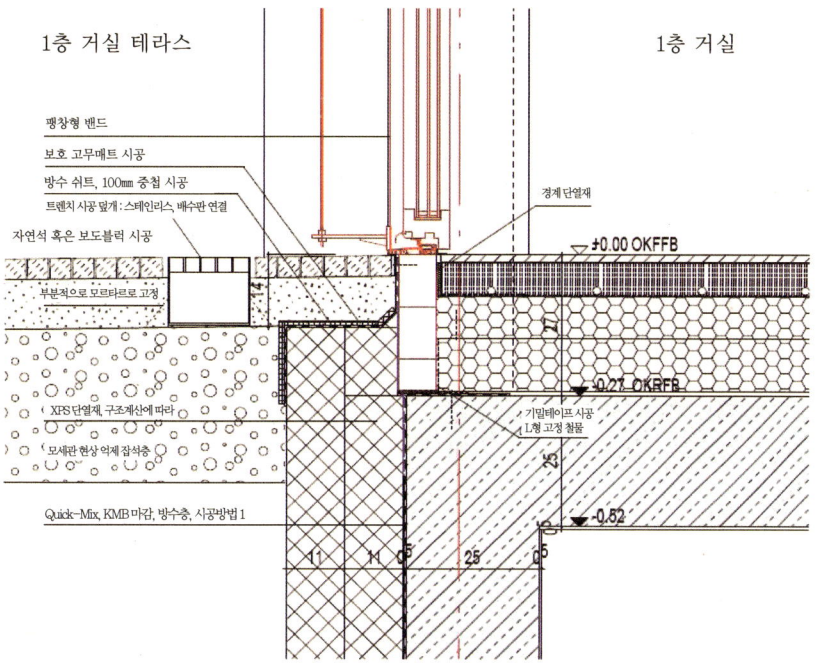

1층 거실 테라스   1층 거실

팽창형 밴드
보호 고무매트 시공
방수 쉬트, 100㎜ 중첩 시공
트렌치 시공 덮개 : 스테인리스, 배수판 연결   경계 단열재
자연석 혹은 보도블럭 시공
                                                              ±0.00 OKFFB
부분적으로 모르타르로 고정

                                                              -0.27 OKRFB
XPS 단열재, 구조계산에 따라   기밀테이프 시공
모세판 현상 억제 잡석층   L형 고정 철물

Quick-Mix, KMB 마감, 방수층, 시공방법 1   -0.82

아산 패시브하우스 단독주택, 1층 거실 데크와 창호 부위 디테일

경량형의 목조나 스틸하우스는 중량형의 건물과는 반대로 열교 측면에서는 매트구조 위에 단열[20]하는 것이 가장 효과적인 방법이다. 그러나 주의해야 할 점은 매트 위의 단열은 소위 내단열이 되기에 단열재와 매트구조 상부표면에서 결로수가 생길 위험이 높다. 그렇다고 실내 쪽에 추가로 빙습층을 시공할 필요는 없다. 마찬가지로 두꺼운 단열재로 인해 하중 분산층인 바닥모르타르를 더 두껍게 할 필요도 없다.

실내와 지중간의 온도 차이는 외기와 비교할 것이 못되기에 모든 부위가 예상되는 결로로부터 위험한 것은 아니다. 외부 가장자리 즉, 외벽과 기초가 만나는 지표면 부위가 가장 취약한 지점이다. 여기에는 열교 없이 외벽의 단열면과 연결해서 지중으로 단열재를 시공해야 연결 부위의 온도가 떨어져서 생기는 결로의 위험을 줄일 수 있다.

PHI Darmstadt에서는 약 12㎝ 두께의 단열재를 수직 그리고 수평으로 약 50㎝를 시공할 것을 추천하지만, 겨울이 더 추운 우리나라에서는 수직의 단열재 외에 수평으로도 약 1m 이상 두께가 8㎝ 이상인 단열재를 횡으로 약간의 경사2%를 두어 시공하는 것도 아주 효과적인 방법이다.

---

[20] PHI Darmstadt에서는 매트 위의 단열재 두께가 최고 25㎝를 넘지 않기를 권한다.(열전도율 0.035)

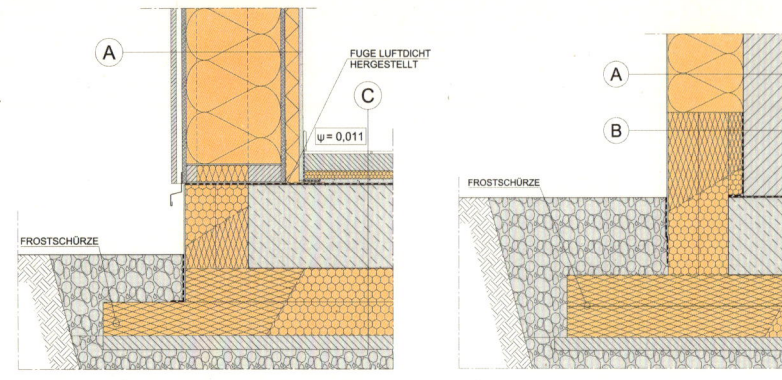

목조에서 매트구조와 지중단열재 연결 디테일로 수평방
수층이 매트기초 위에 설치된 경우. 출처 : GDI,
Gemeinschaft Dammstoff Industrie, Germany

중량형 외단열 미장공법에서 매트구조와 지중단열재 디
테일 예. 출처 : GDI, Gemeinschaft Dammstoff
Industrie, Germany

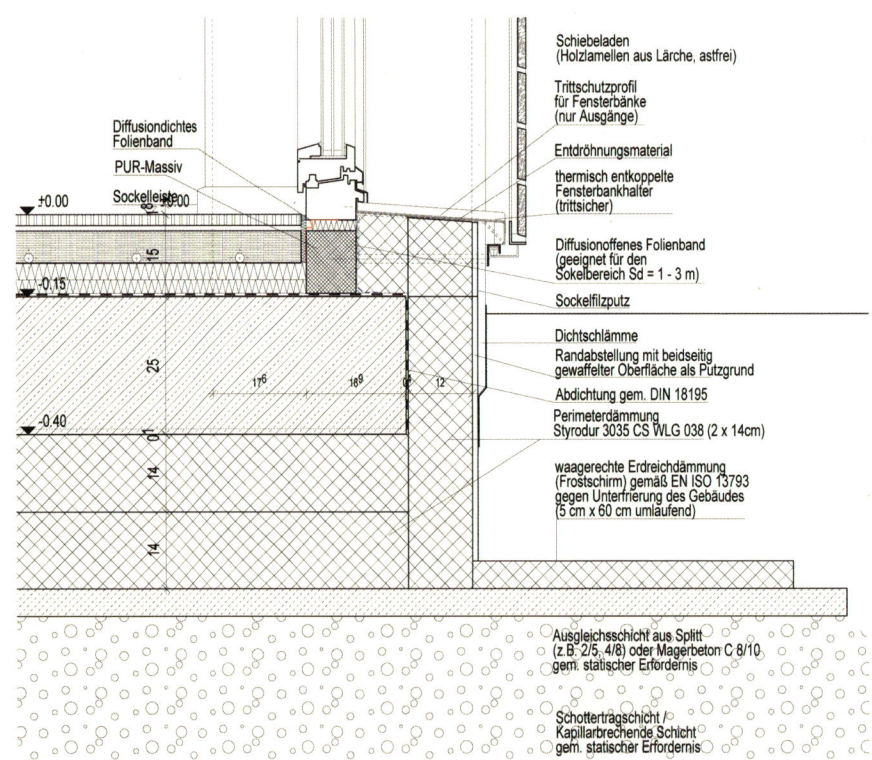

Passivwohnhaus Allmendfeld, 다름슈타트 인근의 Allmendfeld에 지어진 단독주택의 지중 연결 부위 디테일이다.
매트 아래에는 XPS 14㎝ 두 장이 엇갈려서 시공이 되었고, 수직으로는 차후 마감을 위해 강도는 떨어지지만 미장과
측면 방수공사를 위해 표면이 거친 12㎝ XPS판이 사용되었다. 출처 : Dipl.-Ing. Do-Young Hong, Kramm & Strigl,
Germany

위의 단독주택에서는 잡석다짐 후에 약간 두꺼운 PE시트를 추가적으로 깔고 그 위에 버림콘크리트를 한 예이다. 기초 바깥으로 5cm 두께에 약 60cm의 추가된 단열재는 동결심도를 고려해 지중의 온도를 높이기 위한 목적이다. 해당 건물이 있는 지역은 독일에서도 따뜻한 지역에 속하는 곳이지만 물이 투과되는 다진 잡석층은 동결선 이하까지 설치하였다.

이외에 또 하나의 안전장치로는 방수시트를 100% 매트 위에 접착하는 것도 좋은 방법이다. 단순한 PE시트는 방수층이 아닌데도 습관적으로 설계하고 시공하는 경우가 많이 있다. 독일에서도 그러한 시공도면이 간혹 있는데, 이는 잘못된 시공방식이다. 하자 발생 시에는 전적으로 감리, 설계 그리고 시공자 모두에게 책임이 있다. 시공 전에는 매트콘크리트 위를 깨끗이 청소해서 곰팡이 등이 토양으로 삼을만한 요소들을 미리 제거하는 것이 중요하다. 아스팔트 시트방수를 하게 되면 자재 성능에 따라 틀리지만 보통 3mm 이상이 되는 경우에는 약 10cm 정도 겹쳐서 시공되는 이유로 머드씰Mud sill을 깔 때 수평잡기가 어려워 시공성이 떨어진다. 이런 경우에는 최대한 겹침을 막기 위해 머드씰 방향으로 방수시트를 깔고 나머지 방수시트는 나중에 아스팔트액으로 연결시키는 것도 하나의 방법이다. 또한 무수축 모르타르를 미리 시공하여 수평을 잡은 상태에서 작업을 시작하는 것도 고려해 볼 만하다. 혹은 조립식의 경우에는 벽체를 조립하기 전에 모르타르를 까는 경우도 있다. 이때 머드씰이 모르타르의 물을 빨아드리는 것을 막기 위해 비닐재질로 감싼 후에 시공하는 것도 효과적이다. 그러면 어느 정도 매트의 표면오차는 상쇄되므로 갈아내는 등의 작업을 줄일 수 있다. 물론 콘크리트 타설 시에 미장공이 대기하면서 수평을 잡고 후속 작업을 할 수도 있다. 여하튼 작업 방법의 선택은 전적으로 현장 상황에 맞게 진행되어야 할 것이기에 반드시 어떤 방법이 절대적으로 옳다고 정의 내리기가 어렵다. 앵커의 선 혹은 후시공도 어느 것이 정답이라고 말하는 것은 마찬가지로 의미가 없다. 개인적으로는 케미컬 앵커와 같은 시스템을 사용하는 후시공을 추천한다. 그 다음 수직의 방수시트 혹은 아스팔트 방수미장은 매트 면에서 지표면 약 30cm까지 올려서 시공하되 최소 15cm는 확보해야 한다. 바닥 방수공사로 구체방수를 하는 경우도 있지만 이는 모든 구조에 100% 가능한 방법이 아니며, 특히 표출수나 지하수의 상승이 우려되는 경우에는 그에 맞는 방수시스템을 골라야 한다. 지반조사를 하지 않는 경우에는 안전을 위해 구체방수 보다는 시트방수를 하되 아스팔트인지 타르방식인지 먼저 시험성적서를 보고 골라야 한다. 타르는 발암성 물질로 현재 독일권에서는 사용이 금지되었다. 타르는 아스팔트에 비해 냄새가 강하게 나며 불로 가열 시 색이 갈색 계열로 변하기에 쉽게 구분이 가능하다.

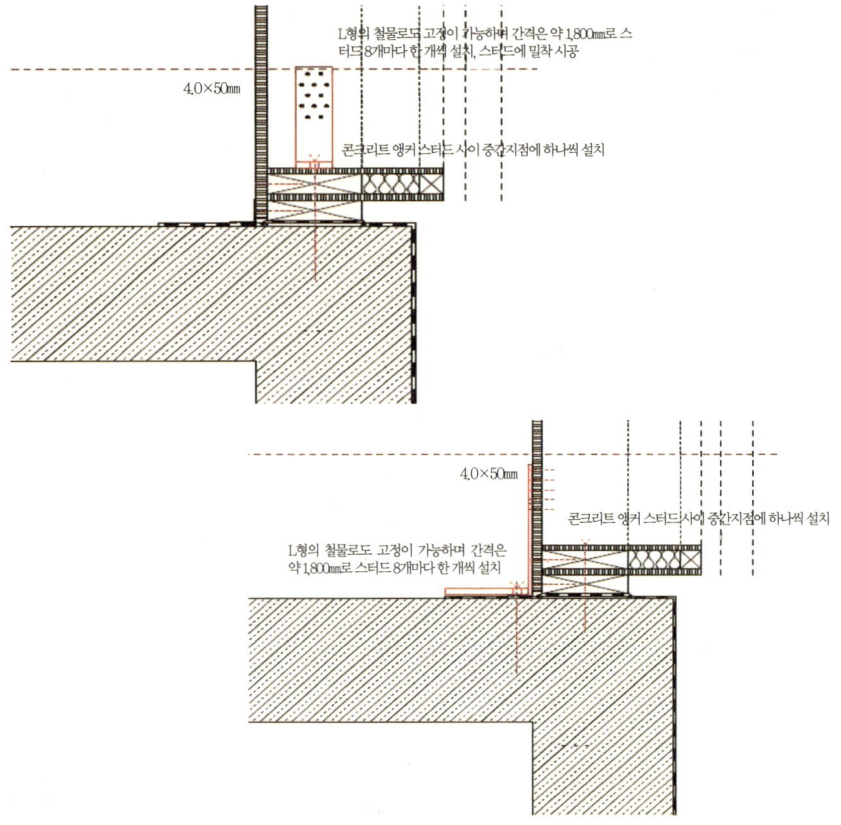

여러 가지 앵커 시공 방법

Passivwohnhaus Allmendfeld, 다름슈타트 인근의 Allmendfeld에 지어진 단독주택의 외벽 방수공사. 출처 : Dipl.-Ing. Do-Young Hong, Kramm & Strigl, Germany

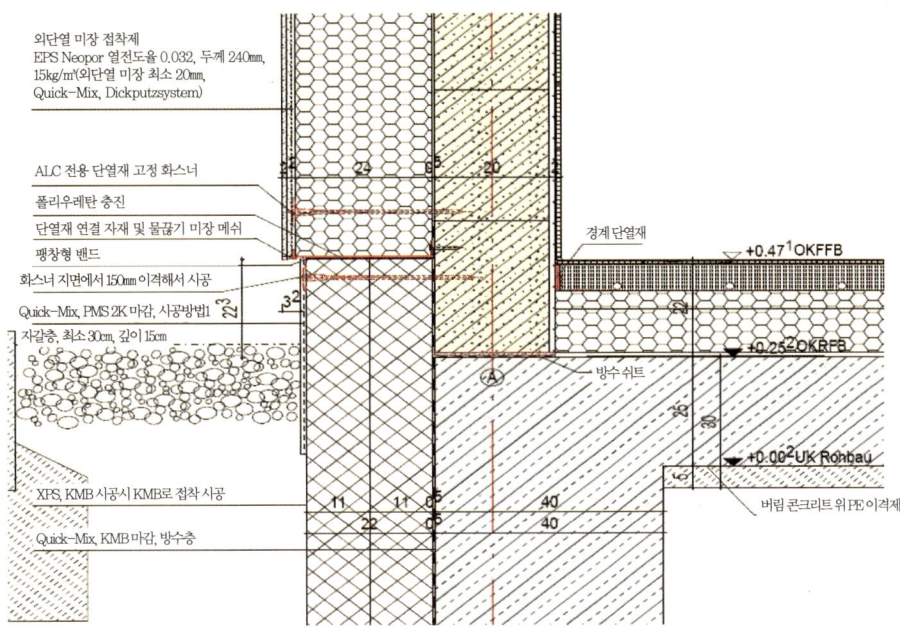

외단열 미장 접착제
EPS Neopor 열전도율 0.032, 두께 240mm,
15kg/㎥(외단열 미장 최소 20mm,
Quick-Mix, Dickputzsystem)

ALC 전용 단열재 고정 화스너
폴리우레탄 충진
단열재 연결 자재 및 물끊기 미장 메쉬
팽창형 밴드
화스너 지면에서 150mm 이격해서 시공
Quick-Mix, PMS 2K 마감, 시공방법1
자갈층, 최소 30cm, 깊이 15cm

XPS, KMB 시공시 KMB로 접착 시공

Quick-Mix, KMB 마감, 방수층

경계 단열재

+0.47[1]OKFFB

방수 쉬트

+0.25[2]OKRFB

+0.00[2]UK Rohbau

버림 콘크리트 위 PE 이격재

아산 패시브하우스 단독주택, 외벽과 지면 부위 디테일로 방수 및 표면보호 모르타르로 시공하는 경우

    매트기초 바로 위 처리는 후속 공정을 위해 만일 표면의 오차가 심한 경우에는 표면을 건조한 모래 같은 것으로 수평을 잡고 그 위에 단열재를 서로 엇갈리게 시공한다. 모래층은 수평을 잡는 기능 외에 설비배관을 실치하는 공간으로도 사용이 가능하다. 단열재 위에는 시스템에 따라 다르지만 단순 고정방식이라면 PE시트를 보통 한 겹 또는 두 겹을 단열재 위에 깔게 된다. 그 목적은 이질재료인 단열재와 바닥모르타르간 방통층의 분리재 역할을 하고, 바닥 모르타르를 타설 시 단열재 사이로 들어가는 것을 막기 위함이다. 단순 고정 방식이 아니라 단열재에 배관 고정을 위한 요철이 혼합되어 있는 시스템인 경우에는 PE시트가 필요 없다. 이럴 경우에는 가장자리에만 PE필름이 부착된 경계 단열재만 설치하면 된다.

    공사 후 남은 단열재를 퍼즐조각처럼 여러 두께로 바닥 단열을 하는 경우가 흔한데, 이는 하자로 이어질 가능성이 높다. 아무리 작은 공간 특히, 화장실 같은 바닥이 약 10cm까지 내려서 시공하는 공간이라도 남은 자투리로 시공하는 것은 피해야 한다. 보통 두 겹으로 단열하는 것이 좋은데, 처음의 단열재는 설비나 기타 전기배관이 지나가는 층으로 보고 그에 맞는 단열재 두께를 정하고 그 위 단열재는 끊임없이 지나가는 단열층층간소음재으로 시공하는 것이 좋다. 첫 번째 단열층에서 배관과 단열재 사이 틈은 글래스 울이나 암면 등으로 그 틈을 막는 것이 중요하다. 또한 냉온수관은 단열층과 상관없이 별도로 단열되어야 하며, 무엇보다 배관의 표면결로에 대비한 배관 단열재확산이 억제되는 단열재를 사용해야 한다.

Passivwohnhaus in Allmendfeld, 다름슈타트 인근의 Allmendfeld에 지어진 단독주택의 매트구조와 배관공사.
출처 : Dipl.-Ing. Do-Young Hong, Kramm & Strigl, Germany

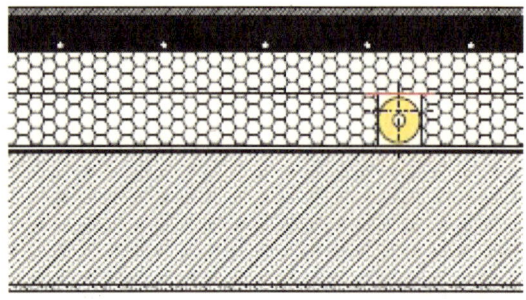

아산 패시브하우스 단독주택, 바닥 기본 디테일, 첫 번째 단열층에 배관을 시공하는 경우

위 사진은 원래 건물의 모든 설비배관을 위해 매트기초 아래로 약 1.2m를 다운시켜 측면에서 나중에 나머지 지중관과 연결시키려 했던 것이다. 하지만 비용 절감 차원에서 지중에 설비관을 미리 시공하고 타설 전에 위치를 정확히 잡아서 매트기초 위로 배관한 경우이다. 생활오수를 위한 관이 아니라 옆 건물로 통하는 난방, 냉온수 그리고 지열교환기를 위한 배관이다.

벽체와 만나는 부위는 바닥모르타르의 경계가장자리 단열재를 8mm 혹은 바닥면적이 클 경우에는 10mm 정도 두께로 미리 벽체에 예상 바닥마감선까지 수평을 잡아 시공하는 것이 좋다. 요즘은 이 경계단열재에 비닐이 달려 있어 바닥의 비닐과 겹치도록 쉽게 시공할 수 있다. 바닥에 단열재 위에 설치하는 커다란 비닐을 경계단열재 선까지 실내에서 올리는 것은 작업의 효율이 사실상 떨어진다. 그래서 바닥비닐은 바닥면적 크기로 잘라내고 그 위에 경계단열재에서 내려오는 비닐과 겹쳐서 시공하는 것이 상당히 효율적이다. 경계단열재의 목적은 수축이완을 하는 바닥모르타르의 힘을 상쇄하여 예상되는 크랙을 방지하고 층간소음을 줄이는 데 있다. 이 경계 단열재는 최종 걸레받이 설치 시 잘라내야 층간소음에 효율이 있다. 그렇지 않고 여러 이유에서 미리 잘라낸다면 바닥모르타르의 균열 방지를 억제하는 기능만을 할 뿐이다.

바닥 모르타르는 보통 시멘트모르타르인 경우는 최고 40㎡마다 끊어서 시공하는 것이 층간소음을 막는데 효과적이다. 바닥 모르타르층에 금이 가면 음향 전송Sound transmission이 생겨 잘못하면 층간소음재의 효과가 무용지물이 되는 경우가 흔하다. 가

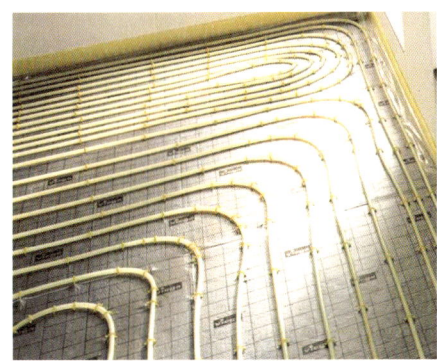

바닥난방관을 타커시스템으로 고정한 경우이다. 벽체 가장자리에 경계단열재(노란색)를 설치한 것과 바닥모르타르를 끊어서 시공하려고 분리한 것을 볼 수가 있다. 바닥난방을 고정시키는 시스템에 따라 분리층의 유무가 결정된다. 출처 : Viega GmbH, Germany

오스트리아 빈에 건설된 패시브하우스 공동주택. 발코니의 창호가 크고 높은 관계로 바닥난방을 창호 바로 앞에만 설치한 경우. 출처 : Herz & Lang, 오스트리아

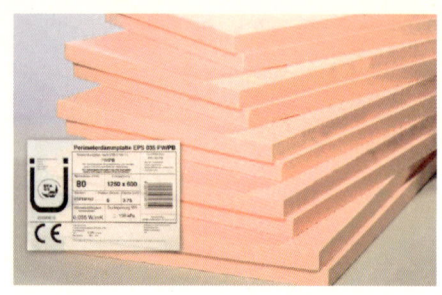

비드법 단열재로서 일정한 조건 하에서 지중공간에 사용이 가능한 단열재로 미장의 편이를 위해 표면의 요철이 형성되어 있다. 출처 : swisspor Deutschland GmbH

장 빈번하게 잘못 시공된 예가 난방관 고정을 위한 기포콘크리트의 사용이다. 이는 크랙이 잘 생기며 무엇보다 소음재와 바닥모르타르 사이에서 밀도가 애매한 자재이다. 그래서 현실적으로 층간 소음에는 사실 그리 큰 도움이 되지 못한다.

패시브하우스라는 이유로 간혹 측면 수직 부위에 두 겹의 Perimeter insulation를 하는 경우가 있는데, 실제적으로는 예상된 단열성능을 시간이 흐르면서 기대하기 어렵다.[21] 오히려 한 겹의 단열재가 함수량을 기준으로 했을 때 그에 따른 단열성능을 보면 훨씬 유리하고 시공도 간편하다. 마찬가지로 두 겹으로 하는 경우에는 중간에 접착제가 필요하기 때문이고, 화스너를 통한 고정은 지표면 15㎝ 이상에 미장을 고정시키는 의미에서는 가능하지만 지중에서 화스너 사용은 방수층을 훼손시키므

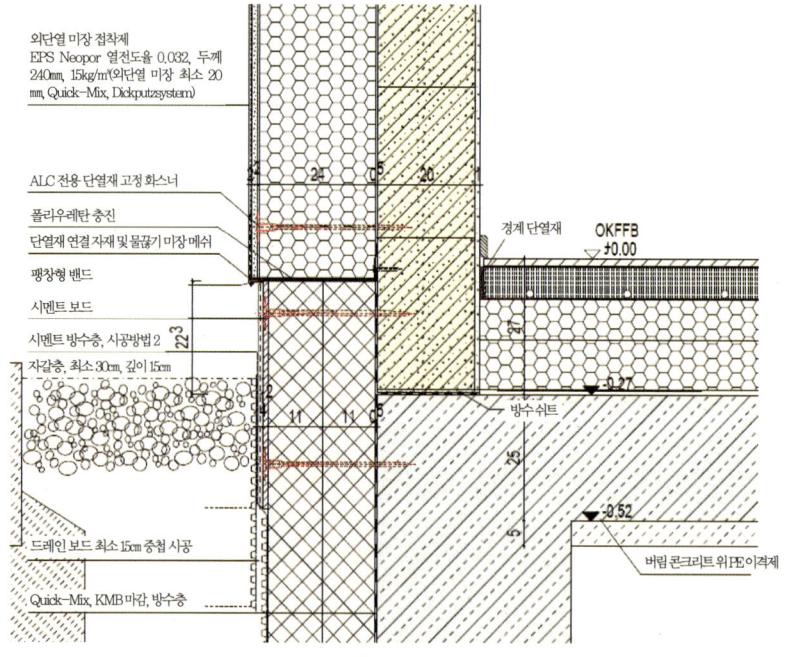

아산 패시브하우스 단독주택, 시멘트 보드를 사용해서 지중부위를 마감하는 경우

---

21 Bewertung des hygrothermischen Verhaltens einer Perimeterdammung aus zwei Lagen XPS, IBP Bericht RKB-04-2007k, Fraunhofer Institut Bauphysik(독일 프라운호퍼 건축물리 연구소)

로 일반적인 시스템에서는 적절한 고정 방법이 아니다. 매트 아래 단열재는 디테일에 따른 여러 가지 변수가 있겠지만 약 24cm 열전도율 0.040이면 패시브하우스 경우에는 문제가 없으며 매트 아래 20cm, 매트 위 4cm 정도로의 시공도 가능하다. 문제는 현장에서 충분히 두꺼운 단열재를 구하기가 거의 불가능하다는 것이다. 바로 이런 이유에서 현재 많은 국내의 패시브하우스 현장에서는 한 겹의 단열재가 아니라 두 겹의 단열재를 겹쳐서 시공하는 경우가 흔하다. 미장을 하기에는 더욱 맞지가 않는 단열재이기에 시급한 자재 개발이 우선되어야 한다. 다른 방법으로는 시멘트보드를 사용한 방법이 있는데, 이 경우는 화스너 고정이 자유롭지만 손이 많이 가는 공정이기에 건축비의 상승이 있다.

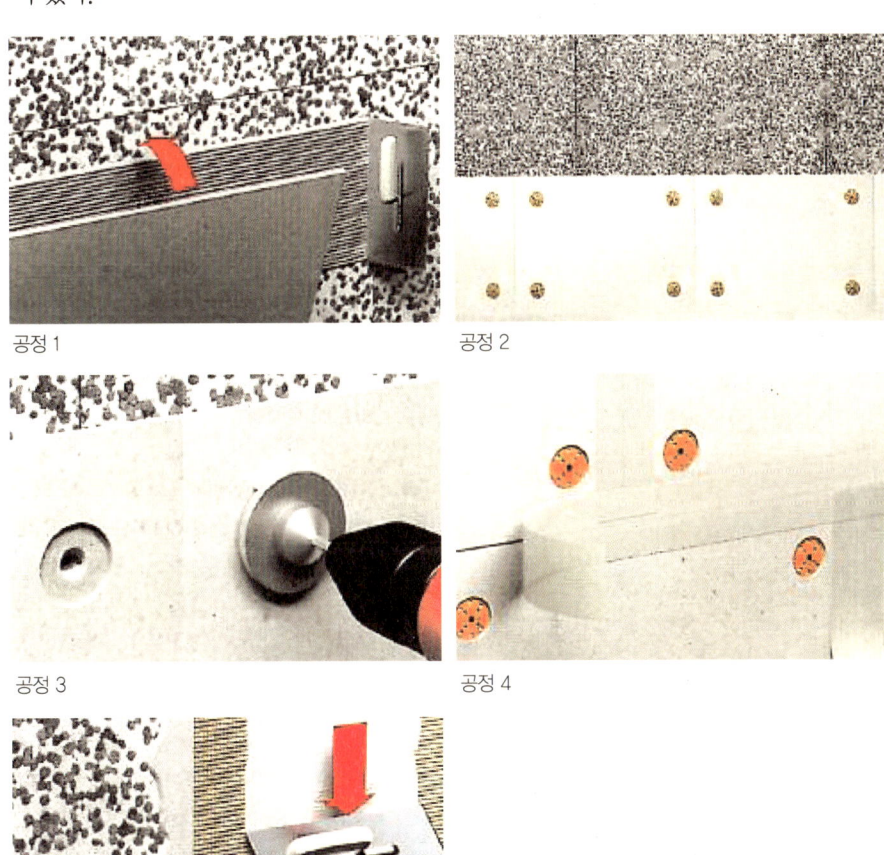

공정 1

공정 2

공정 3

공정 4

공정 5

지면 부위에 시멘트 보드를 사용하는 경우의 공정순서.
출처 : Caparol WDVS-Handbuch, Germany, 2009/2010

외벽

외벽 단열은 다른 구조에 비해 다양한 단열재 사용과 시공 방법이 가능하다. 반면 다른 구조체와 연결 부위가 많아 하자 발생이 높은 공사이기도 하다. 조적이나 철근콘크리트가 기본 바탕이 될 경우 주로 EPS단열재가 많이 사용된다. 중공층을 두는 치장벽돌 마감은 투습방수지 및 방풍 성능이 있는 재질이 붙어 있는 암면 혹은 글래스 울이 많이 쓰인다. 최근에는 알루미늄이 코팅된 폴리우레탄 보온판도 간혹 사용된다.

목조나 경량 스틸의 구조체 안에는 열교를 고려해서 변형이 없는 암면 혹은 글래스 울, 축열 성능과 모세관 현상이 좋은 목섬유, 고형 혹은 불어넣기 식의 셀룰로제를 많이 사용하기도 한다. 구조체 앞에 추가적으로 단열할 때에는 외단열 미장공법으로는 EPS를 경제적인 이유로 많이 사용하고 있다. 그 외 외단열 미장용으로 허가된 경질의 목섬유 단열재도 많이 쓰인다. 미장마감이 아닌 중공층이 있는 경우는 치장벽돌 마감과 같은 단열재를 사용하거나 혹은 아스팔트액으로 처리된 방수는 되지만 투습이 원활한 목섬유 단열재를 외부의 투습방수지 대용으로 사용하기도 한다. 이 경질의 단열재는 생산회사에 따라 조금씩 다르지만 보통 구조재의 역할을 하므로 기존의 OSB 대용으로 사용이 가능하다. 물론 OSB에 비해 가격이 높은 것이 흠이다. 그러나 레인스크린이라 불리는 투습방수지, 주 구조재인 OSB를 사용할 필요가 없어 인건비 등을 고려하면 훨씬 경제적인 방법이다. 그러나 아직까지 우리나라에는 없다. 우리나라에서는 대전 지족동 패시브하우스 현장에 최초로 외벽과 지붕에 시공이 되었으며, 시공성 측면에서 사실 다른 자재들에 비해 앞선다고 볼 수 있다. 단열재의 다양한 선택에 있어 투자와 연구가 요구되는 시점이다. 단열재의 발전이 없으면 구조의 다양성이 없을 뿐만 아니라 효과적인 시공법도 제약이 따른다. 즉, 자재의 다양화 없이는 공정의 개선도 힘들고 결국 시공비 절감에도 한계가 따른다.

- 외벽과 기초가 만나는 부위

조적과 철근콘크리트조에서 먼저 결정되어져야 하는 것은 기초 부위의 단열재 위치가 어디에 있는가이다. 위에서 언급한데로 조적이나 RC조는 경제적 여유가 되면 매트 아래에 단열을 하는 것이 좋다. 수직 단열재 XPS를 지면으로부터 약 30cm까지 시공하

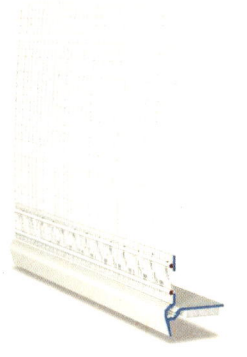

팽창형 밴드와 혼합이 되어 있는 연결메쉬 제품.
출처 : APU AG, www.apu.ch

지면 부위 연결 제품으로 단열재의 두께에 따라 어댑터
가 사용되기도 한다. 출처 : APU AG, www.apu.ch

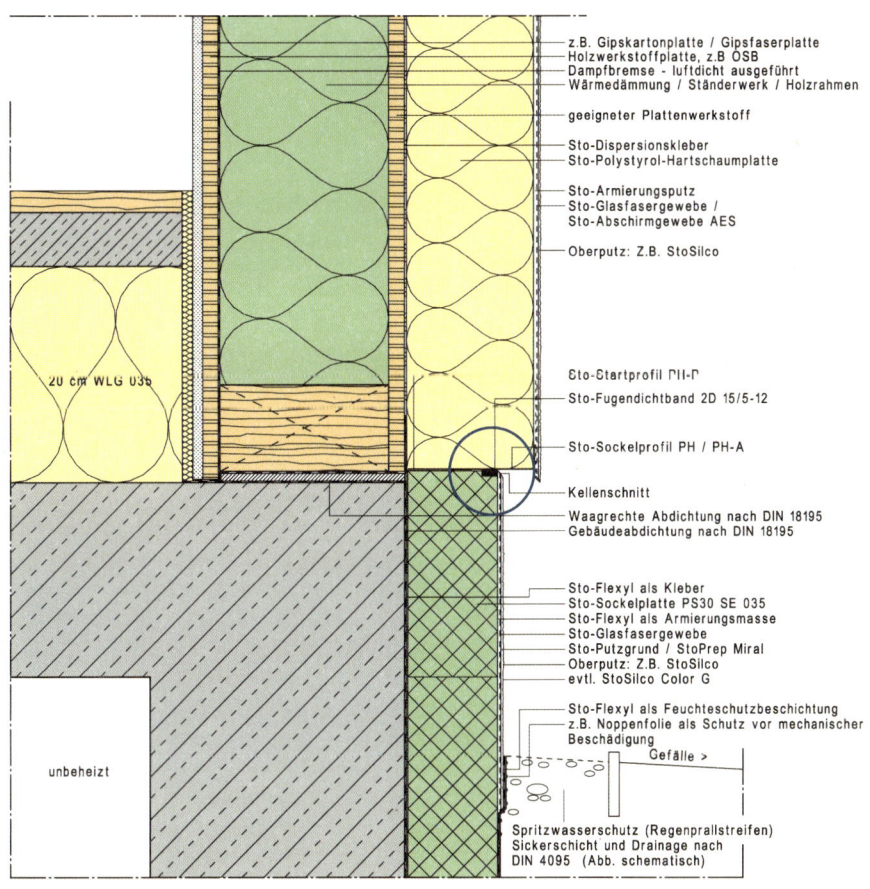

z.B. Gipskartonplatte / Gipsfaserplatte
Holzwerkstoffplatte, z.B OSB
Dampfbremse - luftdicht ausgeführt
Wärmedämmung / Ständerwerk / Holzrahmen

geeigneter Plattenwerkstoff

Sto-Dispersionskleber
Sto-Polystyrol-Hartschaumplatte

Sto-Armierungsputz
Sto-Glasfasergewebe /
Sto-Abschirmgewebe AES

Oberputz: Z.B. StoSilco

Sto-Startprofil PH-P
Sto-Fugendichtband 2D 15/5-12

Sto-Sockelprofil PH / PH-A

Kellenschnitt

Waagrechte Abdichtung nach DIN 18195
Gebäudeabdichtung nach DIN 18195

Sto-Flexyl als Kleber
Sto-Sockelplatte PS30 SE 035
Sto-Flexyl als Armierungsmasse
Sto-Glasfasergewebe
Sto-Putzgrund / StoPrep Miral
Oberputz: Z.B. StoSilco
evtl. StoSilco Color G

Sto-Flexyl als Feuchteschutzbeschichtung
z.B. Noppenfolie als Schutz vor mechanischer
Beschädigung
Gefälle >

Spritzwasserschutz (Regenprallstreifen)
Sickerschicht und Drainage nach
DIN 4095 (Abb. schematisch)

20 cm WLG 035

unbeheizt

팽창형 밴드를 사용한 디테일. 출처 : STO AG, www.sto.com

고 외벽의 단열재인 EPS와 연결을 시키게 된다. 비슷한 면이 있지만 서로 물리적으로 다른 물성을 가지고 있는 단열재이므로 시공 시 미리 분리를 고려하는 것이 좋다. 지반의 침하로 인해 지중의 XPS가 소폭일지라도 침하할 위험이 높아서 15cm 이상 지면높이에서는 화스너 같은 것으로 고정시켜 미장마감이 훼손되거나 크랙이 커지는 것을 줄여줘야 한다. 가장 효과적인 방법은 미리 계획적인 '크랙'을 만드는 것이다. 보통 두 개의 단열재 사이에, 특히 단열재 두께가 서로 다른 경우에는 약 5mm 정도의 팽창형 밴드를 설치해 수축이완에 따라 같이 반응하게 하는 것이 내구성을 높이고 단열재 성능을 오랫동안 유지시키는 방법이다. 사용되는 팽창형 밴드는 자외선 노출 여부에 따라 성능이 높은 BG1 혹은 BG2를 사용한다.

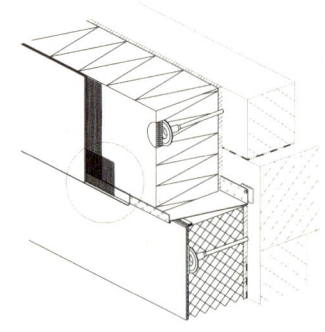

팽창형 밴드를 사용한 디테일.
출처 : Rofix, www.roefix.com

팽창형 밴드, 출처 : Hanno, www.hanno.com

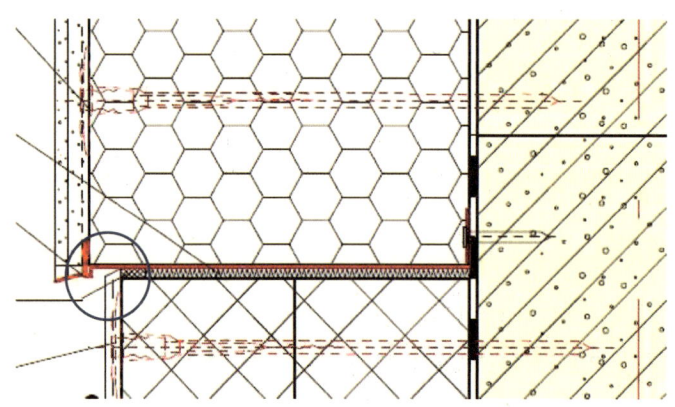

팽창형 밴드 설치 도면, 아산 패시브하우스 단독주택. 출처 : Dipl.-Ing. Do-Young Hong

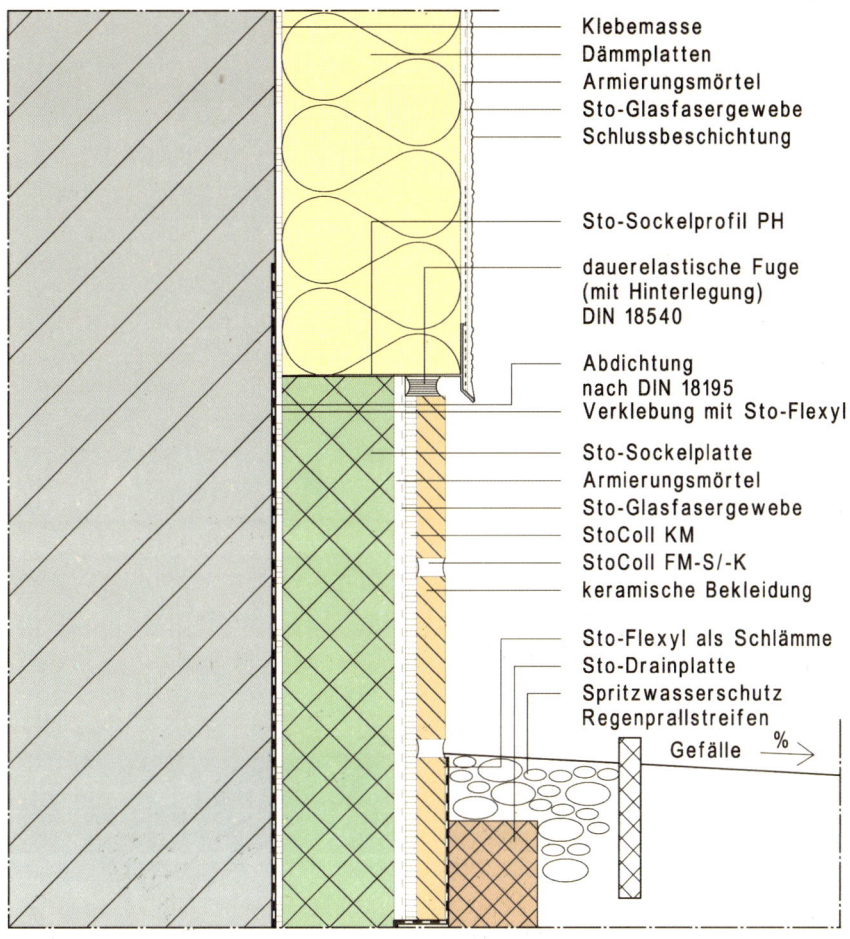

Klebemasse
Dämmplatten
Armierungsmörtel
Sto-Glasfasergewebe
Schlussbeschichtung

Sto-Sockelprofil PH

dauerelastische Fuge
(mit Hinterlegung)
DIN 18540

Abdichtung
nach DIN 18195
Verklebung mit Sto-Flexyl

Sto-Sockelplatte
Armierungsmörtel
Sto-Glasfasergewebe
StoColl KM
StoColl FM-S/-K
keramische Bekleidung

Sto-Flexyl als Schlämme
Sto-Drainplatte
Spritzwasserschutz
Regenprallstreifen
Gefälle %

Alternative mit Sto-Sockelabschlussprofil (Achtung Wärmebrücke !)

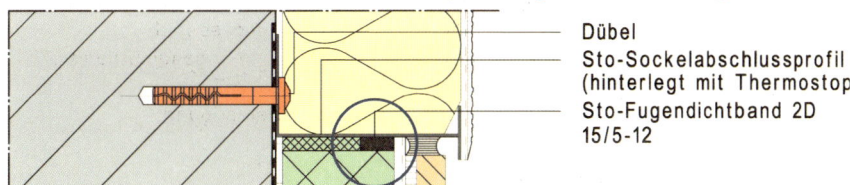

Dübel
Sto-Sockelabschlussprofil
(hinterlegt mit Thermostop
Sto-Fugendichtband 2D
15/5-12

팽창형 밴드를 사용한 디테일. 출처 : STO AG, www.sto.com

– 외벽과 지붕이 만나는 부위

외벽과 지붕이 만나는 부분은 크게 중량형과 경량형과의 연결 부위로 나눌 수 있으며, 외단열 미장마감과 공기층을 둔 마감이냐에 따라 세분화 된다. 더불어 고려할 사항은 경사지붕과 평지붕에 따라 그 디테일이 달라지고 더불어 철근콘크리트 같은 일반적인 슬래브 혹은 목구조냐에 따라 연결 부위의 시공과 재료는 사뭇 다르다. 아래에서는 우리나라에 일반적인 북미식 목구조 보다는 독일어권의 목구조를 중점적으로 다루려한다. 열교를 고려해 북미식 보다 독일권의 방식이 훨씬 설득력이 있기 때문이다.

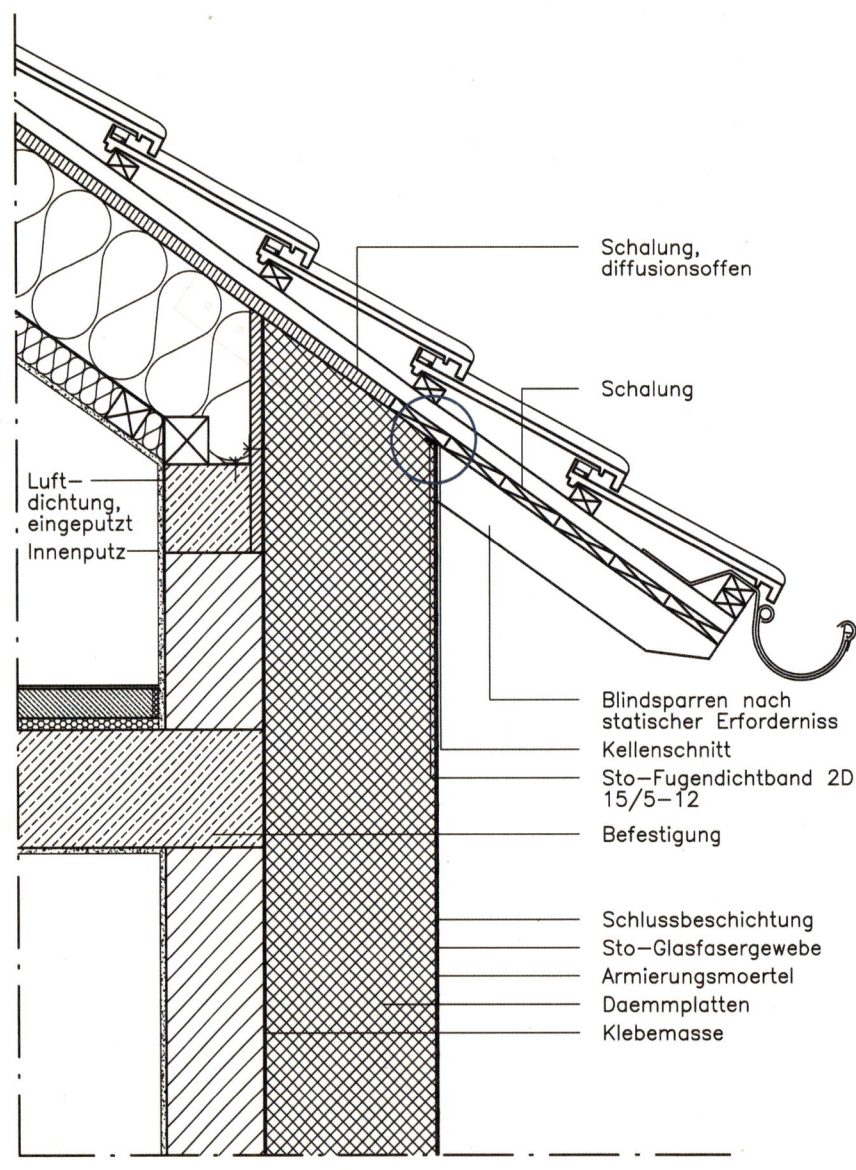

Schalung, diffusionsoffen

Schalung

Luft-
dichtung, eingeputzt
Innenputz

Blindsparren nach
statischer Erforderniss
Kellenschnitt
Sto-Fugendichtband 2D
15/5-12
Befestigung

Schlussbeschichtung
Sto-Glasfasergewebe
Armierungsmoertel
Daemmplatten
Klebemasse

팽창형 밴드를 사용한 처마 디테일. 출처 : STO AG, www.sto.com

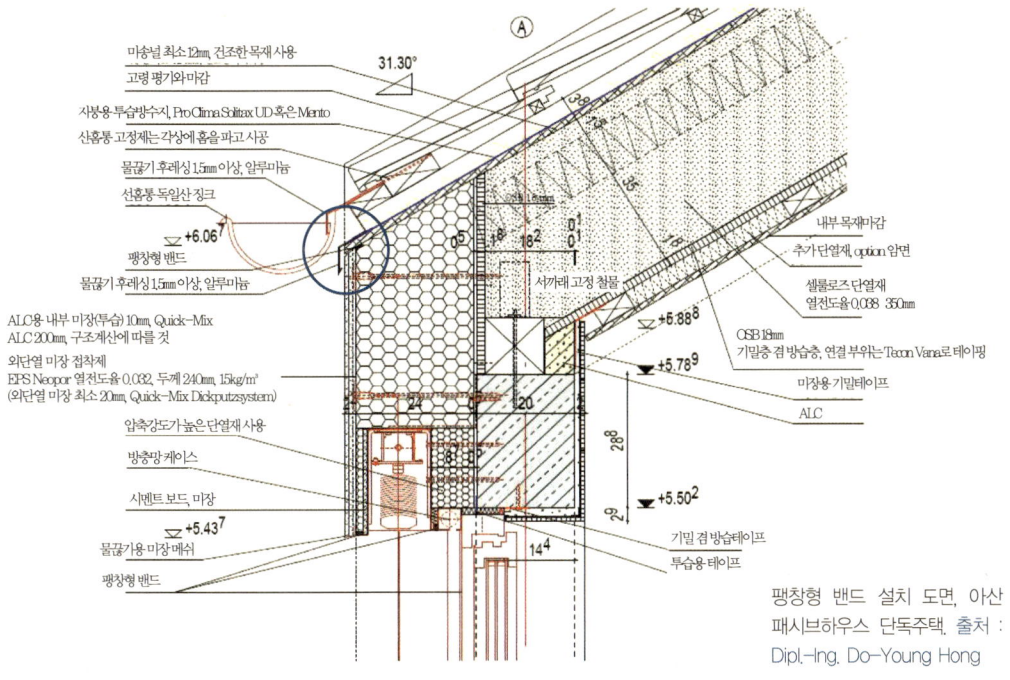

31.30°

마송널 최소 12mm, 건조한 목재 사용
고령 평기와 마감
지붕용 투습방수지, ProClimaSolitexUD 혹은 Mento
산흙통 고정제는 각상에 흠을 파고 시공
물끊기 후레싱 1.5mm 이상, 알루미늄
선흙통 독일산 징크
▽ +6.06⁷
팽창형 밴드
물끊기 후레싱 1.5mm 이상, 알루미늄

ALC용·내부 미장(투습) 10mm, Quick-Mix
ALC 200mm, 구조계산에 따를 것
외단열 미장 접착제
EPS Neopor 열전도율 0.032, 두께 240mm, 15kg/m³
(외단열 미장 최소 20mm, Quick-Mix Dickputzsystem)
압축강도가 높은 단열재 사용
방충망 케이스
시멘트 보드 미장
▽ +5.43⁷
물끊기용·미장 메쉬
팽창형 밴드

내부 목재마감
추가단열재, option 암면
셀룰로즈 단열재
열전도율 0.088 350mm
서까래 고정 철물
▽ +6.88⁸
OSB 18mm
기밀층 겸 방습층, 연결 부위는 Tecon Vana로 테이핑
▽ +5.78⁹
미장용·기밀테이프
ALC
▽ +5.50²
28⁸
기밀 겸 방습테이프
투습용·테이프
14⁴

팽창형 밴드 설치 도면, 아산
패시브하우스 단독주택. 출처 :
Dipl.-Ing. Do-Young Hong

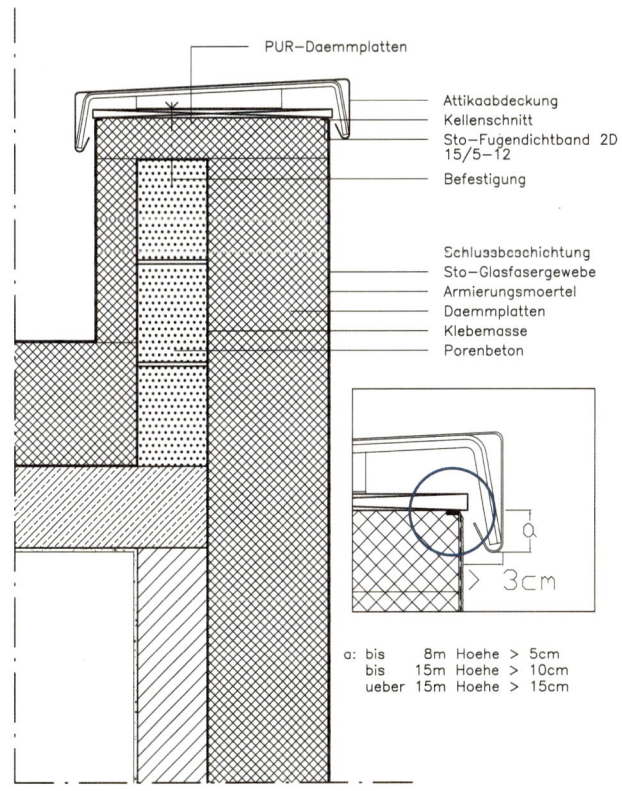

PUR-Daemmplatten

Attikaabdeckung
Kellenschnitt
Sto-Fugendichtband 2D
15/5-12
Befestigung

Schluaabcachichtung
Sto-Glasfasergewebe
Armierungsmoertel
Daemmplatten
Klebemasse
Porenbeton

3cm

a: bis   8m Hoehe > 5cm
   bis   15m Hoehe > 10cm
   ueber 15m Hoehe > 15cm

팽창형 밴드를 사용한 디테일.
출처 : Rofix, www.roefix.com

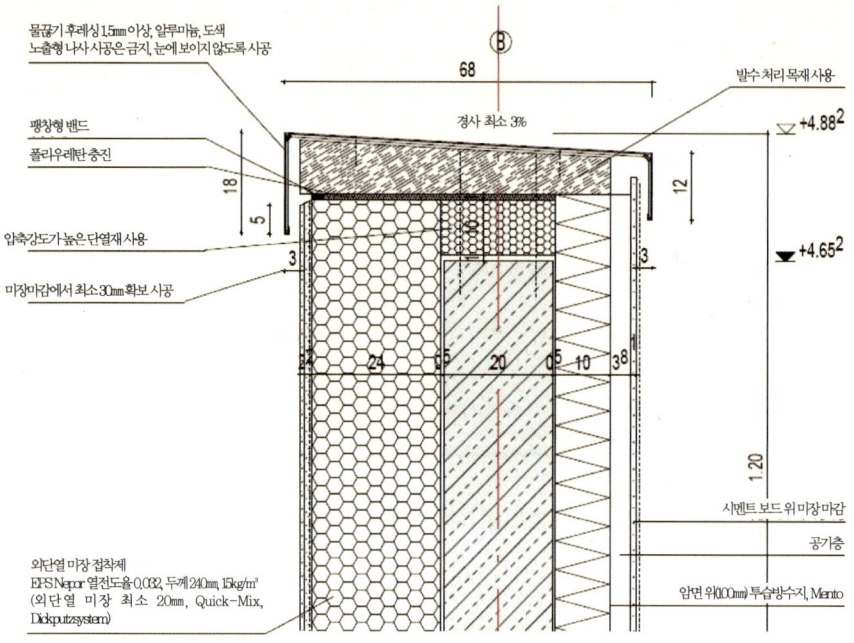

물끊기 후레싱 1.5mm 이상, 알루미늄, 도색
노출형 나사 사공은 금지, 눈에 보이지 않도록 시공

팽창형 밴드
폴리우레탄 충진

압축강도가 높은 단열재 사용

미장마감에서 최소 30mm 확보 시공

외단열 미장 접착제
EPS Neopor 열전도율 0.032, 두께 240mm, 15kg/㎥
(외단열 미장 최소 20mm, Quick-Mix,
Dickputzsystem)

68

경사 최소 3%

발수 처리 목재 사용

시멘트 보드 위 미장마감
공기층
암면 위(100mm) 투습방수지, Mento

평지붕 외벽 난간 디테일, 아산 패시브하우스 단독주택

외벽 미장표면과 난간 빗물 방지 후레싱과의 이격 거리는 알루미늄 경우에는 3㎝, 동이나 징크의 경우는 5㎝ 정도를 확보하는 것이 좋다. 건물 높이에 따라 후레싱과 외벽마감이 중첩되어야 하는 길이가 서로 다르다. 8m까지는 5㎝, 15m는 10㎝ 그리고 15m 이상의 건물은 15㎝ 이상이 되어야 바람으로 인한 우수가 마감 상부로 유입되는 것을 줄일 수가 있다. 중첩되는 길이는 우리나라의 상황에 맞게 조절되어야 한다.

– 외벽과 창호가 만나는 부위

외벽과 창호가 만나는 부위는 여러 개의 자재가 좁은 지역에 동시에 만나는 곳이기에 하자의 발생률도 높고 시공도 어렵다. 단순하게 창틀과 만나는 부위를 팽창형 밴드를 이용해서 수축이완이나 방풍과 방수를 해결하는 시스템에서 메쉬가 혼합된 미장 프로필을 사용하는 시스템까지 다양하지만 아직 우리의 현장에서는 이런 부속 재료의 부족으로 만족할 만한 결과를 얻어내지 못하기에 안타까운 것이 사실이다. 단열재가 다른 이질 재료와 만나는 부위는 반드시 팽창형 밴드를 설치해야 한다.

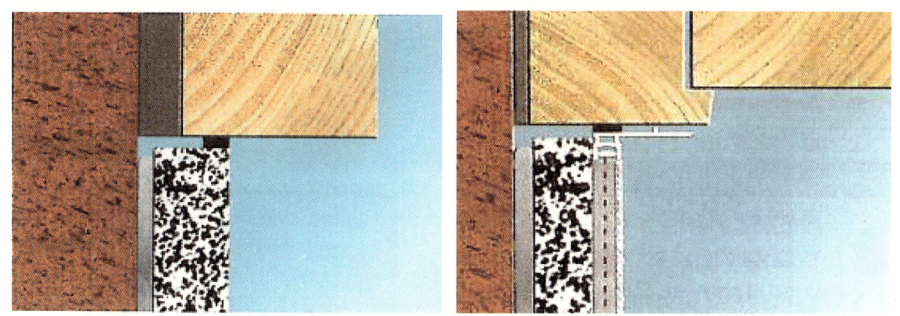

창틀과 단열재 및 미장면이 만나는 부위의 연결. 출처 : Caparol WDVS/Handbuch 2009/2010

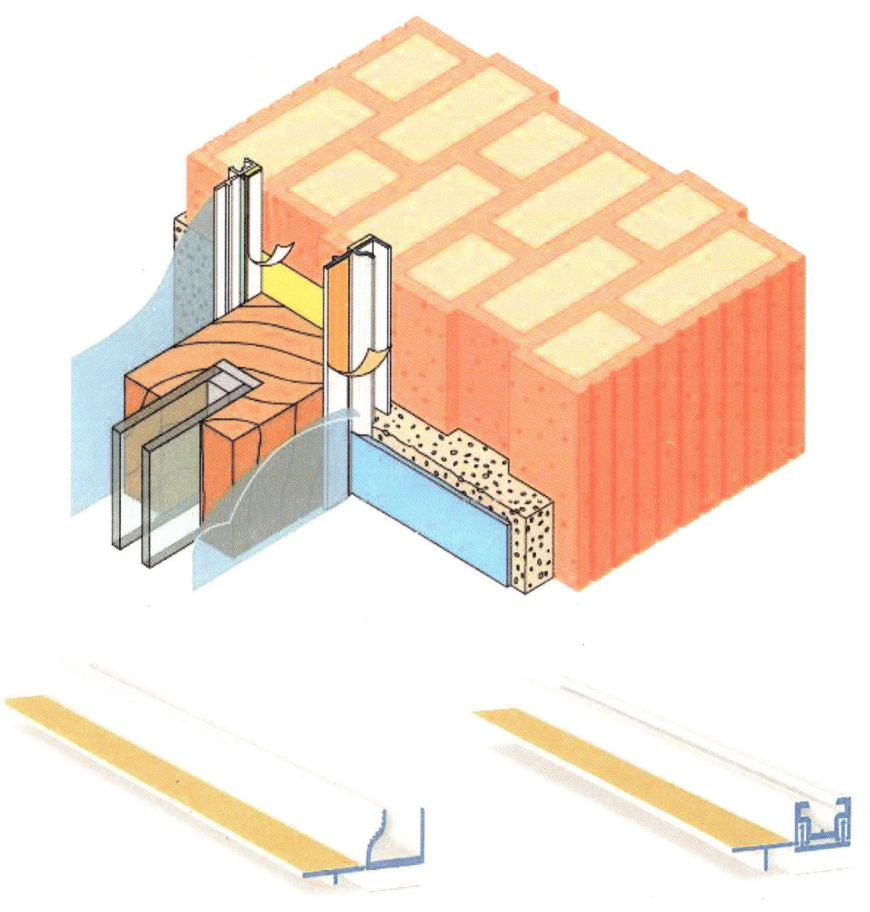

창틀과 단열재 및 미장면이 만나는 부위에 사용되는 부속제품, 두 번째 제품은 수평뿐 아니라 수직 방향으로의 움직임도 잡아주기에 내구성 면에서는 더 우수하다. 황색의 면을 제거하면 접착제가 있고 그 위에 비닐을 시공해서 미장시 유리 혹은 창틀이 더러워지는 것을 막을 수가 있고, 시공이 끝나면 왼쪽 날개를 분리해서 잘라내면 된다.
출처 : APU AG, www.apu.ch

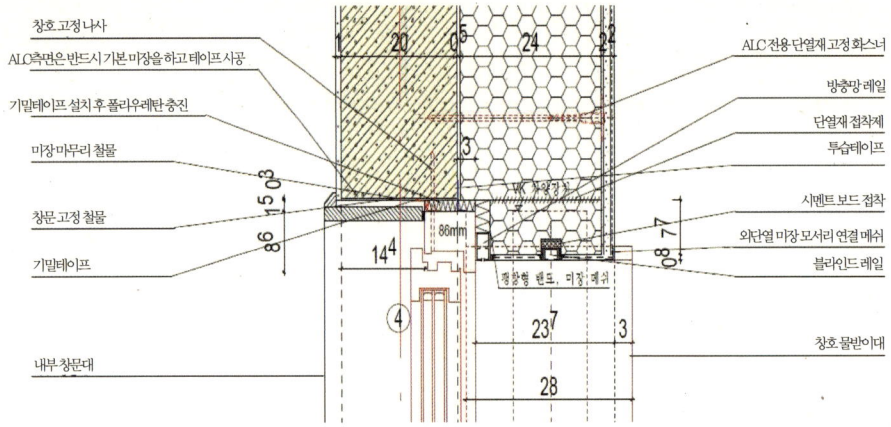

창호 고정 나사
ALC측면은 반드시 기본마장을 하고 테이프 시공
기밀테이프 설치 후 폴리우레탄 충진
미장마무리 철물
창문 고정 철물
기밀테이프
내부 창문대

ALC전용 단열재 고정 화스너
방충망 레일
단열재 접착제
투습테이프
시멘트 보드 접착
외단열 미장 모서리 연결 매쉬
블라인드 레일
창호 물받이대

창호 연결 부위 디테일, 아산 패시브하우스 단독주택

그 외에 서로 이질의 구조체가 있는 부위에 단열재를 시공하는 경우는 서로 만나는 부위에 단열재를 적어도 10㎝ 이상 어긋나게 시공을 해서 예상되는 크랙 발생의 위험을 줄여야 한다.

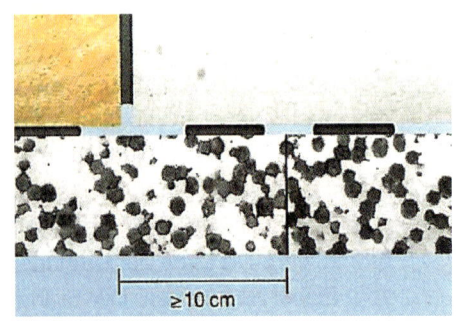

≥10 cm

서로 다른 이질 재료 위에 단열재를 시공하는 경우,
출처 : Caparol WDVS/Handbuch 2009/2010

지붕

제한적인 단열재 종류와 부족한 시공 기준은 무엇보다 검증이 부족한 시공 방식을 습관적으로 적용하게 한다. 외벽의 단열방식은 많이 개선되고 발전이 이루어진 반면 지붕의 단열과 방수는 아직 연구와 개선의 여지가 남아 있다.

지붕은 형태상 평지붕과 경사지붕으로 크게 나뉜다. 평지붕은 방수방식을 기준으로 다시 일반적인 방식과 역전지붕 방식으로 분리할 수 있다. 일반적인 방식은 단열재 위에 물이 흐르거나 배수가 되는 방수층이 있는 것이고, 역전지붕은 단열재 아래에 방수층이 있는 경우를 말한다. 역전지붕은 단열재 사이로 우수의 유입이 어느 정도 이뤄지고 또 배수가 되는 방수층 사이에 수분이 항상 있기에 열관류율 계산 시에는 전체 열관류율에서 방수층 아래에 있는 층의 전체 열저항에 따른 비율로 일정양의 열관류율을 더해야 한다.[22] 면적과 관련하여 전체 무게가 250kg/㎡ 이하인 경량구조의 경우에는 방수층 아래의 전체 열저항의 값이 0.15㎡ · K/W 이상 되어야 한다.

방수층 아래층의 열저항값이 전체 열저항값에 차지하는 비율 %	⊿U W/㎡ · K
10 이하	0.05
10~50	0.03
50 이상	0

역전지붕에 있어서 ⊿U, DIN 4108-2

공기층의 유무를 두고 온지붕Warm roof과 냉지붕Cold roof으로 분리할 수가 있다. 온지붕은 공기층이 없는 방습층과 방수층 사이에 단열재가 '갇혀' 있는 상태를 말한다. 반면 냉지붕은 단열재 위에 방수층이 없고 대신 공기가 통하는 구조를 의미한다. 평지붕에서 공기가 통하는 경우는 대부분 목조 혹은 혼합형에서 사용되지만, 대부분의 구조는 공기층이 없는 온구조 방식을 태한다.

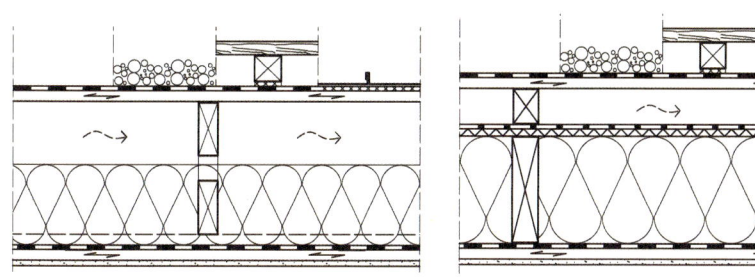

경량목구조에서의 평지붕 시공 예. ① 구조체에 통기층이 있는 경우, ② 구조체 상부에 통기층을 위해 각상을 둔 경우. 출처 : Spezial Flachdacher in Holzbauweise, Informationsdienst Holz 2008-10

---

22 DIN 4108-2

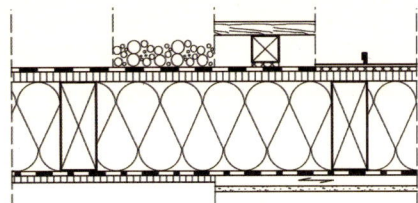

경량목구조에서의 평지붕 시공 예. 통기층이 없는
경우. 출처 : Spezial Flachdacher in
Holzbauweise, Informationsdienst Holz 2008-10

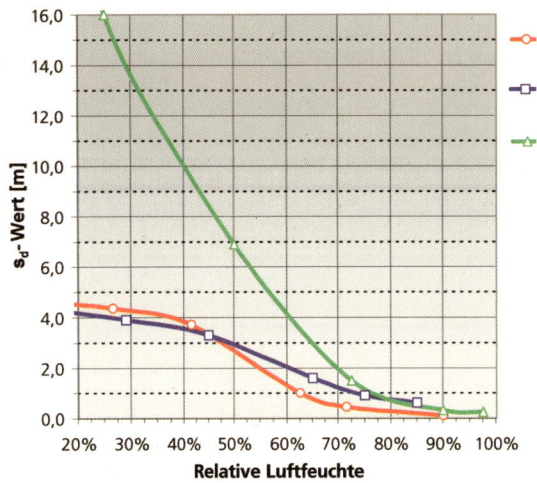

통기층이 없는 경우 사용할 수 있는
가변형 방습지 성능 비교. 상대습도
의 변화에 따른 투습성능의(Sd) 변화.
출처 : Spezial Flachdacher in
Holzbauweise, Informationsdienst
Holz 2008-10

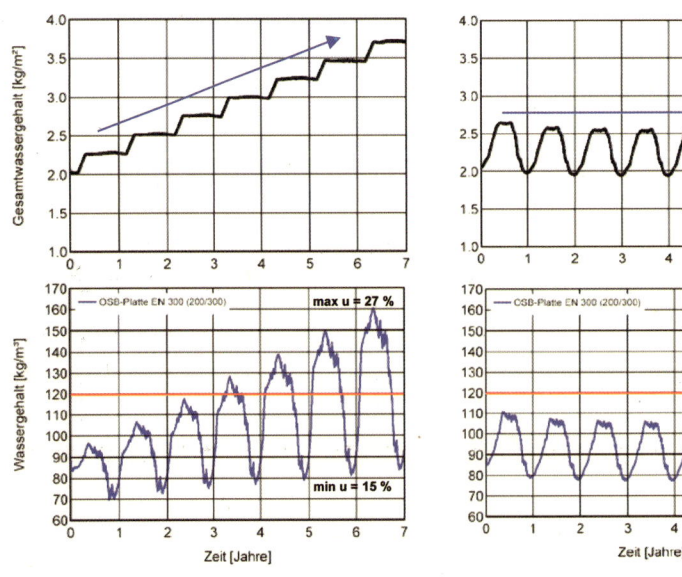

통기층이 없는 경량목구조 평지붕. Sd값이 100m인 방습지와 가변형 방습지의 비교를 통한 함수율의 비교. ①
Sd=100m 왼쪽, ② 가변형 방습지 오른쪽. 출처 : Spezial Flachdacher in Holzbauweise, Informationsdienst Holz
2008-10

과거 경량목조의 경우 실내의 방습지나 외부의 투습방수지의 물성이 물리적으로 공기층이 없는 온지붕 구조가 불가능했다. 하지만 현재는 가변형 방습지 등이 있기에 목구조 평지붕이라 하더라도 공기층이 없는 온구조 방식이 가능하다. 건축물리적으로 습기로 인한 문제도 줄어들었고, 전체 구조의 두께가 줄어들어 경제적으로도 절감된다.

– 평지붕

현재 경제성과 시공성의 이유로 주로 시행하고 있는 지붕 단열은 내단열 방식이다. 콘크리트 타설 전에 압출법의 보온단열재를 먼저 시공하는 것이 일반적인 방식이고, 지붕 방수는 누름콘크리트 사용 여부를 떠나 액체방수를 주로 한다. 결론적으로 우레탄방수든 기타 액체방수든 또는 아스팔트 시트방수에 누름콘크리트를 하든 내구성면에서나 단열면에서는 비효율적인 방식이다. 어느 정도 배근이 되는 누름콘크리트는 보통 차량 통행이 있는 지붕_{보통 지하주차장}의 경우에 주로 사용된다. 지붕 배수와 관련해 모두 난간쪽이나 아니면 바로 덕트로 배수되기 때문에 누름콘크리트의 균열[23]로 인해 생기는 물은 배수되지 않고 누름콘크리트와 단열재_{외단열의 경우} 혹은 방수층 아래 고여 있는 경우가 많다.

패시브하우스를 떠나 모든 평지붕의 단열은 외단열이 가장 적합한 방식이다. 무엇보다 열교의 문제가 훨씬 줄어들고 내구성이 높다. 또한 지붕반자가 없다면 콘크리트 슬래브의 축열능력이 높아진다. 디불이 빈자가 부분적으로 생략되므로 경제적이고 나아가 층고에도 영향을 준다. 고층은 경우에 따라서 한 층을 더 설치할 수도 있다.

지붕 내단열로 인한 최상층의 전형적인 열교 현상

---

23 외기에 노출이 되어 있기에 내구성면에서 치명적이다.

- 일반적인 경우(아스팔트 시트, 플라스틱 계열의 방수 시스템)

가장 일반적인 경우는 콘크리트 슬래브 위에 먼저 방습층이 되는 아스팔트 시트를 100% 아스팔트액으로 접착시킨다. 그 위에 암면, EPS비드법 보온판, 폴리우레탄 등의 단열재를 엇갈리게 하거나 홈이 있어 서로 맞물리도록 시공접착한다. 다음 공정으로 첫 번째 아스팔트 시트를 단열재 물성에 맞는 방식으로 시공하며, 그 위에 또 한번의 표면 보호처리가 된 아스팔트 시트를 아스팔트액으로 전 면적을 접착한다. 아스팔트액은 건물의 높이와 난간의 높이 그리고 그 지역의 바람의 세기에 따라 그 양이 정해진다. 충분하지 못할 경우는 방수시트 위에 강자갈 혹은 보드블록 같은 것으로 들고 일어나는 현상을 막아야 한다.

단열재 물성에 따라 고온으로 아스팔트액을 녹여 시공하는 방식과 열에 약한 단열재를 차가운 상태로 시공하는 경우가 있다. 플라스틱 계열의 방수지는 보통 한 겹으로 시공하지만 표면 보호에 각별히 주의를 기울여야 한다. 폴리우레탄 계열의 PUR 혹은 PIR는 접착 시 생기는 고온에서도 안전하게 시공할 수 있지만, 고온에 약한 비드법의 EPS는 보호층이 있거나 혹은 차가운 방식으로 접착한다. 비드법처럼 투습이 원활하지 않은 단열재는 첫 번째 방수시트를 접착할 때, 100% 아스팔트액으로 EPS 전 면적에 접착하면 후에 수증기압의 변화로 방수지의 표면이 두꺼비 집처럼 볼록하게 올라온다. 그래서 보통은 습압을 상쇄하는 층을 추가적으로 시공하던가 아니면 첫 번째 방수지를 일부만 EPS에 접착하는 방식이 일반적으로 채택된다. 대개 바코드 같은 모양으로 그 사이에 수증기가 어느 정도 이동이 가능하여 수증기압의 상쇄가 있어 그로 인한 문제는 줄어든다. 암면 같은 자재는 투습 성능이 좋아 전 면적을 접착해도 수증기압 차이로 인한 문제는 없다.

어떤 단열재를 사용하건 무엇보다 중요한 것은 건조한 단열재로 시공해야 한다는 점인데, 경질의 단열재는 부족한 투습 성능으로 생기는 문제를 줄일 수가 있다. 평지붕이라 할지라도 지붕표면이나 방수층은 보통 2% 이상 구배를 두어 시공해야 한다. 방수지의 성능에 따라 구배 없는 구조도 가능하지만 슬래브의 처짐을 고려하면 2% 이상의 구배를 두는 것이 안전하다. 구배가 없는 경우는 시공자들이 개런티를 하지 않는 경우가 흔하다. 그래서 배수관을 보통 처짐의 확률이 제일 높은 슬래브의 중간 지점에 설치하기도 한다.

구배를 맞추기 위해 주로 모르타르를 사용하는 경우가 있다. 낮은 구배와 적은 면적에는 좋지만 넓고 구배가 높은 때에는 하중 문제와 직결되므로 구배용 지붕 단열재를 사용하는 것이 보다 효과적인 방법이다. 아직 이 분야는 우리나라에서는 적용되지는 않았지만, 지붕 방수로 인한 문제점이 흔해 조만간 많이 시공되리라 본다.

구배단열재, 암면. 출처 : Dipl.-Ing. Klaus Richter, Deutsche Rockwool, Germany

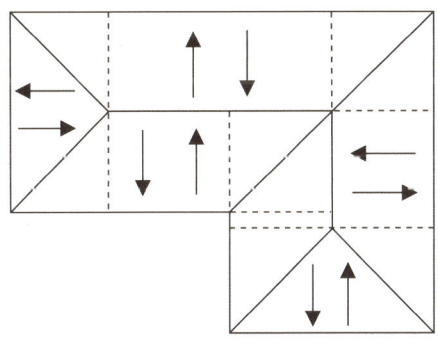

화살표 방향은 모든 방향으로 구배가 가능하다는 것이다. 평지붕에서의 일반적인 구배를 보여주는 도면. 출처 : Technische Regeln 2. Auflage, die Bitumenbahn, vdd Industrieverband Bitumen-Dach- und Dichtungsbahnen e.V. Germany

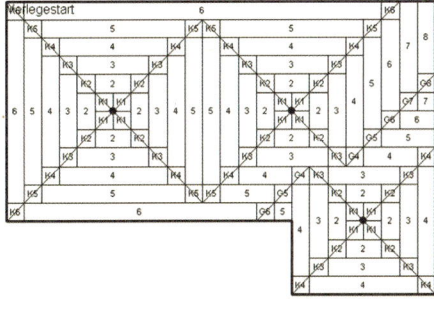

구배에 따른 단열재 시공도면. 중간의 굵은 점이 지붕 배수가 이루어지는 지점. 출처 : Technische Regeln 2. Auflage, die Bitumenbahn, vdd Industrieverband Bitumen-Dach- und Dichtungsbahnen e.V. Germany

방수층이 아스팔트 시트인 경우는 두 겹으로 약 10cm 정도 겹쳐서 시공하고 그 위에는 굵은 자갈지름 16~32mm을 5cm건물의 높이에 따라 다름 이상 설치하면 들리는 문제가 없고 배수가 원활해 물이 고이는 현상도 없다. 그러나 시간이 지나면서 배수가 원활하지 못하게 되면 미생물이 생기면서 지붕 배수에 문제가 되기도 한다. 자갈층은 어느 정도 통기가 되어 방수층의 표면온도가 기존 방식에 비해 낮고, 그로 인해 열적인 수축팽창이 줄어들어 예상되는 미세 균열로부터 안전하다.

우리나라는 특히 여름철 태풍으로 인한 강한 바람이 문제가 될 수도 있기 때문에 가장자리를 돌아가면서 콘크리트 보도블럭을 시공하는 것도 좋은 방법이다. 가장 중요한 것은 각 지역별로 어느 정도 하중이 작용해야 바람의 영향으로부터 안전한지 그 기준이 마련되어야 한다는 점이다. 기준이 필요한 것은 그 외에 특히, 지붕표면의 배수를 위한 경사각도와 연관해 난간의 높이를 설정하는 것이다. 아울러 자갈층은 난간 상부와 최소한의 이격거리와 높이를 준수하지 않으면 강풍 시 자갈이 아래로 떨어질 수가 있어 사고 위험이 높다. 독일은 시공기준으로 난간측면에 마감된 방수쉬트의 상부선과 깔린 자갈층의 높이차를 설치된 방수시트의 경사에 따라 최소 10cm 확보를 요구하지만 개인적으로는 그 이상이 되어야 안전하다고 본다.

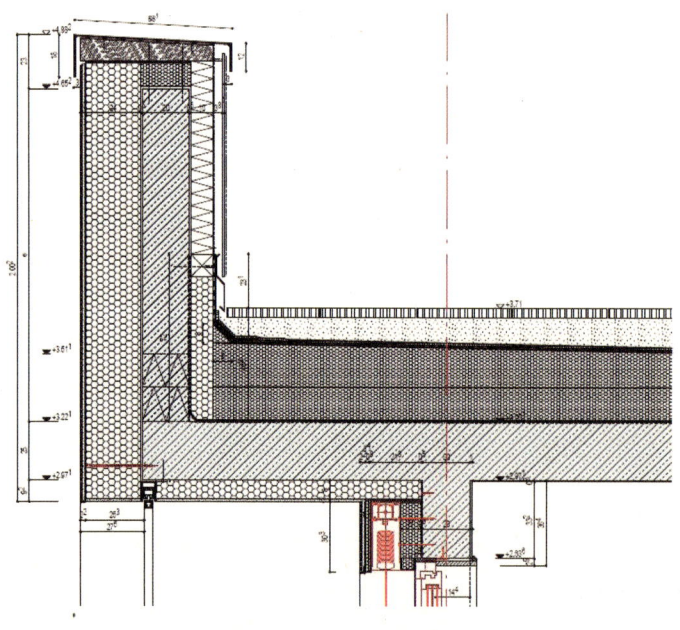

평지붕 연결 부위 디테일, 아산 패시브하우스 단독주택

– 지붕 위 옥상정원

　요즘 들어 많이 설치하는 방식 중의 하나가 옥상정원이다. 옥상정원에는 크게 가벼운 식물을 식재할 수 있는 Extensive roofgarden과 높이나 중량이 있고 정기적으로 가꾸어야 하는 Intensive roofgarden 방식이 있다. 두 방식 모두 여름철 지붕 아래층 공간의 실내온도의 안정은 물론 큰 면적인 경우에는 미세기후에도 도움이 된다. 하지만 함수율과 습기 증발과 관련해서는 경량의 지붕구조에선 문제가 될 수도 있다. 또한 그늘이 항상 지는 부위는 습기 증발에 대한 주의 깊은 계획이 선행되어야 한다. 옥상정원이 지붕의 표면이 되는 경우는 방수층으로 식물의 뿌리가 뚫고 들어올 수 없는 재질을 사용해야 하며 이에 대한 시험성적서나 테스트 결과가 반드시 필요하다.

Extensiv begrünte Dächer
Beton-Attika wärmegedämmt, nicht belüftetes Dach (Warmdach)
Dachaufbau 104, Detail 2.4

deutliches Gefälle

Mauerabdeckprofil
GRÜNPLAST® TOP
POLAR SK
Holzwerkstoffplatte, ca. 3 cm
Wärmedämmung
Dampfsperre
Elastomerbitumen-Voranstrich
Unverklebte Zone
Dämmstoffkeil
Kiesstreifen, b = ca. 50 cm

난간 부위 디테일. 출처 : Icopal, Germany

5
여름철
단열계획

    단열 성능이 좋은 건물의 외피는 그렇지 못한 건물에 비해서 여름철 태양에너지로 인한 영향이 극히 미비하다. 그런데 창호와 같은 경우에는 이미 들어온 열의 단지 일부분만이 다시 외부로 방출되므로 가장 영향을 많이 받는 부위에 속한다. PHPP를 통해 실내의 적정온도보통 26℃를 기본으로 햇빛차양장치 및 여름철 환기계획을 같이 세워야 한다. 어느 정도 이 설정온도를 초과하는 것은 빈도에 따라 인정된다.[24]

    독일에서는 EnEV에너지 절약 시행령에 언급된 법적효력을 가진 DIN 기준에 따라 각 거주공간의 여름철 쾌적성 여부를 의무적으로 증명해야 한다. 마찬가지로 오스트리아에서도 ONORM B 811-3에 따라 계산을 한다. 이 두 계산 모두 냉방장치가 설치되지 않은 공간에 적용 가능한 방법으로 소위 충분한 단열과 축열능력에 대한 검토 방안이라고 볼 수 있다. 독일에서는 단순히 일정한 26℃를 근거로 하지만 오스트리아는 낮에는 27℃, 밤에는 25℃로 서로 차이를 두고 있다. 아직 이를 시행하지 않고 있는 우리나라는 전체적인 기존 건물에 대한 모니터링이 필요하고 그에 합당한 온도 설정이 있어야 할 것이다. 열대야가 있는 우리나라에 실제적으로 밤 온도 25℃를 냉방장치 없이 유지한다는 것은 거의 불가능하기 때문이다. 효율적으로 자연환기를 통해 낮 시간에 저장

---

[24] 오스트리아의 경우는 일년에 13일까지의 온도 초과는 인정이 된다.

된 열을 외부로 발산하더라도 건물의 높이와 안정성의 이유로 많은 제약이 있어 더욱 그러하다.

단순히 실내 상대습도에 대한 고려 없이 온도만을 정하는 것도 문제가 있어 우리 현실에 맞는 기준이 시급하다. 여기에 설정된 기본온도는 일반 가정집은 온도가 초과하더라도 그리 큰 문제가 될 것이 없겠지만, 건물을 임대하는 경우에는 그 문제의 심각성이 다르다. 병원이나 사무실 같이 적정온도가 필요한 곳에 수시로 이 적정온도를 넘어서면 세입자는 해당하는 권리를 행사할 수 있고, 이로 인한 법적인 공방도 사실 많이 있는 편이다. 보통은 세를 준 사람이 월세를 청구하지 못하거나 손실에 대해 보상하는 사례가 많은 것도 사실이다.

여름철 실내 쾌적성 확보를 위한 키포인트

• 햇빛차양장치

• 실내환기, 특히 야간에 외기의 온도가 내려간 후에 이루어지는 야간환기

• 축열성능구조체, 가구, 기타

• 햇빛을 통과시키는 창호의 방향과 크기

현재 우리나라에서도 잘못 인지되고 있는 것이 '패시브하우스는 자연환기를 해서는 안 된다'는 선입견이다. 어떤 건물이든 직접직인 냉빙징치의 가동 없이, 낮 시간 동안 축열된 열을 다시 외부로 방출시키지 않고 오랜 시간 동안 쾌적성을 유지할 수는 없다. 아무리 축열 성능이 높고 지열교환기를 통한 패시브 냉방을 이용하더라도 한계가 있는 것이 사실이다. 그만큼 야간시간의 환기는 선택사항이 아니라 필수사항이다. 햇빛차양장치를 효율적으로 작동하고 사용하더라도 결과는 마찬가지다. 사용자는 무엇보다 한 쪽만 환기를 시키지 말고 전체적으로 바람이 통하는 맞바람이나 일층에서 창문을 열고 이층에서 공기를 빼는 방식으로 환기굴뚝효과를 해야만 효과가 높다. 하지만 실내외의 온도차가 별로 없고 외기가 습하다면 실내의 습도가 올라가게 되고 추가적인 제습이나 냉방이 이루어져야 하므로 이런 경우는 자연환기를 피해야 한다. 더불어 여름철에는 우회Bypass 기능을 통해 배기가 함유한 열을 급기에 전달되지 않도록 하는 것이 좋다.

패시브한 냉방효과 외에 직접적으로 냉방하는 경우에는 PHPP에 따라 소요되는 일

외부에 설치되는 햇빛차양장치. 출처 : Warema, germany

차에너지를 파악해야 한다. 겨울철에는 난방에너지의 소비를 최소화하면서 여름철에 냉방에너지로 더 많은 에너지 소비를 할 수 있기 때문이다. 특히 우리나라에서는 필수불가결한 과정으로 인식해서 반드시 짚고 넘어 가는 것이 좋다. 사무실이 많은 건물에서 냉방에너지를 효과적인 자연환기나 기타 복사냉방 같은 자동화 시스템과 연결하지 못하면 야간에 건물 내에 축척된 열이 외부로 배출되지 못한다. 다음날 아침에 출근해서 어느 정도 환기를 하더라도 이미 온도가 올라간 상태라 그리 효과적이지 못하다.

요즘은 겨울에 사용되는 히트펌프를 여름철에 냉방시스템으로 전환시키는 방법도 있다. 마찬가지로 보통 설치되는 바닥난방시스템을 냉방용으로 돌리는 방법도 가능하지만, 그전에 앞서 고려할 점은 기밀과 높은 단열성능 그리고 어느 정도 제습을 해주는 공기조화기와의 연결이다. 이런 시스템이라면 바닥난방관을 냉방관으로 사용하더라

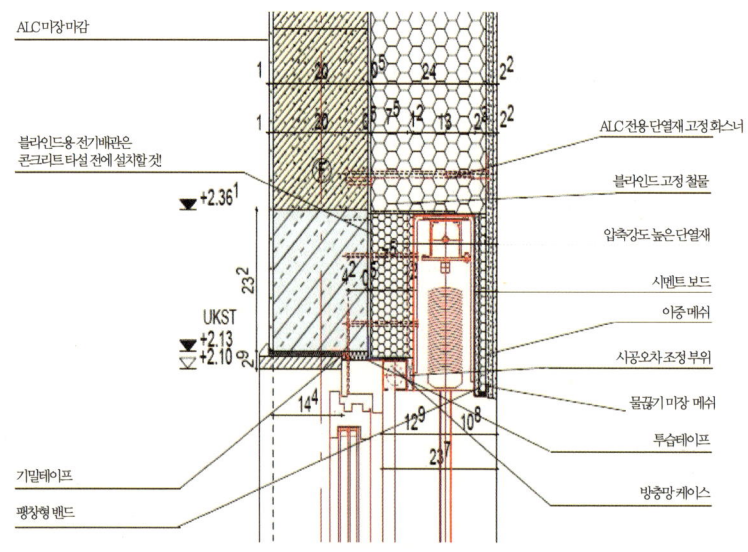

외부에 설치되는 햇빛차양장치, 아산 패시브하우스 단독주택. 출처 : Dipl.-Ing. Do-Young Hong

도 그 효과를 충분히 얻을 수 있다. 그러나 어느 하나라도 부족하면 여름철 배관에 생기는 결로수로 인해 자주 작동을 멈추거나 인입되는 물의 온도가 높고, 물의 속도를 줄여서 운용해야 할 수도 있어 비경제적인 방안이 될 위험이 높다. 기밀이 중요한 이유는 여름철 고온다습한 외기가 내부로 들어오는 것을 막아 자연적으로 냉방부하가 줄어들기 때문이다.

핵심은 건축적으로 전체 하나의 콘셉트를 세워 먼저 냉방부하를 줄이는 것이 최선의 방법이다. 그 다음 환기계획과 햇빛차양장치 등이 고려되고, 최종적으로 필요한 양만 기계적 장치를 가동해 실내의 쾌적성을 확보하는 것이다.

액티브 요소를 도입하는 것은 쉽다. 예를 들어 현재 단계에서 패시브하우스에 여름철 쾌적성을 확보하기 위해 가장 간단하게 생각할 수 있는 것은 다름 아닌 에어컨의 사용이다. 패시브하우스는 그 용량이 기존 크기의 20%만 되어도 충분하다. 그런데 액티브적 접근은 100%의 용량을 가진 에어컨을 설치하는 것이다. 이는 태양광과 집열판에도 적용된다.

미래지향적인 접근 방식은 무엇보다 손실을 줄이는 것이다. 액티브적 방식을 선호하는 사람들의 대표적인 주장 중의 하나가 패시브하우스는 경제적으로 부담이 되므로 어느 정도만 하고 나머지는 액티브 요소로 하자는 것이다. 우리의 건축 수준을 잘못 파악한 결과이다. 우리는 그동안 하자가 너무 많은 건물을 만들어 왔다. 이를 줄이기 위해서는 패시브하우스를 떠나 모든 건물의 건축비 상승은 당연한 결과이다.

제6장 |
열교현상

1
열교현상의
종류와 이해

　　패시브하우스에서는 전체적인 열교Thermal bridge를 줄여 열손실을 최소화하고, 습기로 인한 건축물의 내구성이 떨어지지 않도록 하는 것이 중요하다. '열교가 없다'는 정의는 PHI[1]에 따르면 0.01W/mK 이상을 넘지 않는 구조를 말한다. 흔히 예상되는 점형열교나 선형열교를 감안해 전체 구조체의 열관류를 단열재를 통해 조절하는 것은 엄격한 의미에서 패스브하우스의 기준과 부합하지 않는다. 평균 열관류는 열교를 고려하지 않은 값이 되어야 한다. 모든 열교는 도면상으로는 물론 시뮬레이션 프로그램을 통해 기록, 관리해야 한다.

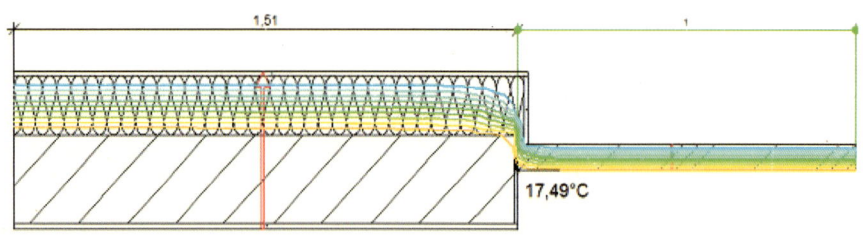

창호 주변에서부터 수평의 온도선이 변화하기 시작

---

1 Passivhaus Institut Darmstadt, 패시브하우스 연구소, 독일 다름슈타트 소재

열교현상에 대해 어떤 곳에서는 '냉교현상Cold bridge' 이라고 지칭하는 경우도 있지만, 건축물리에서는 열손실을 감안한 열을 주로 다루기 때문에 열교현상으로 표현하는 것이 옳다. 건축 구조체의 온도 분포를 열선으로 표시하면 단열이 부족하거나 시공상에 부실이 있는 경우 소위 끊어진 두 개의 같은 온도의 선을 볼 수 있다.

끊어진 부분이 다른 부분보다 온도가 낮고, 또 이 부위를 통해 다른 보통의 구조체보다 더 많은 열이 흐를 때 손실를 보통 '열교' 혹은 '열교현상' 이라 부른다. 물론 수평적으로 열선이 흐르다가 열교지역에서는 곡선 형태를 보이기도 한다. 즉, 수평적 온도선이 다른 형태로 변환되는 지점부터 열교지역이라고 보면 된다.

달리 표현하자면 선형열교값ψ, Psi이 높을수록 열손실이 그만큼 크다는 말이 된다. 열교 부위는 실내온도보다 그 표면온도가 다른 구조체의 표면온도보다 많이 낮으므로 결로현상의 원인이 된다.

'열관류율 즉, U값이 낮으면 결로현상을 억제할 수 있다' 는 주장이 있다. 이론적으로는 옳으나 정확한 표현은 아니다. 실질적으로는 가장 중요한 핵심은 실내 습기와 구조체의 기밀하지 않은 부분과 열교에 있음을 알아야 한다. 단열이 부족한 옛날 건물이라고 모두 결로현상이 발생하고 곰팡이가 서식하는 것은 아니기 때문이다. 특히 에너지 절약형 건물의 경우 열교현상이 단열이 덜 된 건물에 비해 더 심각한 영향을 미친다. 어떤 경우는 40% 이상의 열손실Heat transmission loss을 보인다는 최근의 연구결과도 있다.

패시브하우스에서는 모든 취약 부분의 열교로 인한 손실이 0.01W/mK 이하를 만족하거나 혹은 전체 합산에서 "0"이 되면 조건을 만족했다고 보는 견해도 있다. 전체 합계가 제로 상태라고 하더라도 외부에 화강석 마감을 위한 구조체로 인해 생기는 점형 열교 같은 경우를 간과해서는 안 되므로 우선 열교를 줄이는 것이 바른 순서다.

패시브하우스는 반드시 모든 열교가 0.01W/mK 이하여만 된다는 것은 잘못된 이해이다. 반드시 그 수치로만 패시브하우스 인증을 받는 것은 아니다. 사실 현재 일반적으로 행해지는 기술력과 자재를 고려한 데다 법적인 측면까지 고려한다면 부위별로 상당히 이론적인 값이다. 부분적으로는 이 값을 넘는 부위가 간혹 있는 것이 사실이다.

열교현상으로 인한 결과

• 냉난방 에너지의 증가CO₂의 증가

- 기존 난방장치로 추운 겨울철에 충분한 난방을 제공 못함
- 실내 열적 쾌적함의 하락
- 결로현상 및 곰팡이 서식으로 인한 실내 공기질의 하락
- 습기 유입으로 구조체 및 마감재의 구조적, 시각적 문제
- 건물가치 하락과 내구성 저하로 인한 경제적 손실

패시브하우스 건축은 차치하더라도 개인적으로 공동주택의 발코니와 편복도의 열적분리를 확장의 유무를 떠나 가장 시급히 해결해야 한다고 본다. 우리나라의 어마어마한 공동주택 수와 그에 상응하는 구조적 열교가 있는 발코니 길이의 합은 우리의 상상을 초월한다. 법적으로 서비스 공간이기에 단열을 하지 않는 것은 이해하지만 구조체 연결 부위인 발코니와 바닥슬래브는 에너지 손실을 억제하고 실내 거주환경의 쾌적성을 보장하기 위해 반드시 열적분리를 해야 한다.

독일에서는 열교를 최대한 줄이는 것이 건축가의 의무이다. 어쩔 수 없는 열교 부분을 가진 건물은 예외 없이 에너지절감시행령EnEV 2009에 따라 전체 에너지 계산에서 상당한 불이익을 감수해야 한다. 심한 경우에는 단열재의 두께가 전체적으로 약 4㎝ 이상 늘어나는 사례도 있다. 위에서 언급한 발코니 외에 철골조와 커튼월 구조에서 흔히 볼 수 있는 철골과 유리 연결 부위의 열교도 충분히 단열재로 끊어서 시공이 가능하므로 그동안 결로 방지를 위해 입면에 설치한 부분난방장치를 시공할 필요가 없어졌다.

열교 부위는 우리 눈에는 보통 보이지 않아서 소홀히 하기 쉽다. 그러나 그 결과로 인한 결로와 곰팡이로 결부된 문제는 특히 저항력이 약한 어린이나 노약자에게 호흡기나 피부질환의 원인이 되어 또 다른 사회 문제가 되기도 한다.

현재 우리나라에서는 이 문제로 법정시비까지 가는 경우가 드물지만, 이곳 독일처럼 법조계 30%의 사람들이 단지 건물의 하자 분쟁만으로도 그들의 주업무가 될 때가 우리에게도 곧 올 것이라고 필자는 본다.

노출콘크리트 외벽, 내벽에 생긴 곰팡이.
출처 : 세린 에너피아

기하학적 열교

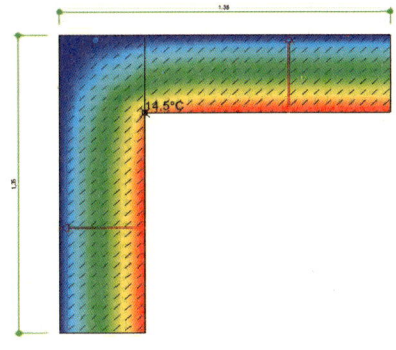

외부모서리의 열교로 인한 표면온도의 차이

구조적 열교현상을 '기하학적 열교현상'이 라고도 부른다. 그 영향은 열을 흡수하는 표 면적과 열을 뺏기는 외부면적의 관계에 따라 달라지는데, 보통 벽과 천장, 바닥 3개의 구조 체가 만나는 3D 지역이 해당한다. 아울러 라 디에이터 설치를 위해 벽체의 두께가 달라지 는 경우도 구조적 열교현상에 속한다.

재료적 열교

단열 성능이 있는 조적의 벽에 철 근콘크리트 기둥이 있는 경우

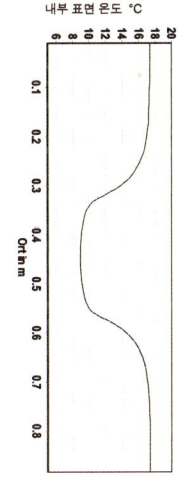

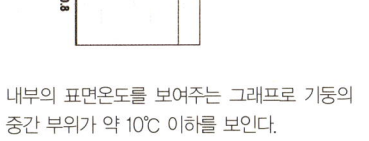

내부의 표면온도를 보여주는 그래프로 기둥의 중간 부위가 약 10℃ 이하를 보인다.

서로 맞대어 있는 부위가 여러 가지의 재료로 시공되면 열전도율이 서로 다른 경우 재료적 열교가 발생한다. 조적조와 콘크리트 기둥 또는 철골 기둥과의 조합이 대표적인 예이 다. 슬래브와 연결된 발코니의 경우도 이에 해당한다.

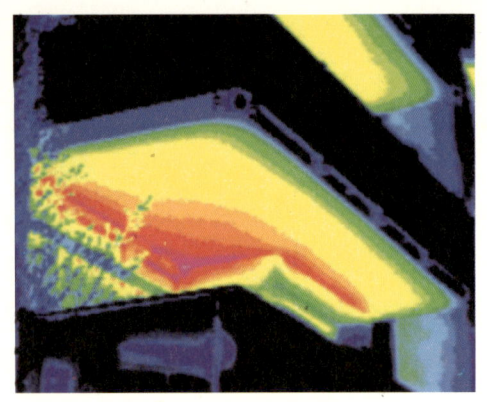

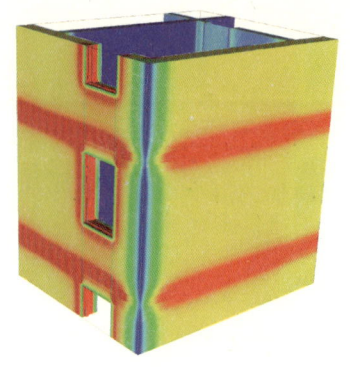

발코니의 열교를 열화상으로 촬영한 모습.
출처 : Schöck, Germany

열교분석용 소프트웨어로 3D 표현을 한 경우.
출처 : www.kornicki.com/antherm

위의 그림에서 적외선 카메라Thermal image의 색깔분포를 보면 빨간색 부분에 많은 양의 열이 외부로 손실되는 것을 알 수가 있다. 대부분의 공동주택과 일반 주택의 외벽도 이와 별 차이가 없다.

혼합적 열교

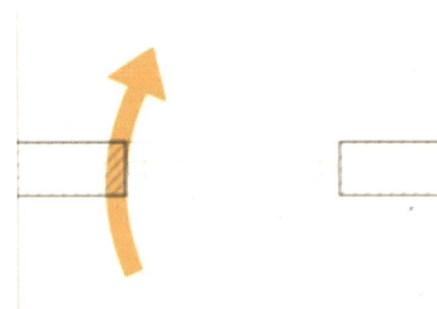

혼합적 열교현상은 보통 앞서 예를 든 두 경우가 복합된 경우를 말한다. 실제적으로는 이 혼합 형태가 많이 생긴다. 개구부의 연결 부위가 복합적 열교현상의 대표적인 예라고 할 수 있다.

2
열교최소화를 위한
일반계획

상세의 문제와 에너지 손실의 근본 문제 해결은 신축이냐 아니면 재건축이냐에 따라 단열의 종류를 선택하는 데서 출발한다. 무엇보다도 외관이 보존되어야 할 가치가 있는 기존의 건축이라면 내단열 시스템으로 하는 경우가 흔하다. 선택 대상에 여러 제약조건이 있지만, 그 외의 경우에는 외단열이 건축물리적 입장[2]은 물론 경제적으로도 유리하다.

건축물의 단면을 계획할 때는 무엇보다도 단열층과 ㅓ소층 무엇보다노 방습층 Sealing과 기밀층Airtightness이 어디에 있는지 명확해야 한다. 이를 위해서는 전체적이고 간단한 상세계획이 무엇보다도 그 우선 조건이 되어야 한다.

우리가 일반적으로 '기밀층'이라고 하면 보통은 비닐 정도를 연상하는데, 이는 잘못된 생각이다. 기밀층의 역할은 부분적으로 내부 습기의 전달을 차단하는 것이지만 가장 중요한 것은 공기의 유입방풍을 막는 것이다. 그 역할은 보통의 모르타르 마감으로도 충분히 할 수가 있다.

흔히 사용하는 보온병은 싸고 있는 면난열층이 끊임이 없어야 하고 뚜껑 부분기밀층 혹은 방습층이 잘 밀폐되어야 그 열기를 최대한 오래 유지할 수 있다. 건물도 이 의미에서는 보온병과 다를 것이 없다.

---

2 축열성을 고려한 시스템의 선택은 중요하다.

'숨쉬는 벽, 살아 있는 건축'을 마치 친환경 건축으로 포장하여 홍보하는 경우를 접하곤 한다. 이는 근거 없는 것으로 결로나 곰팡이, 소위 '웃풍'을 유발하는데 불과하다. 환기는 사용자의 욕구에 맞춰 일정한 양으로 조절되는 것이 바람직하다. 살아 숨쉬는 벽이나 창틈으로 들어오는 조절할 수 없는 바람은 문제를 야기할 뿐이다. 특히 외부의 바람이나 높이에 따른 온도차를 이용해 이 틈새 바람을 이용하기도 한다지만, 우리의 현실은 꼭 그런 것만은 아니다. 바람이 필요할 때는 없고, 필요 없을 때는 있는 것이 자연이고 현실이다.

조금 다른 내용이지만 많은 고층건물과 공공건물을 지은 영국의 어느 스타급 건축가가 수많은 계산과 시뮬레이션을 거듭하고서도 새로운 신개념의 이중외피 구조에 실패한 바 있다. 이중외피의 온실효과 즉, 패시브적 태양에너지의 사용에 문제가 있었는데, 여름철 이중외피 공간의 온도가 80℃가 넘는 것이 다반사였기 때문이다. 우리는 흔히 유리를 많이 사용한 건물이 미래지향적이며 세련되어 보인다고 생각한다. 그러나 유리의 사용면적이 60%가 되어도 여름철 실내 쾌적에 문제가 있으며, 기계적 환기에다가 어마어마한 냉방장치를 가동해야만 한다는 최근의 사례 보고가 있다. 기존의 단

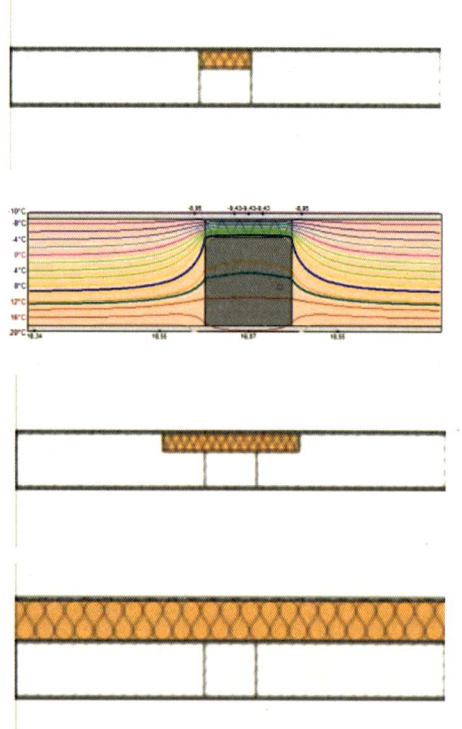

순한 건물보다 몇 배의 에너지를 소비한다면 그것은 미래지향적인 건물이 아니다.

먼저 재료적 열교현상을 최소화시키는 방법으로는 콘크리트 기둥 앞에 단열을 하는 것이다. 이때 보통은 기둥의 폭과 같은 길이로 하여 열교현상을 줄이지만 양쪽 기둥의 얇은 조적조를 통해 열류가 흘러 충분하지 않다.

전체적인 표면온도의 상승은 그렇게 높지 않지만 구조체 내부의 온도선 이동을 볼 수가 있다. 보다 효과적인 방법은 기둥의 폭만큼 양쪽

방향 모두를 단열하면 더 효과적으로 줄일 수가 있다. 눈에 보이지 않지만 콘크리트는 일반 조적조(시멘트 벽돌 제외)보다 4배 이상의 열전도율을 가지고 있기 때문이다. 아울러 유의할 사항은 외벽 마감 재료의 선택이다. 마감 재료와 바닥이 서로 다른 재료이기 때문에 연결 부위 특히, 단열재와 외벽이 만나는 곳에 균열이 생길 수가 있다. 경제성을 고려한 가장 좋은 해결책은 외단열이지만 시스템 선택에 조심해야 한다. 또는 단열 성능이 있는 조적의 벽돌을 사용하는 것이다. 그 다음으로는 우리가 흔히 사용하는 치장 벽돌 마감을 고려할 수 있다.

단열벽돌 42.5cm를 사용한 경우. Allmendfeld, Gernsheim, 건축가 Kramm & Strigl

Passivhaus Kieler Straße 중 단열 시스템을 사용한 치장벽돌 마감. 사용된 앵커(Murinox)는 30cm 단열재를 시공할 수 있는 시스템. 출처 : Architektenbüro Joachim Reinig, Germany

이 원리는 단면구조에서도 마찬가지다. 우리는 일반 가정주택의 경우 12㎤ 슬래브와 외벽을 돌아가며 보통 25~35㎝의 보를 시공한다. 이것이 열교현상과 균열로 인한 외부로부터의 습기와 수분 유입의 직접적인 원인이 된다. 또한 옥상의 추락방지용 파랫펫 난간이 결빙을 몇 해 반복하면 마찬가지로 시간이 지나면서 생기는 크랙을 통해 우수가 유입될 확률이 상당히 높다. 이러한 설계상세 및 연결 부분은 차후 우선적으로 개선되어야 할 사항이다. 개인적으로 해결책을 들자면 보가 없이 슬래브를 두껍게 시공하는 것이다. 이를 통해 콘크리트의 축열Heat storage을 활용하고 층간 소음을 줄이는 동시에 무엇보다 외벽의 열교면적을 줄이는 것이다. 물론 효과적인 축열능력을 위해서는 천장이 있어서는 안 된다. 설비로 인해 꼭 설치를 해야 하는 경우에는 보조공간에만 설치하는 것이 좋다. 근본적인 해결책은 평지붕 역시 외단열로 시공하는 것이다.

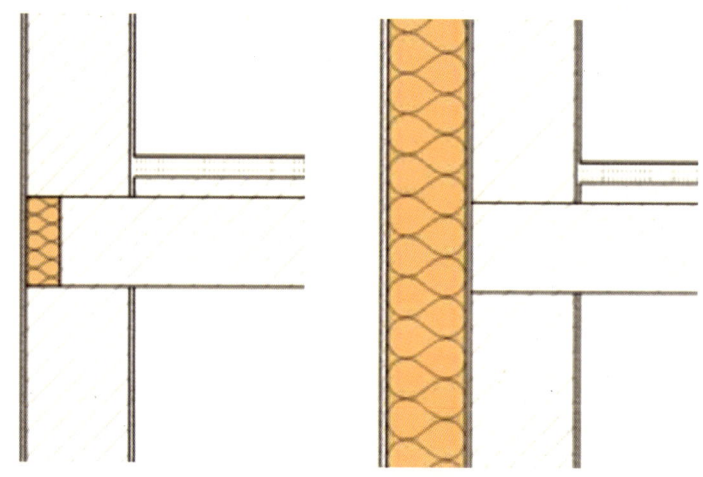

이 단열재는 습기에 강한 XPS Extruded Polystyrene Foam로 우리가 흔히 부르는 기존의 스티로폼EPS과는 다른 성질을 가지고 있다. 일반적으로 단독주택에서 슬래브 거푸집 대용으로 많이 사용된다. 엄격하게 단열재의 물리적 성질을 구분하자면 창문 윗부분은 보통 화재 시 위층으로 불이 번지는 것을 막기 위해 일정 높이 이상 건물에서는 미네랄 울이나 암면을 사용하기도 한다. 밀도와 자재의 시공 높이도 다르다. 물론 외단열 시공

---

3 최근에는 20㎝ 이상의 슬래브도 많이 시공한다.

외부에 녹색의 단열재는 표면이 매끈하지 않고 미장을
위해 격자 모양의 돌출이 있다.
출처 : Produktkatalog BASF, Germany

시에는 특히 습기에 주의해 여러 가지를 고려해 설계해야 한다.

마감재료 특히, 도장을 할 경우에는 습기에 대한 반응을 먼저 알아야 한다. 왜냐하면 내부에서 볼 때 조적조이든 콘크리트이든 습기를 어느 정도 차단하지만 내부의 습기가 단열재에 도달하게 되면 가급적 빠른 시간 내에 다시 증발, 건조되어야 한다. 중량의 경우 실내에서 외부로 유입되는 습기는 기밀층이 훼손되지 않았다면 그리 문제 되지 않는다. 더 주의해야 할 사항은 외부에서도 비나 눈 기타 등등의 물과 습기가 단열재에 흡수되는데, 이때 도장재료가 습기를 차단하는 성능이 좋다면 이미 들어온 습기는 다시 증발되기가 힘들다. 그래서 보통 연꽃잎의 특성을 지닌 도장 재료가 선을 보이고 있는데, 주의해서 사용해야 한다.

어떤 건물이든 시간이 지나면 작더라도 틈이 생기기 마련이다. 모든 재료는 특히 태양열로 인해 그 부피와 길이가 변화하기 마련이다. 그로 인해 단열재에 습기가 들어가면 단열성능이 저하되고 습기가 있는 곳에 먼지가 쉽게 붙게 된다. 결국은 외부 곰팡이가 생기게 되는데, 이런 현상은 보통 햇볕이 잘 비추지 않는 북쪽이나 서쪽 벽에 잘 나타난다.

패시브하우스는 보통 단열재 두께가 240㎜를 넘는 경우가 많다. 따라서 시공에 특별한 주의를 필요로 하고 비계 설치 시에도 충분한 공간을 확보해야 한다. 창호나 일반 개구부의 연결은 아래 그림처럼 시공이 가능하며, 태양열을 보다 적극적으로 이용하기 위해서 모서리를 비스듬히 시공할 수도 있다. 이 경우에는 건물 입면에 좀더 특색을 줄 수 있는 장점이 있다. 더불어 주의할 사항은 빗물 방지를 위한 창문대의 돌출과 경사이다. 일반 스탠더드 시스템을 사용할 수 없는 단점이 있다. 건물 높이에 따라 다르지만 보통은 마감 면에서 최소한 3㎝는 확보되어야 한다.

창호 연결 부위 예, 외단열

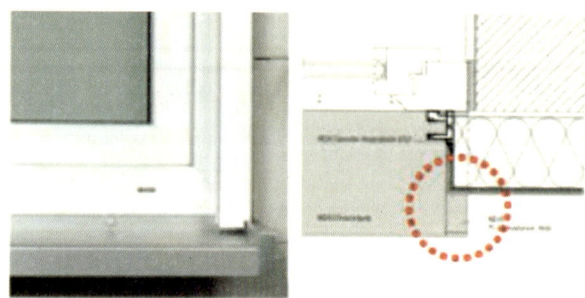

출처 : Brillux, Germany

- 외단열 미장공법 시의 점형열교

현재 독일에서는 DiBt 허가서에 따라 EPS는 300㎜, 암면의 경우는 200㎜까지 화스너의 고정 없이 접착모르타르 또는 폴리우레탄 접착제로 벽체 고정이 가능하다. 그 이상의 경우가 될 때에는 개개의 허가서를 받아야 한다. 외단열 미장공법에서 우리나라에 가장 부족한 것이 바로 이 접시형 고정재이며, 길이 면에서도 짧아 많은 한계가 있다. 점형열교를 줄여주는 화스너는 독일에선 일반적이라 쉽게 구할 수 있다. 여기에 단열재 표면을 접시형 화스너 지름만큼 압력으로 눌러[4] 깊이를 약 20㎜ 확보하고 그 안에 화스너를 고정하고 같은 종류로 된 캡을 사용하여 점형열교를 줄이기도 한다.

최근 우리나라 건설현장에서도 시공업체들이 이런 문제점을 인지하고 개선하기 위해 노력하고 있다. 정작 안타까운 문제는 자재시장에서 그런 시스템을 구할 수가 없어서 자체 제작해서 사용하고 있다는 점이다. 그러나 어떤 연구소나 국가단체에서 검증하

---

[4] 점형열교를 줄이는 방법으로 사용하는 캡 시스템은 기계로 누르는 방식과 파내는 두 가지 방식이 있는데, 보통은 누르는 방법이 일반적이다.

고 인증한 시스템이 아니라면 100% 안전하다고 보장할 수 없다. 이런 시스템은 보통 망치로 쳐서 고정하는 방식이 아니라 나사 형식으로 돌려서 고정하는 방식이다. 따라서 외단열 미장을 생산하고 시공하는 업체는 공인된 연구단체와 시급히 개발과 검증에 노력해야 한다고 생각한다. 이 외에도 창호 주변에 난간을 설치할 경우, 외부등이나 캐노피, 덧문 등을 단열면에 설치해야 하는 경우에도 점형열교를 최소화 하는 제품을 사용해야 한다. 그러나 우리나라에는 아직까지 그런 제품이 전혀 없다는 것이 문제이고, 이를 크게 인식하지 못하고 있다는 것 역시 건축계가 안고 있는 고민거리이다.

위단열 미장공법 외피에 생긴 점형열교. 출처 : Hessen Energietage, hessische Energiesparaktion

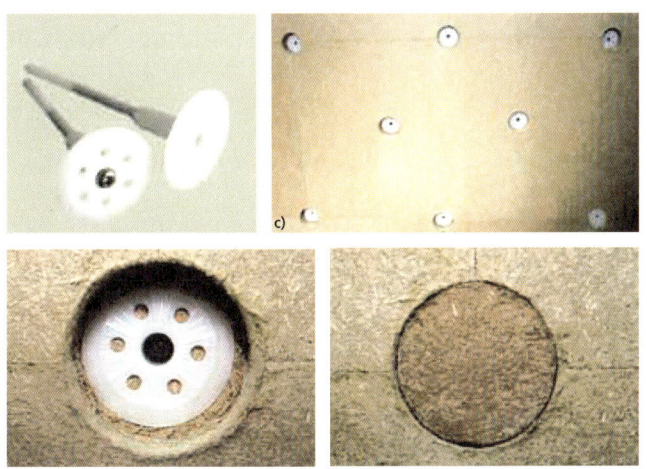

목섬유 외단열 미장에 사용되는 화스너와 열교억제 캡.
출처 : HOLZFASER-WÄRMEDÄmmVERBUNDSYSTEME, holzbau handbuch, REIHE 4, TEIL 5, FOLGE 3

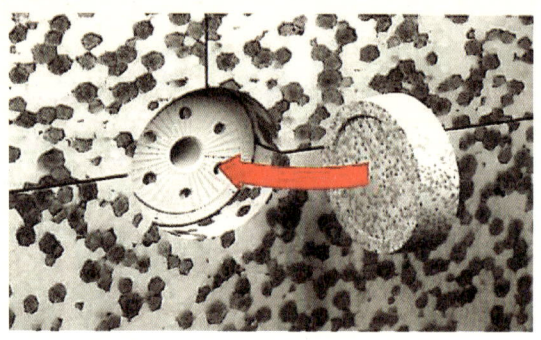

EPS 전용 외단열 화스너 열교 억제 캡 시스템.
출처 : Caparol, WDVS-Handbuch 2009/2010

암면과 EPS 전용 외단열 화스너
열교 억제 캡

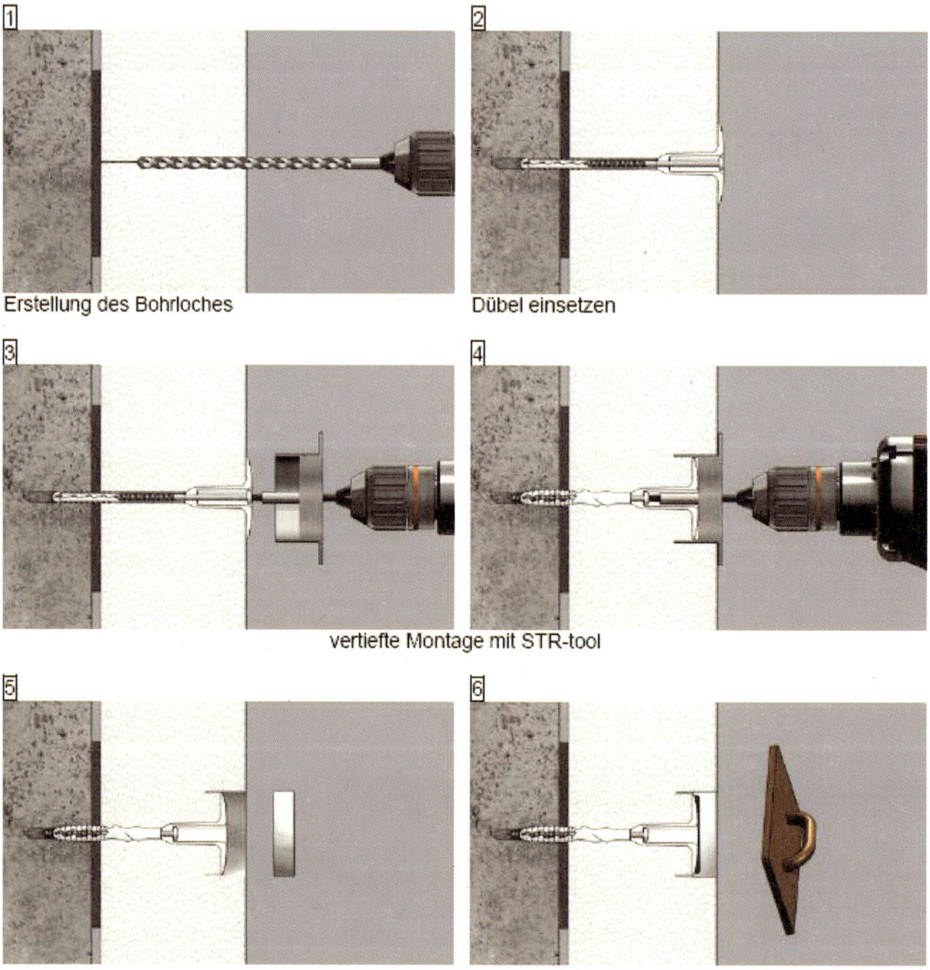

1 Erstellung des Bohrloches

2 Dübel einsetzen

3

4 vertiefte Montage mit STR-tool

5

6

EPS 전용 외단열 화스너 열교 억제 캡 시스템 시공방법 순서. 출처 : EJOT, germany

시공 시에 모든 화스너 부위를 이런 캡으로 추가 작업하면 경제성은 떨어지지만 점형열교를 줄이는 방법으로는 반드시 해야 할 작업이다. 더 좋은 방안은 화스너를 사용하는 고정방법이 아니라 접착모르타르나 폴리우레탄 본드를 사용해 고정하는 것이 근본적인 점형열교를 해결하는 방안일 것이다. 시공성이 좋으며 화스너를 사용하지 않기에 경제성이 있다고 볼 수 있다. 주의할 것은 폴리우레탄을 접착제로 사용할 때에는 최하부 단열재를 보통 L자형의 보조제를 통해 고정하고 각각의 단열재는 요철이 있어 서로 맞물리게 시공해야 한다.

최근 들어 자주 사용되는 시스템 중의 하나로 소위 말하는 '레고블럭'이라는 것이 있다. 앞뒤가 EPS 비드법인 네오포어로 되어 있고 그 사이 공간을 콘크리트로 타설을 한다. 이 시스템은 타설 부착과 같고, 크기가 작아 화스너 같은 시스템이 필요 없다는 것이 장점이다. 다만, 수평과 수직을 잡으면서 타설 시 압력을 잡기 위해 추가적으로 목재를 철사로 이용해 외벽을 뚫어서 사용해야 하는 번거로움이 있다. 콘크리트 타설 후에 철사를 아무리 짧게 잘라낸다 하더라도 점형열교는 막기가 어렵다.

겨울철 아침에 철사의 열전도로 생긴 점형열교, 강원도 횡성 둔내의 단독주택. 기밀테스트 n50=0.18, 공기조화기가 제대로 가동되기 전 상황이다. 출처 : 세린 에너피아

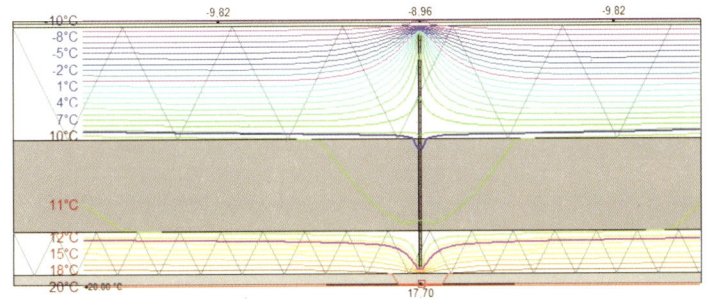

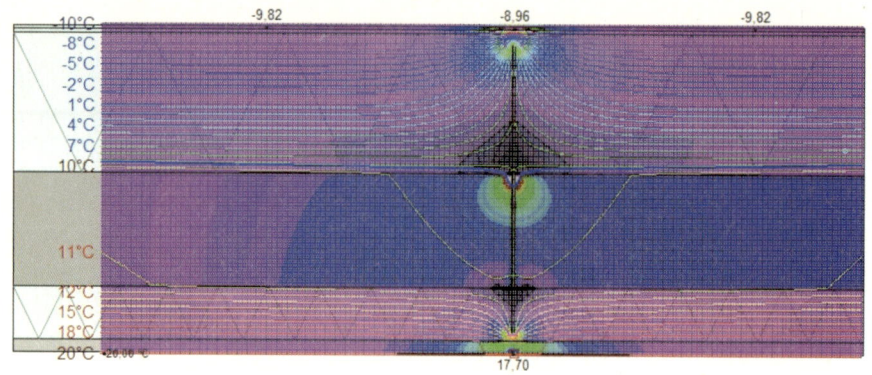

강원도 횡성주택의 점형열교를 시뮬레이션 한 결과

점형열교는 해당 부위가 많은 데다 크기가 작아 간과하는 경우가 많다. 하지만 예를 들어 하나의 점형열교가 좋게 봐서 약 0.04W/K 정도, 제곱미터당 점형열교가 약 0.7 개 있다고 가정하면 0.04W/K×0.7(1/㎡)로 보면 제곱미터당 0.028이 된다. 이를 제곱미터당 열관류에 더하면 열교 고려 없이 전체 외벽의 열관류가 0.12 정도라고 가정했을 때, 점형열교를 포함해 0.148W/㎡K이 열교를 고려한 전체 열관류가 된다. 즉, 점형열교 고려 없이 이론적인 열관류만으로는 패시브하우스 기준을 만족시키기 어렵고, PHPP를 통한 난방부하 계산과 전체적으로 큰 차이를 보일 수가 있다. 그렇다고 이 점형열교를 상쇄하기 위해 단열을 두껍게 하는 것은 의미가 없는 해결 방법이다. 이유는 간단하다. 벽체가 두꺼워질수록 실용면적이 줄어들기 때문이다. 또한 열교 외에 축열성능이 부족해서 생기는 결로현상으로 인해 화스너 자국이 시간이 갈수록 선명해지고 표피에 생기는 곰팡이 역시 감안해야 한다. 한편 화강석 마감의 경우, 구조에 설치되는 앵커의 수를 줄이는 것을 검토해야 한다. 물론 패시브하우스용 앵커가 현재 나와 있지만, 경제성을 고려해 앵커를 줄이면서 화강석과 같은 석재를 취부하는 구조가 선결되어야 한다.

앞서 언급한 바와 같이 점형열교의 영향은 화스너 외에 기타 외벽에 설치되는 모든 것에도 해당된다. 선홈통, 현관 필로티, 기타 시설을 외벽에 부착할 경우에도 열교를 줄이는 자재를 사용해야 한다. 유럽에서는 사용 용도와 걸리는 하중에 따라 여러 가지 시스템이 있다. 외단열 미장공법을 생산하는 모든 회사에서 하나의 시스템으로 제공한

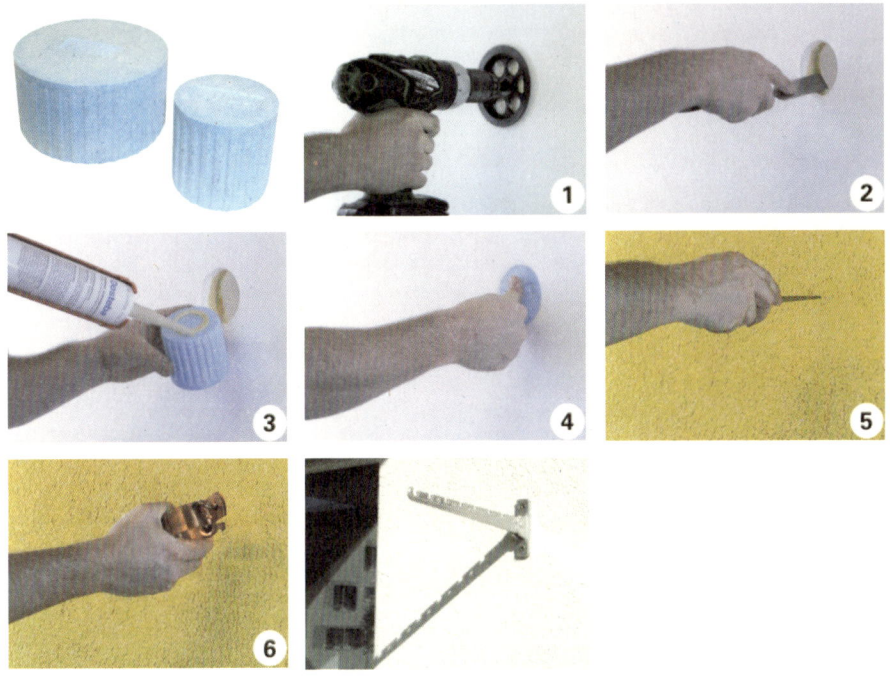

선홈통 걸이 혹은 기타 가벼운 지지대를 외단열에 시공하는 과정. 출처 : Dosteba, 스위스

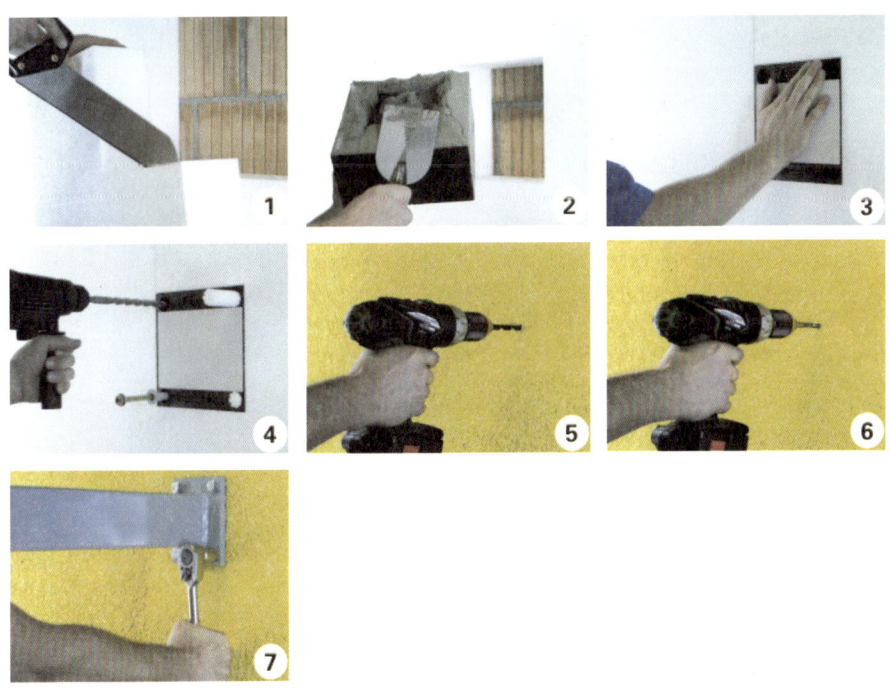

필로티처럼 무거운 지지대를 외단열에 시공하는 과정. 출처 : Dosteba, 스위스

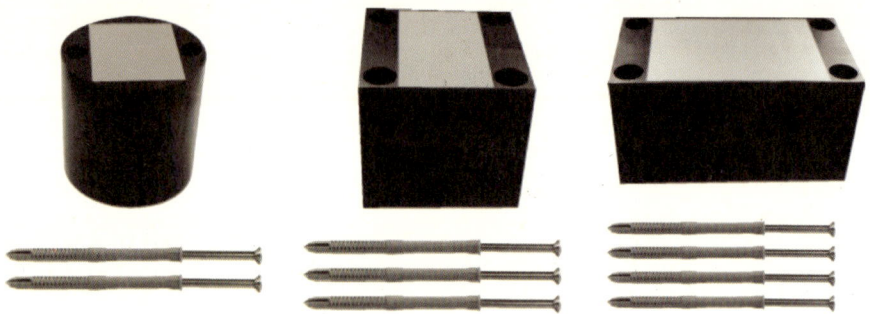

여러 가지 종류의 열교억제 부속제품. 하단의 원형 실린더는 보통 하중이 많이 걸리지 않는 조명이나 우수드레인 관을 고정할 때 많이 사용된다. 출처 : Rofix, www.roefix.com, 스위스

다. 현재 허가된 외단열 화스너 제품의 점형열교는 사실 미비하다고 보기에 패시브하우스 인증 시에는 일반적인 고정재의 열교는 고려하지 않고 있다. 다만 화강석 혹은 기타 통기층에 설치되는 알루미늄 그리고 스테인리스 계열의 구조 앵커에 대해서는 별도로 고려해야 한다.

3
열교최소화를 위한
창호계획

　패시브하우스 건축을 위해선 고성능의 단열창호가 반드시 필요하다. 일반창호에 비해 고가여서 건축주 입장에서는 결코 쉬운 선택은 아니다. 하지만 단열창호에 투자했다고 해서 원하는 결과를 반드시 얻는다는 기대 역시 조금은 성급하다. 무엇보다 중요한 것은 열교를 고려한 창호의 위치이다. 또한 합당한 고정재의 선택과 함께 기밀층 형성을 위한 올바른 시공이 이뤄져야 한다.

Extrem ungünstiger Einbau

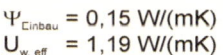

$\Psi_{Einbau} = 0{,}15 \ W/(mK)$
$U_{w,\ eff} = 1{,}19 \ W/(mK)$

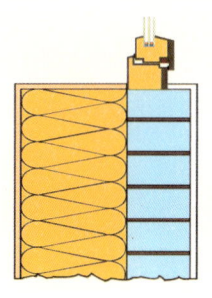
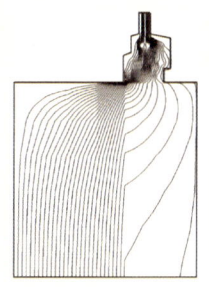

창호 하부의 프레임을 단열재로 덮지 않은 경우 선형열교는 0.15W/mK이며, 이는 실제적인 창호의 열관류 값을 떨어지게 한다. 출처 : Passivhaus Institut Darmstadt

　독일 패시브하우스연구소에서 발표한 위 그림은 건축가의 눈으로 보기에는 일상적인 현장에서는 사실 적용하기 힘든 지극히 이론적인 계산에 불과하다. 문제는 창호 물받이 시스템과 조합이 거의 불가능하다는 것이다. 물받이 시스템을 자체 제작해 열

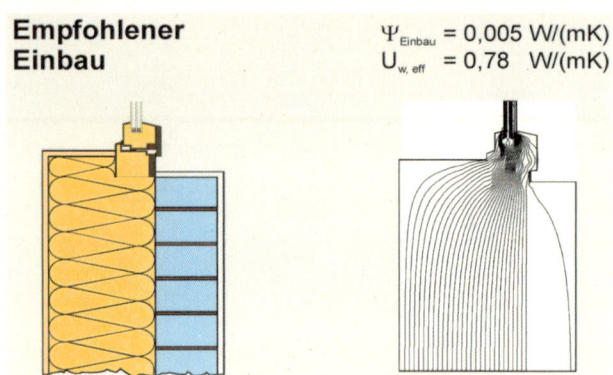

Empfohlener Einbau

Ψ_{Einbau} = 0,005 W/(mK)
$U_{w, eff}$ = 0,78 W/(mK)

창호 하부의 프레임을 단열재로 덮는 경우 선형열교는 0.005W/mK이다. 이는 실제적인 창호의 열관류 값을 그대로 유지할 수 있다.
출처 : Passivhaus Institut Darmstadt

교를 줄이는 것보다 차라리 시스템을 사용하고 다른 부위에서 상쇄하는 것이 보다 합리적인 접근이다.

아래 그림처럼 Rehau의 Geneo PHZ 시스템은 하부에 창문 물받이가 시공될 수 있도록 단열 성능이 강화된 프레임을 사용하는데, 아직까지 우리나라에서는 일반적이지 않다. 공기층 챔버Chamber가 5개로 패시브하우스용이며 여기에 보통 알루미늄 물받이를 고정하게 된다.

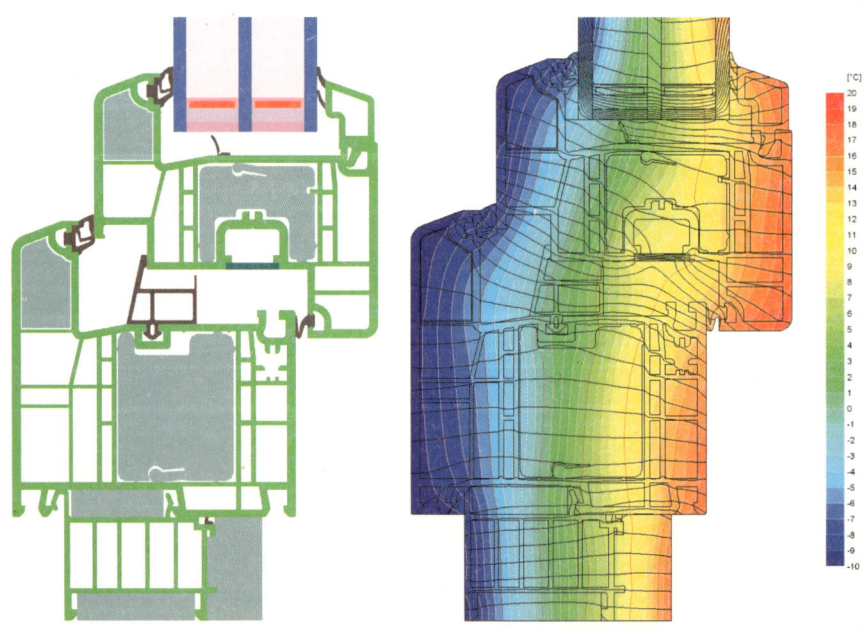

Geneo PHZ, 패시브하우스 인증서. 출처 : Passivhaus Institut Darmstadt

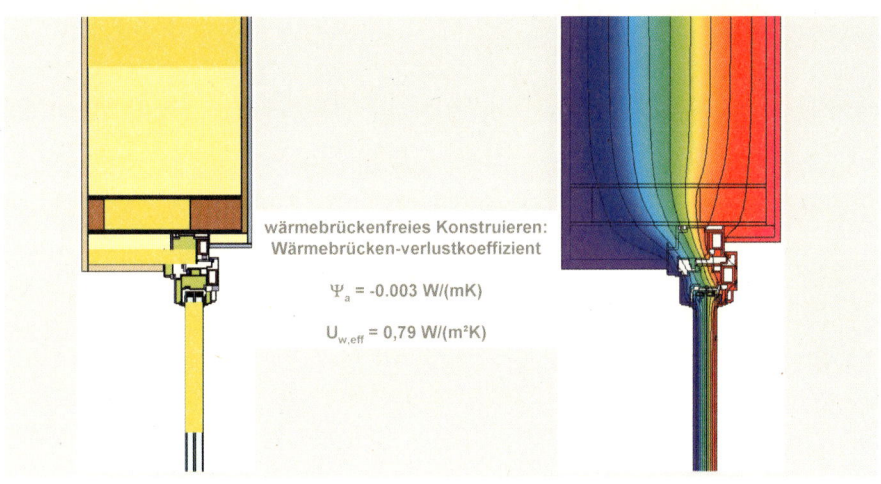

wärmebrückenfreies Konstruieren:
Wärmebrücken-verlustkoeffizient

Ψ_a = -0.003 W/(mK)

$U_{w,eff}$ = 0,79 W/(m²K)

창호 상부의 프레임을 단열재로 덮는 경우 선형열교는 -0,003W/mK이며 이는 실제적인 창호의 열관류 값을 그대로 유지할 수가 있다. 출처 : Passivhaus Institut Darmstadt

위의 열교 계산도 마찬가지로 외부에 덧문이나 차양장치를 설치하지 않는다면 단지 이론적인 계산에 불과하다. 햇빛차양장치가 외부에 설치되어 창호 프레임과 직접적인 관련이 없더라도 우리나라의 경우 독일과 비교해 반드시 방충망을 설치해야 하기 때문에 폭으로 보면 약 20~50㎜ 정도가 필요하다. 실제적으로 단열재로 프레임을 덮는다는 것은 불가능하거나 제한이 따른다. 더불어 들이치는 빗물에 취약 부위가 되기도 한다. 이는 창문의 좌우 측면도 해당되므로 우리 실정에 맞추어 본다면 시공 후 전체 열관류를 0.85W/㎡K로 한정시키는 패시브하우스 규정에 합당한 것인가는 반드시 검토가 필요하다고 본다. 꼭 인증을 받아야 하는 경우는 0.6 혹은 경우에 따라서 0.5W/㎡K의 유리 열관류도 고려해야 할 것이다.

중요한 것은 창호 자체의 열관류만을 계획단계에서 거론할 것이 아니라 예상되는 시공에 따른 열교를 고려해야 한다. 통상 우리가 보는 것은 패시브하우스 인증을 받은 창호의 설명서 첫 장이다. 그러나 그 뒤 부록을 자세히 보면 어떻게 시공해야 패시브하우스 창호로 인정되는지 자세하게 기록되어 있다. 반대로 말하면 이런 여러 시공과정을 준수하지 않는다면 패시브하우스연구소에서 인증한 창호가 아니라는 말이 된다.

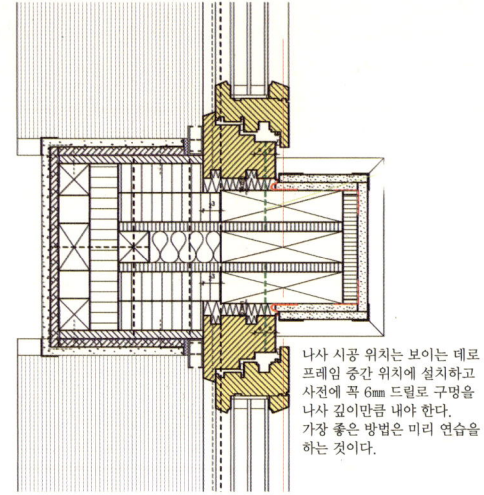

나사 시공 위치는 보이는 데로
프레임 중간 위치에 설치하고
사전에 꼭 6mm 드릴로 구멍을
나사 깊이만큼 내야 한다.
가장 좋은 방법은 미리 연습을
하는 것이다.

창틀에 방충망 레일을 시공한 경우, 단열재로 프레임을 충분히 덮기에는 부족하다. 경량목구조에서 창호 수평 디테일. 대전 유성 단독주택

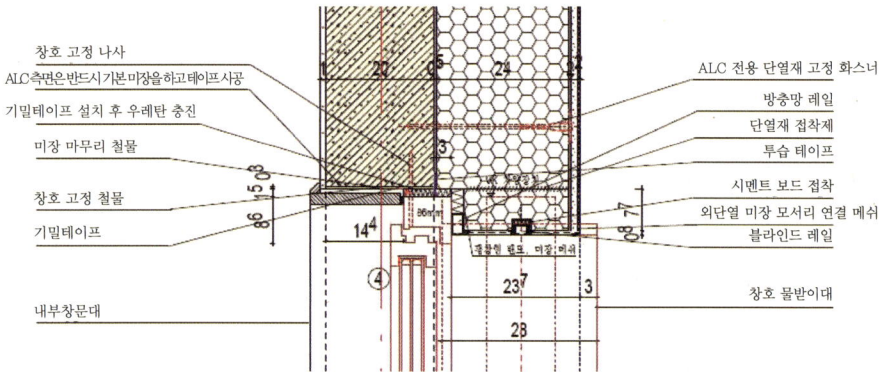

창호 고정 나사
ALC측면은반드시기본미장을하고테이프시공
기밀테이프 설치 후 우레탄 충진
미장 마무리 철물
창호 고정 철물
기밀테이프

내부창문대

ALC 전용 단열재 고정 화스너
방충망 레일
단열재 접착제
투습 테이프
시멘트 보드 접착
외단열 미장 모서리 연결 메쉬
블라인드 레일

창호 물받이대

외단열 미장마감 공법에서 방충망과 차양장치의 레일로 인한 열교를 줄이기 위한 디테일, 충남 아산 패시브 단독 주택

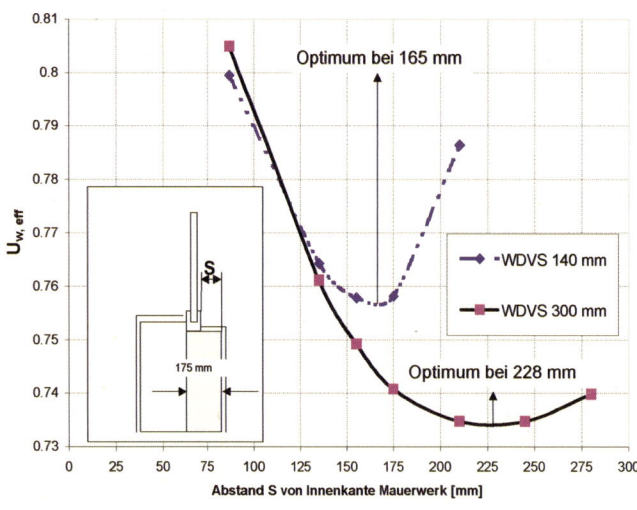

내부를 조적조 175mm로 할 경우 내부와 창호 프레임의 간격 S를 선형열교를 고려해 계산한 경우. WDVS 140mm : 외단열 140인 경우, WDVS 300 mm : 외단열 300mm인 경우. 출처 : HIWIN 2003, Passivhaus Institut Darmstadt

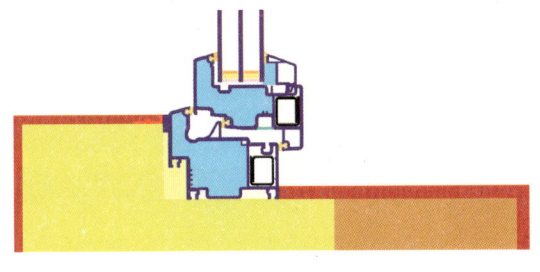

300mm 단열재 두께의 경우 가장 효율적인 시공 위치. 출처 : HIWIN 2003, Passivhaus Institut Darmstadt

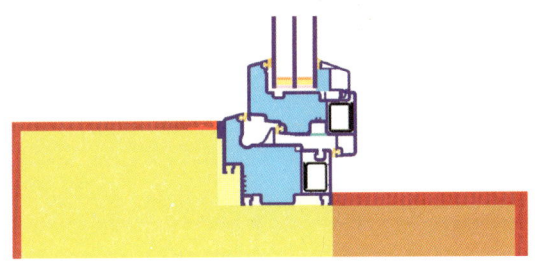

300mm 단열재 두께의 경우 열교나 결제성 면에서 수용 가능한 구조. 출처 : HIWIN 2003

구분	일직선	창틀이 반 정도 돌출, 추가 단열 40mm에서 70mm		앞으로 돌출된 경우
프레임에 추가 단열	40mm	40mm	70mm	40mm
Psi값 측면(W/mk)	0.037	0.0174	0.008	0.0129
Psi값 아래(W/mk)	0.103	0.0612	0.0612	0.0458
frsi > 0.70	0.87	0.88	0.88	0.89
U-Window 시공 전 1,230×1,480mm(W/m²k)	0.789	0.789	0.789	0.789
U-Window 시공 후 1,230×1,480mm(W/m²k)	0.93	0.87	0.84	0.84
구조체 틈을 통한 열에너지 손실 단위 L/a 난방유	2.27	1.2	0.89	0.89
창호고정 구조체 가격 (Euro)	약 6.00(시공용 나사)	약 34.00 고정용 철물 인증되지 않은 시스템		약 52.00 고정용 철물 인증된 시스템

Passivhaus Institut Darmstadt* 0.84 = 패시브하우스 조건을 만족시킴

테스트 시 기본이 되는 창호 크기를 기준으로 각 시공 위치에 따른 전체 열관류의 변화. 출처 : Energetische Gebäudesanierung mit Faktor 10, Dr. Burkhard Schulze Darup, 2004

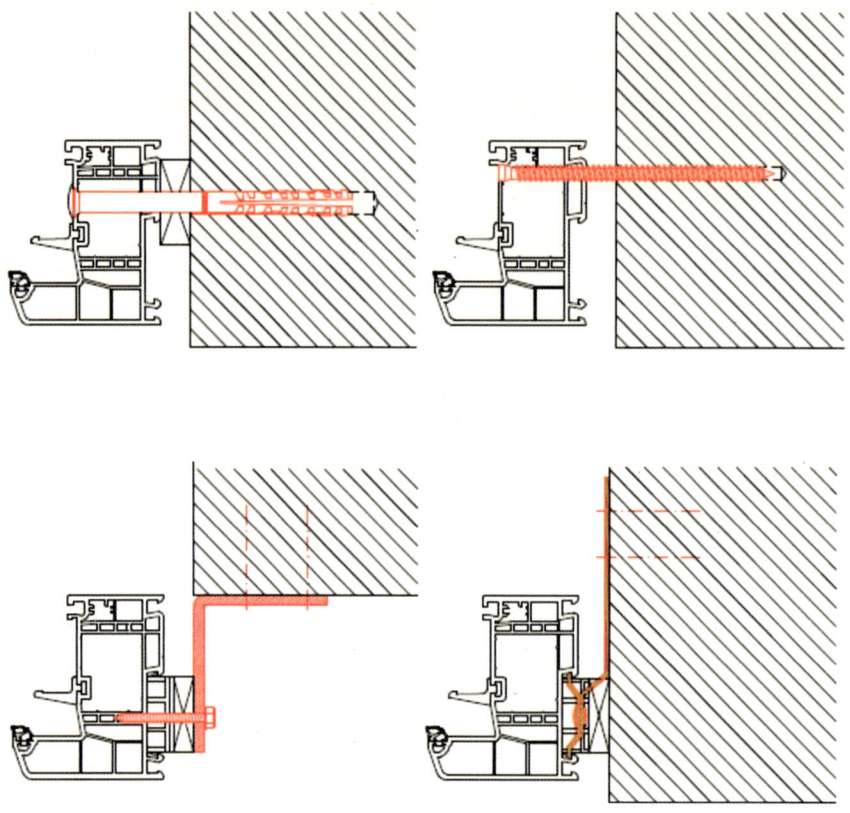

창호 측면 고정 방법 예. 출처 : Rehau Geneo Handbook, Germany

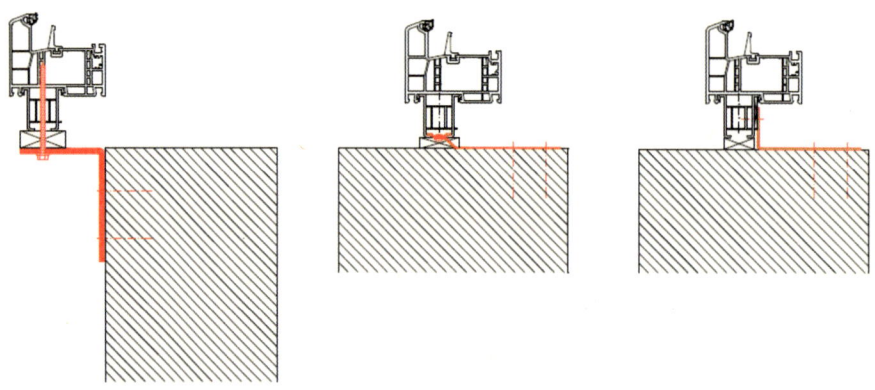

창호 하부 고정 방법 예. 출처 : Rehau Geneo Handbook, Germany

패시브하우스 창호 시공의 예. 창문이 단열재면에 시공되고 고정은 L자 형태의 철물로 시공. 출처 : P. Holzer, Passivhausschulungsunterlagen, BMVIT 오스트리아, 2007

창호가 구조체 면에서 벗어나 열교를 줄이기 위해 단열재 면에 시공되는 경우 가장 보편적으로 L자 형태의 철물을 사용하게 된다. 흔히 구조적 보강을 목표로 철물 중간에 날개가 달리는 것을 사용하면 기밀테이프 시공 시 그리 간단하지가 않기 때문에 부수적인 날개가 달린 철물은 피하는 것이 좋다.

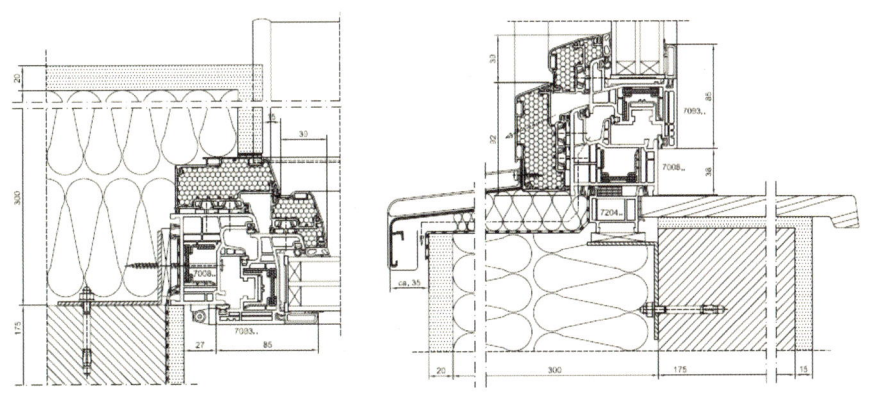

좌 : 측면 고정 / 우 : 하부 고정 방법. 출처 : Pasivhaus Handbuch, Gealan, Germany

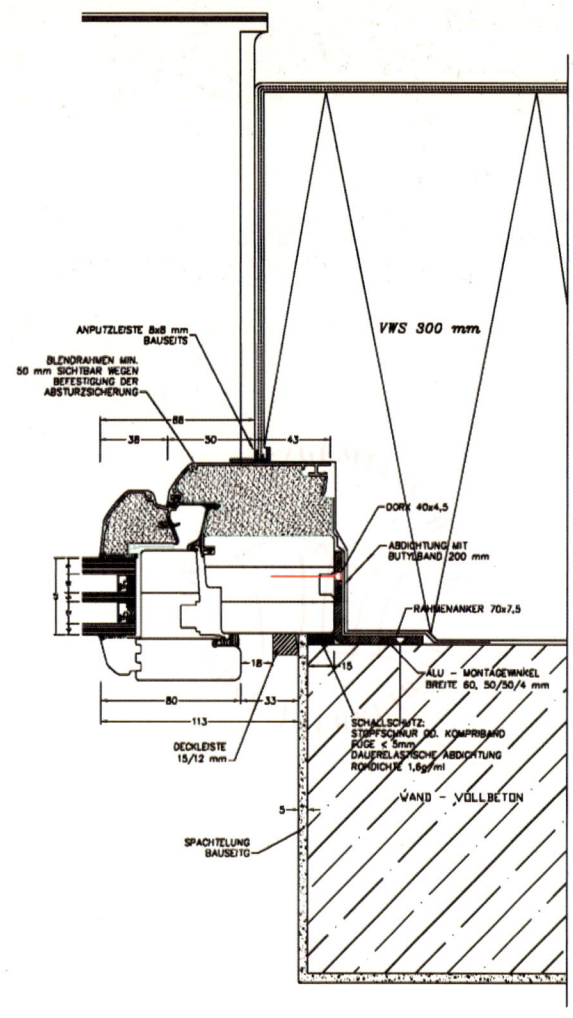

ANPUTZLEISTE 8x8 mm
BAUSEITS

BLENDRAHMEN MIN.
50 mm SICHTBAR WEGEN
BEFESTIGUNG DER
ABSTURZSICHERUNG

88

38   50   43

VWS 300 mm

DORK 40x4,5

ABDICHTUNG MIT
BUTYLBAND 200 mm

RAHMENANKER 70x7,5

18   15

ALU - MONTAGEWINKEL
BREITE 60, 50/50/4 mm

80   33

113

SCHALLSCHUTZ:
STOPFSCHNUR OD. KOMPRIBAND
FUGE ≤ 5mm
DAUERELASTISCHE ABDICHTUNG
RONDICHTE 1,6g²/ml

DECKLEISTE
15/12 mm

WAND - VOLLBETON

SPACHTELUNG
BAUSEITG

5

상 : 측면 고정 / 하 : 하부고정 방법. : 패
시브하우스 창호 연결 수직 디테일. 출처 :
Schöberl & OEG, Germany

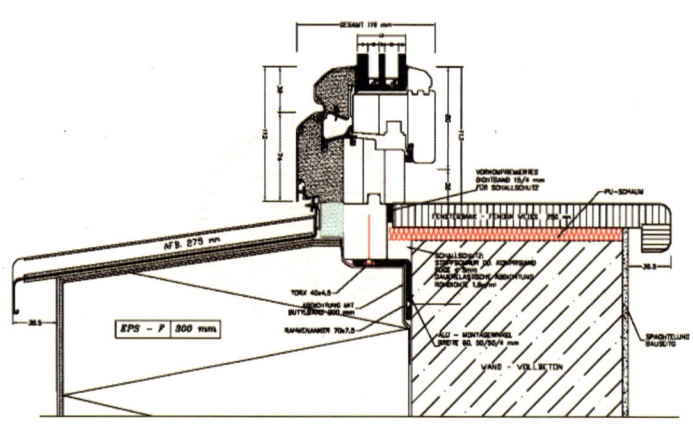

GESAMT 178 mm

VORKOMPRIMIERTES
DICHTBAND 15/4 mm
FÜR SCHALLSCHUTZ

PU-SCHAUM

AFB. 275 mm

SCHALLSCHUTZ:
STOPFSCHNUR OD. KOMPRIBAND
FUGE ≤ 5mm
DAUERELASTISCHE ABDICHTUNG
RONDICHTE 1,6g²/ml

DORK 40x4,5

ABDICHTUNG MIT
BUTYLBAND 200 mm

RAHMENANKER 70x7,5

ALU - MONTAGEWINKEL
BREITE 60, 50/50/4 mm

EPS - F 300 mm

WAND - VOLLBETON

SPACHTELUNG
BAUSEITG

36,5

36,5

위의 디테일에 소개된 단열재 면에 창호가 설치되는 경우는 기밀이나 방습 테이프 혹은 팽창형 밴드만 시공하면 된다. 추가적으로 투습이 되는 테이프 시공은 필요 없다. 다만 미장면이 창문 프레임과 만나는 곳은 이질재료이므로 팽창형 밴드를 단열재 면에 설치하고 미장메쉬를 설치하던가 아니면 미장메쉬에 팽창형 밴드가 설치된 것으로 마감해야 한다.

프랑크푸르트 인근 Riedberg 패시브하우스 건물의 창호 시공 모습. 철물보강으로 날개가 달렸지만 이 정도는 기밀 테이프 처리를 하는 데는 문제는 없다.

위 사진에서 시공된 창호의 예는 올바른 시공처럼 보이지만 고정을 위한 간격을 제외하고는 적합하지 않은 시공방법이다. 우선 기밀테이프를 나중에 접착하기가 쉽지가 않다. 또한 고정용 철물이 창문의 단열재 위치까지 길게 설정되어 전형적인 점형열교에 속한다. 패시브하우스 인증용 창호라고는 하지만 시공 방법이 잘못되었기 때문에 패시브하우스 창호가 아니라고 볼 수 있다. 또한 사용된 테이프는 기밀 겸 방습테이프가 아니라 투습용을 사용하였고 내부에 또 한번의 기밀테이프를 사용하였는데, 엄밀히 잘못된 시공방법은 아니지만 필요 없는 비경제적인 시공 방법이라고 볼 수 있다. 기밀테이프는 일반적인 시공온도인 상온 5℃에서 하는 것이 원칙이지만 해빙이 되는 시기나 비가 오는 날씨에서는 가급적이면 시공시기를 미루는 것이 좋다.

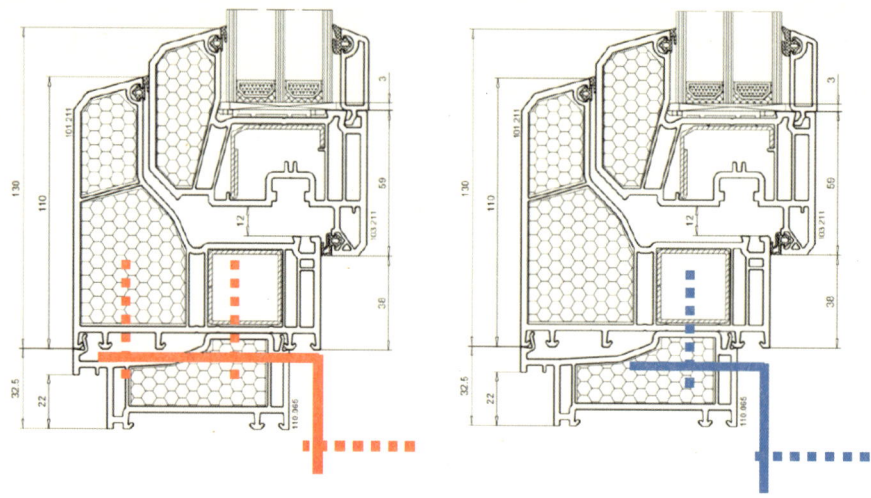

좌 : 현재 시공된 상태 / 우 : 올바른 시공 상태

위 그림에서 잘못된 것은 창호 고정 나사를 단열재가 들어가 있는 프레임면에 시공한 것이다. 열교는 차치하더라도 구조적 문제가 있다. 아래 Kieler Straße에 시공된 창문은 그 디테일이 상당히 단순하기 때문에 실수를 할 여지나 하자가 날 문제가 줄어든다.

Passivhaus Kieler Straße 창호 시공 모습.
출처 : Architektenbüro Joachim Reinig,
Germany

프랑크푸르트 인근 Riedberg 패시브하우스 건물에 시공된 패시브하우스 창호. 여기서는 유리의 열관류 Ug은 0.6으로 좋지만 자세히 보면 간봉으로 일반 알루미늄을 사용하였다. 겨울철 하부프레임과 유리 사이에 국지적인 결로현상이 발생할 수가 있다.

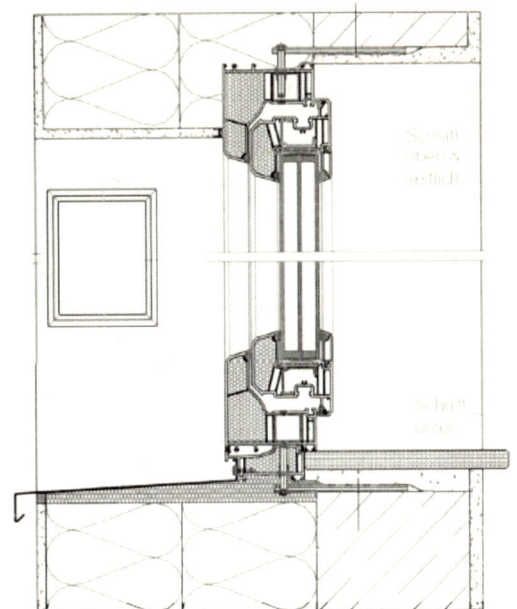

위 창문이 PHI에서 인증을 받을 때 여러 가지 시공 방법을 다루는 별도의 부록 중 하나로 시공된 것과는 차이가 있다. 출처 : 패시브하우스 인증서 도면, Passivhaus Institut Darmstadt

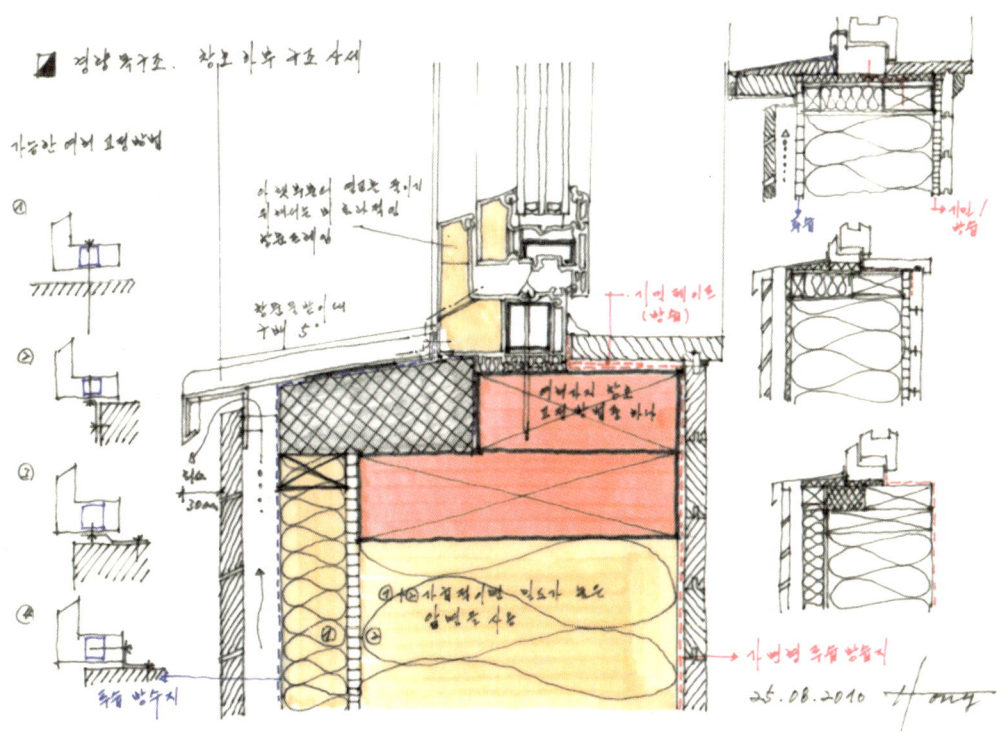

경량목구조에서의 창호 물받이와 창호의 설치 위치. 더불어 기존의 경량목구조에서의 창호받침대를 변형시킴으로 열교를 줄이는 대안 스케치. 수직단면.

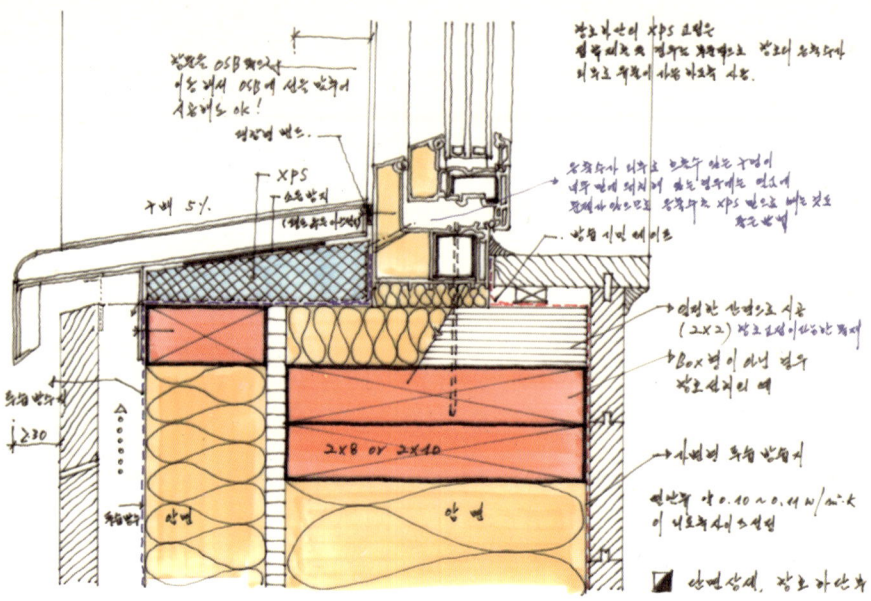

창틀에서 생기는 응축수를 물받이 밑으로 배수하는 경우의 스케치. 수직단면

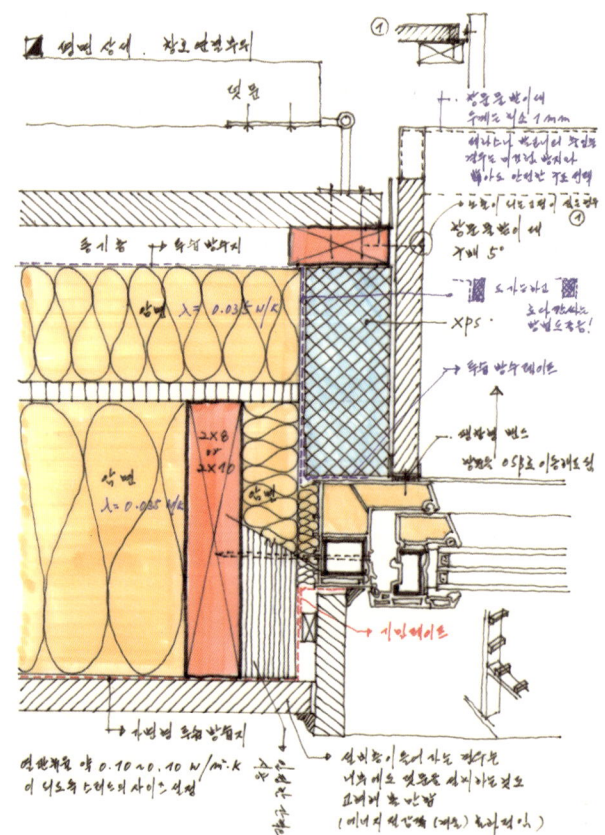

경량목구조에서의 측면 마감 부위
디테일. 평면단면

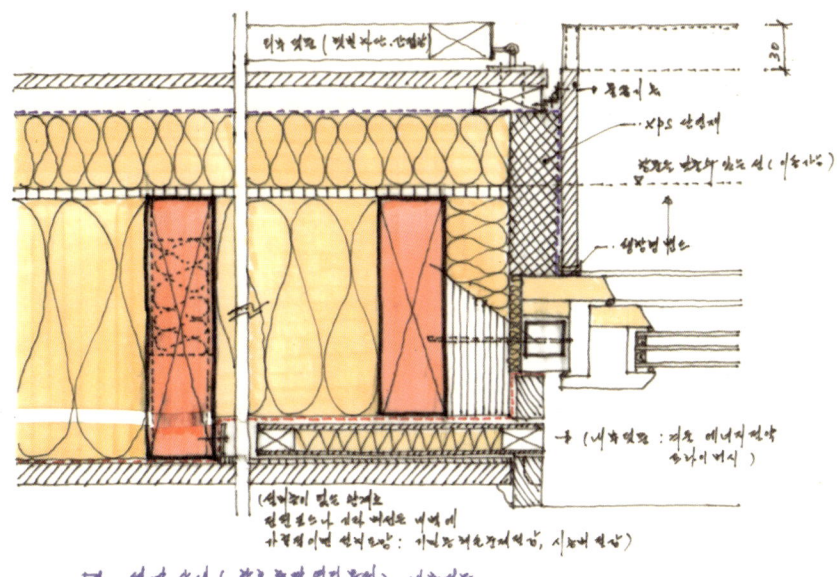

경량목구조에서의 측면 마감 부위 디테일. 평면단면

기존 북미식 두 겹의 2×6공법에서 창틀 쪽에 2×4를 사용하여 XPS를 취부함으로써 열교를 줄이는 방안과 위의 도면처럼 일정한 간격으로 목재를 설치하고 그 사이 공간을 단열재로 채우는 방법이 있다. 특히, 외부의 OSB 마감 후에 추가적으로 단열을 하지 않는다면 반드시 창틀 쪽의 열교를 줄이기 위한 방안이 강구되어야 한다.

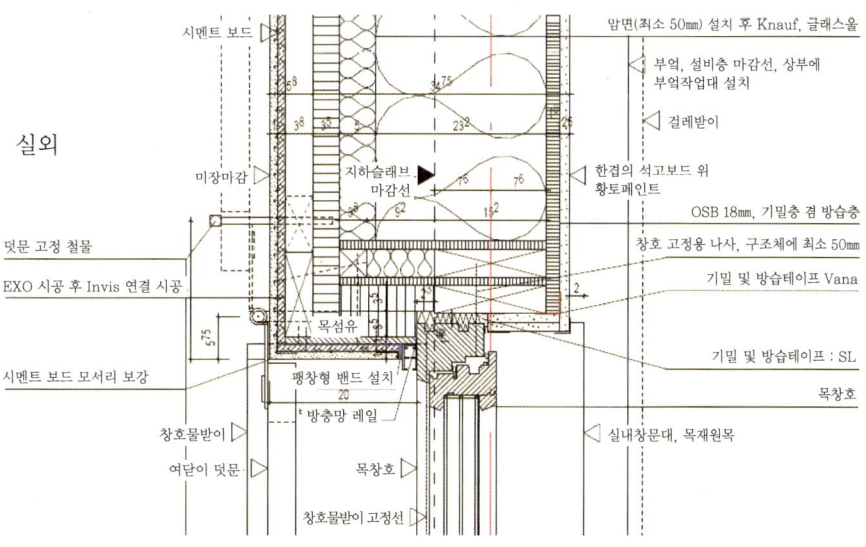

대전 지족동 패시브하우스 단독주택 창호 연결 부위 디테일

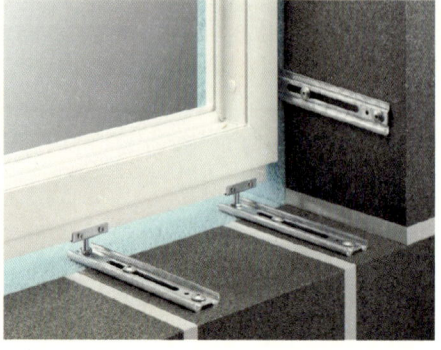

▲ 창호 하부 및 측면 고정 방법 예. 출처 : SFS Intec, Germany

◀ 알루미늄 창호물받이를 외단열 미장공법에 연결하는 경우

창호 하부 고정 시 창문 프레임이 구조체면을 많이 벗어나 L자형 철물을 사용하기가 어렵다면 보통 깊이를 조절할 수 있는 시스템을 많이 사용한다. 이런 제품에는 열적 분리가 된 제품도 현재 제공된다. 일반적인 고정방법에 비해 가격이 높은 것이 단점이다.

열교 취약 지점은 창호의 하부 연결 부위이다. 이를 줄이는 방법으로 요즘은 공장 생산이 되어 제공되는 시스템도 많은 편이지만, 아직은 일반적이지 못하다. 현장에서 경사를 두어 단열재를 잘라 시공하는 방법이 아직도 주를 이룬다고 볼 수 있다.

창문 받침대의 열교를 줄이는 시스템, 내부에서 바라본 모습. 출처 : Beck-Heun, Germany

발코니 혹은 테라스의 열교를 줄이는 시스템. 출처 : Beck-Heun, Germany

고정철물 열교와 시공 시에 사용된 물로 인해 입주 후에 창문 하부 프레임에 생긴 결로수. 공기조화기를 가동하기 전의 상태.
출처 : 박경만(건축주) 강원도 둔내 패시브하우스

현재 우리나라에서도 여름철 실내 환경의 쾌적과 냉방 에너지 절감을 위해 햇빛차양장치가 패시브하우스와 같은 저에너지형 건물에 많이 보급되고 있다. 하지만 역시나 기밀과 열교 측면에서 개선되어야 할 여지가 있다. 이 시스템의 장점은 상부 햇빛차양장치가 들어가는 부분을 일체형으로 바닥 슬래브 콘크리트 타설 전에 부착한 다음 타설하면 내구성은 물론 문제가 발생할 수 있는 기밀성에서도 훨씬 효과적이다.

외벽의 두께와 맞추어 여러 폭이 생산되므로 사용하는 데도 간편하다. 콘크리트 타설 후에 시공될 때에는 보통 창문 제작 시 처음부터 프레임에 설치가 되어 현장에서 조립되기 때문에 시간적인 면에서도 효과적인 시스템이다. 물론 건축가의 디테일 도면이 무엇보다 정확해야 예상되는 오차를 줄일 수 있다.

셔터형 햇빛차양장치 시스템. 출처 : Beck-Heun, Germany

블라인드형 햇빛차양장치 시스템. 출처 : Beck-Heun, Germany

창호는 여러 자재들의 집합체라 할 수 있다. 대표적으로 추락방지용 난간, 햇빛차양장치, 방충망 레일, 덧문 등과 같은 시설 등을 들 수 있다. 외단열 미장공법에서는 이런 추가적인 시설을 열교를 줄이면서 시공하기가 사실 쉽지가 않다. 그래서 부분적으로 창틀에 고정하기도 하는데, 모든 창호와 호환되는 것이 아니라 한정적으로

공장에서 미리 창호에 열교억제 및 햇빛차양장치를 제작한 후 현장에서 조립한 경우. 출처 : Beck-Heun, Germany

만 사용이 가능하다. 창틀 고정 시에는 창호생산업체에 문의를 하든가 아니면 별도의 구조 검토가 있어야 한다.

창호에 추락방지 장치나 덧문을 위한 열교억제 고정재. 출처 : Dosteba AG, www.dosteba.ch, 스위스

이런 시스템의 장점은 열교를 줄이고 외단열 미장 등과 쉽게 작업할 수 있지만, 아직은 개당 50유로를 넘는 것이 많아 사용에 제한이 많다. 이 경우에 전형적인 방법으로는 L형 철물을 구조체 위에 이격재를 사용하여 열교를 줄이고 이 점형열교는 다시 계산해서 전체 열손실 계산에 고려하는 것도 경제적인 방법이다.

합당한 크기의 창호를 계획하였음에도 세부계획에서 필요 이상의 분할을 보인 경우이다. 이 창문은 패시브하우스에 시공되었고 '인증된 건물'이지만 프레임과 유리 사이의 선형열교 증가와 프레임 면적이 증가되어 열관류 값은 패시브하우스 조건인 0.8W/㎡K(시공 전)와 0.85W/㎡K(시공 후)은 만족시키기 어렵다. 창호 세부계획을 건축가가 놓친 전형적인 사례이다. 개인적으로는 디테일을 건축가가 그리지 않고 시공사에게 일임한 것으로 보인다.

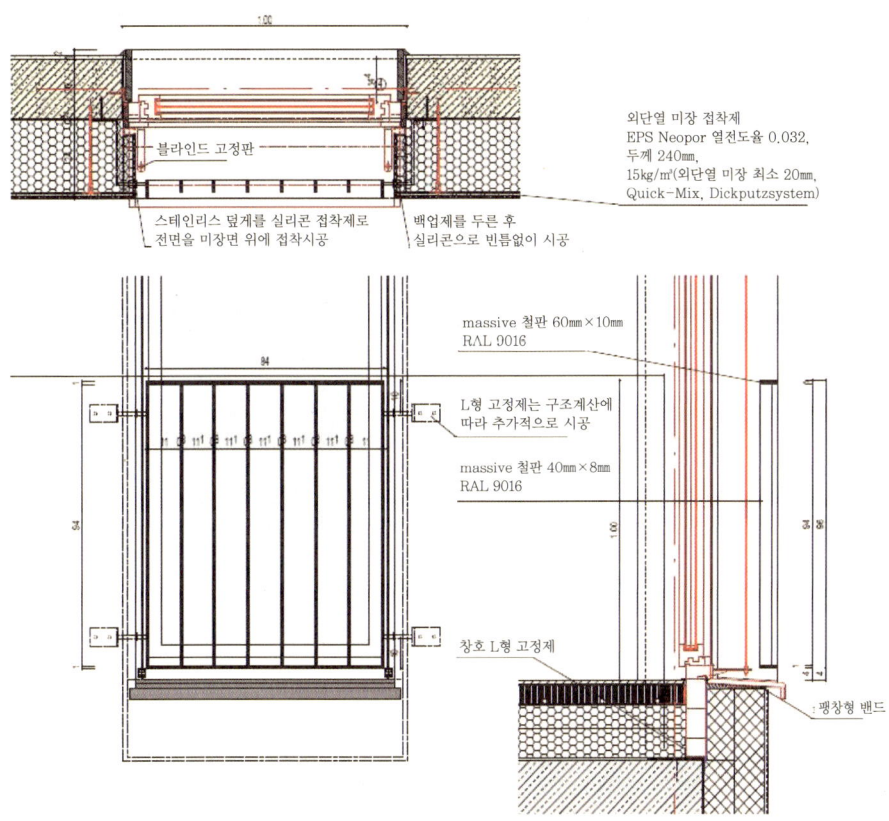

외단열 미장마감 공법에서 창호 앞에 설치된 추락방지 시설 디테일, 충남 아산 패시브 단독주택

4

발코니 및 기타
돌출 부위

발코니는 앞에서 잠깐 언급했듯이 단열층을 어디에 둘 것인지를 먼저 정하는 것이 우선이다. 또한 끊임없이, 상황이 여의치 않다면 최대한 끊임을 줄이도록 계획하는 것이 무엇보다 중요하다.

발코니의 결로현상과 개선방안

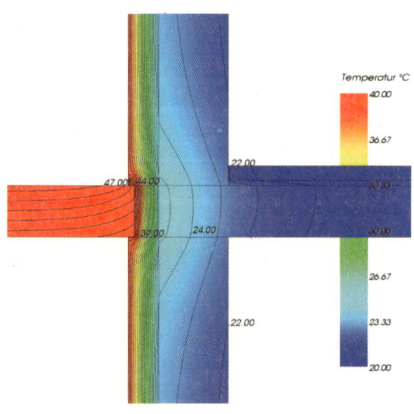

열적분리(Thermal break)가 되지 않은 경우, 여름.
출처 : Schoeck Germany

우선 발코니를 위 아래로 단열하는 방법이 있다. 시공이 어렵고 재료비 면에서 경제적이지 못한 것이 단점이지만, 구조적으로는 안전하다. 열교현상을 줄이기 위해 구조의 안정성을 소홀히 해서는 안 된다. "빈대 잡으려다 초가삼간 태운다"는 속담처럼 하나가 좋다고 보다 중요한 다른 하나를 포기하면 안 된다. 계획하는 사람의 노력 여하에 따라 경제적으로 최대한의 효

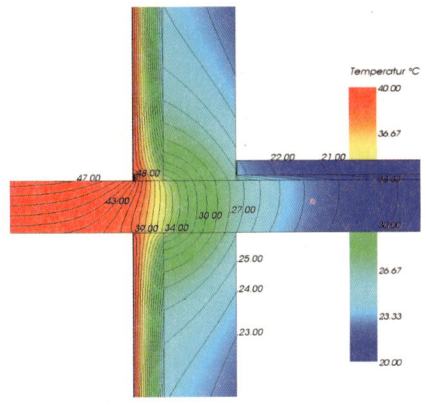

열적분리(Thermal break)가 된 경우, 여름.
출처 : Schoeck Germany

과를 얻을 수 있는 방법은 많다. 나무를 새로 심어서 숲을 더욱 푸르게 할 수도 있지만, 기존 나무를 다듬고 작은 공을 들이면 더 많은 열매를 맺는 것이 우리 사회에도 적용되는 이치라고 필자는 믿는다.

발코니는 본 슬래브에서 분리해서 열교현상을 최소화시킬 수가 있다. 겨울철 이런 시스템을 사용하는 경우는 구석의 표면온도가 16.8℃로 이는 표면에 곰팡이가 생기는 12.6℃실내온도 20℃, 상대습도 50%일 경우,

독일기준 DIN 4108-2 보다 높은 것을 알 수가 있다. 이 방법이 보통 열교현상을 최소화시키기 위해 시공되는 방법이지만, 패시브하우스에서는 한 단계 더 나아가 발코니 구조체와 슬래브를 완전히 분리하여 열교현상이 사실상 존재하지 않는다. 지난 2008년부터 독일의 Schoeck사에서는 패시브하우스연구소로부터 열교가 낮은 제품으로 인정을 받은 isokorb-XT를 시판하고 있다. 기존 제품에 비해 단열과 층간 소음 억제 능력이 더욱 강화된 제품폭 12cm, 기존은 8cm으로 저에너지형 건물이나 부분적으로 패시브하우스에 많이 적용될 것으로 보인다.

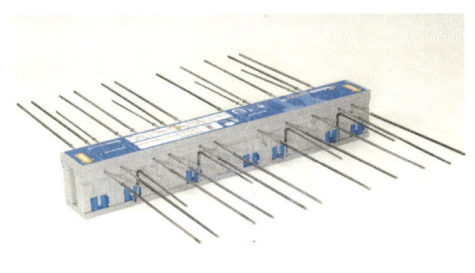
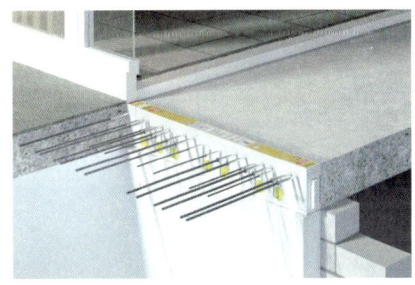

발코니 및 테라스 열교억제 시스템, 12cm 출처 : Schöck Germany

기존의 고층형 아파트에서 100% 완벽한 구조분리는 불가능하다. 하지만 일반 다세대 주택이나 연립 혹은 단독주택에서는 기존의 발코니를 제거하고, 예를 들면 철골과 같은 자재로 쉽게 대체 공간을 만들 수가 있다. 기본 구조체는 철골을 채택하고 발코니

슬래브는 공장생산된 콘크리트판으로 쉽게 시공할 수 있다. 현재 기술로는 사실상 발코니나 편복도는 단열재가 보강된 이런 시스템을 통해 구조체에서 분리하는 것에 문제가 없다.

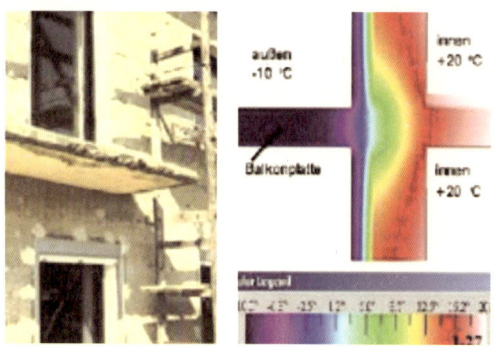

열선 분포도 : 돌출된 발코니, 내부 +20, 외부 – 10. 출처 : thermal bridge, 04 Energiesparinformationen, IWU, Germany

출처 : thermal bridge, 04 Energiesparinformationen, IWU, Germany

철골구조의 시공순서. 출처 : Schoeck Germany

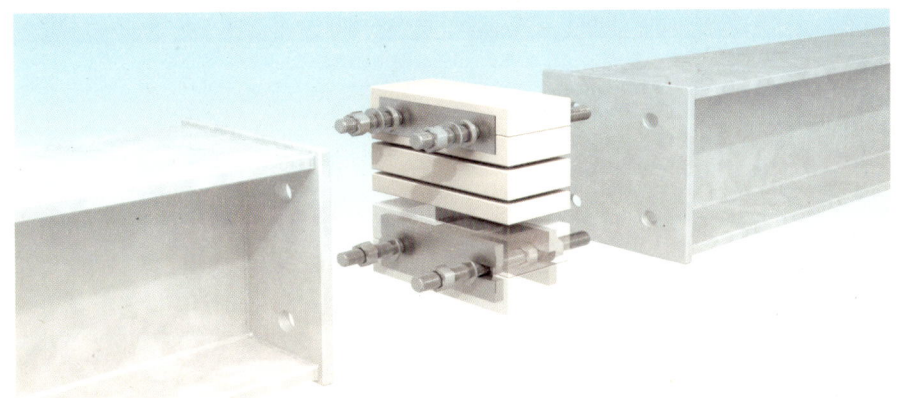

철골과 철골을 끊는 시스템. 출처 : Schöck Germany

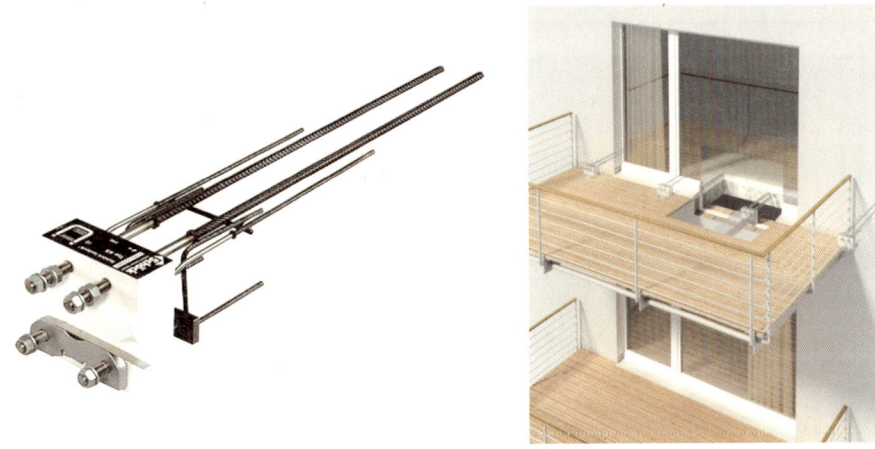

목조나 철골로 시공된 발코니를 열적분리 시키는 시스템. 출처 : Schöck Germany

공장건물이라든가 철골구조에서 의장적인 측면에서 돌출해야 하는 경우에 효과적인 해결 방법이다. 일반적이지는 않지만 기존의 철골조 건물에서는 결로현상을 우려해 관통되는 철골을 따라 국지적 난방을 하는 경우가 있다. 그런데 이 또한 에너지 소비와 연결되어 있음을 간과해서는 안 된다. 위 그림의 시공사진을 보면 작은 규모뿐 아니라 큰 규모의 철골구조도 간단히 서로의 구조체를 분리시킴으로써 기존의 문제를 해결할 수 있다. 하얀 단열재 부위에 외부의 커튼월이나 창호를 연결시킨다. 즉, 프레임을 따라 설치되는 난방과 성능이 좋은 펌프를 절약하게 되므로 경제성 측면에서 충분히 검토할 만하다. 호텔이나 사무실 건축에 있어 입구의 현관 디자인에도 어렵지 않게 응용이 가능한 구조라고 개인적으로 생각한다. 간단한 디테일이 경제적이고, 화재 위험이 있는 건물인 경우에는 이 단열재 아래 위로 불연재를 첨가함으로써 화재 시에도 안전하다.

– 발코니에서의 열교 최소화

기타 기존의 아파트나 복합주택에서는 북쪽에 발코니가 있는 방에는 내벽 표면에 서리가 끼거나 혹은 결로수가 생기기도 한다. 또 온도 차이로 인해 찬바람이 느껴지기도 한다. 그 원인은 첫째, 부족한 단열재의 두께에 있다. 둘째, 단열층이 연결되지 않고 중간에 슬래브와 연결된 발코니로 끊어진 점과 셋째, 이로 인한 열손실 즉, 열교현상을 주요 요인으로 꼽을 수 있다.

발코니의 확장과 북쪽에 면한 방, 부엌의 곰팡이와 결로수로 인한 내부 환경의 저하는 어제 오늘의 문제가 아니다. 더욱 심각한 것은 그동안 이 문제의 심각성을 등한시해왔다는 것이다. 거주자는 합당한 해결책을 찾지 못한 채 다가오는 겨울을 걱정하고, 때로는 결로수로 인한 이웃간의 분쟁도 걱정해야 하는 현실이다.

연립이나 규모가 큰 아파트는 사실 적당하지 못하지만 신축이나 개인주택과 같은 소규모 건물에는 발코니 슬래브 부분을 제거하고 가벼운 경량의 구조를 벽체에 연결함으로써 열교 부위를 최소화할 수가 있다.

개축 보수공사를 하기 전 모습. 출처 : Hessen, Ratgeber, Energie sparen–Heizkosten senken

개축 보수 공사 후의 모습. 출처 : Hessen, Ratgeber, Energie sparen–Heizkosten senken

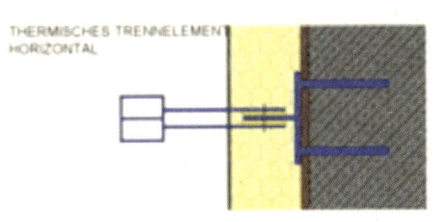

THERMISCHES TRENNELEMENT
HORIZONTAL

신축의 경우, thermal break 모습, 평면상세.
출처 : CEPHEUS Pro.29

신축의 경우 발코니의 thermal break 모습.
출처 : CEPHEUS Pro.29

발코니 계획은 혼합적인 시스템을 적절히 활용하면 그 외관에 다양한 이미지를 부여할 수가 있다. 아래 경우는 Darmstadt의 Buergerpark Viertel에 세워진 예로 입면 디자인을 발코니로 잘 해결한 경우이다. 모든 발코니는 경량철골과 우유빛의 유리, 공장에서 사전 제작된 콘크리트 판을 사용해 현장에서 조립하였고, 열교를 최소화하였다. 경제적으로도 잘 해결한 예라 할 수 있다.

발코니와 winter garden의 혼합.
출처 : 건축가 Kramm & Strigl, Germany

발코니 확장을 고려해 계획단계에서 시스템 경계를 먼저 명확히 구분 짓고, 베란다에 난방 설치 여부를 결정해야 한다. 기존 공동주택 양쪽 바깥 세대의 경우 결로나 곰팡이로 인한 문제가 다른 세대에 비해 자주 발생한다. 문제는 2차원적인 발코니 판과 층간 슬래브가 연결되면서 보통의 벽면적보다 1.5배에서 많게는 3배 가까이 내부의 열이 외부로 유출된다는 점이다. 즉, 외벽면적이 10㎡라 하면 이 열교 부분은 10m의 2차원적인 길이에 불과하지만 실질적으로는 15㎡의 외벽에 해당되는 셈이다.

아래 사진과 같이 발코니 아래의 빨간색이 열적 손실이 많은 부분이다. 일반 발코니에서도 그 현상은 다를 바가 없는데, 이곳을 통해 밤낮으로 냉난방 에너지가 손실된다. 이 부분으로 손실되는 실내의 열은 실내 표면온도의 하강을 의미한다. 결국 에너지 손실은 제쳐두고라도 결로와 곰팡이가 발생하는 것이다.

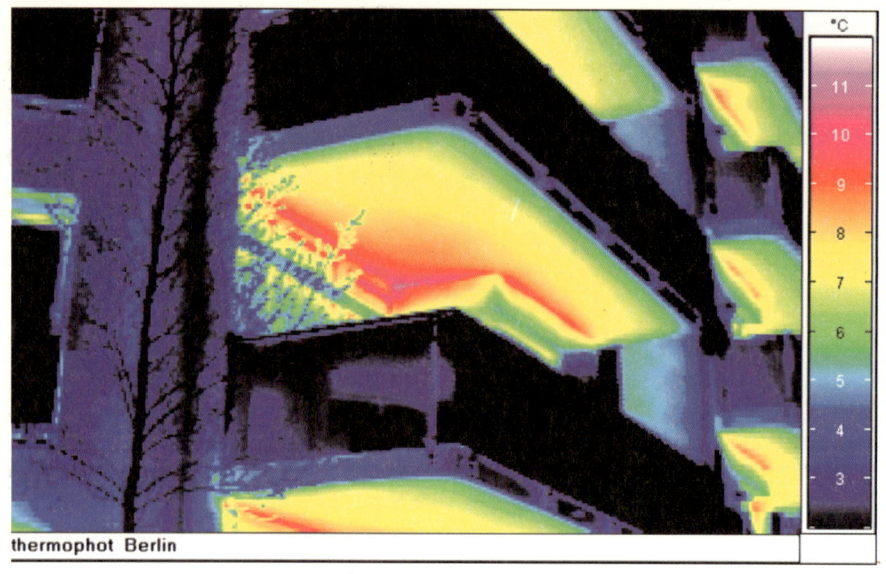

열화상카메라로 촬영한 열교현상. 출처 : Schöck Germany

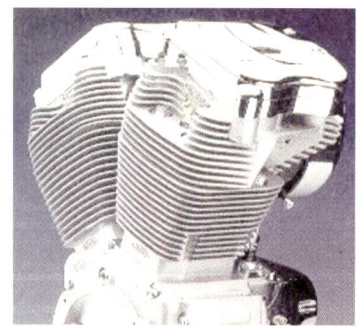

오토바이 엔진과 편복도 혹은 발코니. 출처 : Schock Germany

위 그림에서 보여 주듯이 현재 열적분리가 없는 고층건물의 발코니 혹은 편복도는 오토바이 엔진의 냉각기능과 서로 연관시켜 생각해 볼 수 있다. 엔진의 모양은 고층 건물을 축소해 놓은 것과 별 차이가 없다. 고층의 편복도는 결국 열을 뺏기는 표면적의 증가와 직접적인 관련이 있으므로 겨울에는 실내 에너지를 더 소비하고 여름에는 실내를 보다 덥게 하는 단초가 된다.

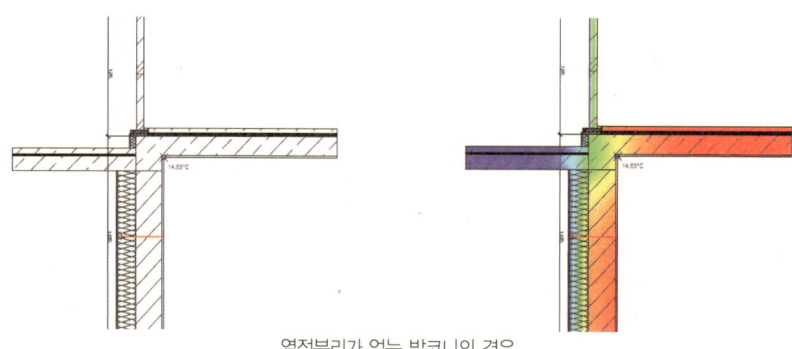

열적분리가 없는 발코니의 경우

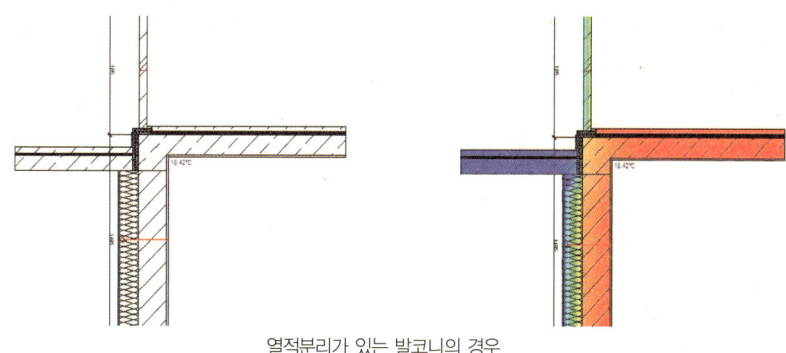

열적분리가 있는 발코니의 경우

상단의 그림을 보면 아래 그림은 그 위 그림14.63℃과 반대로 열선의 분포가 시스템 주위에서 고루 퍼져 있다. 즉, 결로의 문제가 없고, 실내 표면온도의 상승18.42℃을 볼 수가 있다.

배근이 모두 완료된 모습. 출처 : Schöck Germany

이미 배근이 되어 있는 슬래브와 발코니판 사이에 시스템을 시공하는 모습이다. 간단하게 보이지만 건물의 하중과 콘크리트의 강도, 두께, 길이 그리고 폭을 고려한 시스템 선택이 무엇보다 중요하다.

아래 사진은 보통 많은 수의 발코니판이 있을 경우 미리 공장 제작하여 현장의 슬래브 타설 시 연결하는 방법으로 시공비는 물론 공기 절약에 도움을 준다. 콘크리트 강도와 두께에 따라 달라지지만 보통 2m 이상의 발코니 시공은 사실 기둥 없이도 문제가 되지 않는다.

발코니를 사전에 공장에서 프리캐
스트로 만드는 모습.
출처 : Schöck Germany

프리캐스트인 발코니와 여러 변형으로 더 많은 열교를 줄일 수 있는 시스템. 발코니 연결 구조물로 인한 열교를 줄
이기 위한 응용과 부분적인 시스템 사용으로 나머지 부분은 외단열의 두께와 같은 두께로 시공을 함으로써 경제성과
열교의 최소화를 이룬 좋은 예이다. 출처 : Haus der Zukunft

지붕과 난간 연결 부위에 부분적인 시스템 사용으로 나머지 부분은 지붕의 단열재 두께와 같은
두께로 시공한다. 구조 분리가 있는 부위는 단열재 두께가 8~12cm 정도이다. 지붕 단열재와 외벽
단열재의 연결로 인해 열교를 최소화하였다. 출처 : Schock Germany

편복도형 공동주택의 결로현상과 곰팡이 발생 억제를 위한 제안

요즘 편복도형 아파트의 결로현상과 외벽의 곰팡이 발생으로 인해 하자 또는 부실
공사 논란이 끊이질 않고 있다. 이전과 똑같이 설계하고 동일하게 시공했는데, 왜 지금
에 와서 결로 문제가 더 심각해질까 반문하는 이들이 적지 않을 것이다. 사실 이 문제
는 이미 예견된 문제로 개인적으로는 놀랄 일이 아니다. 물론 현장 상황을 보면 좀 더
구체적인 이유를 알 수 있겠지만, 기존의 문제점을 조금은 다른 시각에서 설명하고자
한다.

편복도형, 주로 임대형 공동주택은 대부분 북쪽에 연결복도가 있다. 이로 인해 복사
열이 부족해 겨울철 축열능력이 떨어진다. 이는 외피에 모인 수분과 실내에서 발생된
습기가 빠른 시간 내에 외기로 증발되는 것을 억제하기 때문이다. 그래서 외단열의 경
우에는 더욱 세심하게 마감재나 외장 페인트를 선택해야 한다. 마감재의 균열이나 습
기로 인해 페인트가 적지 않게 떨어져 나가는 것을 고려해야 한다.

층간의 슬래브가 연결복도와 단열재로 끊어지지 않고 구조적으로 연결되어 있기 때
문에 상대적으로 열전달이 빠른 콘크리트에서 열손실이 크다. 또한 현관문과 세대간의
분리벽이 있는 모서리 부분은 여러 개의 구조체가 한 군데에 집중되어 있고, 내단열로
시공되어 문제의 심각성이 더 크다. 게다가 현관 입구는 신발이 놓이는 자리로 거실 바

닥과 높이차가 있어 단열재가 부족한 만큼 온도 저하는 물론 층간 소음에 적잖은 문제가 있다. 또한 준공한 지 얼마 되지 않은 신축 건물은 공사 시 사용된 수분이 많이 남아 있어 북쪽 벽 부분은 이 습기가 증발하는데 2년 이상 소요되기도 한다. 이는 가장 문제가 되는 기간이기도 하다. 즉, 구조체 자체가 이미 습기나 수분으로 한계에 있는 상태에서 발생되는 새로운 습기는 결국 결로수로 이어질 수밖에 없다.

이런 상황에서 난방장치 가동을 줄이라는 말은 사실 어불성설이다. 많은 환기와 난방은 신축 건물에 절대적으로 필요하다. 과거 유럽의 귀족들은 새로 집을 지으면 2년 정도를 하인들이 기거하면서 환기와 난방을 하도록 한 후 이사를 갔다는 얘기도 전해진다.

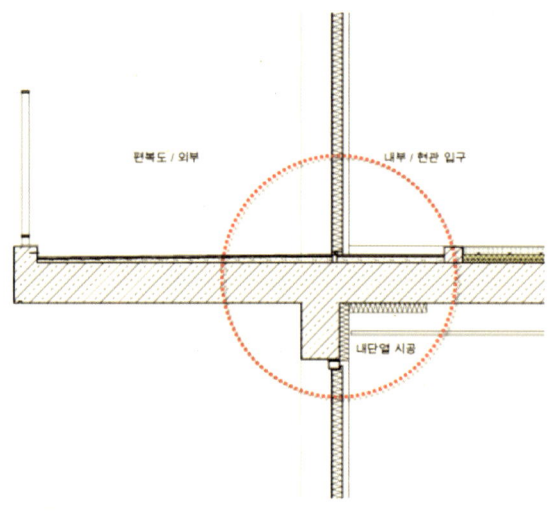

옆 그림은 공동주택의 현관 부분을 간략하게 도면화한 것인데, 실제 현장 상황과 그리 큰 차이가 없다. 현관문 아래 바닥 부분의 단열 부족은 표면온도의 하락은 물론이고 그 아래층의 외벽과 현관 출입문의 온도에도 영향을 끼친다. 내단열이 문 주위로 시공돼 있더라도 열교

기존 공동주택의 현관 부분

범위가 크기 때문에 출입문의 기밀성이 완벽히 이뤄지지 않은 상태에서는 결로수의 발생을 사실상 막을 수 없다. 특히 내단열로 쓰이는 경질의 스티로폼 계열과 미네랄 울의 시공 시에는 완벽한 방습층이 형성되어야 한다. 예를 들어 전기배선에 의한 미세한 틈이라도 생기면 몇 배 이상의 습기로 인한 결로나 곰팡이 문제를 유발할 수 있다.

과거에는 창호의 열관류율이 높아서 많은 난방 에너지의 소비 내부 습기가 포화 상태에 이르면 창문 유리에 결로수가 생겼다. 그로 인해 엄격한 의미에서는 구조체 표면의 결로 방지 역할을 했다. 그러나 현재는 창호의 열관류율이 낮아지고 난방 에너지의 절감 기밀성이 증가하여 창문유리가 아닌 표면온도가 더 낮은 모서리의 벽이나 구조적으로 틈이 있거나 열을 많이 뺏기는 현관문 주위 같은 곳에 결로가 생기게 된다. 그래서 편복도의

경우 외벽의 구조체와 연결복도를 단열재를 통해 구조적으로 일층부터 옥상층까지 분리해야만 결로현상을 최소화 할 수 있다. 이는 현재 기술적으로나 경제적으로 충분히 가능한 방안이다.

최고 옥상층도 기존의 내단열 방식을 지양하고 외단열로 시공해서 복도 벽면의 단열재와 연결하면 차후 건설과정에서 더 악화될 수 있는 결로와 곰팡이 문제를 구조적으로 제어할 수 있다. 이러한 결로는 기밀층 설치가 문제되는 내단열의 경우 건물 높이의 증가에 따라 더 가중된다. 즉, 압력차와 바람의 영향으로 인해 작은 틈으로 더 많은 외기가 내부로 그리고 내부의 공기가 외부로 빠져나간다는 의미로 이해하면 쉽다.

옥상 마감 시 사용되는 누름콘크리트도 사실상 필요가 없는 공정이다. 방수 재료의 부족에서 온 주차장 건축의 변형이라고 볼 수가 있다. 오히려 열적인 인장으로 인한 균열과 필요 없는 하중을 유발할 뿐이다. 차라리 자갈을 5㎝ 이상 설치하는 것이 표면온도를 내리는 데 더 효과가 있다.

현관문에 결로 억제 방지책으로 쓰이는 우레탄 계열의 발포용 단열재는 기밀층이 아니라 공기 유입이 된다. 또한 MDF 마감재 사용으로 그 문제를 가중시키기도 한다. MDF는 습기에 약한 재료적 성질을 가지고 있다. 컴퓨터에서 이뤄지는 성능 시뮬레이션은 문틈 사이조차 기밀층이 완벽하게 형성될 때 가능하다. 사실 일반적인 컴퓨터 시뮬레이션은 확산Diffusion만 고려하기 때문에 이론적인 결과로만 받아들이는 것이 좋다.

실질적으로 우레탄을 쓰려면 외부에는 바람과 우수의 유입을 막는 UV에 강한 재료를 사용하고 내부에는 기밀층을 형성하는 미장이나 다른 재료를 사용해야 한다. 기존 실리콘은 그 기능상 적당한 해결책이 아니다. 단순한 실리콘 마감은 방풍층이나 방습층으로는 적절하지 못하

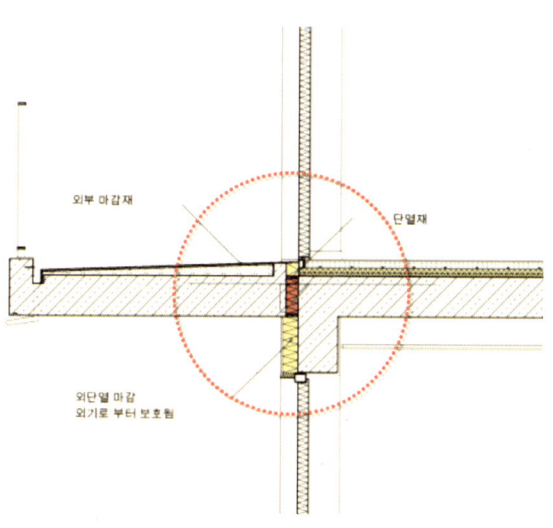

구조체를 단열재로 분리한 공동주택의 현관 부분

다. 외부환경에 합당하고 내구성이 비교적 높은 제품일지라도 몇 년이 지나면 재시공을 하는 것이 현실이다. 입주자들은 그 비용을 추가로 부담하든가 아니면 문제점을 그대로 떠안게 되기도 한다.

현관문의 결로는 연결 부위의 말끔하지 못한 처리에 주된 원인이 있다. 또한 현관문 위 아래의 슬래브를 통해 내부 열이 많이 손실되어 문제가 가중된다. 내부로부터 얻는 열의 양 보다 외부로 뺏기는 열의 차이가 확연하기 때문이다. 앞서 언급한 바와 같이 위 아래의 슬래브가 구조체로서 연결복도와 단열재로 분리시키고, 층간소음재와 단열재가 들어가는 부분과 현관문이 있는 바닥과 연결되면 단열 성능이 향상된다. 나아가 층간 소음 억제에도 도움이 되므로 기포콘크리트 사용이 필요 없게 된다.

제안하는 시스템은 편복도나 발코니가 동일한 규격일 경우 공장에서 사전 제작하는 프리캐스트가 가능하다. 현장에서 상층 슬래브 콘크리트 타설 전 크레인으로 올려서 돌출된 철근을 슬래브와 같이 타설하거나 현장 콘크리트 작업 시 시스템을 거푸집 위에 올리고 복도 혹은 발코니에 쓰일 공장생산된 배근망을 올리고 타설할 수도 있다. 결과적으로는 공정이 짧아지고 경제성을 높일 수 있는데, 하자보수와 관리 보수 유지비까지 감안한다면 보다 효과적이다.

향후 결로나 곰팡이 문제는 더 심각해지리라 전망된다. 생각과 설계의 전환 없이는 더 큰 피해를 야기할 뿐이다. 여러 건설회사 뿐 아니라 관련 기업들도 특히 편복도형의 공동주택을 건설할 때, 이 문제로 많은 고민과 경제적 손실이 있을 것이라고 개인적으로 판단된다.

산성비로 인해 도심지에서 이끼나 곰팡이의 흔적을 찾아보기 힘든 현실에서 도심지 건물의 실내에 많은 곰팡이가 생긴다는 것 자체가 문제의 심각성을 대변하는 증거이다. 실내 곰팡이도 결국은 외부에서 들어오기 때문이다.

에너지 절감의 일환으로 건축물에서의 기밀성은 더욱 강화될 것이다. 이는 종전 설계 방법의 변화와 사용자에게는 기존 환기 습관의 수정을 요구한다. 열교로 인한 결로와 곰팡이의 문제에 대한 하자보수의 일환으로 단열의 강화, 미장, 벽지 제거, 석고보드 재시공 등의 작업 등은 단지 임시적일 뿐 근본 해결책이 되지 못한다. 특히 결로 방지 페인트라는 것이 시장에 선보이고 있는데, 개인적으로는 상당히 의문이 가는 제품이다. 만일 투습성이 좋지 않고 방습성, 방수성이 뛰어난 에멀션Emulsion이나 실리콘

Silicone 계열의 제품이라면 사용을 자제하는 것이 좋다. 기본 원리는 외부와 다를 것이 없다. 투습성이 좋더라도 이를 측정한 온도를 알아야 하는데, 온도가 낮을수록 투습성이 저하되기 때문이다.

소위 매스컴에서 거론되는 임대나 분양된 건물의 단열은 내부습기 50%, 실내온도 24~25℃, 외부온도는 −10℃를 근거로 하기 때문에 −10℃ 이하의 온도에서 생기는 결로수는 어쩔 수 없다고 말하는데, 이는 근거 없는 주장이라고 밝혀두고 싶다.

- 습기 발생량에 따른 문제의 심각성
예를 들어 편복도에 면한 방을 보면

3m × 3m × 2.4m = 21.6㎥

50% 상대습도 24℃의 실내 : 10.7g/㎥ = 231.12g

2명 × 20g × 8시간 수면 = 320g

24℃의 실내온도에 21.6㎥의 공간에는 470.88g이 최대한 존재하는 습기의 양이다 절대습도. 320g + 231.12g = 551.12g으로 환산하면 80.24g의 습기가 남아돈다. 이 계산은 다른 습기 발생 요소를 고려하지 않은 것으로, 잠자는 8시간만으로도 남아도는 습기 때문에 상대적으로 차가운 벽이나 구석, 창문 틈새 등에 결로수가 생긴다는 것이다. 물론 내벽의 재료가 수분을 어느 정도 흡수하지만, 현재는 내단열로 인해 방습층과 이른바 결로 방지 페인트 때문에 사실상의 습기 조절장치가 실내에 없다. 또 흔히 사용되는 목재 역시도 이미 그 표면이 가공되었다면 습기를 조절할 능력이 가공되지 않은 목재에 비해서 현저히 떨어진다. 더불어 비닐 계열의 벽지를 사용하므로 구조체가 습기를 조절하는 것은 사실상 불가능하다.

위 계산은 우리의 가장 단순한 습기의 발생량만을 고려한 것인 만큼 문제의 심각성을 드러내 준다. 외벽 중간의 결로가 없는 지역은 다행이지만, 구석 부위는 외부의 온도가 −10℃일 때 내부의 표면온도가 12℃인 경우가 많이 있다. 상대습도가 50%이고 실내온도가 24℃일 경우 노점온도는 12.9℃이다. 즉, 결로가 생길 수밖에 없는 조건이며, 곰팡이를 피할 수 없다. 곰팡이는 심한 경우 70%에서도 활동을 시작하지만 보통 80%의 상대습도에서 발생된다. 결로 이전부터 곰팡이는 활동을 시작하는 것이다.

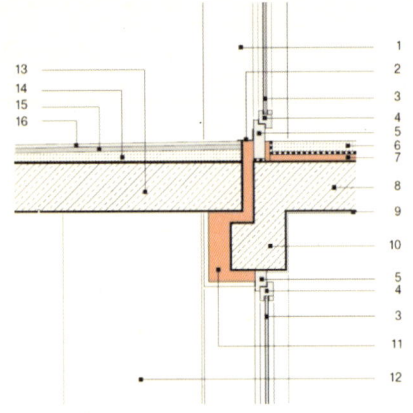

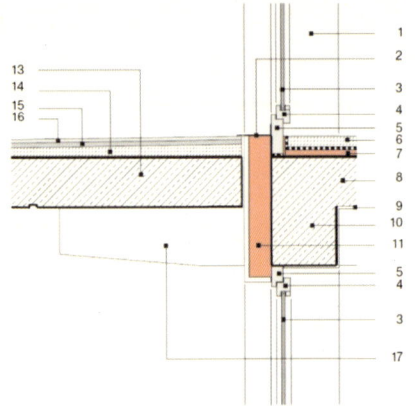

발코니와 열적분리의 예. 출처 : VWEW Energieverlag, RWE Bauhandbuch 13.Auflage, Germany

발코니와 열적분리의 예. 출처 : VWEW Energieverlag, RWE Bauhandbuch 13.Auflage, Germany

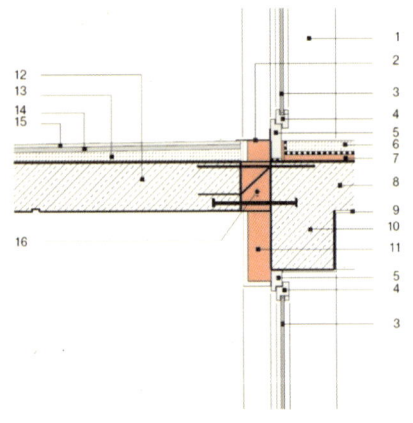

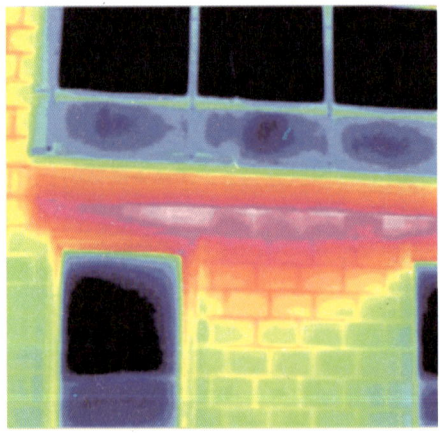

발코니와 열적분리의 예. 이 경우는 편복도의 해결에도 사용할 수 있지만 먼저 층간 소음의 영향을 정확히 분석해야 한다. 출처 : VWEW Energieverlag, RWE Bauhandbuch 13.Auflage, Germany

열적외선 카메라 사진. 발코니 아래의 열손실이 보인다. 출처 : Schoeck, Germany

  층간 슬래브와 편복도나 발코니의 단열재를 통한 열적 분리만이 차후 문제를 최소화시키는 방법이라고 생각한다. 다시 말해 하자보수로 인한 시간과 비용을 최소화하여 준공 후의 관리나 기타 문제로 인한 부수비용을 절감할 수 있다는 말이다. 부수효과라면 시공업체 이미지 또한 상승되어 광고 효과도 있으리라고 본다.

기타 열교 억제 계획

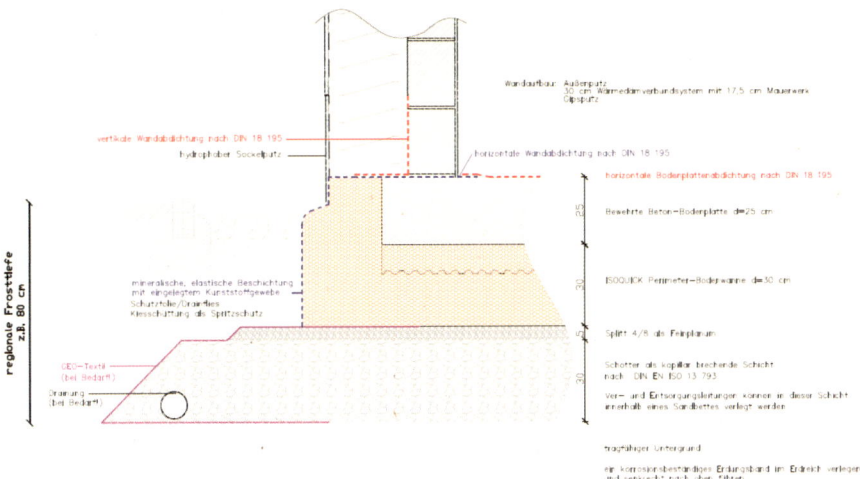

매트기초 아래 단열재를 설치함으로써 열교를 최소화 하는 경우. 출처 : Isoquick, Germany

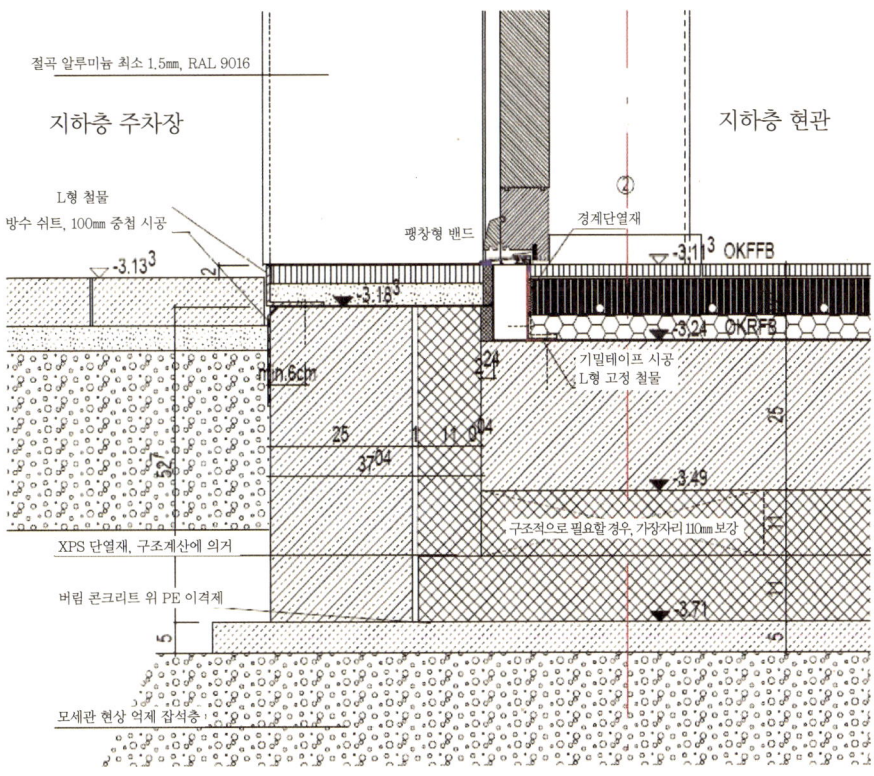

매트기초 아래 XPS 단열재를 설치, 충남 아산 패시브하우스 단독주택 공사

일반 조적에서 사용되는 열교
억제 벽돌.
출처 : B. Schulze-Darup

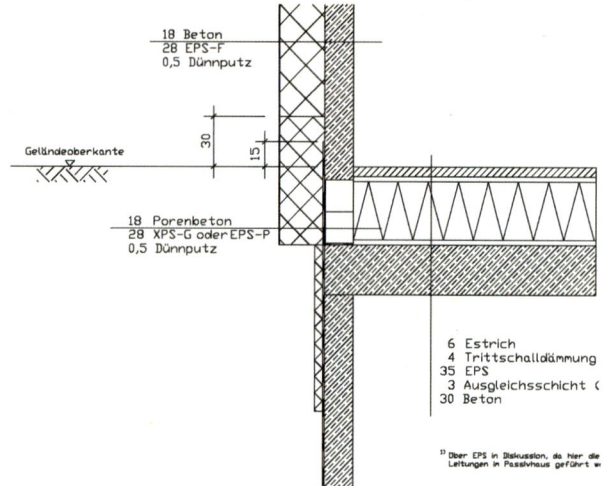

18 Beton
28 EPS-F
0,5 Dünnputz

Geländeoberkante

30
15

18 Porenbeton
28 XPS-G oderEPS-P
0,5 Dünnputz

6 Estrich
4 Trittschalldämmung
35 EPS
3 Ausgleichsschicht (
30 Beton

[1] Über EPS in Diskussion, da hier die
Leitungen in Passivhaus geführt w

ALC = 0.0001W/mk
열교 없음(< 0.01W/mk)

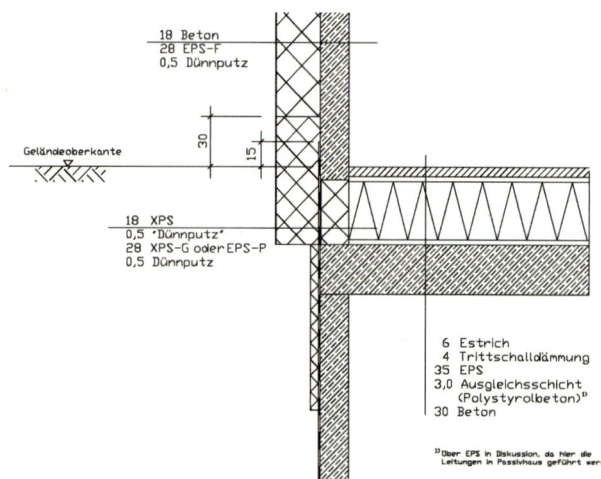

18 Beton
28 EPS-F
0,5 Dünnputz

Geländeoberkante

30
15

18 XPS
0,5 'Dünnputz'
28 XPS-G oderEPS-P
0,5 Dünnputz

6 Estrich
4 Trittschalldämmung
35 EPS
3,0 Ausgleichsschicht
(Polystyrolbeton)[1]
30 Beton

[1] Über EPS in Diskussion, da hier die
Leitungen in Passivhaus geführt werden.

XPS = -0.026W/mk
열교 없음(< 0.01W/mk)

218

중량형 건물에서 철근콘크리트 구조일 경우에는 일반적인 열교 억제 벽돌 사용이 제한적이므로 열교를 줄이기 위한 시스템으로 라멘조 같은 원리를 이용하기도 한다. 출처 : BV Utendorfg., Schöberl & Pöll

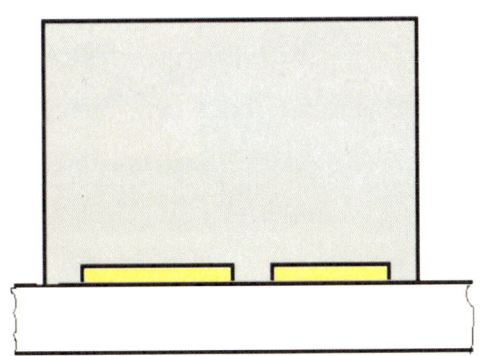

벽체의 열교를 줄이기 위한 개념 스케치, 철근콘크리트조.
DI Thomas Zelger IBO GmbH – Technisches Büro für technische Physik

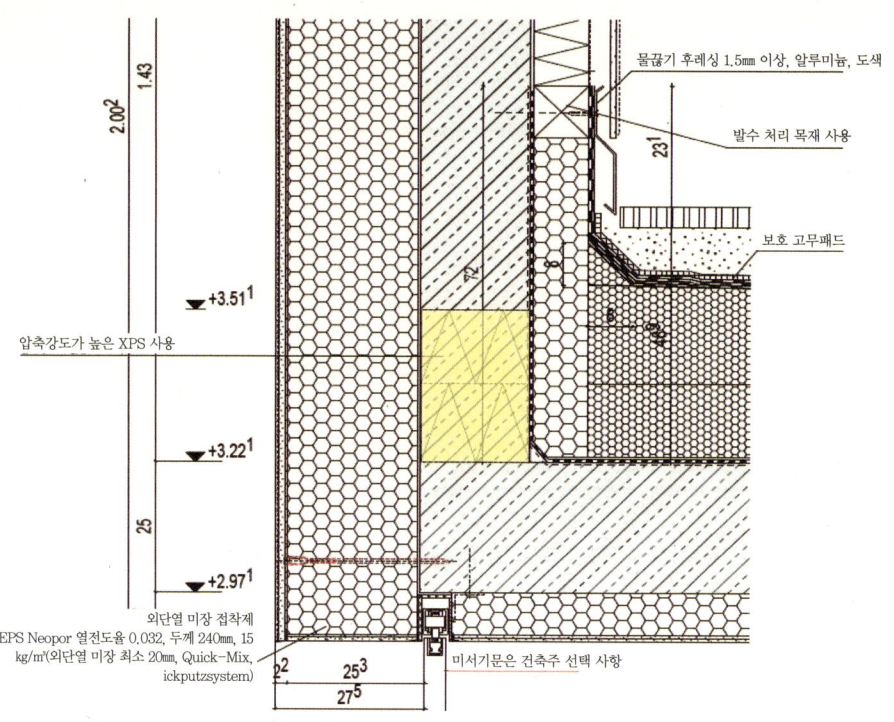

물끊기 후레싱 1.5㎜ 이상, 알루미늄, 도색

발수 처리 목재 사용

보호 고무패드

압축강도가 높은 XPS 사용

외단열 미장 접착제

EPS Neopor 열전도율 0.032, 두께 240㎜, 15 kg/㎥(외단열 미장 최소 20㎜, Quick-Mix, ickputzsystem)

미서기문은 건축주 선택 사항

난간 부위 단열재, 노란색으로 표시된 부분, 충남 아산 패시브하우스 단독주택 공사

슬래브와 외벽단열재 연결 부위의 열교를 줄이기 위한 방법의 일환으로 슬래브 사이에 단열재를 시공한 모습, 충남 아산 패시브하우스 단독주택 공사. 출처 : 세린 에너피아

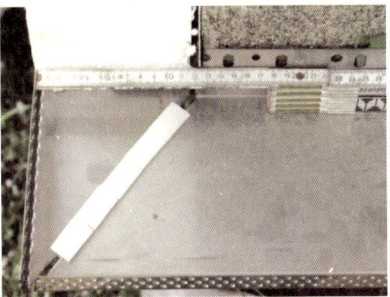

$\Psi = 0.365$ W/mK

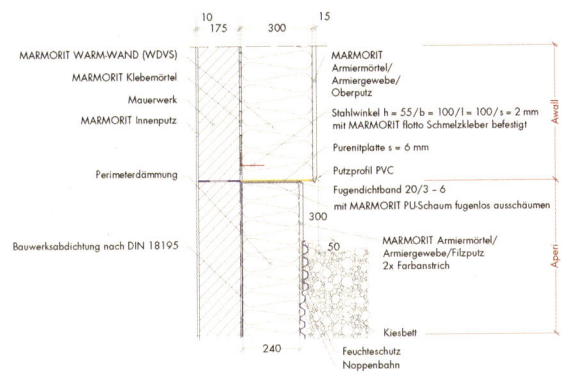

MARMORIT WARM-WAND (WDVS)

MARMORIT Klebemörtel

Mauerwerk

MARMORIT Innenputz

Perimeterdämmung

Bauwerksabdichtung nach DIN 18195

MARMORIT
Armiermörtel/
Armiergewebe/
Oberputz

Stahlwinkel h = 55/b = 100/l = 100/s = 2 mm
mit MARMORIT flotto Schmelzkleber befestigt

Purenitplatte s = 6 mm

Putzprofil PVC

Fugendichtband 20/3 – 6
mit MARMORIT PU-Schaum fugenlos ausschäumen

MARMORIT Armiermörtel/
Armiergewebe/Filzputz
2x Farbanstrich

Kiesbett

Feuchteschutz
Noppenbahn

연결 부위 열교. 출처 : WDVS–Fachbetriebe, Marmorit, Sockelprofil ebok

$\Psi = 0.004$W/mK
열교 없음 (《 0.01W/mK)

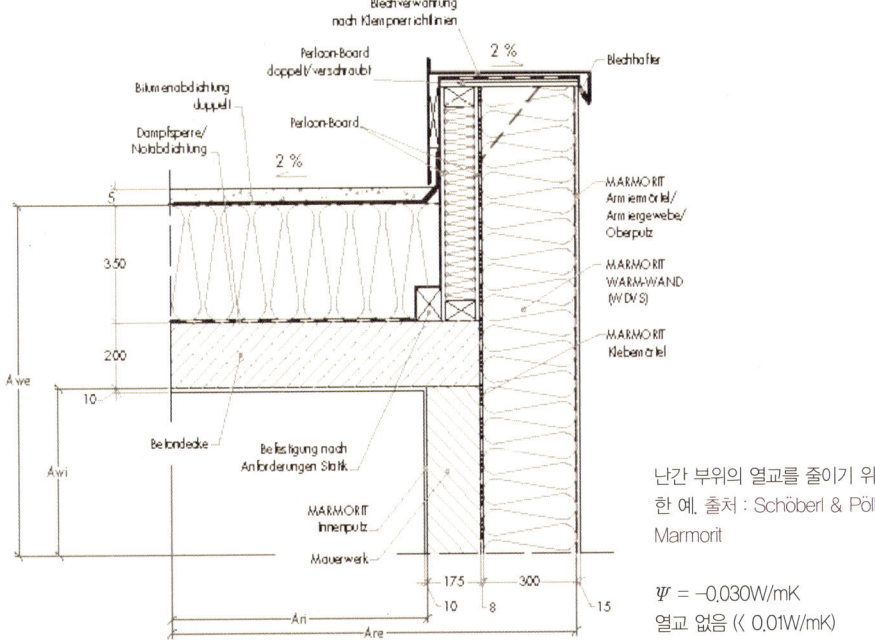

Blechverwahrung
nach Klempnerrichtlinien

2 %

Blechhafter

Perlaon-Board
doppelt/verschraubt

Bitumenabdichtung
doppelt

Dampfsperre/
Notabdichtung

Perlaon-Board

2 %

MARMORIT
Armiermörtel/
Armiergewebe/
Oberputz

MARMORIT
WARM-WAND
(WDVS)

MARMORIT
Klebemörtel

Betondecke

Befestigung nach
Anforderungen Statik

MARMORIT
Innenputz

Mauerwerk

난간 부위의 열교를 줄이기 위
한 예. 출처 : Schöberl & Pöll,
Marmorit

$\Psi = -0.030$W/mK
열교 없음 (《 0.01W/mK)

난간 부위의 열교를 줄이기 위한 시스템 Purenit, 이 제품
은 창호 고정을 위한 판으로 사용이 되기도 한다.
출처 : Puren, Germany

　흔히 요즘의 열교프로그램으로 계산을 하다 보면 간혹 마이너스 값을 보이는 경우
가 많은데 그 대표적인 곳이 외벽 모서리 부분이다. 이 마이너스 값은 전체 에너지 총
량제에서 에너지 손실 계산 시 좋은 결과로 이어지는 것으로 단순 이해하는 경향이 있
다. 원론적으로는 맞지만 이는 잘못된 생각이다. 에너지 총량제 계산 시 열을 뺏기는
외피와 볼륨은 외부의 바깥선을 기준으로 두기 때문에 부위는 두 번 계산이 된다고 볼
수 있고, 이렇게 중복된 것을 열교 계산 시 마이너스 값을 통해 두 번 계산된 값에서 한
번 뺀다고 이해하는 것이 옳다. 만일 총량제 계산 시 현재 한국에서 이루어지는 것처럼
내부마감면을 그 기준으로 하고 열교계산에서 얻은 마이너스 값을 고려한다면 잘못된
결과가 된다고 볼 수 있다.

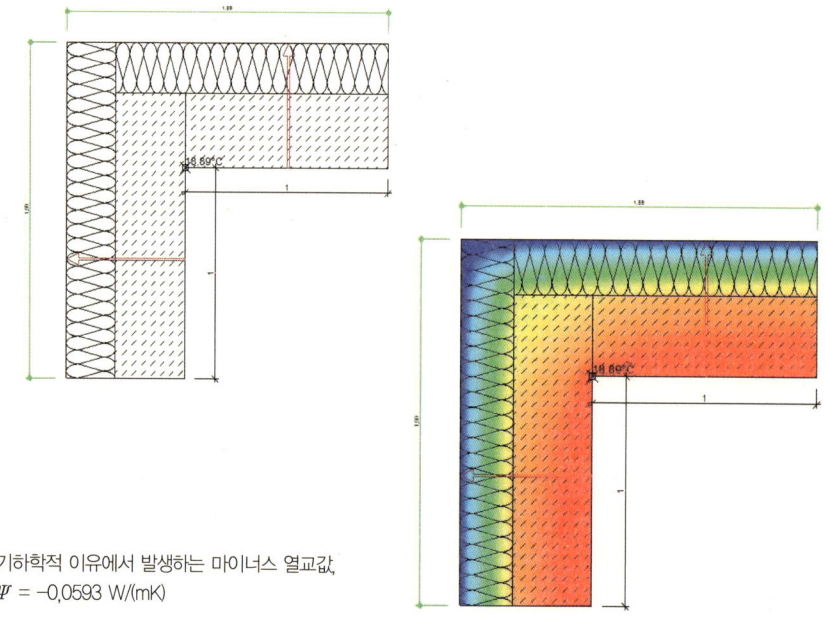

기하학적 이유에서 발생하는 마이너스 열교값,
$\Psi = -0.0593$ W/(mK)

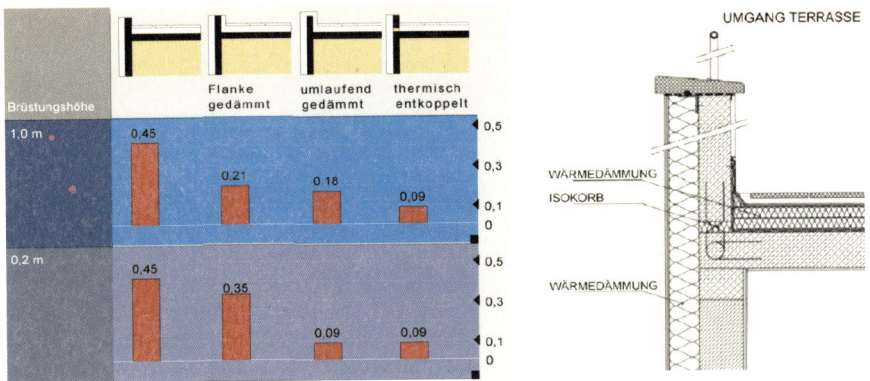

UMGANG TERRASSE

WÄRMEDÄMMUNG
ISOKORB

WÄRMEDÄMMUNG

	Flanke gedämmt	umlaufend gedämmt	thermisch entkoppelt

Brüstungshöhe

1,0 m — 0,45 / 0,21 / 0,18 / 0,09

0,2 m — 0,45 / 0,35 / 0,09 / 0,09

난간 높이에 따라 전체적으로 단열하는 것과 열교 억제 시스템을 사용하는 경우의 비교. 출처 : ebök Thrügingen

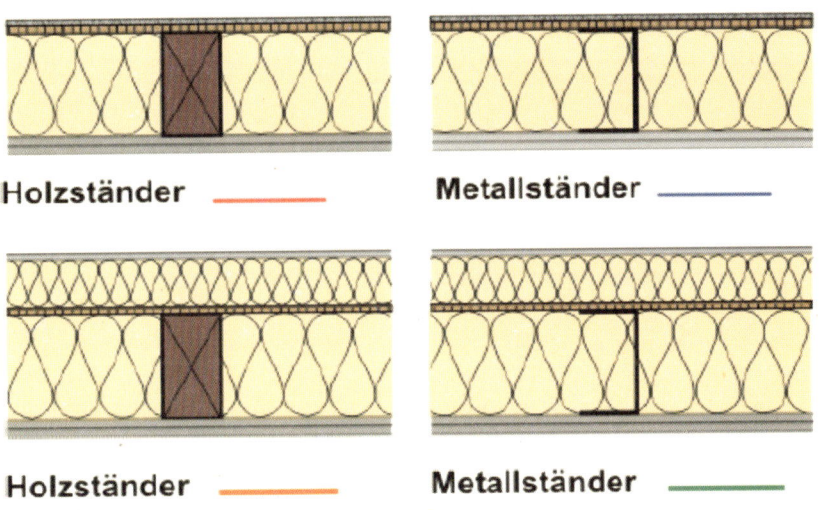

Holzständer ———

Metallständer ———

Holzständer ———

Metallständer ———

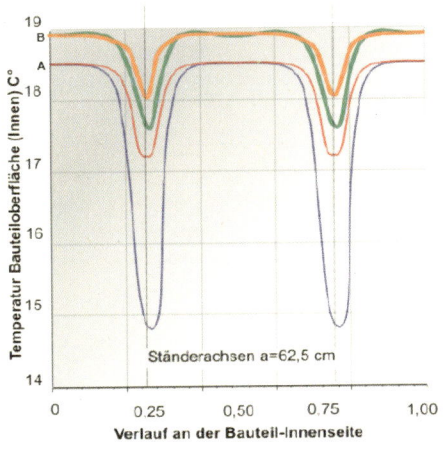

Ständerachsen a=62,5 cm

Temperatur Bauteiloberfläche (Innen) C°

Verlauf an der Bauteil-Innenseite

경량목구조와 스틸하우스의 외벽 구조의 종류에 따른 실내온도의 변화. 출처 : Institut für Trocken-und LeichtbauFG Entwerfen und Gebäudetechnologie, TU Darmstadt

경량철골은 그 특성상 반드시 외부에 단열재를 설치하여 열교를 줄여야 한다. 이때 구조체 바깥으로 설치하는 단열재 두께에 따라 실내에 설치하는 방습층은 경우에 따라서는 OSB판이 대신할 수가 있지만 현재의 11.1mm의 두께로는 부족하다. 그래서 약 18mm 두께[5]로 연결 부위를 테이핑하면 기밀층으로도 가능하고 내부에 방습층을 설치할 필요가 없어 경제적이다. 단열재의 두께를 고려하여 어느 두께부터 가능한지 WUFI 프로그램 같은 것으로 시뮬레이션 하는 것이 좋다.

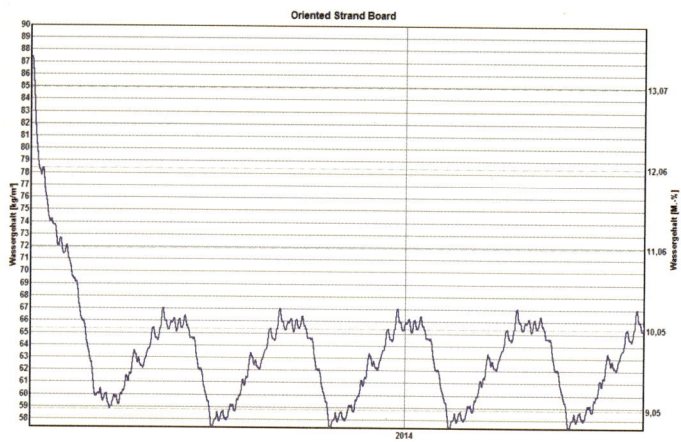

200mm EPS를 시공할 경우 OSB 18mm의 함수량

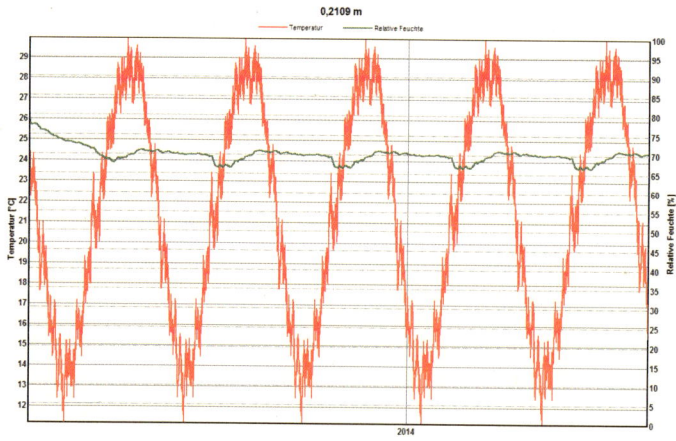

OSB와 EPS(200mm) 사이의 상대습도 변화로 문제가 되는 상대습도 80%에는 이르지 못한다.

---

[5] OSB판의 물성을 먼저 잘아야 한다. 현재 현장에서 사용되는 OSB의 투습저항이나 Sd값에 대한 정리가 선행되어야 한다.

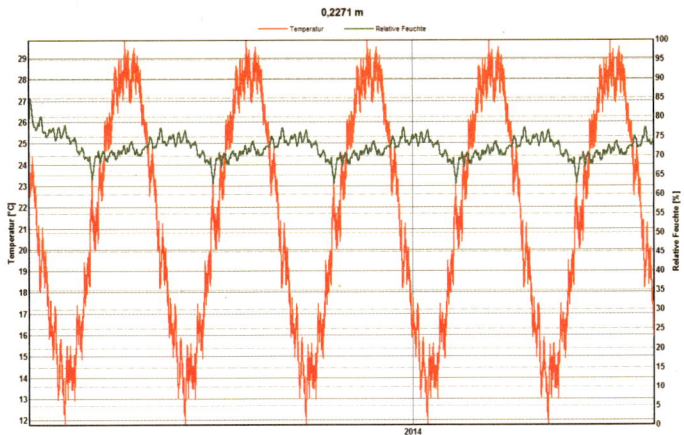

0,2271 m

OSB와 내부 글래스 울 사이의 상대습도의 변화, 마찬가지로 80% 이하이다.

내부의 스터드를 2×6로 볼 경우 외부에 비드법 보온재$_{0.032}$를 160㎜ 이상 설치하면 OSB 18㎜를 구조체 겸 기밀층으로 사용이 가능하다. 여러 오차나 현장 사정을 감안하면 200㎜를 권장한다.

제7장 |

습환경과
건축물의
기밀성

1
개념

최근 에너지 절약과 더불어 틈새 바람으로 인한 건축물의 하자 문제를 줄이기 위해 건축물의 기밀이 건축계의 새로운 이슈로 떠오르고 있다. 특히, 패시브하우스와 에너지 절감형 건물에 대한 건축계와 사회적 관심이 대폭 증가하면서 올바른 설계, 시공과 함께 현장감리에 대한 질문을 많이 받고 있다.

건물의 단열성능이 높아질수록 환기를 통한 에너지 손실의 비중은 높아진다. 때문에 기밀한 건물은 에너지 절감과 결로, 침기를 줄이기 위해 더불어 거주자의 건강을 위해 반드시 필요하다. 아울러 실내 환기 또한 중요한 조건이다. 습기, 각종 악취, 가구와 바닥재에 사용된 환경 위해 요소, 이산화탄소, 곰팡이균, 방사성 물질인 라돈 같은 물질을 외부로 배출하기 위해서는 창문을 통한 자연환기나 기계적 강제 환기장치가 필요하다. 단순히 틈새를 통한 환기는 불가능하다. 날씨가 좋은 날도 많은 틈새를 통해 환기가 이뤄지는 건물은 바람 부는 날이면 틈새바람으로 인해 실내 쾌적성이 현저히 떨어지게 된다.

건축물의 기밀은 단지 패시브하우스에만 한정되는 것이 아니다. 현재 지어지는 모든 건물에 적용되어야 할 의무 사항으로 보아야 한다. 기밀에 대한 법적장치나 기타 기준이 충분히 마련되지 못한 상황에서 독일의 DIN 4108-7이나 기밀 측정을 위한 DIN EN 13829와 같은 기준이 패시브하우스나 기타 에너지 절감형 건물의 기밀층 형성과 측정 방법으로 많이 언급되고 있다. 물론 측정에 관해서는 국제기준인 ISO 9972[2006년 5월][1] 같은 것이 있지만, 아직 각 나라별 적용에 있어서는 1대1 적용이 되지 않고 있다. 독일어권에서는 DIN EN 13829이 기밀층의 압력테스트를 위한 기준으로 널리 사용되고 있다.

물론 국가별로 약간의 차이는 있다. 독일에서는 단순히 건물볼륨㎥과 연관된 n50값을 인증수치로 사용한다. 반면 스위스는 건물의 볼륨이 클수록 낮은 n50값을 쉽게 얻을 수가 있는 단점을 보완하기 위해 테스트 시 건물의 외피면적㎥과 연관해서 나오는 q50값에 기준이 되는 건물의 평균화된 0.8을 곱한 n50,st라는 값을 독일의 패시브하우스에 해당되는 Minergie-P 평가에 적용하고 있다. 기밀테스트는 엄격한 의미에서는 외피의 침기량을 측정하는 것이므로 단순히 볼륨으로 나누는 것보다는 외피의 면적을 n50의 기준으로 보는 것이 올바른 접근 방법이라고 생각한다.

Kennwerte		Unterdr.	Überdr.	Mittel	
Volumen bez. Leckagestrom	n50	0,17	0,2	0,18	1/h
Nettogrundfl. bez. Leckagestrom - w50		0,49	0,59	0,54	m³/h/m²
Luftdurchlässigkeit	q50	0,16	0,19	0,18	m³/h/m²

강원도 횡성 둔내 패시브하우스 단독주택의 q50값과 n50의 비교

패시브하우스의 여러 중요한 요소 중에서 기밀층 형성이야 말로 가장 중요한 필수 요소이다. 에너지 절감 측면에서 보면 건물의 계획 시 여러 요인으로 인해 단열을 두껍게 하지 못하거나 창호의 성능이 다소 떨어지는 경우, 건물의 방향이 겨울철 패시브한 태양광을 효과적으로 사용할 수 없는 상황 등에서 기밀층의 성능을 높이면 어느 정도 상쇄되는 효과가 있다. 물론 이런 상관관계를 초기계획부터 이용하는 것은 진정한 패시브하우스를 위한 올바른 접근은 아니다.

---

1 ISO 9972는 1996년에 처음 발표가 되었다. 개정판은 DIN EN 13829를 참조하여 2006년 5월에 발표가 되었다. 내용은 DIN EN 13829와 거의 같다고 볼 수 있으며 EN 13829는 처음 2000년에 발표가 되었고, 독일어판인 DIN EN 13829는 2001년 2월에 발표가 되었다. 새로 나온 ISO 9972가 DIN EN 13829를 대체할 지에 대한 논의도 있지만 현재 ISO 9972에 몇 가지 실수와 명확하지 못한 문제가 있다. 적어도 유럽권에서 일정기간은 DIN EN 13829가 계속 유효할 것으로 예상된다.

기본 용어의 구분

방풍층과 방습층은 서로 다른 용도의 기능층이다. 방풍층의 부실을 기밀층이 상쇄해 준다고 보면 안 된다. 먼저 두 개의 기능층에 대한 정확한 개념 정의를 통해 설계나 현장 적용 시 혼동되어 사용되는 용어를 정리할 필요가 있다.

- 기밀층(Airtight seal)

기밀층을 '방풍층'과 혼동하는 경우가 있다. 방풍층은 구조체를 기준으로 차가운 외부에 설치하는 것으로 냉한 바람이 지나가면서 구조체를 차갑게 만들어 에너지가 더 많이 소비되는 것을 막는 기능층으로 이해하면 쉽다. 일반적으로 경량목구조의 찬지붕이 대표적으로, 이를 'Wind forcing 효과'라고 한다. 또 다른 기능으로는 바람을 통해 빗물이나 눈이 들어올 경우 구조체가 젖지 않게 막는 역할이다. 이런 이유에서 방풍층은 동시에 방수와 투습층Diffusion-permeable이 되기도 한다. 물리적 성능으로는 독일에선 투습 혹은 방습 성능을 표시하는 Sd값이 0.5m일선에서는 보통 DIN기준과는 달리 0.2m 이하, 오스트리아에서는 0.3m 이하를 투습방수층으로 표시한다.

지붕에서는 단열재 위에 설치되는 투습방수층이 방풍층이며, 통기층이 있는 경량목구조에서는 단열재와 통기층 사이의 레이어가 방풍층이 된다. 외단열 미장공법에서는 조금은 애매하다. 외부 미장을 기능층으로 방풍층을 대신한다고도 보지만 단열재와 구조골재와 붙는 부위도 방풍층이라 하기도 한다. 그래서 외단열 미장공법 시에는 단열재와 구조체 사이에 공기 흐름이 없게 시공한다. 접착모르타르를 단지 접시 크기로 일정한 간격으로 시공하게 되면 그 사이 공간의 공기 흐름을 막을 수가 없다.[2]

기밀층은 주로 실내 공기가 대류 형태로 건물 외피로 유출Air escape되거나 혹은 반대로 실내로 유입Infiltration되는 침기현상을 막는 기능층이다. 조적에서는 실내의 미장마감이 그것이고, 경량의 스틸이나 목구조에서는 보통 방습지 혹은 내부에 설치되는 OSB가 기밀층이 된다. 반드시 방습층이 기밀층의 역할을 동시에 할 필요는 없지만, 그 방법이 훨씬 경제적이기 때문에 기밀과 방습층을 동시에 형성하는 것이 좋다. 스터

---

2 오스트리아의 경우는 접착방식을 ÖNORM B 6410에 언급하고 있다.

드 뒤에 실내 방향으로 방습층을 설치하고 기밀층을 예를 들어 석고보드로 하는 방법이 있기는 하지만, 석고보드 자체는 기밀한 재료임에도 불구하고 다른 구조체와의 연결 부위나 석고보드간의 연결 부위가 취약지점이 되는 것이 문제다. 또한 시간이 지나면서 석고보드 연결 부위의 크랙은 사실상 막기가 어렵다.

방습층과 기밀층이 분리된 경우에는 방습층을 약 10~15cm 겹쳐서 밀폐테이프 처리 없이 고정해도 되지만 방습층이 기밀층일 경우에는 기밀테이프로 처리해야 대류 Convection로 인한 습기 이동을 막을 수가 있다.

- 방습층(Vapor / Vapour retarder)

건축물의 에너지 절약 설계기준개정고시 2010에 따르면 '방습층' 이란 투습도가 24시간당 $30g/m^2$ 이하 또는 투습계수가 $0.28g/m^2 \cdot h \cdot mmHg$ 이하의 투습계수를 가진 층을 말한다. 뒷부분의 수치는 실제적 사용에서는 도움 되는 수치가 아니기에 $30g/m^2 \cdot d$를 본다면 방습층으로 보기에는 좀 애매모호한 표현이기에 좀 더 세분화시켜 구분할 필요가 있다.

DIN EN 1062에 따르면

등급	투습도v		Sd (m)
	$g / (m^2 \cdot d)$	$g / (m^2 \cdot h)$	
I	〈 15	〈 0.6	〉 1.4
II	15 ~ 150	0.6 ~ 6	0.14 ~ 1.4
III	〉 150	〉 6	〈 0.14

DIN 4108-3에 따르면 방습성능은 크게 세 가지로 구분된다.

명칭	Sd-Value
투습층(원활한 확산)	Sd 〈 0.5m
습기제어층(제한적 확산)	0.5m 〈 Sd 〈 1500m
방습층(확산이 거의 불가능)	Sd 〉 1500m

24시간당 $30g/m^2$ 이하라는 것은 방습을 말하기 보다는 확산을 통한 수증기 이동이 어느 정도 제한을 받는다는 의미로 보는 것이 옳다. 특히 경량형의 목조나 스틸에서 이 정도의 성능으로는 모든 구조가 습기로 인한 하자로부터 안전하다고 볼 수 없다.

방습층은 말 그대로 습기를 막는 층이지만, 수증기의 확산Diffusion을 고려해 좀 더 세분화할 필요가 있다. 즉, 유리나 철 그리고 알루미늄과 같이 투습이 거의 불가능한 재료는 방습층이라는 말이 적절하지만 어느 정도 투습이 되는 재료, 예를 들어 콘크리트나 투습저항계수μ가 낮은 재료는 방습층 보다는 '투습억제층' 혹은 '습기제어층' 등의 다른 용어로 정리될 필요가 있다.

현재 건축물리에서는 해당지역의 기후를 바탕으로 결로의 위험과 함수율의 변화를 시뮬레이션 하는 단계에 있다. 그래서 기존의 글래이저 공식으로 결로수의 발생량과 증발량을 단순화시킨 주변 조건에 따라 계산하면 당연히 투습저항이 높은 알루미늄 코팅된 방습지Sd=1500m와 같은 재료가 최고의 결과를 보장한다. 하지만 이는 말 그대로 100% 기밀하게 시공했을 경우다. 더불어 공사 시 사용된 수분이 구조체에 남아 있는 것을 전혀 고려하지 않은 것이라 위험하다. 특히 어느 현장에서건 아무리 꼼꼼하게 시공하더라도 존재하는 기밀층의 틈은 알루미늄이 코팅된 방습지를 기밀층으로 하더라도 대류로 인한 문제는 정도의 차이는 있겠지만 막을 수가 없고, 건축물의 하자로 대부분 이어진다. 독일에서는 건축가나 시공자의 편이를 위해서 방습성능과 투습성능을 한번에 나타내는 Sd값을 사용한다. Sd는 μ투습저항계수에 재료의 두께를 미터 단위로 곱한 값으로 공기층의 두께로 환산이 가능한데, 재료 선택에 있어서 편리하다.

"건물이 너무 기밀하면 답답해서 어떻게 살며, 건물이 숨을 쉬어야 건강한 건물이 아닌가?" 하는 말이 많이 회자되고 있다. 일면 설득력이 있는 듯한 말이지만 결론적으로 잘못된 접근이다. 독일에서조차 이 문제는 아직 100% 정리되지는 않았다. 1858년 Dr. Max Pettenkofer 교수는 자신의 연구논문[3]에서 위생적으로 꼭 필요한 공기 순환의 일정량이 외벽의 틈새를 통해서 이뤄진다는 연구 결과를 발표했다. 동시에 이 현상에 대한 기대 이상의 의존도는 위험하다고도 지적했다. 이 보고서에서 '숨쉬는 벽'에 대한 언급은 없었지만 전문가 사이에서는 이 내용이 현재의 잘못된 인식의 출발점이 되었다고 보고 있다.

'살아 숨쉬는 벽', 왠지 건강한 건물처럼 들리고 선조들의 지혜를 이어받은 듯한 느낌을 준다. 그러나 숨 쉬는 건물은 우리를 병들게 한다. 건물은 절대 숨을 쉬어서는 안 된다. '살아 숨 쉬는 건물'의 진정한 의미는 실내 습기를 조절하는 것으로 이해하면 된

다. 즉, 습기가 많을 때는 흡수하고, 부족할 때는 다시 돌려주는 순환체계로 생각하는 것이 옳다. 그러나 일반적인 시멘트 미장과 도배지 마감은 다시 습기를 돌려주는 시간이 흡수할 때보다 훨씬 길다. 현재 주로 사용되는 도배지는 비닐계열이기에 습조절에 더욱 한계가 있다. 공동주택의 실내가 건조한 이유 중 하나다. 또한 겨울철 높은 실내온도가 낮은 상대습도를 갖게 하므로 공동주택에서의 건조한 실내공기는 당연하다. 여기에 틈새로 외부의 습기를 덜 함유한 건조한 공기가 늘어나 바람이 셀수록 압력의 차가 증가하므로 문제는 더욱 가중된다. 건조함을 없애기 위해 결과적으로 가습기를 돌리고 그로 인해 생기는 곰팡이 같은 미생물을 줄이기 위해 공기 청정기를 돌리게 된다. 계속된 악순환이다. 그 살아 숨쉰다는 틈으로는 에너지가 계절을 불문하고 밤낮으로 통제 없이 손실된다. 통제 되고 계획된 환기는 필요하지만 거주자의 필요와는 상관없이 이뤄지는 틈새바람은 열손실과 결로를 유발할 뿐이다.

이 방습층에 시공 중 소홀함으로 구멍이 나면 다른 곳은 막혀 있기 때문에 약 1.6배의 상승효과 '굴뚝효과' 라고 이해 할 수도 있음로 인해 더 빠른 속도로 보다 많은 에너지가 손실된다. 겨울에는 따뜻한 공기가 밖으로 나가면서 구조체 내부나 표면, 심지어는 내부에 결로가 생긴다. 이 현상은 열적외선 카메라[4]로 보면 내부에서 그 위치가 잘 파악된다. 압력테스트를 통해 실내를 저압으로 만들면 문제가 발생한 지역이 더 확연히 드러난다.

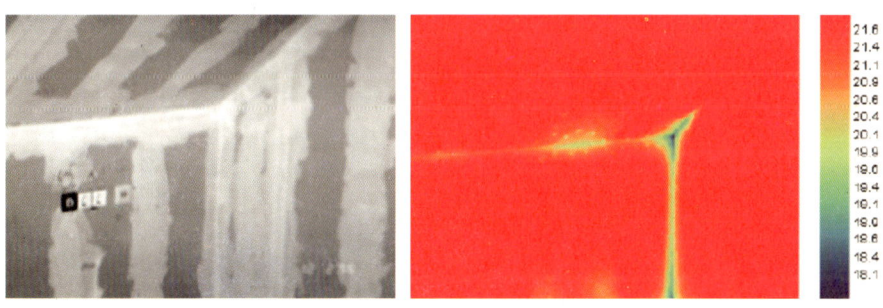

블로어 도어 테스트 시 열화상 카메라로 촬영, 일반적인 조건에서는 잘 드러나지 않는 침기도 저압으로 실내의 압력을 낮출 경우 잘 드러난다. 출처 : Blower Door, Torsten Bolender

열관류율이 U = 0.34W/㎡K인 30cm 경량 콘크리트의 경우 6.8W/㎡ 열이 빠져나가고 습기는 확산을 통해 단지 0.26g/㎡h이 밖으로 유출된다. 그러나 자연환기를 통할 경

---

4 열화상 카메라고도 하며 측정 시에는 반드시 실내외의 온도차가 15℃ 이상이 되어야 하며 해뜨기 전의 시간과 해지고 난 후 몇 시간 후에 측정하는 것이 잘못된 결과를 막는 방법이다.

우에는 실내가 20℃에 상대습도가 50%, 외부 온도가 0℃에 상대습도가 80%일 때 4.76g/㎡h의 습기가 밖으로 유출된다. 이 결과는 '살아 숨쉬는 벽'이라는 것이 사실상 의미가 없음을 나타낸다.

또 다른 예로는 뜨거운 물이 들어 있는 두 개의 똑같은 보온병이 있다고 치자. 한 보온병은 뚜껑을 잘 막았고, 다른 한 병은 조금 열어놓았다. 30분 후, 두 보온병의 온도차는 2℃ 이상 나게 된다. 이러한 사실에 견주어보면 실내에서 손실된 2℃를 올리기 위해 난방장치가 가동되어야 한다는 얘기가 된다. 결국 난방비는 물론 냉방비의 상승을 가져올 뿐이다. 아침저녁으로 규칙적이고 합당한 10~15분 정도의 자연환기 습관[5]이 실내 환경의 질을 높이는 첫 번째 지름길이다.

화재가 아닌 잘못된 환기로 인한 결과, EPS마감의 외단열 미장 공법. 출처 : Michelstadt, Germany

---

[5] 겨울철 창문을 통한 자연환기는 외부 온도에 따라 환기시간이 달라야 한다. 내외부의 온도차가 많이 나는 경우엔 열어둔 창문의 유리에 생기는 결로가 없어지면 실내의 공기가 한 번 외기로 교체 되었다고 이해하여 창문을 닫아도 된다. 환기는 온도차가 많을수록 짧고 강하게 하는 것이 좋다. 시스템창호의 틸트(Tilt) 방식으로 지속적인 환기 습관은 에너지 손실뿐 아니라 환기에도 도움이 되지 못한다. 무엇보다 외단열 미장마감의 경우 또 다른 문제를 야기시킨다.

2
습환경의
개요

건축과 습기(Building moisture)

수증기는 가스와 동시에 액체 형태로 존재하는 것으로 생각하면 이해가 쉽다. 우리가 물을 끓일 때 보이는 것을 보통 수증기液體라고 표현하지만 마찬가지로 입자가 작은 형태 즉, 우리 눈으로는 보이지 않는 상태가스로도 존재한다.

물은 증발하면 바로 눈으로는 볼 수가 없지만 공기 중에는 분명히 수증기로 존재한다. 그러다가 주변에 의해 열을 빼앗기고 액체 상태로 되는 것을 '결로현상'이라고 건축에서는 표현한다. 결로현상은 단지 찬 겨울에만 존재하는 자연현상이 아니다. 자연계에서 이 물H_2O의 존재는 참으로 중요하지만 건축과 관련되면 골칫덩이로 변한다. 그 대표적인 예로는

* 결로현상Dew water and surface condensation
* 쇠의 부식특히 콘크리트 속의 철근 부식 – 구조적 문제점, Corrosion
* 표면의 화학반응으로 생겨난 문제
* 결빙의 반복으로 인한 구조 및 외부마감재의 균열기초, 도로 결빙
* 목구조에서 해충과 습기의 과다로 인한 부식

- 단열 성능의 저하[6]

- 곰팡이가 서식하기 쉬운 토양 제공특히 우리나라는 도배를 많이 하는데, 참고적으로 도배지는 곰팡이가 서식하

기에 아주 좋은 양질의 토양이다

많은 사람들은 건축에서의 방수공사는 눈에 보이는 비라든가 눈, 인공적으로는 목욕탕 같은 곳에서의 물을 막는 공사라고 단순하게 생각하지만 사실 방수에는 방습공사도 포함된다. 눈에 보이지 않는 습기에 대한 대책은 구조적인 문제뿐만 아니라 에너지절감 차원과 무엇보다 실내 환경을 위해서도 중요하다. 그런데 그 근본 원인은 물리적특성을 이해하지 않고는 해결하기가 어려운 과제이다.

물리적으로 물은 세 가지 형태로 자연계에 존재한다.
① 얼음
② 액체
③ 수증기

그러나 방수 및 방습 공사를 고려한 물의 종류는 크게 세 가지로 볼 수 있다.
① 강수 : 비, 눈, 우박
② 땅의 수분 : Soil moisture
③ 수증기 : Water vapour

이런 물의 특성은 수많은 교과서나 학술보고서에 충분히 언급되고 연구되었지만, 아직도 건설계에서는 넘기 힘든 과제이기도 하다.

– 후드를 통한 배기의 문제점

요즘 새집증후군을 최소화하기 위해 창문을 손가락 틈 정도로 열어두거나 주방 후드를 자주 가동하는데, 이것은 잘못된 판단이다. 겨울에 그 틈으로 많은 양의 난방에너

---

6 물은 열을 잘 전도하기 때문에 외기에 면해 있는 외벽이나 지붕을 통해 많은 양의 열을 뺏겨버린다. 우리가 흔히 부르는 라디에이터의 에너지원이 물을 사용하는 것도, 바닥난방도 바로 이 때문이다.

지가 소비되고 틈을 지나면서 결로현상과 함께 구조체 내부에는 기체 상태의 습기가 액체 상태로 바뀌게 된다. 중량형 건물보다 경량형 건물인 경우 이런 현상이 더 심각해 질 수가 있다. 중량형 건물은 창호 주변이 문제가 되는 지역이지만 외기로 바로 빠져 나갈 수 있는 경우의 수가 높다. 공기의 온도가 노점온도 이하로 되는 시간 이전에 외부로 배출이 되는 반면 경량은 구조체 자체가 기밀층으로 연결되어 있어 틈새가 눈에 보인다 하더라도 실제 실내의 공기가 빠져 나가는 곳은 다른 곳에 있을 수 있기 때문에 결로의 문제가 더 심각해 질 수 있다. 또한 단열재에 수분 함량이 늘어나게 되는데, 결국 그곳에 더 많은 에너지가 손실된다는 것을 의미한다. 더불어 후드 사용 시에 저압이 형성되므로 틈새를 통해 외기가 내부로 유입이 된다.

우리는 스티로폼EPS을 단열재로 많이 사용한다. 이 단열재는 방습 성능이 있지만 함수량 면에서는 목섬유나 셀룰로제 단열재에 비해 취약하다. 경질이기에 구조체 사이에 틈이 있다면 대류로 인한 습기 이동이 있기 때문에 주의해서 사용해야 한다. 즉, 습기를 우리 생각보다 잘 흡수한다는 얘기이다. 물은 열을 잘 전도하므로 단열재의 함수량이 늘어날수록 단열성능은 줄어든다.

후드로 실내 공기를 환기시키는 것도 그리 옳은 방법은 아니다. 요리를 통해 급격하게 많이 생겨난 습기를 배출하는 것은 이해되지만, 그 외의 용도 사용은 추천하고 싶지 않다. 패시브하우스에서는 주방 후드를 직접적으로 외부로 연결해서 사용하는 것은 금지 대상이다. 물론 현재는 후드와 난방장치아이 연결을 통해 폐열을 사용하기도 하지만, 일반적으로는 후드와의 연결 없이 배기 시에 실내의 데워진 공기를 열교환기를 이용해 습기와 열을 다시 회수하는 방법이 채택된다.

원칙적으로 패시브하우스에서는 주방 후드를 공기조화기에 직접적으로 연결하는 것은 피하는 것이 좋다. 다른 배기구를 통해 주방 공기를 배기되도록 하고, 흡입구에서 배관의 약 1m는 시간이 지나면서 생기는 지방질을 제거하거나 청소할 수 있도록 교체가 가능하게 설치하는 것이 좋다. 요리 습관이 다른 우리나라에서는 필수적으로 검토해야 할 사항이다. 중유럽에서 특히 독일어권에서 생선을 튀기는 임은 거의 없기에 그들은 이 문제에 대해서 그렇게 걱정할 일은 없다. 이때 사용되는 후드는 순환형으로 고성능 탄소필터를 장착해 기름과 냄새를 어느 정도 걸러주는 것이 효과적이다. 주기능은 기름 제거에 있기에 탄소필터를 설치했다고 하여 배기구 설치에 소홀히 하면 낭패를 보는 경우가 많다. 천장고가 높은 건물이나 오픈형 평면일 경우에는 천장에 단 차이를 두어 음식 냄새의 확산을 막는 것도 하나의 방법이다. 공기가 머무르는 층에 배기구를 분산하여 설치하면 효과적이다. 이것이 어렵다면 옆 공간과 경계지역에 구조적으로는 필요하지 않지만 보와 같이 경계를 두어 확산을 막는 것도 우리나라 실정에는 적합하다.

– 배기와 급기

겨울철 패시브하우스에서 실내의 낮은 상대습도는 먼지 알레르기나 기관지 혹은 호흡기와 관련된 감기 같은 잦은 질병 발생의 원인이 될 수 있다. 겨울철 외부의 상대습도가 중유럽 국가에 비해 낮은 우리나라의 특성상 그 여파가 더 클 수 있어 패시브하우스에 대한 괜한 선입견이 될 수도 있다.

우리는 가정에서 요리를 많이 하고 시간도 긴 편이므로 이 습기를 유럽국가에 비해 더 효과적으로 이용할 수 있다. 더불어 단순 판상형 열교환 장치가 아닌 습기를 어느 정도 실내로 돌려주는 열교환 장치를 설치하면 문제를 상당히 줄일 수가 있다. 또한 패시브하우스에서는 지중의 쿨튜브도 200~250mm 정도의 관을 통한 공기 유입이 아니라 필요한 양만 쓸 수 있는 동결방지재가 들어간 보통 32mm 직경의 관을 경사 없이 50cm 간격으로 땅속 1.5m 이하로 묻는 브라인 시스템이 우리나라에는 더 효과적일 것으로 기대한다. 더불어 대지의 면적이 작기 때문에 더 합당한 방식이라 본다.

현재 일정 규모 이상의 공동주택에 의무사항이 된 공기조화기는 대부분 단순 판상형이므로 별도 장치가 없다면 실내가 상당히 건조해 질 수 있어 입주자들이 공기조화기를 제대로 작동시키지 않을 가능성이 높다. 또한 지나친 가격경쟁으로 인해 현재 공동주택에 설치된 대부분의 공기조화기는 사실 필요 없는 장신구에 지나지 않는 경우가 많다. 다른 방법으로는 공기순환의 양을 위생상 필요한 양 만큼만 실내로 유입시키면 건조한 실내공기의 빈도수를 줄일 수 있다. 배기와 급기가 정확히 설정한데로 작동되지 않거나 급배기의 위치가 불합리할 경우에는 주방이나 화장실 냄새가 많은 양은 아니지만 역류될 위험이 있다. 따라서 반드시 설치 후 유입 및 배기량을 점검해야 한다.

---

7 실내가 약한 저압이 된다는 말로 틈새가 있다면 외부에서 공기가 내부로 들어온다는 의미다. 습기를 고려한 하자를 생각하면 약간의 저압이 고압보다는 좋다.

보통은 약간의 저압[7]으로 운용되는데, 배기되는 양이 급기 양보다 조금 많다. 현재 새롭게 연구되고 있는 공기조화기 시스템으로는 습기로 인한 하자를 막기 위해 주변의 습도와 온도에 반응하여 구조체의 하자를 줄이기 위해 고압 그리고 저압으로 조절되는 것이 있지만 아직 사용화되지는 않았다. 우리나라처럼 역결로가 있는 나라에는 도움이 될 수 있는 시스템으로 판단된다.

– 축열성능이 뛰어난 콘크리트

콘크리트는 열을 저장하는 데는 탁월한 성능을 발휘한다. 지붕 슬래브를 기존의 12 ㎝에서 20~25㎝ 정도로 하고 최대 25㎝ 정도이면 보가 특별히 필요하지 않으므로 시공도 단순해진다. 물론 구조전문가가 해당 건물에 맞게 설계하는 것이 원칙이지만 관습적인 접근 또는 외국의 기준이 아닌 우리나라 실정에 맞는 기준에 따라 구조설계를 해야 한다. 그리고 우리나라에서는 이상하리만큼 불문율로 되어 있는 지붕 천장의 설치를 이제는 재고할 때가 되었다.

지붕천장은 왜 필요한가. 요즘은 설비를 감추기 위함이지만 과거에는 기와집에 공기층을 두어 단열 효과를 얻으려는 것이 주된 목적이었다. 그런데 과거의 기와집에는 습기를 많이 저장할 수 있는 진흙과 수수깡 등이 있었지만, 현대 집에는 그처럼 습기를 제어할 수 있는 것이 없는 데다 도리어 문제를 만들어 내는 경우가 흔하다. 집안의 습기가 이 반자를 통해 슬래브로 선날되기 때문이다. 봉풍이 이루어지지 않는 반자는 많은 양의 습기가 유입이 될 때 문제를 발생시키고 콘크리트의 열저장 능력축열을 여름철에 전혀 이용할 수 없다. 낮 동안 열을 저장하는 것도 문제이고, 밤에 내려간 외기온도로 식히는 것도 한계가 있다.

이 좋은 축열 재료의 사용이 월등히 경제적인데도 불구하고 PCMPhase Change Material과 같은 고가의 자재를 사용한 건물도 현재 많이 있다. 연관 관계를 세밀하게 보지 못한 실수라고 생각한다. 아파트 건축에서는 이 층간의 천장을 없애거나 여의치 않다면 설비를 위한 부분적인 사용이 실내환경 개선에 도움이 될 것이다. 차라리 경제적으로 층고를 낮게 하고 거기에 층간 소음을 억제하는 소음재Impactsound insulation를 더 설치하는 것이 효과적이다. 특별히 거실이나 주방에 인테리어를 고려해 천장을 장식하려면 천장 없이도 석고나 나무로 충분히 대체할 수 있다.

수증기의 종류와 이동

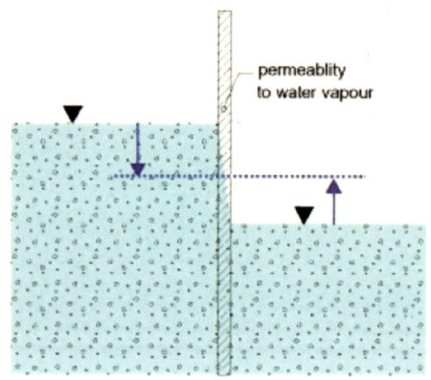

permeablity to water vapour

옆의 그림처럼 서로 높이가 다른 물이 하나의 구조체를 사이에 두고 있다면, 구조체의 상태에 따라 그 결과는 달라진다. 구조체를 통해 물이 통과되지 않으면 아무런 높이 변화가 없지만, 물이 통과하는 구조체라면 언젠가는 그 높이가 같아지게 된다.평형을 유지하기 위함

이 원리는 '열의 흐름Heat flow'에서도 마찬가지다. 더운 공기는 찬 공기에 비해 더 많은 팽창을 하는데, 이는 에너지를 더 많이 함유하고 있다는 것을 의미한다. 이는 압력으로 그리고 온도로 측정한다.

겨울에는 실내온도가 외기에 비해 높으므로 열은 내부에서 외부로 이동하게 된다. 이 열이 통과되는 속도는 구조체가 얼마나 열을 잘 통과시키느냐에 따라 다르다. 단열효과가 낮을수록 더 많은 열손실이 생기는 것이다. 어떤 건축자재건 그 정도에 차이가 있을 뿐, 열이 전도되는 것을 막을 수 없다. 여름에는 이 현상이 역으로 나타나는 경우가 많아 열이 외부에서 내부로 흐르게 된다.

– 수증기 이동의 종류

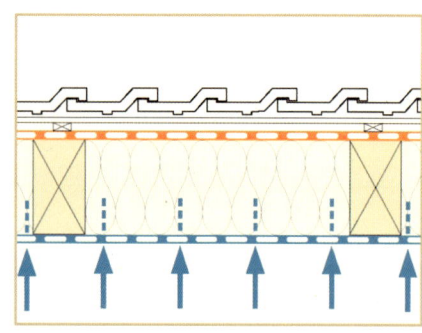

확산(Diffusion)을 통한 습기의 이동.
출처 : Pro Clima korea

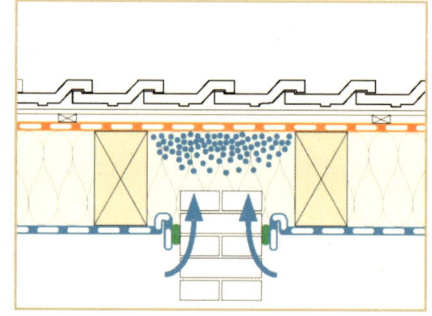

측면벽을 통한 습기의 이동(Flank diffusion).
출처 : Pro Clima korea

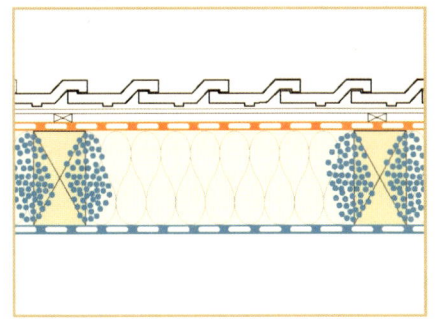

시공된 자재가 함유하고 있는 습기.
출처 : Pro Clima korea

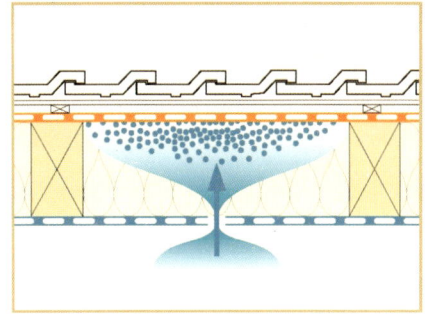

대류(Convection)를 통한 습기 이동.
출처 : Pro Clima korea

위의 네 가지가 실내에서 외부로 이동되는 습기의 대표적인 경로이다. 이중 가장 위험한 것이 네 번째인 대류를 통한 습기 이동이다. 특히 바람이 부는 반대 방향인 실내가 약간 고압이 되는 경우이며, 높이에 따라 그 정도가 심각해진다.

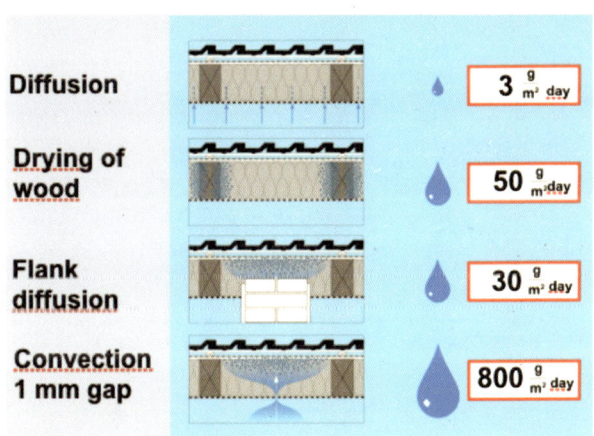

Diffusion	$3 \, \frac{g}{m^2 \, day}$
Drying of wood	$50 \, \frac{g}{m^2 \, day}$
Flank diffusion	$30 \, \frac{g}{m^2 \, day}$
Convection 1 mm gap	$800 \, \frac{g}{m^2 \, day}$

수증기의 이동에 따른 습기의 양.
출처 : Pro Clima Korea

현장 사정상 어느 정도 틈새가 생길 수 있으므로 그 조건을 근거로 독일의 한 연구소[8]에서 테스트를 했다. 방습층의 sd-값 = 30m이고 틈의 폭은 1mm, 길이는 1m라고 했을 때 대류를 통한 습기 이동은 일반적인 확산에 비해 약 1,600배나 되는 것으로 조사되었다.

---

8 Institut für Bauphysik IBP, Stuttgart 출처 : DBZ 12/89, 페이지 1639ff, 주변조건 : 내부온도 +20°C, 외부온도 −10°C

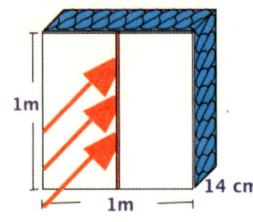

- 틈이 없는 경우 : 0.5g 함수/㎡×24h(확산)

- 1mm의 틈 : 800g 함수/㎡×24h(대류)

- 습기의 증가 1,600배

1m에 1mm 틈으로 이동되는 습기의 양.
출처 : Pro Clima Korea

위의 비교에서 명확해지듯이 내부에 틈이 있는 데다 외부마저 방풍층이 훼손되었거나 없다면 확산을 통한 습기의 이동 외에 대류를 통한 습기의 이동이 현저히 높아진다. 구조체로 들어간 따뜻한 공기는 외부로 이동하는 중에 식게 되고, 자연적으로 결로수로 이어지게 된다. 결과적으로는 단열재가 젖게 되어 단열 성능의 저하와 함께 많은 결로수는 곰팡이나 기타 구조적인 문제의 원인이 된다.

기밀의 필요성

기밀층 형성은 열교환기가 장착된 공기조화기가 효율적으로 작동되는 것과 직접적인 연관이 있다. 또한 에너지 절감 외에 건강한 실내환경을 고려한다면 침기로 인한 쾌적성의 하락, 습기로 인한 문제, 소음 문제 등을 확연하게 느낄 수 있는 정도까지 줄여주는 중요 열쇠이기도 하다.

첫째, 난방에너지의 소비를 줄여준다

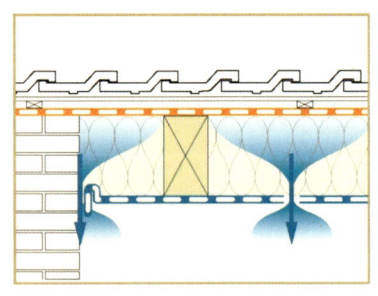

기밀이 잘 된 건물은 적은 난방으로도 실내가 충분히 쾌적하다. 틈새를 통한 겨울철 찬 공기의 유입.
출처 : Pro Clima korea

겨울철 실내외의 온도차로 인해 실내에는 열적순환이 일어난다. 이로써 공기의 흐름이 생기는데, 특히 창호가 있는 부분은 더 심각해진다. 실내에서 데워진 공기는 건물의 윗부분에 있는 틈으로 새 나가고, 아래 부분은 반대로 외부의 찬 공기가 유입되어 필요 이상으로 찬 공기를 데워야 한다. 결국 실내의 쾌적성을 유지하기 위해서는 어쩔 수 없이 난방기를 돌려야 한다. 다행히 우리나라는 복사열이 많은 바닥난방이라 발이 차갑거나 습기로 인한 피해를 입는 경우가 적다. 그 원인은 바닥난방의 온도가 이곳 독일보다 더 높기 때문인데, 낮은 표면온도[9]를 높은 실내온도로 보충하기 위한 것도 중요한 이유 중에 하나다. 특히 공동주택의 실내온도가 24℃ 이상 되어야 그나마 쾌적하게 느끼는 이유가 여기에 있다. 막상 실측을 해보면 26℃인 경우가 많다.

패시브하우스는 전체적으로 실내 표면온도가 올라가므로 실내공기 온도가 20~22℃까지 내려가더라도 쾌적한 것이다. 쉬운 예로 같은 공기의 온도라 할지라도 겨울철에 비교적 낮은 15℃와 다른 계절의 실내온도 15℃는 다르게 느껴진다. 외벽 내부의 표면온도가 올라갔기 때문에 그렇다. 이는 현재 한국에 지어진 패시브하우스 혹은 패시브하

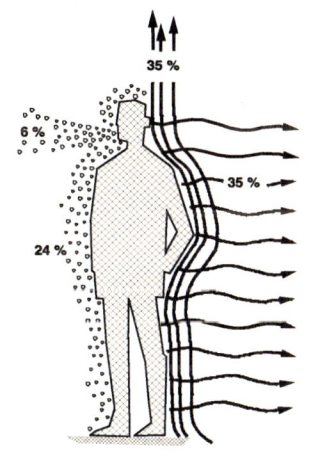

인체온도   37℃

피부온도   33 ~ 34℃

우리 신체의 열손실

- 35%   전도와 대류

- 35%   복사

- 24%   수증기(땀과 호흡)

- 6%   음식, 음료수 그리고 호흡공기

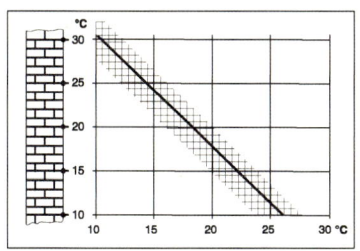

복사로 인한 신체의 열손실과 표면온도에 따른 쾌적한 실내 온도를 보여주는 그래프로 벽체의 표면온도가 열교나 단열 부족으로 낮을수록 실내공기 온도가 높아져야 쾌적함을 느끼게 된다. 출처 : Grundlagen HLK, Siemens Schweiz AG Building Technologies Group

9 낮은 표면온도라 함은 우리 몸에서는 벽으로 배출되는 복사열이 돌려받는 복사열 보다 많기 때문에 외벽이나 열교지역에 가면 춥게 느껴지는 것이다. 얻는 열보다 뺏기는 복사열이 많다는 말이다.

우스에 가까운 건물에 공통적인 상황이며, 만일 이렇지 못하다면 틈새 혹은 열교가 있다고 볼 수밖에 없다.

둘째, 여름철의 더위로부터 실내를 지켜준다

겨울에 효과가 있는 단열은 여름에도 마찬가지로 효과가 있다. 적어도 3~5℃ 이상은 외부 온도보다 실내가 낮다. 외부로부터 습기를 많이 함유한 공기가 실내로 유입되지 않기 때문이다. 물론 제대로 시공된 단열이 전제되어야 한다. 단열과 기밀은 분리된 시스템이 아니라 같이 봐야 한다.

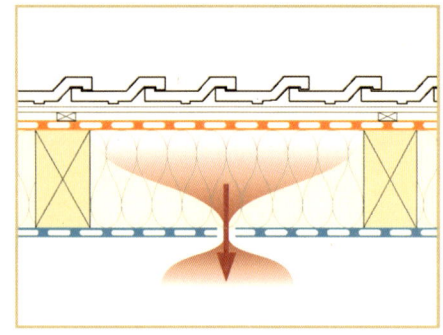
기밀층이 없거나 훼손된 경우 더운 외기의 유입.
출처 : Pro Clima korea

셋째, 더러운 공기 유입을 억제한다.

외부나 이웃집으로부터는 물론 이미 사용된 공기의 실내유입을 막고 특히, 악취나 먼지가 들어오는 것을 막아 준다. 또한 외부에 돌아다니는 곰팡이균이 실내로 유입되는 것을 줄여 주는데, 알레르기에 민감한 사람에게는 중요한 기능이다.

조절 가능한 공기조화기가 설치된 경우에는 외부 공기가 필터에서 걸러져야 하는데, 건물의 틈이나 실내의 설비 덕트로 외기가 유입되면 필터의 성능을 떨어지게 하고 무용지물로 만든다.

넷째, 소음 억제(방음) 효과가 있다.

공기가 통하는 곳은 소리도 전달되는 것Reduced sound insulation이 자연의 원리이다. 도심지나 밀집지역 등 교통량이 많은 곳에서는 더욱 기밀에 주의를 기울여야 한다. 외벽만 해당되는 것이 아니라 세대간의 칸막이벽도 기밀하게 시공해야 한다. 특히,

건식의 경우에는 슬래브가 시간이 지나면서 침하되어 석고보드의 크랙을 유발시키는데, 팽창형 밴드와 같은 조인트재를 통해 기밀과 동시에 방음 성능을 유지시켜 줄 수 있다.

팽창형 밴드. 출처 : Hanno, www.hanno.com

다섯째, 건축물의 습기로 인한 문제를 줄여준다.

따뜻한 공기가 구조체의 틈새를 통해 빠져 나갈 때, 외부의 찬 공기와 온도가 낮은 구조체와 만나면서 노점온도Dew Point 이하로 온도가 내려가면 결로수Condensate가 생긴다. 그로 인해 단열재는 함수량이 늘어나 단열성능의 저하를 초래하고, 수분을 많이 함유하고 있는 부분은 먼지가 모여 미생물과 곰팡이가 살 수 있는 토양을 제공한다. 그 대표적인 예로 시스템창호의 틸트식 환기를 들 수 있다. 외단열 미장마감 공법의 경우 겨울철 외부 표면온도가 표면의 부족한 축열능력으로 인해 단열이 되지 않은 일반 외벽에 비해 새벽에 노점온도 이하로 내려가는 경우가 많으므로 증발을 고려한 시스템 선택에 특별히 유의해야 한다.

여섯째, 열교환기가 달린 공기 조화기Heat recovery ventilation 성능의 효율성

사용된 공기배기를 빨아드리는 공간인 주방과 화장실의 경우 상대적으로 더운 폐공기사용된 공기가 공기조화기로 가서 그 열이 회수되어야 한다. 그런데 기밀하지 못해 실내에서 사용된 공기보다 외부 또는 설비 덕트의 틈으로 찬 공기가 유입되면 기대한 만큼의 폐열회수를 얻을 수 없다.

신선한 공기가 유입급기되는 공간에서 중간의 복도를 통한 공기의 흐름이 방해가 되므로 전체적인 시스템에 문제가 생긴다. 때문에 패시브하우스에서는 건물의 기밀성에 대한 조건이 더 까다롭다. 에너지를 절약하고 아울러 최소한의 위생상 환기를 해주는 효율적인 공기조화기의 작동을 위해서다. 아무리 패시브하우스라고 하더라도 기밀성이 보장되지 못하면 정확한 계산에 맞추어 설정된 설비도 겨울철에 한계가 있을 수밖에 없다. 별도의 다른 난방장치 없이 단지 유입되는 공기를 난방원으로 사용되는 전형적인 패시브하우스라면 그 영향이 더 크다. 단순한 공기 난방 시스템을 꺼려하는 이유이기도 하다.

기밀한 건물을 우려하는 시각도 있다. 너무 기밀하면 얼마 전 어느 찜질방의 사고처럼 위험하다는 주장도 종종 있다. 이런 사고는 건물이 반드시 기밀하지 않아도 발생할 수 있는 일이다. 원인도 인체에 위해한 가스가 외부로 유출되지 못하고 실내로 역류되는 전형적인 설비시스템의 조정 문제에 있다. 건물이 기밀하지 않던 70~80년대에 연탄가스 중독으로 많은 사람들이 피해를 봤던 것처럼 기밀한 건물과 관련이 없다.

숨쉬는 건물과 기밀Air tightness은 전혀 관계가 없고, 기밀한 건물의 필요성과 장점이 홍보가 되면서 현재 재료적으로 제일 발전한 것이 기밀자재이다. 여기에 발맞추어 경량목구조 건축에 있어서 층Layer의 변화를 가져왔고, 습기로 인한 하자도 현격히 줄어들었다. 또한 공장제작의 조립식 건축이 빠르게 성장할 수 있었던 근본 원인을 제공하였다.

내부에는 기밀 및 방습의 층이 필요하고 외부는 방수, 방풍, 투습의 기능이 필요하다. 종전의 건축에는 외부에 투습이 원활한 제품이 없었기 때문에 보통 북미식의 '펠트지'를 사용하는 이른바 '찬 지붕Cold roof'이 대부분이었다. 그러나 현재는 외부에 투습이 가능한 제품을 적용할 수 있어 찬 지붕에서 온 지붕으로 구조층의 전환이 가능해졌다. 이는 건축물리적으로 내부에서 외부로 갈수록 투습 성능이 좋아야 한다는 기본 원칙에 충실한 것이다. 그럼에도 불구하고 아스팔트 싱글 마감이건 기와 마감에 차이를 두지 않고 '관행'처럼 아스팔트 방수지나 펠트지 같은 것을 여전히 시공하고 있다.

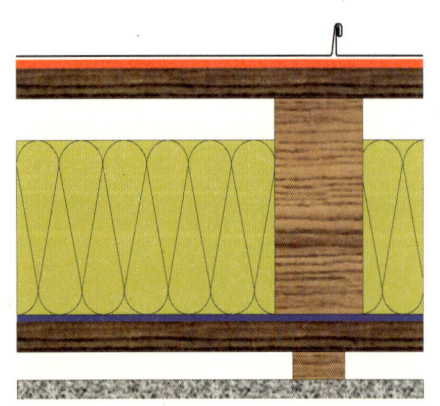 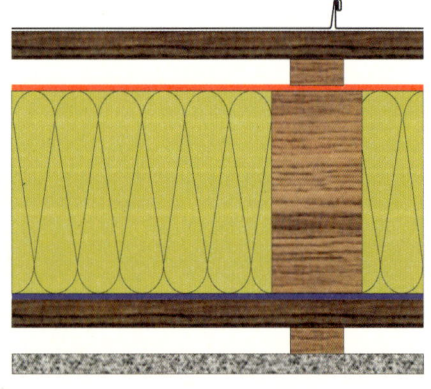

찬 지붕(Cold roof). 현재 우리나라 목조지붕 시공의 주를 이루는 방법으로 자재의 개발과 발전으로 인해 더 이상 의미가 없는 구조.

온 지붕(Warm roof). 빨간색 – 방풍층 겸 방수층 / 파란색 – 기밀층 겸 방습층

결론적으로 필요가 없으며 문제만 가중시킬 뿐이다.

　찬 지붕과 온 지붕의 근본적인 차이는 벤트Vent 시설인 통기층의 위치에 있다. 지붕 단열재 바로 위에 통기층이 있으면 찬 지붕이다. 반면 온 지붕은 단열재 위에 통기층이 없이 투습방수지가 시공되고 그 위에 기와나 기타 마감을 위해 설치되는 각상 사이로 이뤄지는 통기층을 가진다. 즉, 서까래 상부면과 단열재면이 같다는 말이다. 찬 지붕의 제일 취약점은 벤트 시설로 인해 생길 수 있는 찬 바람으로 인한 단열 성능의 저하에 있다. 그 외에 결로수가 생기면서 함수율이 증가하면 단열 성능의 저하를 더욱 가중시키게 된다. 목조주택이 시간이 갈수록 추워지는 이유 중에 하나이기도 하다.

　경량목구조에서 구조재로 사용되는 OSB는 우리나라 기후와 관련해 시급히 개선되어야 할 대상이다. 전량을 수입에 의존하는 상황에서 질적으로 조금은 떨어지는 제품과 두께 선택에서도 다양성이 적다. 보통 OSB 11.1㎜를 스터드 외부에 설치하고 시멘트보드나 EPS저에너지형 건물의 경우를 취부하고 미장마감을 하는 경우가 흔하다. 물리적인 접근에서 100% 잘못된 층Layer의 조합으로 실내에 방습층을 설치하지 않으면 문제가 되는 구조이기도 하다. 이런 위험한 방법 대신 차라리 구조재의 역할은 물론 방습층, 기밀층 세 가지 모두의 역할을 할 수 있도록 내부에 OSB를 설치하도록 권하기도 한다. 단, 이 경우에는 단열재 선택에 있어 모세관 현상이 좋은 단열재를 우선적으로 사용해야 한다. 이외에 고려할 사항은 공기 조화기가 설치되지 않는 건물을 위해 냄새가 덜 발생하는 OSB 선택의 폭이 넓어져야 할 것이다.

일반적 결로(표면 및 내부결로)와 역결로 현상

　우리나라는 실내온도가 좀 높은 편이다. 필자가 고향집에 가면 너무 더워서 잠을 설친 적이 한두 번이 아니다. 사실 그보다 더 주된 원인은 겨울이 건조한 우리나라 기후 특성에다 기밀하지 못한 건물과 실내온도까지 높아서 생기는 건조한 실내에 있다. 건강상 가장 좋은 온도는 18℃라고 한다. 물론 실내의 용도에 따라 조금씩 차이가 있고, 화장실은 통상 24℃를 기준 온도로 본다.

　독일DIN 4108은 계산을 위한 기준온도로 보통 난방의 경우 20℃에 상대습도 50%를 두고 있다. 이 조건은 공식 대입을 편하게 하고 실제 결과와 근사치를 이루기 위한 수 치이기도 하다. 우리 집의 겨울철 실내 평균온도는 17~18℃인데, 이 실제 공기온도를 표면온도 계산이나 곰팡이 확률 계산에 적용하면 무효가 된다. 왜냐하면 이 온도는 장시간이 아닌 일시적인 측정이고, 그 대입공식은 20℃를 바탕에 두고 있기 때문에 설득력이 없다. 좀더 자세히 설명하면 내부온도가 20℃일 때 실내 표면온도가 12.6℃[10]면 곰팡이상대습도 80%가 생기기 시작하는 온도로 결로 또한 생긴다. 그렇다고 지금 실내온도가 18℃인데, 이 온도를 대입해 얻은 답이 좋지 않다고 당장 결로수와 곰팡이가 생기는 것은 아니다. 말 그대로 지금의 일시적인 현상이기 때문이다. 현재 독일에서도 많은 사람들이 이 공식을 잘못 이해하고 적용하는 경우가 많이 있다.

– 방습층과 기밀층

경량의 목조나 스틸하우스 시공 시에는 보통 한 시스템이 기밀층과 방습층의 역할을 동시에 할 수가 있다. 하지만 무엇보다 중요한 것은 겨울철에 구조체와 단열재에 생긴 결로수가 여름철에 무리 없이 증발할 수 있어야 한다는 점이다. 그렇다고 계산상 많은 양이 증발하더라도 모든 구조가 많은 양의 결로수에 안전하다고 볼 수는 없다.

목조 건물이나 내단열이 시공된 경우 증기막기밀층의 설치 유무에 대해 질문을 많이 받는다. 요즘은 증기막기밀층이나 방습층의 필요성에 대해 누구나 인지하고 있으나, 정작 어떤 질의 방습층이 어떤 구조에 필요한 지에 대해서는 논의되는 바가 적다. 증기막기밀층의 재료가 한정적인 것도 문제지만, 그동안 우리가 기준으로 알고 있는 글래이저 공식의 영향이기도 하다. 이 공식에 따르면 내부 즉, 따뜻한 실내에 습기의 확산을 방지하는 증기막의 성능이 좋을수록습기의 투과가 적을수록 구조체 내부에 결로수가 생기지 않는다고 보기 때문이다. 결론적으로 알루미늄 코팅이 된 증기막방습층이 계산적으로 가장 유리하다. 그러나 이 결과가 과연 실질적으로 습기로 인한 하자 방지에도 가장 우수한 것인가에는 개인적으로는 다른 의견을 가지고 있다. 완벽한 기밀층의 형성은 현장 사정상 사실 어렵다. 어느 정도의 습기는 당연히 유입되는 것이 기정된 사실이다.

---

[10] 12.6℃는 DIN 4108-2에서 말하는 곰팡이 발생을 고려한 최소 단열기준이 되는 표면온도다. 기준이 되는 상대습도는 80%. 실제 노점온도는 9.3℃이다. 표면의 상대습도가 약 80%가 되면 노점온도에 이르기 전 즉, 결로수가 없어도 곰팡이가 생기기 시작한다. 물론 그 전에 반응하는 곰팡이 종류도 있지만, 이는 실내에 일반적으로 발생하는 종류를 기준으로 한 것이다.

확산을 통한 습기 유입은 대류를 통한 것에 비교하여 문제가 되지 않는다. 그러나 대류를 통한 유입은 그 결과가 재보수로 이어지게 마련이다. 차라리 한 가지를 꼭 선택해야 한다면 방습층은 설치하지 않더라도 기밀층은 꼭 있어야 한다.

독일 DIN 4108-3(EN ISO 13788)의 주변 조건은

- **결로수가 생기는 겨울철**

  60일 외부 : -10℃, 상대습도 80% / 내부 : 20℃, 상대습도 50%

- **증발하는 계절**

  90일 외부 : 12℃, 상대습도 70% / 내부 : 12℃, 상대습도 70%

위의 주변 조건에서 알 수 있듯이 실질적인 실내의 평균치하고는 거리가 있다. 그 이유는 손쉬운 계산이 주목적이기 때문이다. 설계 시나 공사장에서 손쉽게 구할 수 있는 값이고, 안전을 위해서 실제 환경보다 더 높은 주변 조건을 설정한 것이다. 겨울철 실내 평균 상대습도가 50%가 되는 일반적 용도의 건물을 찾기는 극히 어렵다. 겨울철 실내공기를 습하게 느끼는 것도 건물의 틈새 바람과도 관계가 있지만 현실적으로 상대습도기 40% 이히를 밑돌기 때문이다. 마찬기지로 우리나라의 겨울철이 상당히 건조해 외부의 상대습도가 80%라는 조건도 실제하고는 거리가 있다. 우리가 학교에서 배운 글래이저 공식Glaser Diagram은 모든 것을 단순화시킨 것으로 무조건 그 답에 의존하는 것은 문제가 있다. 이 방법은 단지 확산Diffusion만 고려하고 실제의 태양열이나 모세관 현상을 통한 수증기의 이동 등은 배제한 것이다. 사실 전 세계적으로 이 공식에 따라 결로수와 증발량을 계산한다. 이 공식을 20년DIN 4108 이상 사용하면서 구조체의 안정성을 증명한 것도 사실이다. 하지만 이 공식은 모세관 현상이나 흡수를 통한 습기의 이동이 큰 영향을 미치지 않는 구조에서 적용 가능하다는 제한적 조건에 관한 배경은 잘 알려져 있지 않은 것 같다.[11]

---

11 Dr. Kurt Kieβl (1992), Dr. Helmult Künzel (2002), Fraunhoferinstitut IBP

개인적인 경험으로는 이 방법은 단열재가 많이 들어가는 건물, 특히 패시브하우스에 좀 더 실제와 근사한 결과를 보이는 것 같다. 최초에 이 공식이 냉장 및 냉동용 건물을 위해서 만들어진 이유와 관계가 있는지는 잘 모르겠다. 이처럼 단순화된 계산 방법의 문제점으로 인해 요즘은 실험실 조건을 벗어나 지역별 기후, 온도, 습도, 태양 일조량을 모두 검토해서 습기의 움직임과 나아가 곰팡이나 결로의 발생 여부를 몇 분 내에 몇 년치를 계산하는 프로그램WUFI : www.wufi.de, Delphin : TU Dresden도 제공되고 있다.

글래이저 공식은 구조체의 축열능력, 공사 시 사용된 물, 각 재료의 건축물리적 특성이나 음영 등의 변수를 고려하지 않았기 때문에 계산 결과에 결로수가 생긴다고 하여도 실제적으로도 반드시 결로수가 생기는 것은 아니다.

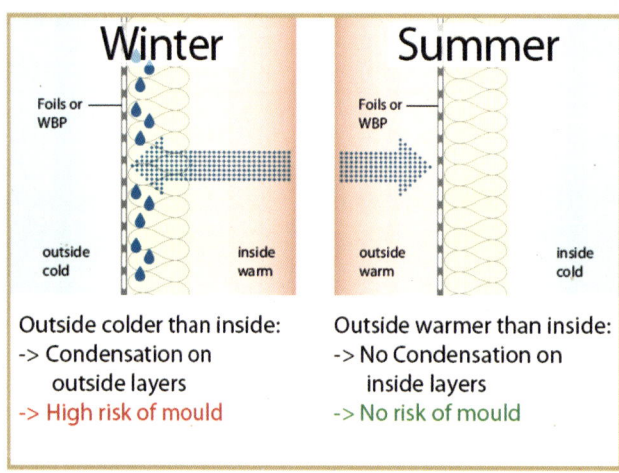

외부에 방습 성능이 있는 층(layer)을 설치한 경우, 흔히 경량목구조에서 외부에 설치하는 OSB를 투습을 억제하는 층으로 볼 수가 있다.
출처 : Pro Clima korea

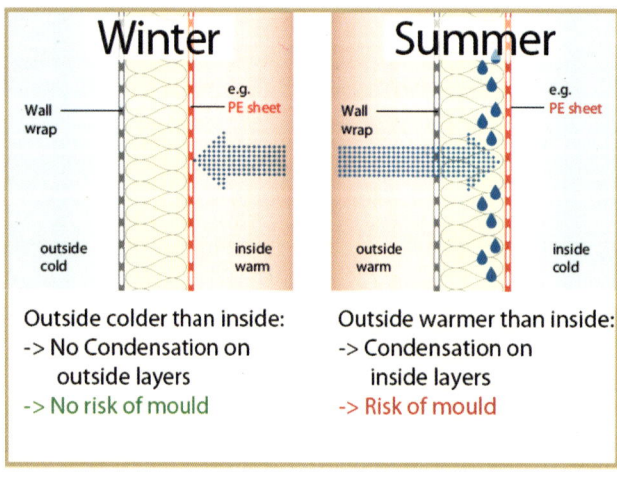

Sd값(투습성능)이 변화하지 않는 일반 PE로 방습층을 설치하는 경우 생기는 전형적인 여름 역결로를 보여주는 개념이다.
출처 : Pro Clima korea

또 다른 변수는 여름 결로역결로 : Summer condensation이다. 우리가 배운 글래이저Glaser 공식으로는 문제가 없어도 여름 환경은 이론과는 많이 다르다. 특히 알루미늄 계열의 반사지로는 투습이 불가능하기에 계속해서 습기가 모이게 되고 결국은 문제가 발생하게 된다. 겨울에는 알루미늄 코팅제로 인해 외부로의 열손실[12]은 줄어들지만 여름에는 결코 도움이 되지 못한다. 고온다습한 우리 기후에서는 실내에서의 냉방장치 가동이 많아 습기의 이동은 외부에서 실내로 향한다. 또한 금속성 판이나 아스팔트 싱글로 마감한 지붕에는 밤낮의 온도차나 소나기가 내린 후에 뒷면에 응축수가 생긴다. 이는 흡수 되면서 전체적인 습기 흐름이 실내로 향하게 된다. 결국 증기막과 단열재 사이에 실내의 상대적으로 찬 공기와 만나면서 물이 생기게 된다.

높은 방습 능력의 증기막은 겨울에는 효과적이지만, 반면 여름에는 부정적인 요소로 작용하기도 한다. 즉, 겨울철에 생긴 결로수가 증발되지 않을뿐더러 여름에 생기는 수분으로 인해 몇 년이 지나면 곰팡이가 생겨난다.

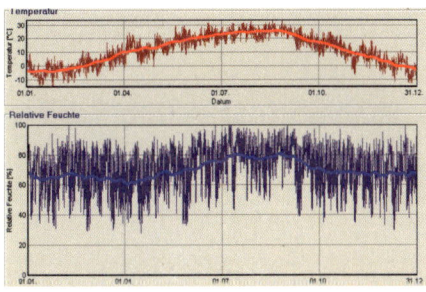

독일 프라운호퍼 IBP연구소의 Wufi에 우리나라 서울의 기후를 표기한 그래프

독일 프라운호퍼 IBP연구소의 Wufi에 우리나라 부산의 기후를 표기한 그래프. 두 지역의 기상데이터를 서로 비교해 보면 그리 큰 차이를 보이지 않는다. 하지만 여기에 독일 München의 데이터를 서로 비교하면 차이는 확연해진다.

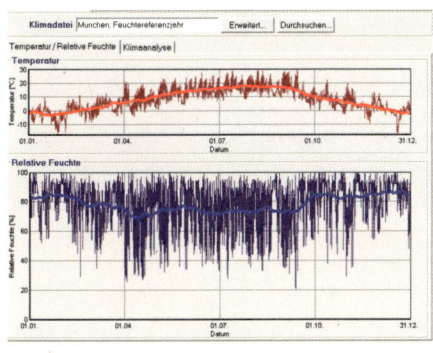

독일 München의 기후 그래프

---

[12] 실내에서 외부로의 손실은 복사열의 반사로 분명 덜 손실되는 것은 사실이다. 하지만 다른 시각으로 외부의 복사열은 일차적으로는 외단열 시스템으로 인해 줄어들고 이차적으로는 이런 반사지로 인해 더 한 번 줄어들게 된다. 겨울철의 패시브한 복사에너지를 전혀 사용하지 못한다는 말이 된다.

살아 숨쉬는 벽의 실체. 대류를 통한 따뜻한 실내 공기가 차가운 외기와 만나면서 결빙이 생긴 경우. 출처 : Korntheuer, Climatizer

가장 확실히 차이가 나는 부분은 바로 외부의 상대습도이다. 우리나라는 독일에 비해 상당히 건조하다. 반대로 여름은 80% 이상의 상대습도를 보이는 만큼 훨씬 더 습하다는 것을 알 수 있다. 겨울철 실내의 습기를 막아야 할 뿐만 아니라 외부에는 여름철 역결로로 인해 실내로 유입되는 습기를 막아야 한다는 말이 된다. 외부에 어느 정도 투습이 억제되는 자재는 우리나라 기후의 습기를 고려해 장점을 갖고는 있지만, 습기의 증발 방향이 역결로가 자주 생기는 기후 상황에서는 외부로 증발하는 것이 어렵다. 또 내부에 방습지가 시공되어 있다면 내부로 증발하는 것 또한 용이하지 않다.

강원도 횡성 둔내의 단독주택. 기밀테스트에서 0.18이라는 우수한 결과치를 얻었음에도 추운 겨울 아침, 처마 후레싱 부위에 서리가 낀 것을 볼 수가 있다. 물론 어두운 계열의 마감이기에 더 확연히 드러나지만 주의할 사항은 기밀테스트 값이 패시브하우스연구소(PHI, Darmstadt)에서 말하는 0.6을 만족시키더라도 국지적으로 큰 틈새가 있을 수도 있어 기밀층이 100% 질적으로 문제가 없다고 표현할 수는 없다. 즉, 다른 부위는 모두 기밀한데 국지적으로 기밀하지 못한 곳이 있어도 테스트 값이 좋게 나올 수가 있다는 것이다. 그래서 우수한 테스트 값만 얻으려고 할 것이 아니라 전 건물을 두루 살펴서 국지적으로 문제가 있는 곳은 없는지 점검해야 한다. 이 건물의 경우는 비교적 기밀층이 잘 시공된 경우이다. 설계부터 기밀층에 관한 콘셉트를 세웠고, 이를 현장에서 충분히 반영했기에 가능한 일이었다. 출처 : 세린 에너피아

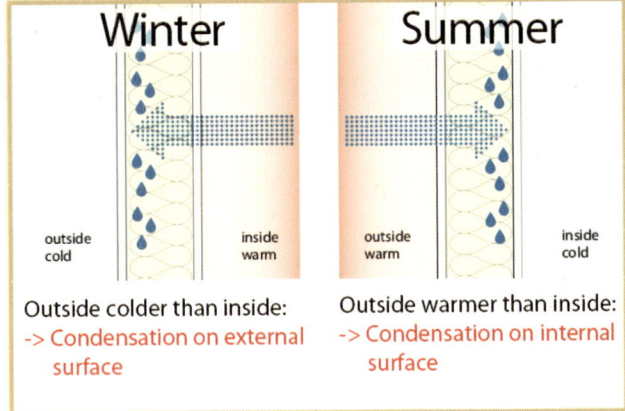

| Outside colder than inside: | Outside warmer than inside: |
| -> Condensation on external surface | -> Condensation on internal surface |

방습층이 없는 경우 계절에 따른 결로수의 발생 위치.
출처 : Pro Clima korea

　앞서 말한 이유로 우리나라에서는 방습층 겸 기밀층을 시공하지 않는 경우가 많다. 그로 인한 하자는 시공자들 사이에서는 많이 알려진 사실이다. 겨울에는 습압의 차를 통해습압의 차가 수증기 이동의 원인은 아니며 단지 측정을 위한 보조수단임 습기의 이동이 내부에서 외부로 되고, 특히 열대기후에 가까운 더운 여름에는 외부에서 내부로 수증기가 이동하며 상대적으로 온도가 낮은 실내의 공기나 마감과 만나면서 결로수가 생기는데, 냉방이 지속적으로 이어질 때에는 문제가 더욱 심각하다. 이런 이유로 방습지를 보통 설치하지 않는데, 그 생각은 그럴 듯하지만 단순한 글래이저 공식을 사용하더라도 겨울철에 생기는 결로수의 양[13]은 이미 증발할 수 없는 양이다. 어쩌다 기밀층이 그나마 잘 형성되었다고 하더라도 구조체 내의 여름철 상대습도가 80% 이상을 넘어 곰팡이가 발생하는 빈도수는 위험수치를 넘어선다. 그럼에도 불구하고 경량 건물에서 그로 인한 하자의 빈도수는 적은 편이다. 그 이유에 대해 개인적으로는 내부에 방습의 성능을 가진 플라스틱 혹은 비닐 계열의 도배지를 많이 사용하고 외부에는 산성비로 인한 곰팡이의 개체수가 적기 때문이라고 생각한다.

　현재 한국에서 일반적인 2×6 목구조에 방습층이 없고, 기밀층 역시 훼손되지 않은 좋은 상태의 가정을 하고 Wufi라는 프로그램을 통해 청주 지역의 기후를 바탕으로 계산을 해보았다. 마찬가지로 외부의 통기층이 항상 시간당 200회의 통풍이 된다고 좋

---

13 DIN 4108-3와 DIN 68800-2에 따르면 일반구조의 결로수의 양은 1.0kg/㎡를 넘지 말아야 하며 모세관 현상이 없어 습기를 분산시킬 수 없는 재료의 경우는 0.5kg/㎡을 넘어서는 안 된다. 목조의 경우는 습기의 증가가 무게와 관계해서 5M-%를 넘으면 안 되고 목재합판의 경우는 3M-%을 넘어서는 안 된다.

은 조건을 주었다. 이 그래프를 보면 왜 OSB[14]가 시간이 지나면서 썩을 수밖에 없는지 명확해 진다. 실내에서 발생되는 습기의 양은 EN 15026에 따라 일반적인 발생량을 기준으로 하였다.

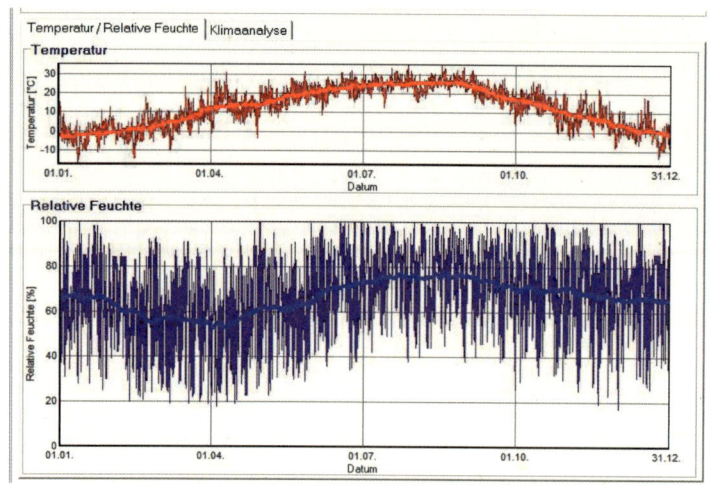

청주지역 외부 상대습도 및 온도, 출처 : wufi 기후데이터

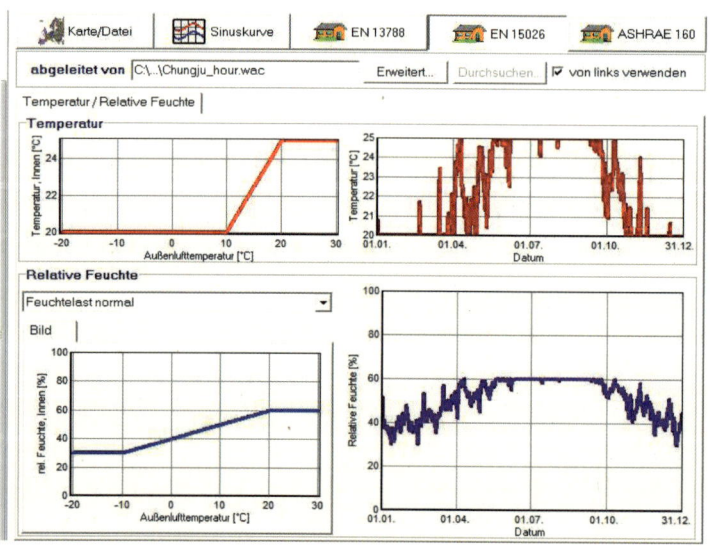

청주지역 내부 상대습도 및 온도, 출처 : wufi 기후데이터

---

14 OSB판을 단지 구조적인 면만 보고 함수율을 본다면 독일 DIN 1052에 따라 Um(무게에 따른 함수율)이 20% 이하로 되는 것이 좋다. 이를 만족하더라도 상대습도가 80% 이상이 되는 경우가 많으므로 같이 보아야 한다.

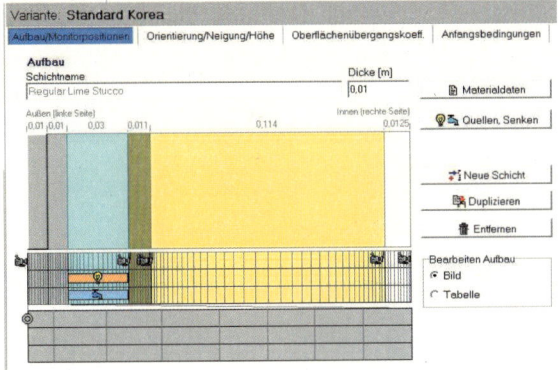

시뮬레이션을 위한 구조 왼쪽이 외부

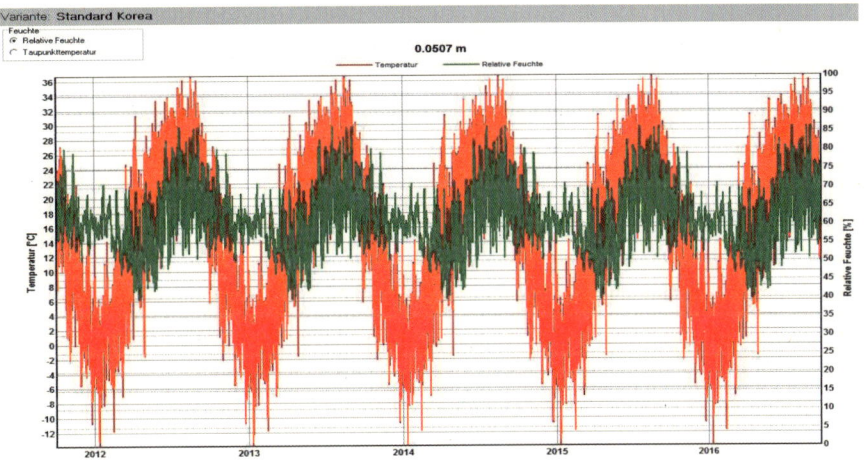

외부에 면한 OSB의 표면 상대습도, 일시적으로 여름철에 상대습도 80%를 넘지만 그리 심각한 것은 아니다.

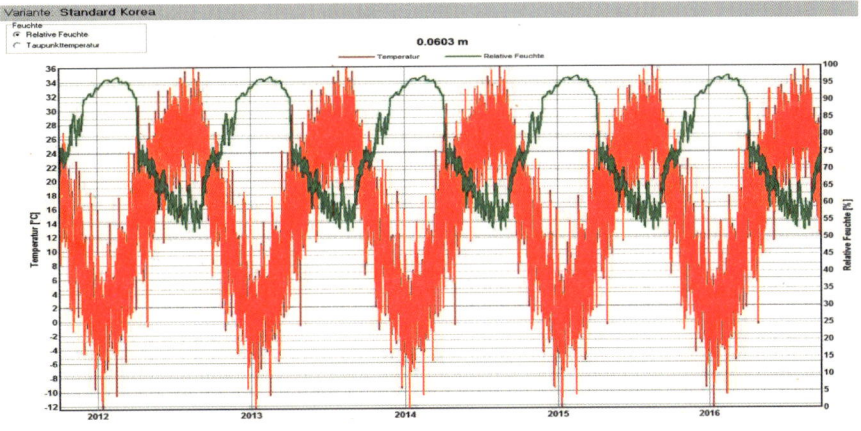

내부에 면한 OSB의 표면 상대습도, 약 5개월 이상 겨울철에는 상대습도 80%를 넘는 것을 알 수가 있다.

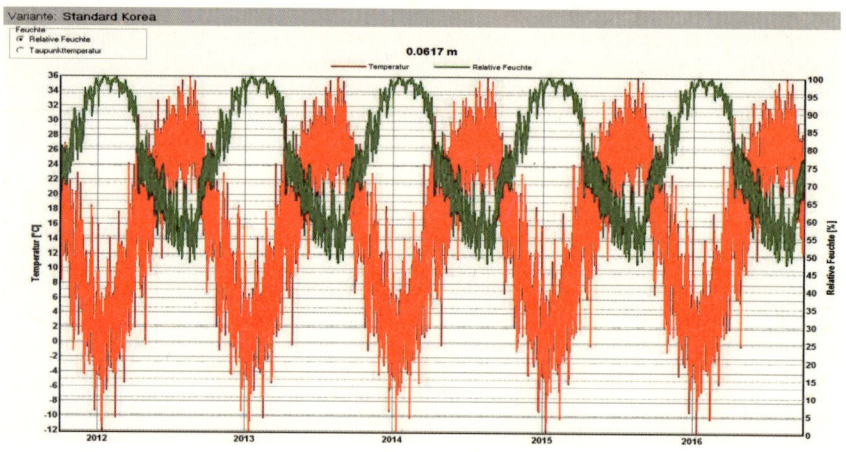

내부에 OSB에 면한 글래스 울의 표면 상대습도, 상대습도가 100%에 이르고 결로수가 발생하는 것을 보여 준다.

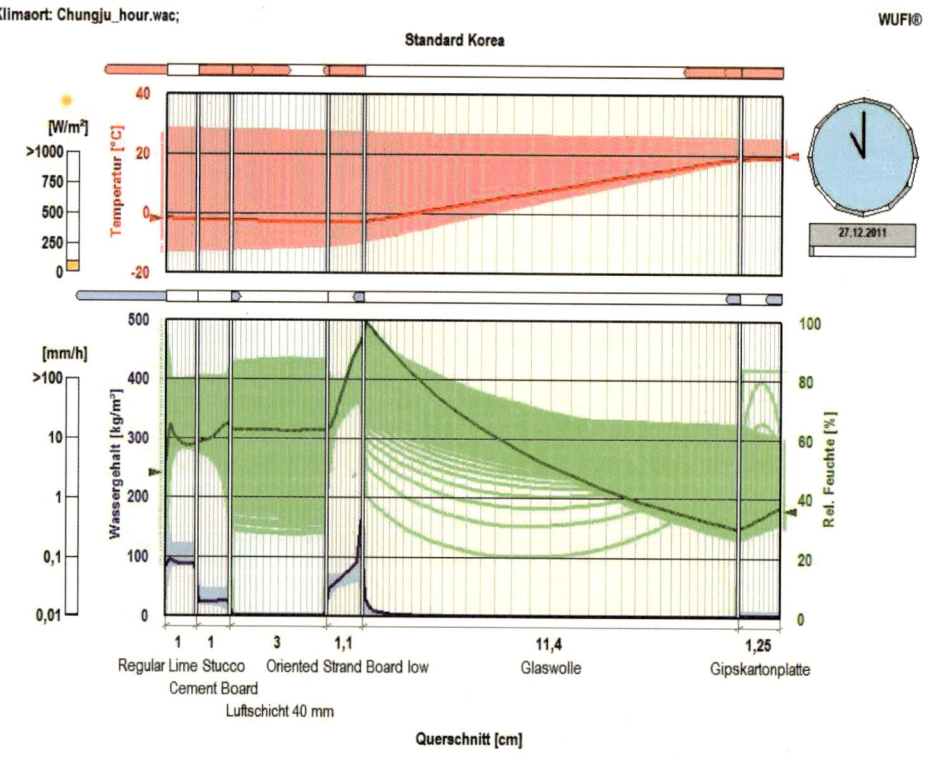

2011년 10월1일에 시작한 시뮬레이션에서 2011년 12월27일에 상대습도가 100%가 되고 결로가 시작됨, OSB와 글래스 울의 사이

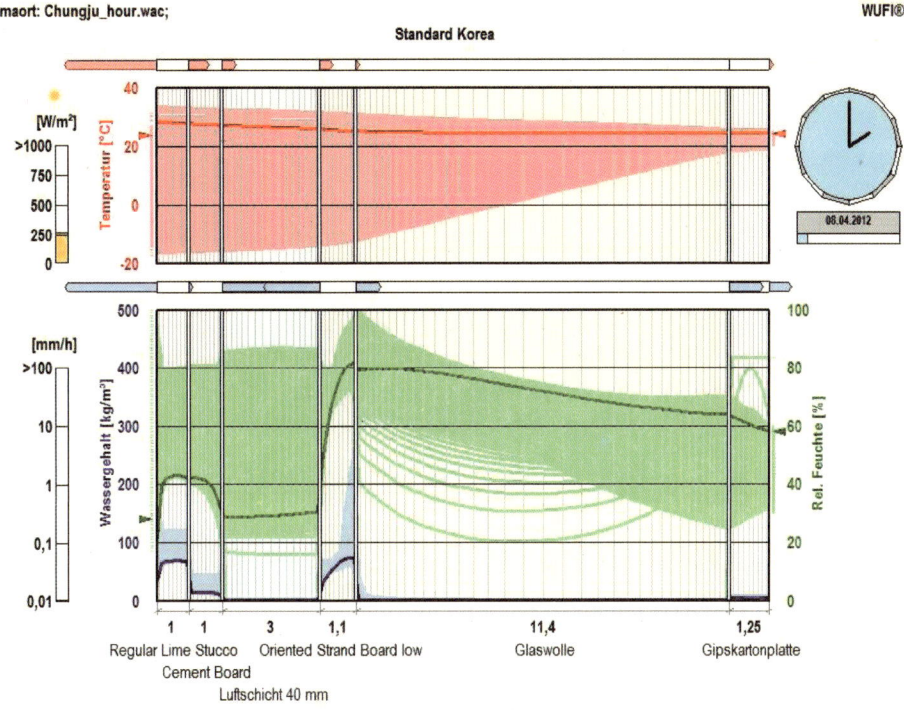

Klimaort: Chungju_hour.wac;

Standard Korea

WUFI®

08.04.2012

1 1 3 1,1 11,4 1,25
Regular Lime Stucco   Oriented Strand Board low   Glaswolle   Gipskartonplatte
Cement Board

Luftschicht 40 mm

Querschnitt [cm]

상대습도는 2012년 4월 8일이 되어서 80% 이하가 된다. OSB와 글래스 울의 사이

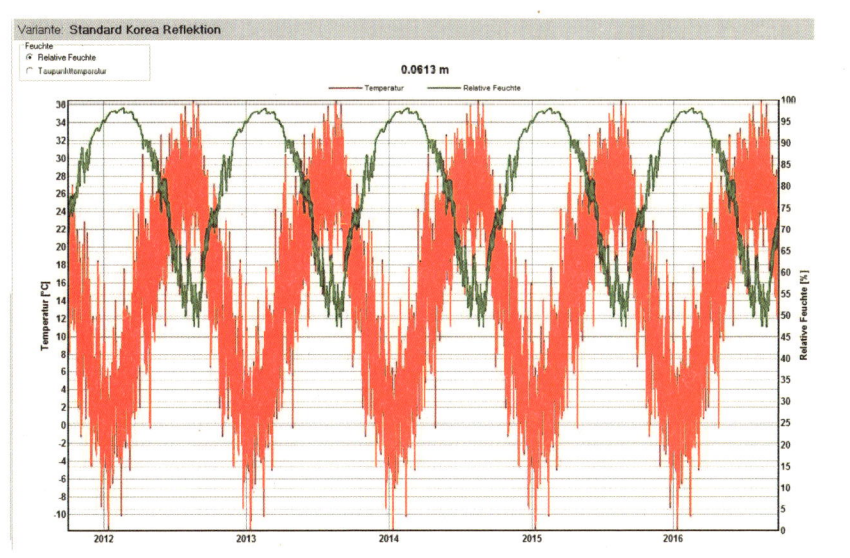

내부에 면한 OSB의 표면 상대습도, OSB 앞에 열반사 단열재 계열의 투습이 불가능한 제품을 시공한 경우, 더 상황이 확실하게 악화된 것을 알 수가 있다.

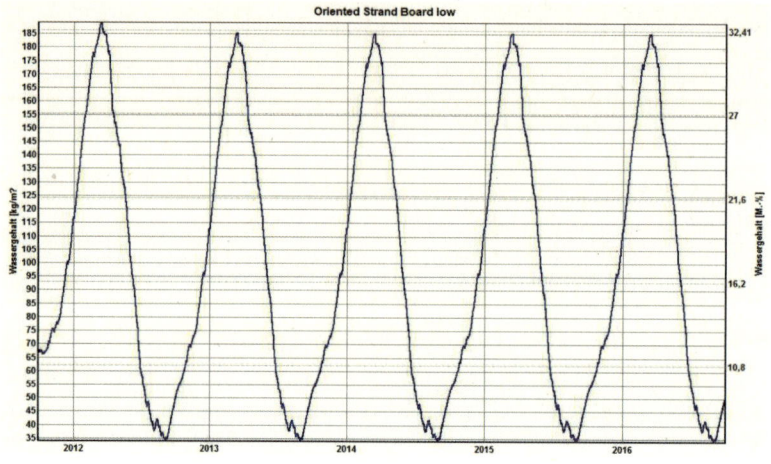

투습이 불가능한 층이 설치된 경우 OSB의 함수율 32% 이상을 보인다. 이미 구조적 기능을 상실했으며 곰팡이 발생은 기정사실이다.

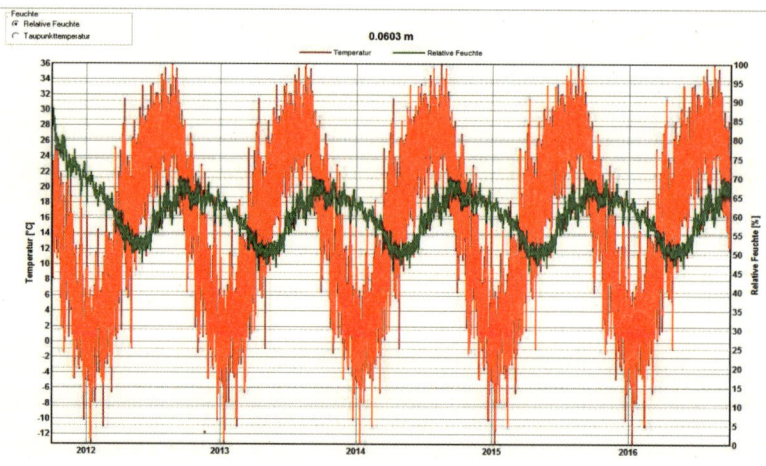

위와 같은 기본구조에 인텔로 같은 가변형 방습지를 내부에 설치하고 시뮬레이션을 한 경우로 내부에 면한 OSB의 표면 상대습도가 항상 80% 미만으로 안전한 구조라는 것을 알 수가 있다.

　　공사 중의 수분은 사실 증발이 불가능하거나 방향에 따라 다르지만 몇 년이 지나야 완벽한 증발이 비로소 가능하다. 아래 그림은 여러 방습지의 투습량과 몇 년 후의 함수율를 보여주고 있다. 빨간색의 Sd가 50m인 비닐계열의 방습지는 10년이 지나도 습기의 증발이 거의 없으며, 습기를 조절할 능력이 없음을 보여 준다. 이러한 결과는 경량구조의 건물에 알루미늄이 첨가된 열반사 단열재나 Sd값이 높은 열반사 방습지의 사용은 사실 극히 위험하다는 것을 증명해 준다. 단열에서 말하는 열관류만 보면 그 성능에서 플러스 요인이 어느 정도 있지만, 습환경 측면에서는 특히, 우리나라 기후에서 도움이 되지 않는 구조이다. 다시 한번 강조하지만 목조주택이나 스틸하우스 등에서는 절대적으로 사용해서는 안 되는 제품이다. 독일에도 이러한 단열재가 있는데, 거주 공간이 아닌 축사나 창고 등 직접적으로 주거 용도로 사용하지 않는 건물에나 주로 쓰인다.

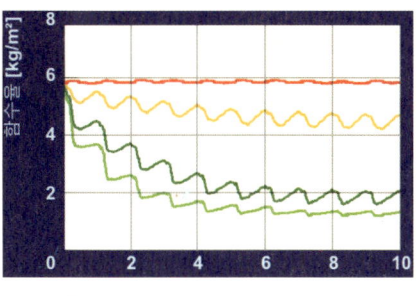

Pro Clima INTELLO® = 2,100g/m²a

Pro Clima DB+ = 1,300g/m²a

sd-값 2.3m 일정 : 너무 습함

sd-값 50m 일정 〈 10g/m²a

여러 가지 방습지에 따른 증발량. 출처 : Pro Clima korea

외벽에 우수로부터 보호되지 않은 마감층으로 지속적으로 수분이 유입되면 문제는 더욱 가중 된다. 더불어 경질의 단열재 사용은 실내로의 빠른 증발을 억제시키는 역할을 하므로 내단열재로는 적합하지가 않다. 외부마감재가 예를 들어 타일 같은 재료라면 습기의 증발은 외부로는 사실상 불가능해져 내부로 진행된다. 이 때 내부에 증발을 억제하는 방습층이 설치되어 있다면 몇 년 후 구조 자체의 문제뿐만 아니라 곰팡이의 발생은 사실상 예정된 것이나 다름없다.

흔히 내단열 시공 시에 내부의 단열재를 건조시킨다는 명목으로 일부러 기밀층이나 방습층에 위 아래로 틈을 만드는 경우가 있는데, 이는 위험한 발상이다. 수증기 형태의 습기나 빗물은 들어간 곳으로 절대 다시 나오지 않는다. 그것이 자연의 흐름이다.

투습성능

"이 제품은 투습율이 좋고, 다른 제품에 비해 증발양이 높습니다."

이제는 적어도 이런 막연한 주장으로 자재를 광고하고 판매하는 시절은 지나간 것이 아닌가 싶다. 많은 자재회사들은 관련된 각각의 제품특히 수입산의 경우에 독일어권에서 많이 표현하는 투습저항SD과 이와 상관된 증발량을 표기하는데, 이를 보통 '시험성적서'라고 한다.

시험성적서에는 필요한 각각의 값이 표기되어 있다. 특히 페인트나 미장 제품의 경우는 함수량에 관한 데이터 역시 절대적으로 표기되어야 한다. 아울러 어느 기준에 따라 시험이 이루어졌는지도 기록 되어야 한다. ISO에 따른 국제적인 표기가 독일어권의 EN이나 DIN 혹은 스위스의 SIA와 같은가는 개인적으로 더 조사하지 않았지만, 의미의 전달은 같다고 보기에 DIN EN 1062-1의 표현을 빌려 투습저항과 관계있는 Sd값과 V증발량과의 상관성을 언급하고자 한다. 보통은 Sd값이 일반적이지만 "어떤 제품의 증발량은 이것이다"라고 표현된 것은 실험실에서 23℃ 온도 하에서 상대습도가 100%에서 50% 사이에 측정된 값이다.

DIN EN 1062-1에 따르면,

Sd값 = 21 ÷ V값

V값 = 21 ÷ Sd값으로 표현이 가능하다.

만일 어떤 미장용 제품의 Sd값이 0.43m라면 23℃ 조건에서의 증발양은 21÷0.43 = 48.84g/m² · d로 하루에 제곱미터당 약 48.84g의 증발이 가능하다는 수치이다. 이는 주변 조건상 여름23℃, 상대습도 50% 이상이므로에 해당하며 환절기 같은 기간온도가 10℃ 정도에는 증발양이 반으로 줄고 온도가 겨울 평균온도인 3℃로 보면 증발양은 약 4분의 1로 줄어들게 된다. 결국 외기온도 3℃의 조건에서는 12.21g/m² · d만이 증발할 수 있다는 것이다.

여기서 외벽의 페인트를 예로 들어보자. 만일 선택된 페인트의 Sd값이 0.20m이고 각 재료의 함수율을 표시하는 w값이 0.1kg/m² · h0.50.5는 시간의 루트로 약 4.9 혹은 단순하게 5를 나타냄. 그러나 이 값은 사실 건축가나 시공자에게 바로 다가오는 수치가 아니기에 w값에 4.9 혹은 5를 곱하면 이 재료를 통해 강수 시 마감재가 흡수 또는 통과하는 물의 양을 알 수 있다로 계산해보면 24시간에 이 재료가 함유할 수 있는 물의 양은 100그램 × 4.9 = 약 500g/m² · d이 되며 증발량은 21 ÷ 0.02 = 약 105g이 된다.

이 결과는 23℃의 외기에서 하루에 증발 가능한 양이다. 약 5일 후면 모든 수분을 증발할 수 있어 전혀 문제가 되지 않는 제품인 것 같지만, 만일 온도가 3℃에서는 어떠할까? 증발량이 단지 $26g/m^2 \cdot d$으로 약 19일이 지나야 겨우 증발할 수가 있는 것이다. 만일 w값이 $0.2\,kg/m^2 \cdot h0.5$라면 1,000g 가까이 되므로 문제가 심각하다_{한 달이 넘도록 마감재에 수분이 존재한다는 이야기}. 강조하고 싶은 부분은 미장과 페인트의 선별에서는 이 Sd값과 W함수량 그리고 증발이 가능한 양 등을 전반적으로 알아야 위의 공식으로 계산해서 문제 가능성의 여부를 알 수 있다는 점이다.

– 내부는 필요한 만큼의 방습, 외부는 원활한 투습

다시 투습으로 돌아가 보자. 보통 '하우스 랩'이라 부르는 투습방수지의 경우에는 조금은 다르다. 일단은 외기로부터 보호되므로 직접적인 우수의 영향이 전혀 없기 때문에 함수량은 그리 중요한 인자가 아니지만 표기된 증발량에 겨울철을 고려해 나누기 4를 하면 겨울이나 환절기의 상황을 더 잘 이해할 수 있다. 우리나라에 요즘 공급되는 제품 중에는 Sd가 최고 0.01m에 이르는 제품이 있다. 이를 증발량으로 보면 21 ÷ 0.01 = 약 $2,100g/m^2 \cdot d$이 되고 증발에 불리한 3℃의 경우에는 2100 ÷ 4 = 약 $525g/m^2 \cdot d$의 습기가 외부로 증발이 가능하다는 것을 알 수가 있다. 다른 동종제품으로 이 Sd값이 약 0.15m인 제품은 $140g/m^2 \cdot d$ 정도가 23℃에서 하루 동안 증발하고 3℃에서는 단지 $35g/m^2 \cdot d$이 증발할 뿐이다.

요즘 특히 목조 건물을 보면 외부에 알루미늄 계열의 복사필름과 '이지씰'이라는 것을 많이 시공하는데, 물리적으로 전혀 맞지 않는 구조이다. 더구나 내부에 단순 비닐인 방습지를 설치하거나 아니면 역결로를 우려해 그것마저 설치하지 않는다면 결과는 불 보 듯 뻔하다. 내부는 필요한 만큼 방습이 되고, 외부는 투습이 원활한 제품이 좋다.

한 패시브하우스 창호 부위의 방수 및 방풍층 설치 모습. 출처 : Frankfurt am Main, Germany

TF sd 150

Terofol dampfdicht M+S sd 150 SK

Diffusionsdichtes, wasserdichtes Dichtfolien-System zur Anschlussabdichtung Fenster/Fassade

위 사진에서 얼핏 보면 아무런 문제가 없어 보인다. 사실 이렇게 많이들 시공하는데 엄격한 의미에서 재료의 시험성적서를 보면 잘못된 것임을 알 수가 있다. 생산업체에서도 외부에 사용 시에는 Sd값이 더 낮은 재료를 사용하도록 권하고 있지만 여기서 사용된 재료의 Sd값이 150m이다. 공기층의 두께가 150m라는 말과 같은데, 거의 투습이 불가능한 재료이다. 단열은 외부 같이 추운 곳에 방습은 더운 쪽에 설치하는 것이 바른 시공이다. 우리는 당연히 북미처럼 춥지는 않지만 겨울이 있는 기후는 반드시 방습층이 필요하다.

개선방안

첫째, 경량의 목조나 스틸하우스에서는 경질의 단열재 사용은 일반적으로 금해야 한다.

혼합사용도 가능하지만 이런 경우에는 가변형 방습지를 사용하는 것이 대부분이다. 스터드 공간에 단열 성능과 시공성만 고려해서 경질의 단열재를 설치하는 것은 문제가 많은 시공 방법이다. 경질의 단열재는 그 자체가 습기 통과를 어렵게 하고, 특히 구조체와 만나는 부위가 밀착되지 못해 국지적인 열교지역이 되기 때문이다. 혼합형으로 스터드 부위는 글라스 울, 암면, 셀룰로제, 목섬유 단열재 등을 사용하고 외부는 경질의 EPS를 사용하는 경우는 물론 예외적인 상황이다.

경질의 목섬유를 통해 외단열 미장공법(EIFS)을 하는 경우. 출처 : Homatherm, Germany

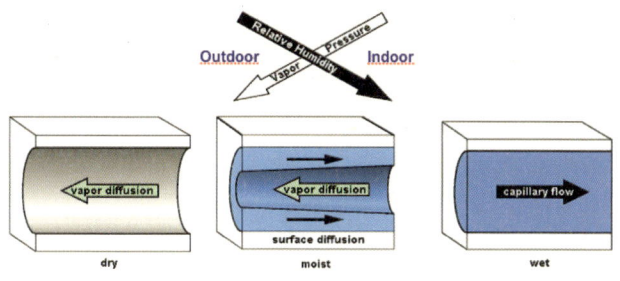

출처 : IBP Fraunhofer Institut

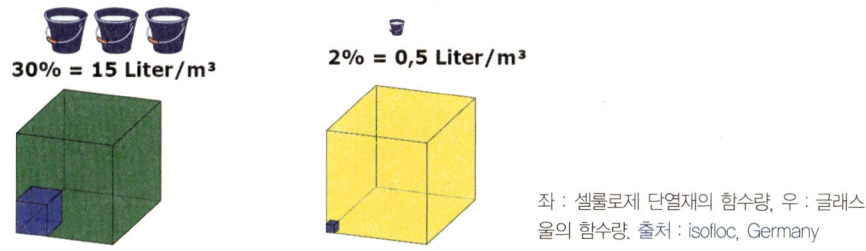

좌 : 셀룰로제 단열재의 함수량. 우 : 글래스
울의 함수량. 출처 : isofloc, Germany

둘째, 절대적으로 방습 성능이 높은 제품은 피해야 한다.

정확한 방습 성능이 표기된 제품을 사용해야 한다. 우리나라의 경우는 그 표기 방법
이 다를 수도 있지만 증기확산저항계수 혹은 투습저항계수_{필자 번역}라는 μ에 해당제품
에 두께를 미터단위로 하고, 그 값은 공기층의 두께를 의미한다. 즉 Sd가 2m는 공기층
의 두께가 2m라는 말과 같다. 내부의 방습 성능은 필요한 만큼만, 외부의 투습방수층
은 가급적이면 투습 성능이 높을수록 좋다.

셋째, 더 좋은 방법으로는 구조체 내의 상대습도에 따라 투습율이 변화하는 제품을
쓰는 것이다.

겨울에는 실내의 습기가 구조체로 유입되는 것을 억제해 Sd = 10m_{예 : Intello Pro}
Clima[15]이 되고 반면 여름이나 환절기에는 구조체에 생긴 습기를 내부로 빨리 증발될
수 있도록 Sd의 값이 0.25m 이하로 내려간다. 일반 방습성 비닐의 Sd는 20~30m에
달하는데, 문제는 이 수치가 계절에 관계없이 변하지 않는다는 것이다.

---

15 www.proclima.co.kr

재생종이를 사용한 셀룰로제 단열재로 그 물성이 좋음에도 불구하고 기밀층을 형성하지 않아 생긴 하자

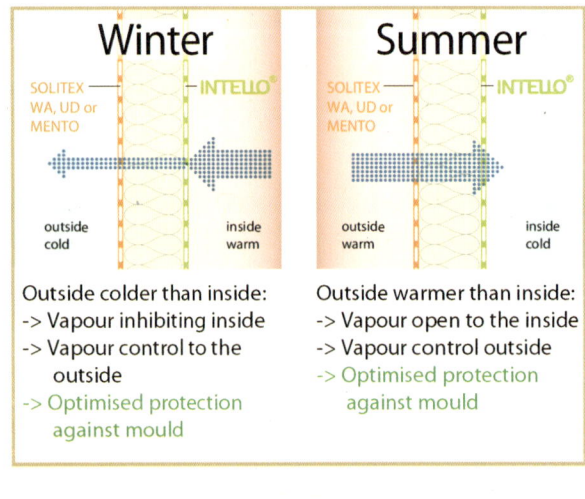

Winter

SOLITEX
WA, UD or
MENTO — — INTELLO®

outside
cold

inside
warm

Outside colder than inside:
-> Vapour inhibiting inside
-> Vapour control to the outside
-> Optimised protection against mould

Summer

SOLITEX
WA, UD or
MENTO — — INTELLO®

outside
warm

inside
cold

Outside warmer than inside:
-> Vapour open to the inside
-> Vapour control outside
-> Optimised protection against mould

주변의 상대습도에 따라 투습저항이 변화하는 가변형 방습지. 방습(겨울), 투습(여름). 출처 : Pro Clima korea

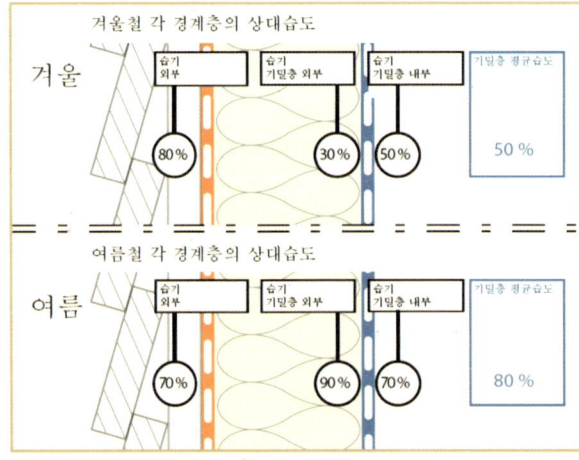

겨울철 각 경계층의 상대습도

겨울

습기 외부 / 습기 기밀층 외부 / 습기 기밀층 내부 / 기밀층 평균습도

80% | 30% | 50% | 50%

여름철 각 경계층의 상대습도

여름

습기 외부 / 습기 기밀층 외부 / 습기 기밀층 내부 / 기밀층 평균습도

70% | 90% | 70% | 80%

상대습도의 변화에 따른 투습 성능의 변화. 출처 : Pro Clima korea

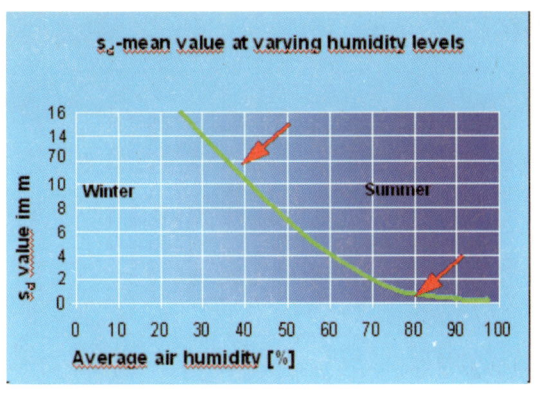

상대습도에 따른 투습 성능의 변화,
Intello. 출처 : Pro Clima korea

가변형 방습지의 선택에서 주의할 사항은 습기의 조절이 우리가 생활하는 조건에 적합한 것인지 아니면 그 범위를 벗어나는가의 문제이다. 기본 공식은 상대습도를 기준으로

- 60%의 상대습도 : Sd-value 〉2m
- 70%의 상대습도 : Sd-value 〉1.5m

위의 기준은 공사 중 발생되는 습기뿐 아니라 환기가 부족한 욕실이나 화장실 등의 상대습도를 고려한 수치이다. 아울러 구조체에 생기는 최대한계의 결로수 양을 고려한 것이다. 단순히 수치상으로 상대습도가 60%일 경우 방습성능SD값이 단지 0.5m 이하라고 한다면 아무리 여름철에 투습 성능이 좋다고 하더라도 이미 겨울철에 많은 양의 결로수목조의 경우 최대 500g/㎡가 생겼기 때문에 모두가 다 증발하는 것은 불가능하다. 단지 Sd값이 0.1에서 20m라 할지라도 주어진 환경 범위를 벗어나 투습이나 방습이 이뤄지는 것은 오히려 겨울과 여름이 확연히 대별되는 우리나라 특성에는 더 위험한 결과를 가져올 수 있다. 무조건 실내는 방습 성능이 높아야 하고 외부는 투습 성능이 좋아야 한다는 생각은 가장 기초적인 건축물리적 원리이다. 그러나 건축은 이론적인 계산과 현장의 상황을 접목한 결과로 이루어져야만 한다. 이론적인 수치보다는 꼭 필요한 만큼만 확보가 되어 만일의 경우에 다시 건조될 수 있는 가능성을 항상 열어놓고 있어야 한다. 건축물리는 경험과 수많은 시행착오의 결과이다. 아직 건축물리가 낯선 우리나라에서는 특히 이런 위험에 더 노출이 되어 있기에 기준 마련이 시급하다.

공사 중에 발생한 수분이 단열재에 들어간 상태에서 방습층을 시공한 결과로 생기는 결로현상.
출처 : Pro Clima korea

글래이저 공식DIN 4108-3, EN ISO 13788에만 의존한다면 이 공식이 모든 변수를 고려한 상황에서 방습층 뒤에 결로수는 결코 생겨서는 안 된다. 그러나 현실은 다르다. 우리는 지금껏 크게 두 가지 실수를 간과했다. 물리적 값을 모르는 증기막의 시공과 값이 싸다는 이유로 흔히 사용하는 경질의 단열재를 그 원래의 용도가 아닌 다른 곳에 사용한 것이다.

더 위험한 것은 여름의 역결로를 염려해 방습층을 설치하지 않았을 때이다. 혹자는 필자가 있는 독일에 방습지를 설치하지 않아 생긴 하자 사진을 보여 달라고 한다. 유감이지만 그런 사진은 없다. 하자가 없어서 사진이 없는 것이 아니라 방습지를 설치하지 않는 것 자체가 독일에선 상식을 벗어나기 때문에 애초에 그런 건물이 없다.

아래 그림은 창문과 문 부위의 기밀층을 형성하는 방법을 보여주고 있다. 사실 우리에게 가장 취약한 곳으로 꼽히는 부분이다. 현장에서 사용하는 뿜칠 단열재와 실리콘 마감은 기밀층으로 볼 수 없다. 여기에도 간단한 자연의 법칙이 필요하다. 즉 실내에

우리나라의 모 임대아파트 옥탑층 창호 연결 부분의 기밀 부실시공 사례. 현장 충진용 우레탄폼은 기밀제가 아니다.

사용되는 창문 내부의 재질은 투습을 억제해야 하고, 외부 창틀과의 연결 부위는 투습 성능이 좋아야 한다.

사진에서 보듯이 재료의 혼합이나 합당하지 않은 재료의 사용을 볼 수가 있다. 결국 내구성 면에서 떨어져 세입자는 불과 몇 년 후에 다시 실리콘 충진을 위해 별도로 돈을 지출해야만 한다. 문제는 이를 외부를 깨끗하게 하는 작업과 혼동하는데, 이는 100% 부실시공에 속하는 것이다. 당연히 정기적으로 해야 하는 작업이 아니다.

아래 건물은 전형적인 목구조 가정집이다. 외부 단열은 셀룰로제를 채택하였다. OSB 사이에 규칙적인 구멍을 볼 수가 있는데, 이 구멍을 통해 단열재를 불어 넣은 것이다. 셀룰로제를 단열재로 사용할 때에는 OSB가 방습과 기밀층 역할을 하도록 설계가 가능하지만, 우리나라에서는 조심해서 사용해야 할 구조이다. 그래서 OSB의 연결 부위에만 연결 테이프를 시공했다. 특히 자재의 물성이 정확히 기록되어 있는 15~18㎜ 두께의 OSB는 아직 우리나라에서 구하기 어렵다. 단열재 생산회사의 추천대로 지능형 가변 방습지를 안전하게 사용하는 것이 바람직하다.[16]

OSB 가격의 잦은 변동으로 목구조 업계가 사실 많이 긴장을 하고 있고 경제성이 떨어진다는 말을 많이 하는 듯하다. 필자는 독일 현장에서 우리나라에서 사용하는 형태의 OSB를 아직 본 적이 없다. 과연 이것이 구조재로 경량목구조에 합당한 것인지 한 번은 심도 있게 검토해 볼 필요가 있다. 모두가 수입제품인데도 한국에서의 판매가가 독일에서 제일 저렴한 OSB의

OSB판을 기밀층 겸 방습층으로 이용하는 경우, 연결 부위는 반드시 기밀테이프로 시공한다. 많은 사람들이 이 구멍을 보고 투습을 위한 것으로 생각하는데, 이는 셀룰로제 단열재를 불어넣고 테이핑한 것이다.

가격과 비교해보면 가격이 두 배 이상 낮다. 운송비는 고려하지를 않았음에도 너무나 차이가 많이 난다. 너무 저렴하게만 지으려는 생각이 조장한 결과가 아닌지 생각해 볼 일이다.

---

16 www.isofloc.de, www.rockwool.de

3
기밀층 형성을 위한
설계적 접근

중량형 건물(조적 및 철근콘크리트)

철근콘크리트는 구조 자체가 기밀하여 창호 연결 부위를 제외하고는 별도의 부수적인 공사가 필요 없다. 한편, 조적조는 반드시 내부에 미장마감을 해야 기밀층이 형성된다. 벽돌 사이의 줄눈은 틈 없는 완벽한 시공이 실제적으로 불가능하고, 후의 크랙 발생을 감안하면 기밀층으로 볼 수 없다. 흔히 대수롭지 않게 생각하는 벽체의 모르타르 마감도 벽체가 콘크리트가 아닌 조적으로 시공된 경우에는 바닥슬래브까지 미장[18]을 해야 한다. 만약 그 위 바닥 마감재까지만 미장하면 건물의 기밀성에 문제가 생긴다. 조적조는 기밀구조가 아니다. 틈이 있어 공기가 새나갈 수 있다는 말이다. 흔히 벽을 타고 전기와 난방배관을 하는데, 이때 내부의 마감층이 많이 망가지면서 외벽의 주구조체와 연결되고 그 부위로 습기가 들어가게 된다.

조적과 건식의 연결 부위도 마찬가지이다. 일반적으로는 건식공사가 끝난 후에 마감공사가 들어간다. 그렇지만 건식과 조적이 연결되는 스터드 부위는 미장공사와 상관없이 줄눈을 미장공사 수준까지는 아니더라도 막아야 한다. 이 공사는 조적공사팀 또

---

17 50Pa에서 측정된 값이 0.1㎥/(㎡h) 이하가 되어야 기밀하다고 볼 수 있다. 일반 시멘트 미장은 이 값이 0.001~0.0020이므로 기밀하다고 말할 수 있다. 석고보드는 0.002~0.030이다. 출처 : RWE Bauhandbuch, 13. Auflage

시공된 자재가 함유하고 있는 습기.
출처 : www.kaiser-econ.de

는 건식공사팀이 해도 상관은 없지만 정확한 건식벽의 위치 선정에 오차가 있어서는 안 된다.

조적조의 기밀층 형성에 제일 취약한 지점은 전기 배관 부위다. 요즘은 가격이 일반 콘센트에 비해 비싸지 않은 제품도 시장에 선보이고 있다. 패시브하우스와 같은 건물에는 기밀콘센트를 권장한다.

다른 방법은 전기 배관을 기밀캡으로 시공하는 것이다. 국제 표준 규격의 배관을 사용하는 경우에는 별 문제가 없지만, 우리나라 기준의 관을 사용할 때에는 한 치수가 큰 것을 사용하면 기밀 시공이 가능하다. 일반적으로 실리콘이나 글라스 울 같은 것으로 충진하는 경우도 많은데, 이는 기밀한 시공이 아니다.

전기배관용 캡으로 ISO배관은 내부에 매립이 되고 KS는 외부로 노출이 된다. 출처 : Pro Clima korea

공동주택의 일반적인 단열 방식은 아직 내단열이 주를 이룬다. 전형적인 내단열에서 실내에 방습층 겸 기밀층을 설치하는 것이 보통이다. 내부의 열손실을 좀 더 줄이기 위해 알루미늄이 코팅된 제품을 많이 사용하는데, 대부분 하자로 이어진다. 그 이유는 첫째, 기밀층 역할보다는 단순히 방습층의 역할을 하기 때문이다. 그로 인해 대류로 인한 따뜻한 실내의 공기가 단열재 안으로 많이 유입된다. 둘째, 여름철 역결로나 혹은 내부로의 증발이 어려워 단열 성능이 점차 저하된다. 마지막으로는 외단열이 아니라 외부벽이 외기에 노출되어 있으므로 여름과 겨울의 온도차로 인해 생기는 크랙이 문제를 더욱 가중시키게 된다.

아래 사진을 보면 걸레받이 부위가 기밀하지 못하고, 수분이나 혹은 결로수로 인해 바닥 부분이 젖어 있는 것을 볼 수 있다. 일체형으로 단열재를 벽체에 부착시키는 경우에는 그 문제가 덜 심각하지만, 경질의 단열재를 면이 고르지 못한 구조체에 부착시키는 경우에는 하단의 걸레받이로 공기가 유입되고 단열재 뒷면의 틈을 통해 대류가 생기게 된다. 가장 좋은 방법은 바닥 마감 콘크리트를 타설하기 전에 내부의 단열재와 방습층, 석고보드와 같은 마감재를 설치하고 바닥콘크리트를 뜬 구조로 시공하는 것이 열교를 줄이고 기밀층의 성능도 높일 수 있다.

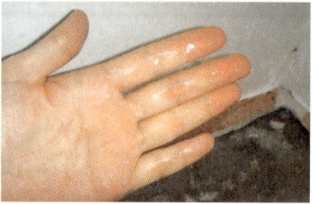

공동주택 옥탑층 내단열의 결로현상

보통은 외기에 면한 구조체에 대한 기밀만 고려하는데, 실내를 관통하는 설비층이나 덕트와 면한 곳도 기밀하게 시공하고 마찬가지로 단열공사를 해야 한다. 일반 단층형 구조에서는 그리 심각한 문제까지 이르지 않지만 고층으로 갈수록 특히, 복층형의 구조를 가진 평면의 경우에는 반드시 기밀과 단열공사를 같이 해야 한다. 연돌현상의 일종이며 통상 '굴뚝효과' 로 통한다.

공동주택 덕트층의 결로현상. 연결 부위를 따라 결로수가 생긴 것을 확연히 볼 수가 있다.

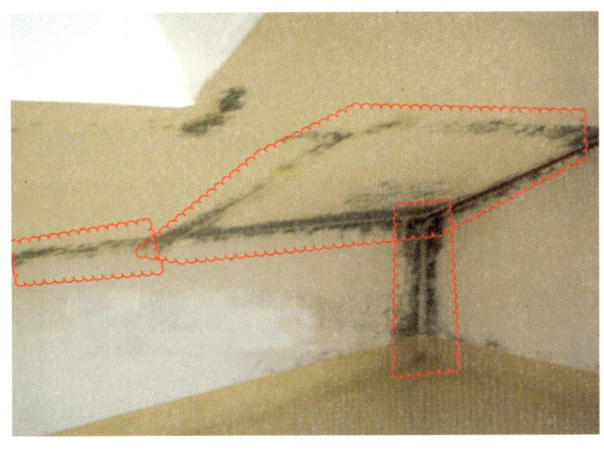

공동주택 옥탑층 내부 마감면에 생긴 곰팡이. 석고보드의 크기가 그대로 보이는 전형적인 기밀층의 부재와 내단열에서 온 결과이다. 저층의 건물이고 아래위층이 연결되지 않은 구조였다면 상황이 이 정도로 심각하지 않았을 것이다.

위 사진에서 곰팡이 발생의 주원인은 기밀층이 없기 때문이다. 창호 주변의 곰팡이 발생도 기밀층의 부재에서 비롯된다. 두 개 층이 서로 연결되어 있는 옥탑층의 경우에는 특히, 주방이 오픈형으로 되어 있다면 습기를 많이 함유한 더운 공기가 위로 올라가면서 곰팡이가 발생할 확률이 높다. 바람의 세기, 압력차, 틈새바람에 따라 다르지만 보통은 수납공간이나 아이들 놀이방으로 사용하는 곳에 주로 많이 발생한다.

지붕과 배기구 혹은 덕트 등의 시설과 연결하는 경우 시공 방법의 종류. 출처 : Pro Clima Korea

경량형 건물(경량목조 및 스틸하우스)

목조 패시브하우스에서도 기준으로 정하는 n50 ≤ 0.6/h 50pa의 압력차일 경우 60%의 실내 공기가 시간당 교체가 된다는 의미이며, 이 수치는 무엇보다도 열교환기가 설치된 공기조화기의 성능을 발휘하기 위한 최소치이다. 낮을수록 좋지만 0.3 이하는 노력에 비해 비경제적이다를 충족시킬 수 있다. 단점이라면 RC구조 같은 중량형의 건물에 비해 좀 더 세심한 계획이 필요한데, 목표치가 0.3~0.6 사이의 값이면 충분하다. 최근 대전 지족동의 패시브하우스 단독의 경우에는 목조이지만 n50이 0.25가 나오는 목조에서는 사실 완벽에 가까운 결과를 보여 주기도 했다.

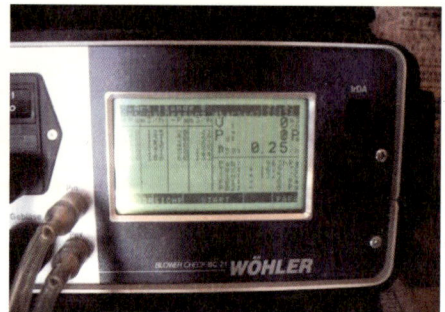

대전 지족동 기밀테스트. 출처 : Pro Clima Korea

지난 2011년에 준공된 강원도 횡성 둔내의 패시브하우스 단독주택은 목조는 아니지만 기밀에 대한 일차 테스트 결과에서 0.22가 나왔다. 전선 연결 부위를 보강한 후에는 독일에서도 보기 힘든 0.18이라는 월등한 결과가 나왔다. 이는 사실 시공자의 엄청난 노력의 결과로 기밀의 중요성을 인지했기에 가능한 일이다. 우리나라에서는 일반적인 시공방식은 아니지만 건설비의 절감을 위해서 내부 기밀층 겸 방습층용으로 OSB를 사용하는 것도 앞으로의 대안으로 검토해 볼 만하다. 중요한 것은 한국의 기후 특성에 맞춰 충분한 테스트를 선행할 것을 권장한다.

독일어권에서는 보통 OSB를 사용할 때, 모세관 현상이 좋은 단열재를 시공한다. 재생종이로 만든 셀룰로제와 목섬유단열재 등이 가장 대표적이다. 이런 경우에 우리나라에서 구조체로 외부에 OSB를 시공하는 것과 달리 일반적으로 내부에 시공을 한다.

바닥슬래브와 연결할 때에는 단순 기밀테이프로 처리하는 것 보다는 기밀층으로 사용되는 것을 일정한 길이로 자르거나 아래 사진과 같이 기성제품을 사용해 접착시키는 것이 좋다. 아래 디테일에서는 설비층을 따로 두어 일반 전기나 기타 설비를 시공하는 경우에 기밀층을 훼손시킬 위험이 적어 추천할 만한 방법이지만, 설비 자체를 내벽에 집중해서 한다면 외벽에 몇 개의 배관 때문에 반드시 설비층을 설치할 필요는 없다.

대전 지족동 셀룰로제 단열재 시공. 출처 : 풍산우드홈

대전 지족동 패시브하우스 단독주택, 기밀층 겸 방습층으로 18mm OSB를 내부에 시공. 출처 : 풍산우드홈

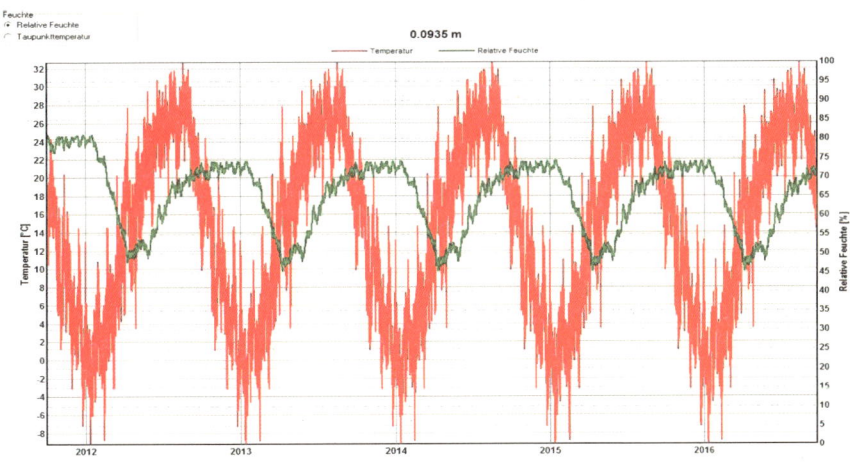

셀룰로제 단열재와 접하는 경질 목섬유의 상대습도, 처음 시공 후 80%를 일시적으로 넘다가 그 다음해부터는 항상 80% 이하임을 알 수가 있다. 구조체 내에 곰팡이가 생길 확률은 거의 없다고 볼 수 있다. 대전 지족동 패시브하우스 단독주택

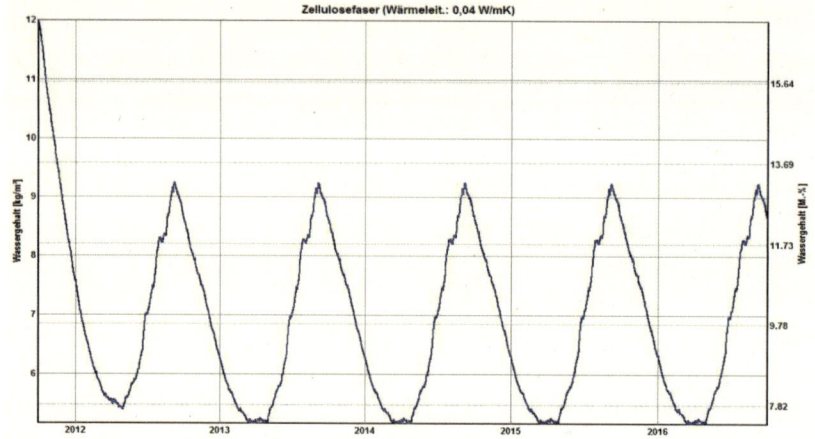

셀룰로제 단열재의 함수율을 보여주며 시공 당시 일반적인 12kg/㎥(주변 상대습도 80%에 해당)가 1년 후에 단지 9.3 kg/㎥을 보이며 이는 상대습도 약 65% 정도에 해당되는 값이다. 일년 안에 이미 안정권에 들어와 있기에 안전한 구조이다. 대전 지족동 패시브하우스 단독주택

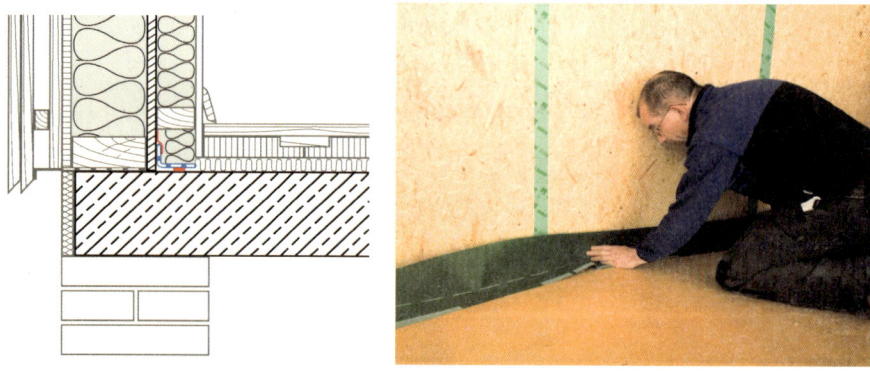

OSB[18]를 기밀층 겸 방습층으로 사용하는 경우의 연결 방법. 바닥슬래브에 바닥 마감콘크리트를 타설하기 전에 테이핑 하는 경우. 출처 : Pro Clima korea

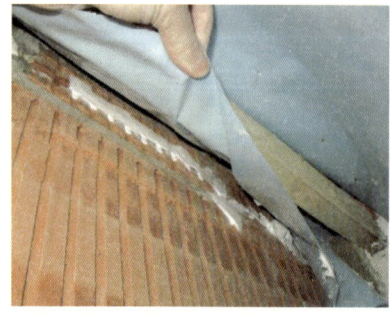

방습지 PE-Foil을 단순 접착한 경우. 출처 : www.luftdicht.de

---

18 OSB 15㎜의 Sd값은 생산회사에 따라 조금 차이는 있지만 DIN 20 000-1에 따르면 3.0(건)에서 4.5m[습]에 이른다.

조적이나 RC조, 목조의 지붕이 연결되는 부위의 PE-Foil을 보통은 접착제를 사용해서 고정시키는 경우가 많은데, 이는 하자로 이어질 위험이 상당히 높다. 이런 경우에는 미장용 메쉬가 달려 있어 잘라낼 위험이 없는 연결 제품을 사용하는 것이 효과적인데, 한쪽은 방습지에 고정이 되고 나머지 한쪽은 미장해 버리면 이질재료간의 문제점도 없고 깔끔하게 마감이 가능하다. 서까래 아래는 석고보드나 나무로 마감되므로

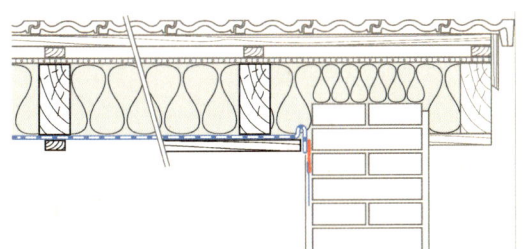

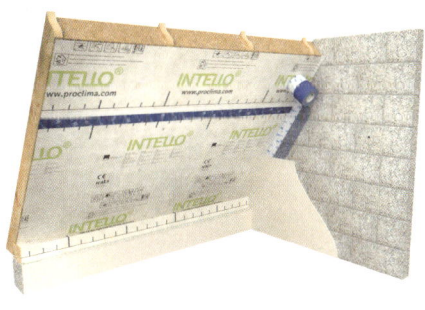

조적조와 지붕의 기밀층과 연결하는 모습.
출처 : Pro Clima korea

단열블록과의 연결, 미장 전의 모습. 강원도 횡성
둔내 패시브하우스. 출처 : 세린 에너피아

유관으로도 보이지 않기에 좋다. 가장 좋은 장점은 기성제품을 사용하여 시간적으로 많이 절약된다.

외벽과 층간구조가 만나는 부위와 외벽과 내벽이 만나는 부위의 방습과 기밀층 시공이 관건인데, 소홀히 했던 부분이다. 방습지가 층간 연결이 되지 못하고 끊기게 시공했던 것이 일반적이다. 스틸이나 목조에서는 이 부위가 구조적인 이유로 단열재의 두께가 줄어들어 층간 소음 억제와 기타 이유로 내부에 단열재를 추가적으로 설치하게 된다. 이 부위는 건축물리적으로 내단열이 되는데, 왼쪽 두 개의 경우를 제외하고는 모두 투습이 좋은 재료로 시공되어야 한다. 필요한 Sd값은 약 0.2 정도인데, 이 부위는 투습방수지를 사용해서 시공해도 된다. 혹은 가변형 방습지를 사용하면 시공상 더 용이하다.

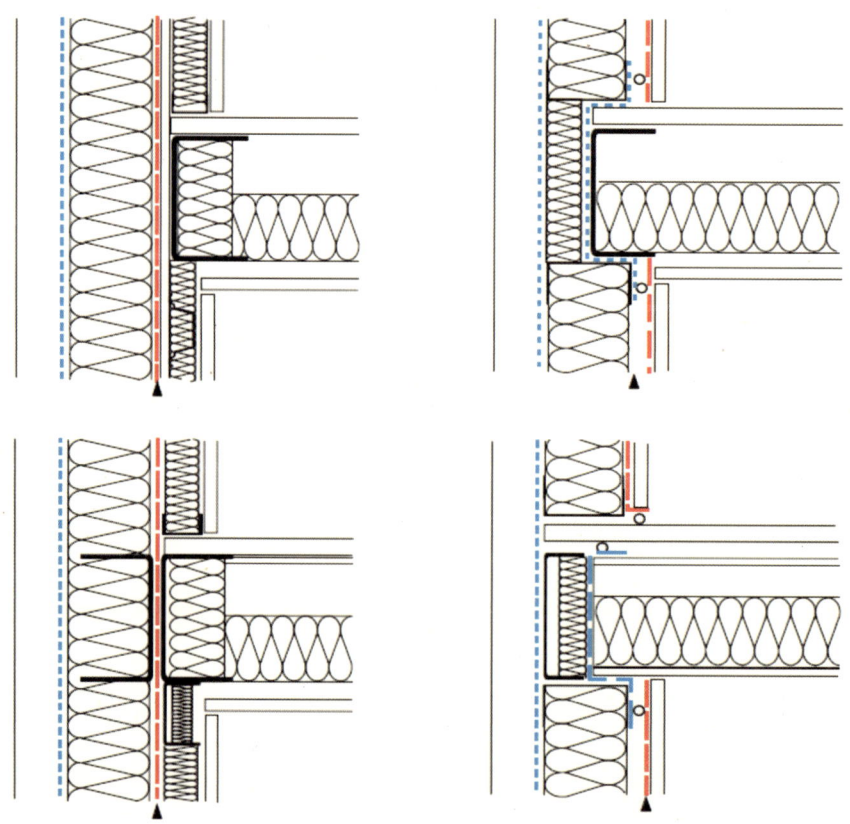

외벽과 장선이 만나는 부위로 제일 외부의 검은색은 투습층 겸 방풍층 이다. 중간의 요철로 시공한 회색 부위는 투습층으로 이를 기밀테이프로 가변형 방습지와 연결하는 시공 예이다. 외부에 투습이 되며 구조재의 기능을 만족하는 경량의 목섬유 단열재를 설치하는 경우이다.
출처 : Pro Clima

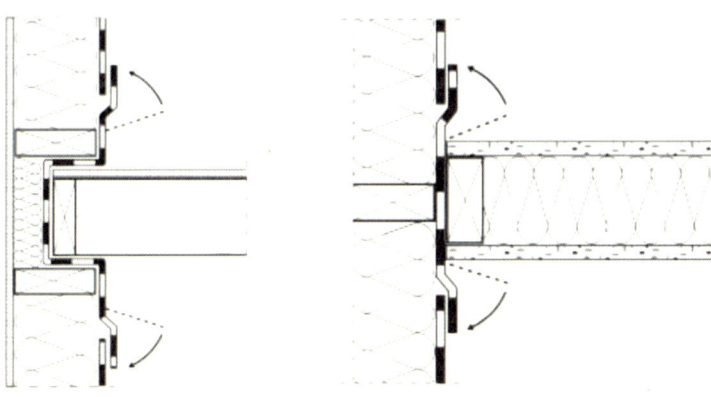

층간 외벽과의 연결 부위. 출처 : Pro Clima Korea

공정상으로 먼저 외벽을 시공하고 그 다음 약 50~100㎝ 폭의 투습지 혹은 가변형 방습지장선과 이층전체 구조 높이에 따라 다름를 스터드에 임시 고정한 후 내벽이나 혹은 층간 구조를 설치하고 다시 외벽을 시공하는 그런 순서이다. 이 투습지는 후에 내부 방습지 겸 기밀층을 시공할 때 서로 연결시키면 된다. 임시로 고정시킬 때는 일반 테이프도 좋지만 중간 정도의 스프레이 본드를 스터드에 뿌리고 투습지를 붙이면 보다 손쉽게 작업이 가능하다. 그동안 스틸하우스는 기밀층 형성에 있어 재료가 가진 특성으로 인해 어려움이 있었던 것이 사실이다. 향후에는 이런 방법을 통해 필요 이상으로 방습지를 내벽까지 돌려서 다시 외벽으로 나가는 방식은 지양되어야 한다. 이제껏 경험 부족에서 오는 불안감이 필요 이상의 자재를 사용하는 주된 원인이기도 하다.

경량의 목조나 스틸하우스는 조적이나 RC조에 비해 전기배선이나 기타 태양광 같은 설비시설을 기밀하게 시공하는 게 어렵지만 설계단계부터 충분히 고려된다면 시공 시 발생되는 시간이나 재료의 낭비를 막을 수가 있다.

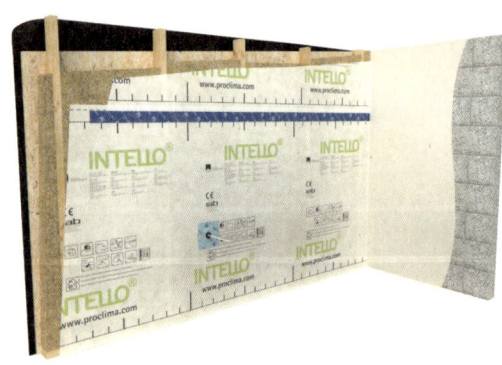

기타 기밀층 형성에 사용되는 제품들. 출처 : Pro Clima korea

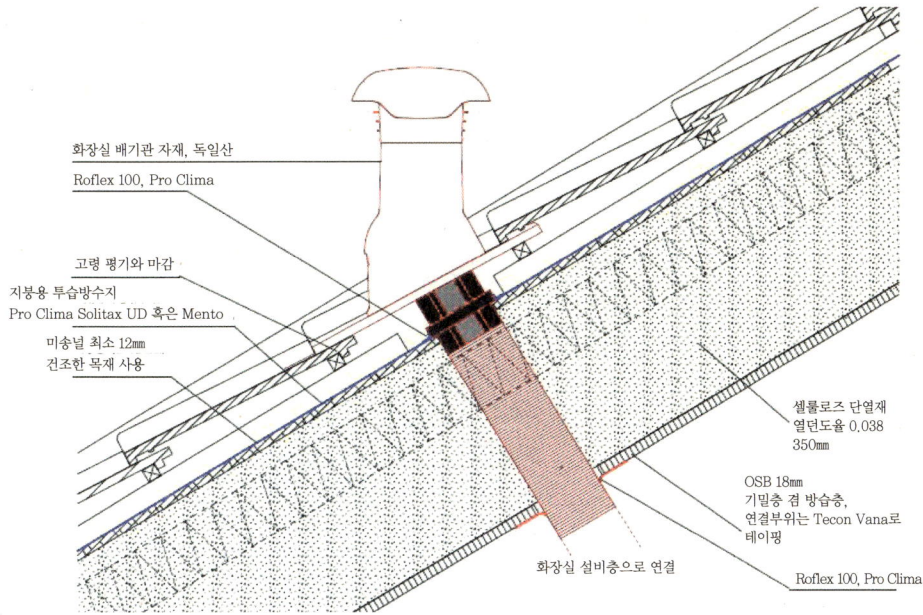

화장실 배기관 자재, 독일산
Roflex 100, Pro Clima

고령 평기와 마감
지붕용 투습방수지
Pro Clima Solitax UD 혹은 Mento

미송널 최소 12mm
건조한 목재 사용

셀룰로즈 단열재
열던도율 0.038
350mm

OSB 18mm
기밀층 겸 방습층,
연결부위는 Tecon Vana로
테이핑

화장실 설비층으로 연결

Roflex 100, Pro Clima

지붕구조에 설치된 화장실 배관 환기구, 충남 아산 패시브하우스 단독주택

기와의 종류에 상관없이 사용가능한
시스템

기와의 종류에 맞추어 나오는 시스템

아스팔트 쉬글 마감등에
사용 가능한 시스템

태양광 배선을 연결하기
위한 부속 자재

태양 집열판 연결을 위한 부
속재료.
출처 : Klöber, Germany

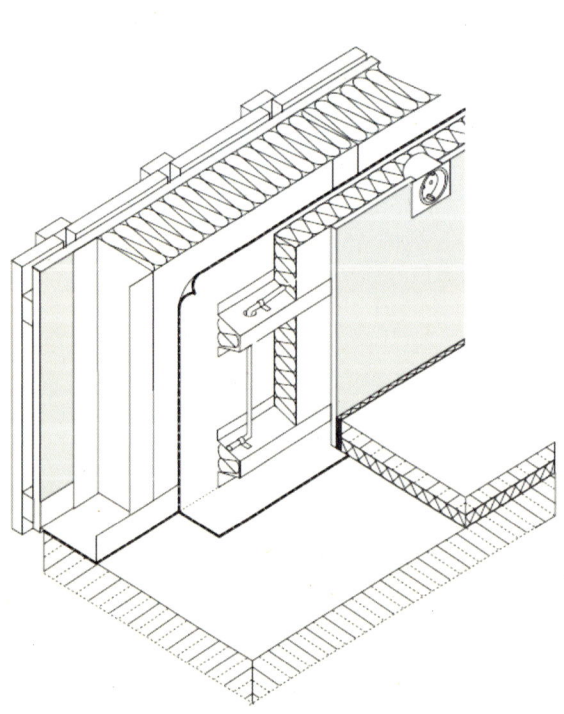

설비층에 배관을 하는 경우, 스틸하우스. 출처 : Dokumentation 560, Häuser in
Stahl-Leichtbauweise

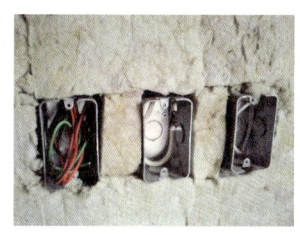

경량목구조에서 설비층을 시공하는 순서, 충북 괴산 미루마을 현장.
출처 : Pro Clima Korea

경제성이 다소 떨어지기는 하지만 외벽이나 지붕처럼 외기에 면하고 있는 구조체는 내부에 약 50mm 정도의 '설비층'을 확보하고 그 공간에 배선이나 배관을 하면 기밀층의 손상이 훨씬 줄어들게 된다. 또한 가급적이면 그 사이 공간을 단열재로 충진해서 설비층 사이로 습기가 대류를 통해 이동되는 것을 억제해야 한다. 이러한 실비층의 설치

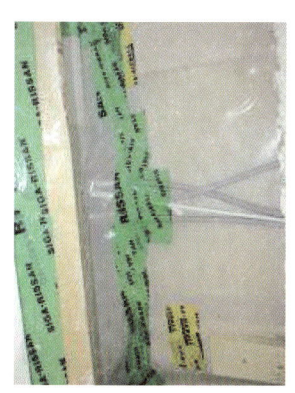

방습층 겸 기밀층 뒷면에 배선이 된 경우로 가급적이면 하지 말아야 한다. 출처 : Fa. Dipl.-Ing. Herbert Trauernicht, Gebäudetechnik, www.luftdicht.de, 2008

로 인해 그 외 목구조의 열교도 줄일 수 있는 장점이 있지만, 이러한 용도로 사용할 수 있는 단열재 선택의 폭이 우리나라에서는 아직까지 좁다는 것이 문제이다.

설비의 정도에 따라 설비층의 설치 여부를 선택해야 하며, 패시브하우스에서 설비층이 없는 경우에는 외부에 또 한번의 단열재를 시공하는 것이 좋다. 내부에는 석고보드 두 장으로 마감하되 시공의 편이성을 위해서 석고보드 사이에 기밀층 겸 방습층을 설치하는 것도 좋은 방법이다. 시공성은 두 장의 석고보드 사이에 기밀층을 두는 것이 훨씬 좋다.

창호 연결 부위의 기밀

시스템 01 : 팽창형 밴드, 단열재, 백업재, 코킹마감

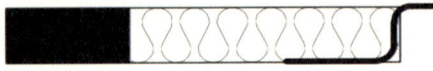

시스템 02 : 팽창형 밴드, 단열재, 기밀/방습 테이프

시스템 03 : 투습방수 테이프, 단열재, 기밀/방습 테이프

시스템 04 : 다목적 팽창형 밴드(투습 및 방습 가변형)

창호 기밀 형성 방법 예. 출처 : Handbuch, Fensterbau 2010, Hanno, Germany

팽창형 밴드를 치장벽돌 연결 부위에 사용한 경우, 예상되는 불규칙한 크랙을 사전에 방지하기 위해 설계단계부터 설정한 인공적인 크랙. 출처 : Hanno, Germany

팽창형 밴드는 외단열 미장 마감이나 기타 이질재료가 연결되는 부위에 사용된다. 자외선의 영향과 미장과의 접착면에 따라 두 종류가 있다. 미장으로 덮는 경우에는 BG2독일 등급의 제품을 사용해도 되지만 치장벽돌과 같은 재료의 틈은 자외선에 강한 BG1독일 등급 제품을 사용해야 한다.

팽창형 밴드는 방음 성능도 뛰어나 건식에는 꼭 필요한 자재이다. 위의 그림 중 〈시스템 04〉에 사용되는 다목적용 팽창형 밴드는 창호와 구조체와의 시공에서 백업제나 코킹제 기타의 공정을 대신해 절약되는 효과는 있지만, 고가의 제품이라 결과적으로 그 전체 비용이 비슷하다. 팽창형 밴드 사용 시 주의해야 할 점은 부풀어 오르는 시간과 정확한 공정이다. 부풀어 오르는 시간은 약 20분 정도인데, 이는 팽창형 밴드의 유효폭[19]까지 이르는 시간이다. 최고로 부풀면 종류에 따라 차이는 있지만 약 44mm 정도가 되는데, 이는 유효폭은 아니다. 온도가 높은 여름철에 공

---

[19] 여기서 말하는 유효폭은 틈새의 폭에 따라 그리고 깊이에 따라 여러 종류의 밴드가 있는데 방수, 방습, 방음 등의 유효틈을 말한다. 그냥 자연 상태에서 부풀게 되면 44까지도 부풀지만 성능면에서는 떨어진다는 말이 된다. 예 : 15/5-9라는 표기는 15mm 깊이 그리고 5~9mm까지 틈의 폭을 말한다. 그 이상의 틈인 경우는 한 단계 위의 것을 사용해야 한다. 창문 주위에 사용되는 것은 팽창을 하면 약 10에서 15mm가 된다.

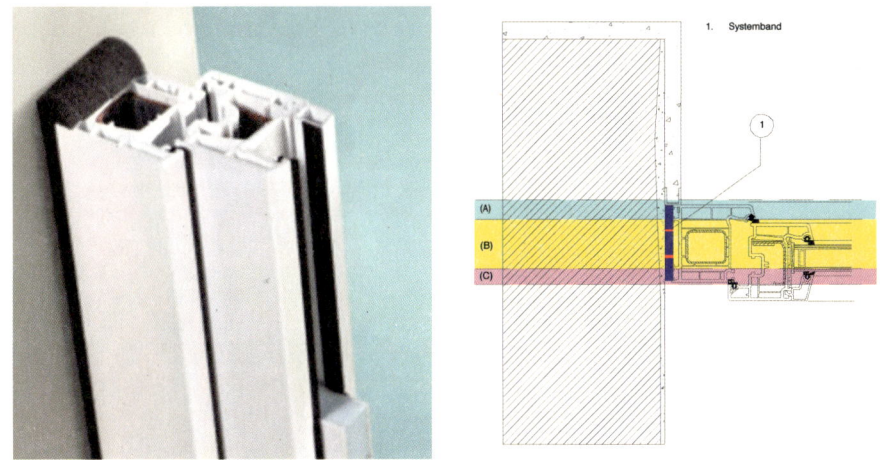

기밀층 형성 방법 중 〈시스템 04〉에 해당되는 방법. A : 방수, 투습층 / B : 단열층 / C : 기밀, 방습층. 출처 : Hanno, Germany

사하는 경우는 부푸는 시간이 좀 빨라지기에 작업성을 높이기 위해서는 아이스박스 같은 것에 저장했다가 시공하는 것도 방법이다. 이런 밴드는 보통 DIN 18542$_{2009}$에 따라 검사가 이뤄진다.

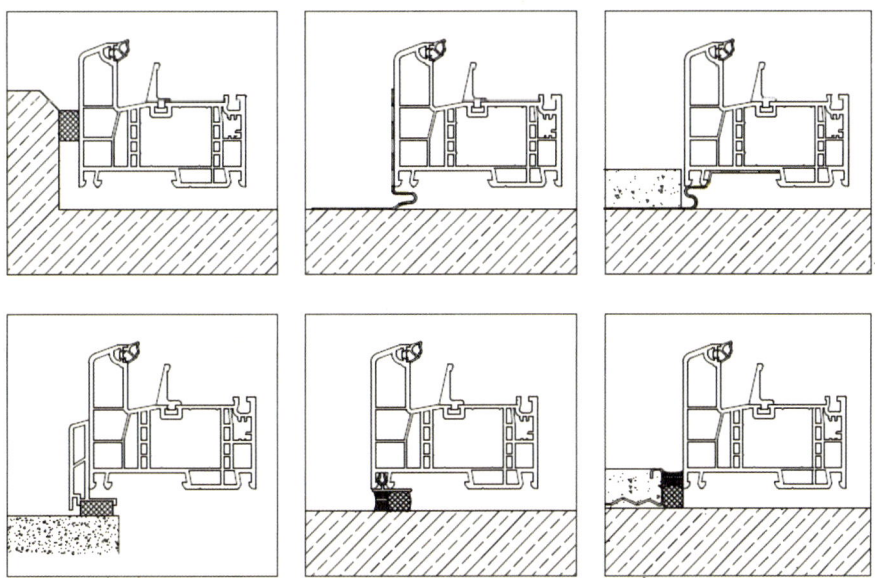

외부 방수층 및 투습층 형성 디테일. 출처 : Rehau Geneo Handbook, Germany

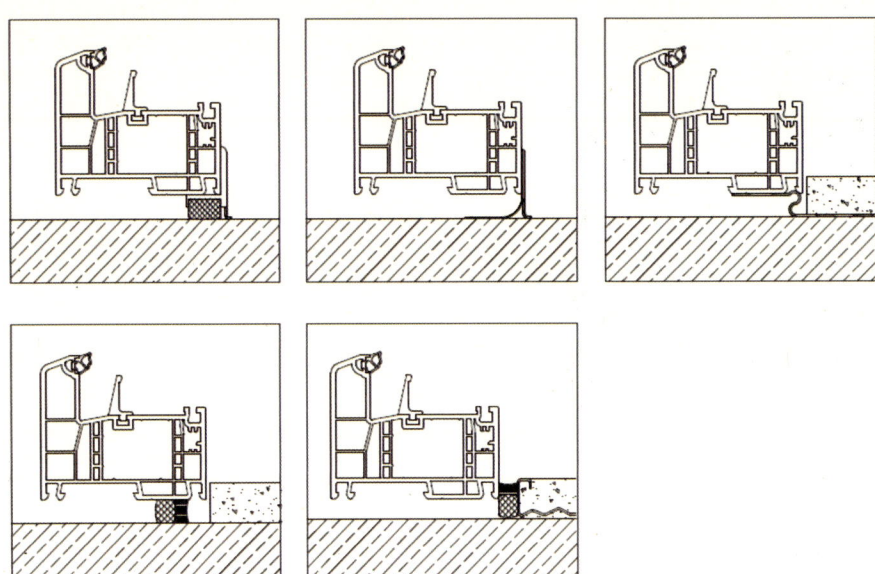

내부 창틀과 기밀층 겸 방습층 형성 디테일. 출처 : Rehau Geneo Handbook, Germany

기밀용 테이프로 작업하는 경우, 기밀테이프 표면이 미장이 될 때에는 최소 테이프 면적의 75%를 접착제를 사용해 구조체에 접착해야 한다. 조적조나 RC, 콘크리트가 여기에 해당되며 경량스틸 및 목조처럼 미장이 없는 경우에는 75%의 규칙이 필요 없다. 테이프에 있는 접착제만으로도 충분하지만 연결 부위는 종종 접착

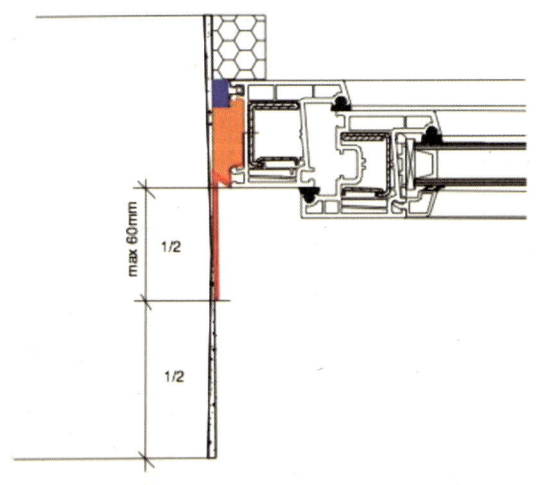

기밀테이프를 미장하는 경우. 출처 : Hanno, Germany

제를 사용하기도 한다. 최대 접착 길이는 60mm이며 내부 벽체 길이의 반 이상을 넘게 시공하면 미장의 내구성에 문제가 생긴다.

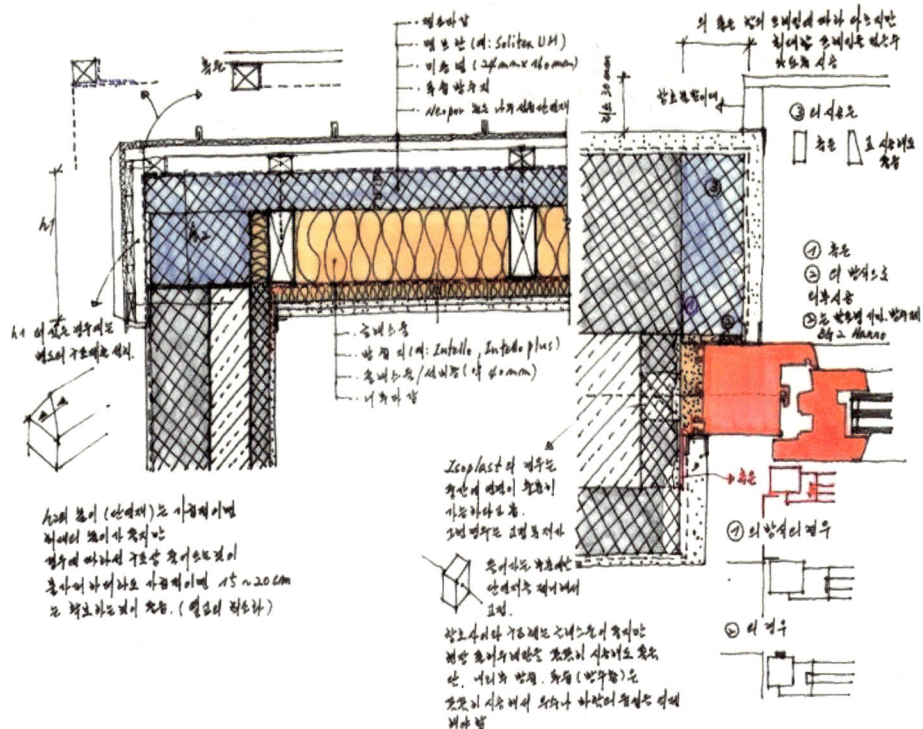

강원도 횡성 둔내 패시브하우스 창호 연결 부위 및 지붕 디테일

경사지붕의 천창과 내부 기밀 시공 출처 : Pro Clima korea

강원도 횡성 둔내 창호 및 기밀시공 과정. 출처 : 세린 에너피아

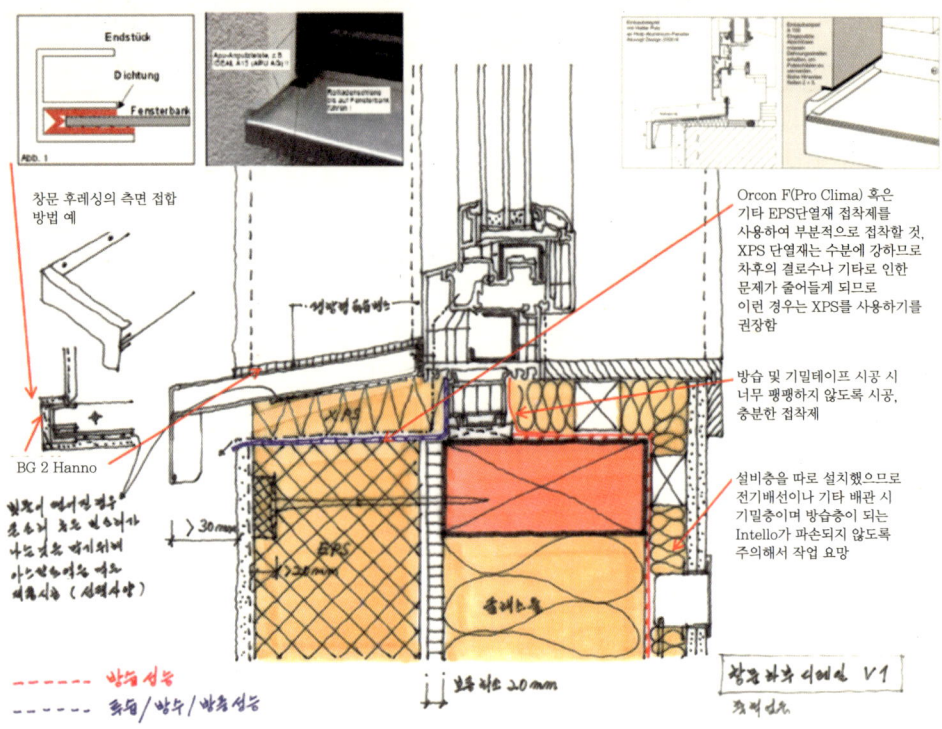

창문 후레싱의 측면 접합
방법 예

Endstück
Dichtung
Fensterbank

BG 2 Hanno

Orcon F(Pro Clima) 혹은
기타 EPS단열재 접착제를
사용하여 부분적으로 접착할 것,
XPS 단열재는 수분에 강하므로
차후의 결로수나 기타로 인한
문제가 줄어들게 되므로
이런 경우는 XPS를 사용하기를
권장함

방습 및 기밀테이프 시공 시
너무 팽팽하지 않도록 시공,
충분한 접착제

설비층을 따로 설치했으므로
전기배선이나 기타 배관 시
기밀층이며 방습층이 되는
Intello가 파손되지 않도록
주의해서 작업 요망

경량형 구조 외단열 미장 마감 창호 연결 평면 디테일

외부의 파란색은 방풍, 방수, 투습의 성능이 있고 내부의 **빨간색**은 방습, 기밀의 성능을 가진다. 추가적으로 이질의 재료가 만나는 부위인 창호와 미장 그리고 단열재 부위는 팽창형 밴드를 사용하는 것이 효과적이다.

독일에서는 창호 외부에 일반적으로 알루미늄 계열의 물받이대가 필수 요소인 반면 아직까지 우리나라에서는 보통 화강석이나 단열재를 경사지게 잘라내 마감하는 경우가 많다. 경량 구조인 목조와 스틸에서 이 연결 부위의 깔끔한 마감은 반드시 필요하다. 스터드 앞의 OSB를 보호하려고 투습방수지 같은 것을 설치하고, 단열재 뒤에 생기거나 혹은 틈을 통해 들어간 물을 밑으로 **빼기** 위한 공정은 사실 별 의미가 없다. 경량목구조의 외단열 미장공법으로 위의 예를 들어 표시한 디테일은 현재 우리나라에서 주로 행해지는 북미식과는 약간의 차이가 있다.

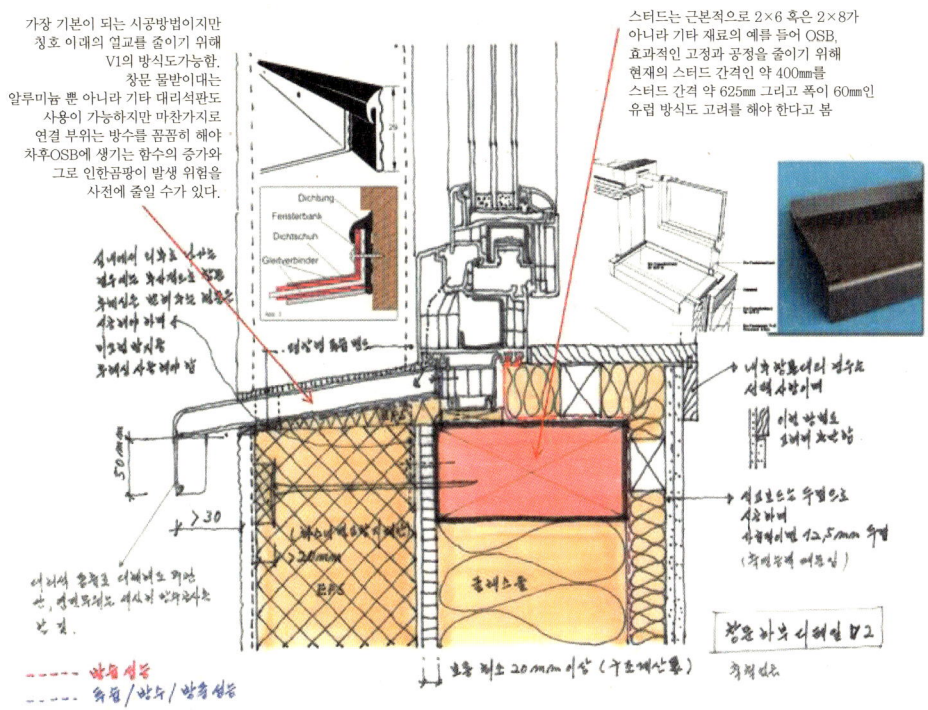

가장 기본이 되는 시공방법이지만 칭호 이래의 열교를 줄이기 위해 V1의 방식도가능함. 창문 물받이대는 알루미늄 뿐 아니라 기타 대리석판도 사용이 가능하지만 마찬가지로 연결 부위는 방수를 꼼꼼히 해야 차후OSB에 생기는 함수의 증가와 그로 인한곰팡이 발생 위험을 사전에 줄일 수가 있다.

스터드는 근본적으로 2×6 혹은 2×8가 아니라 기타 재료의 예를 들어 OSB, 효과적인 고정과 공정을 줄이기 위해 현재의 스터드 간격인 약 400mm를 스터드 간격 약 625mm 그리고 폭이 60mm인 유럽 방식도 고려를 해야 한다고 봄

경량형 구조 외단열 미장 마감 창호연결 단면 디테일. [상 – 창틀에 생기는 물이 물받이대 밑으로 배수되는 경우 / 하 – 물받이대 위로 배수가 되는 경우]

4
기밀테스트
(Blower door test)

기밀층의 성공 여부는 단지 세밀한 시공을 통해서만 이뤄지는 것이 아니다. 그래서 통상 두 번의 기밀 테스트를 권하게 된다. 열교환기가 장착된 공기조화기가 설치된 때에는 반드시 테스트를 거쳐야 한다. 독일은 법적으로 건물의 기밀 정도를 정하고 있는데, 에너지 절약법인 EnEV 2009에 따르면 아래와 같다. 이 규정은 오스트리아ÖNORM B8115-2의 경우에도 차이가 없다.

- 창문으로 자연환기를 할 경우   n50 = 3(h-1)
- 공기조화기가 설치되어 있는 경우   n50 = 1.5(h-1)
- 법적 제약을 떠나 에너지 절감 효과를 높이기 위해서는   n50 = 1.0(h-1)
- 패시브하우스의 경우에는 적어도   n50 = 0.6(h-1)
- 권장사항   n50 = 0,3 (h-1)

기밀테스트 혹은 압력테스트Blower door test[20]는 2000년 중반부터 유효한 DIN EN 13829에 근거해 이뤄진다. DIN EN 13829가 다루는 내용은 아래와 같다.

① 측정 기술에 대한 요구사항

② 주변 조건

③ 측정

④ 여러 가지 중요 계수

⑤ 테스트 보고서

⑥ 측정 오차에 대한 계산

　　모든 압력 차이를 근거로 두고 있는 기밀테스트는 위 기준에 의해 측정한 결과치만 인정된다고 보면 무리가 없다. 독일에서는 ‘FLiB’[21]라는 건축물의 기밀성을 다루는 전문가 단체가 2000년 4월에 조직되었다. 이는 기밀이라는 이슈가 건설계에서 얼마나 중요한 지를 대변해주는 단적인 증거라고 볼 수 있다. 이 단체에서는 인증서와 DIN EN 13829를 좀 더 구체적으로 설명하는 전문적인 내용을 발표한다.

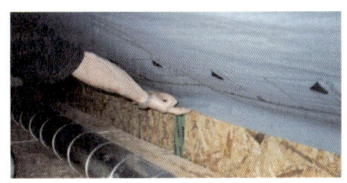
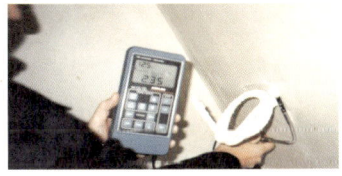

기밀테스트와 침기를 측정하고 있는 모습. 출처 : Passivhaus Institut, Darmstadt Germany

---

20 Blower Door는 처음에는 Blower Window에 그 어원이 있다. 1977년 스웨덴에 처음 적용되었고, 1979년에 이 아이디어를 미국으로 수출하면서 Blower Door라는 말로 바뀌었다. 그 이유는 창문보다는 미국에서는 문이 규격화되었기에 보다 일괄적으로 적용하기가 쉬웠기 때문이다. 북미에서는 Minneapolis Blower Door, Infiltec 그리고 Retrotec이 대표적인 기밀테스트기 제조업체이고 독일에서는 Woehler BC21 Blower Check이 생산 공급되어진다. 독일에서는 최초로 1986년과 87년에 저에너지 건물인 Schrecksbach에 독일 헤센주 환경부의 지원 아래 다름슈타트의 IWU연구소가 가담했고, 엔지니어 사무실인 eboek의 Johannes Werner와 튜빙엔 대학의 협조 아래 처음으로 이뤄졌다. 이때 테스트기는 자체 제작한 것을 사용하였다.

21 http://www.flib.de(Fachverband des Luftdichtheit im Bauwesen) 기준에서 다루지 않은 부분을 기밀테스트 관련 종사자들을 위해 정기적으로 세미나와 교육, 전문서적을 통해 발표한다.

• DIN EN 13829에서 n50의 의미

50Pa은 기밀검사 시에 기준이 되는 압력이다. 그런데 하필 이 압력차를 선택한 이유는

첫째, 자연 상태에서 생기는 일반적인 압력차로는 시험할 수 없을 정도로 무시할 수 있는 수치이므로 압력을 높여야 하기 때문이다.

둘째, 건축물의 기밀층을 형성한 막의 내구성을 확인하기 위한 압력이다. 이 압력차는 건물에 어떤 문제를 야기할 수 있는 정도의 압력은 아니지만, 보통 경량형의 건물에서 기밀층이나 방습층으로 설치한 막이 시험과정 중에 부분적으로 뜯어지는 경우가 있다. 이러한 현상은 검사로 인해 생긴 하자가 아니라 이미 접착력이나 기타 고정 방법 등 내구성에 문제가 있다는 것을 드러낸 것이기 때문이다.

• n50의 압력

– $50N/m^2 = 5kp/m^2$제곱미터당 5kg

– 바람이 벽에 맞닿는 정도 33km/m = 9m/s로 바람세기 5에 해당

– 5mm의 물이 고여 있는 경우

– 사람이 두 개의 층을 올라갈 때 느끼는 압력 차이 정도로 이해할 수 있다.

n50 값으로 전형적이고 일반적인 건물의 침기율을 알기 위해서는 보통

n침기 = nx = n50 × 0.07

의 공식을 통하여 알아내기도 한다. 여러 변수도 있지만 대략의 값을 알기 위해서는 무리가 없는 공식이다. 하지만 n50 〈 1.5일 경우는 nx = 0.11, n50 〈 0.6일 경우는 nx = 0.04를 적용한다. 기존의 건물인 경우는 nx = 0.15를 적용해서 침기 정도를 파악한다.

• DIN EN 13829에 따른 측정 장비가 갖추어야 할 기본요소

① 모든 압력차에서 일정한 볼륨의 공기를 공급

② 압력측정기계 오차는 0에서 60Pa, ±2Pa 이내60에서 100Pa에서의 오차범위는 ±3 Pa

③ 공기량 측정기계 : 정확성 ±7%

④ 온도계 : 정확성 ±1K, −20℃에서 +50℃ 측정

⑤ 규칙적인 점검 : 제품 생산사의 설정에 따름, 보통 2년에 1회, 각 기계에 따라 2년에서 4년

- **DIN EN 13829에 따른 측정범위**

    일반적으로 냉난방이 되는 건물이나 건물의 일부 그리고 기계적 환기가 되는 공간

- **DIN EN 13829에 따른 주변조건**

① 측정시점은 외기에 면하는 건축물의 외피가 완공되어야 함

② 내부의 최종마감재가 시공되기 바로 전에 측정

- **측정 시 기후조건**

① 최적의 조건은 내외부의 온도차가 적은 경우와 바람이 잠잠한 경우

② 500m · K Kelvin 이하 : 내외부의 온도차와 건물의 높이를 곱한 값

    예 : 건물의 높이 10m, 온도차 20K는 200m · K, 측정 가능한 조건이며, 이를 초과할 경우는 실질적으로 건물 내외부의 압력차이인 50Pa를 형성하기가 어렵다.

③ 바람의 속도 6m/s 이하[나뭇잎과 작은 가지가 흔들리며 바람의 속도가 3.6~5.4m/s에 이르는 보퍼트 Beaufort 스칼라 3에 해당된다.]

④ 검사자는 거리가 먼 곳의 건물 기밀을 측정해야 하는 경우에는 사전에 해당 장소의 기후를 알아보고 가는 것이 좋다.

- **DIN EN 13829에 따른 측정 종류**

    DIN EN 13829에 근거를 두고 작성이 된 ISO 9972 2006년 5월에는 또 하나의 측정 종류 방법C는 외피를 통해 외기의 유입을 조절하는 장치의 밀폐 여부를 다룬다. 아직 측정 시 밀폐 여부를 놓고 전문가들 사이에 토론 중이다가 있지만 일반적으로는 두 가지 방법이 가장 대표적이다.

① 방법 A : 측정시기가 건물이 완공이 되어 혹은 공사의 완성도로 볼 때 입주가 가능한 상태

② 방법 B : 외기에 면하는 건물의 외피를 검사하는 경우가 있으며 법적으로 인정되는 방법

은 A로, 이때 n50값을 측정하여 건물의 기밀 정도를 수치로 표현한다.

방법 B는 단지 시공 중에 실내외의 압력차를 50Pa로 맞추고 실내를 저압 상태로 만들어 외피를 통해 유입되는 침기의 위치를 찾아내 보수하거나 개선하는 것이 그 근본 목적이다. 그래서 방법 A와 B에 따라 어디를 막고 어디를 닫는지 혹은 밀폐시키는지 서로 다르다.

기밀층 시공 후 현장에서 바로 기밀 여부를 테스트하는 장치. 출처 : Pro Clima korea

경우에 따라서는 건물이 완공되지 않은 상태에서도 차후 공정이 기밀층 훼손의 위험이 적다고 판단되면 독일의 에너지 절약 시행령인 EnEV Energieeinsparverordnung에 따라 그 측정값이 인정될 수도 있다. 문제는 모든 공사가 완료된 이후 방법 A에 따라 측정했는데 법적으로 명시한 값을 훨씬 넘을 경우에는 책임 소재에 논란이 생길 수 있기 때문에 건축주나 관련 시공업자에게는 경제적으로나 시간적으로 그리 반가운 일은 아니다. 또한 에너지 절감을 목표로 하고 'KfW'[23]라는 프로그램을 통해 저리의 자금을 융자 받은 경우에는 더욱 더 큰 문제가 된다. 그래서 약간의 돈이 더 들어가더라도 공사 중에 질적인 체크를 위해 B의 방법에 따라 한 번의 테스트를 더 하는 것이 예방 차원에서 바람직하다. 특히 패시브하우스나 폐열교환기가 설치된 공기조화기가 있는 경우에는 경제적으로 부담이 되더라도 두 가지 방법을 다 해보는 것이 차후의 더 큰 문제를 사전에 차단할 수 있다. 현재는 제대로 된 법적장치가 없어서 그리 문제될 것이 없

---

23 Kreditanstalt für Wiederaufbau(www.kfw.de)

으나, 계약서나 법적으로 규제가 되면 상황은 달라진다.

　시공업자 경우에는 단지 공정 후에 방법 B를 통해 침기를 체크하고 차후 n50값_{방법}A은 공인된 혹은 DIN EN 13829에 경험이 있는 제3자가 검사를 하는 것이 투명성을 위해 좋다. 향후 시간과 경제성, 현장의 상황 등을 고려한다면 기밀층 시공을 주로 하는 업체에서는 간단하게 50Pa을 형성하는 기계를 빌리거나 아예 장만하는 것도 좋은 방법이다.

• 검사를 위한 준비

① 검사대상이 되는 건물은 하나의 압력 형성 시 하나의 존이 되어야 한다.

② 설비

　- 실내공기를 사용하는 보일러는 꺼야 한다.

　- 기계적 공기 조화기 작동 중지

　- 외기와 연결되는 배기 및 흡입구는 막아야 하며 혹은 중앙기계의 배관을 막는다. 자연적인 환기구는 방법 A의 경우는 단지 닫기만 하고 방법 B의 경우는 기밀하도록 막아야 한다.

　- 화장실의 배기구, 주방의 후드는 DIN EN 13829에서 명확히 언급되지 않았지만 FLiB의 부록에 따라 방법 A에서는 작동을 멈추되 기밀하게 밀폐하지 않는다. 방법 B의 경우는 기밀하게 합당한 테이프 등으로 막는다.

　- 개폐 조작이 불가능한 승강기의 환기구 등은 방법 A에서는 그대로 열려져 있고 방법 B에서는 침기를 찾아야 하므로 기밀하게 합당한 테이프로 밀폐한다.

③ 벽난로가 있는 경우는 사용을 중지하고 재를 제거해야 한다.

④ 실내의 문은 활짝 열어 놓은 상태로 만일을 위해 물건으로 고정시킨다.

⑤ 검사대상이 되는 건물 내부의 압력차는 형성되는 전체 압력의 10% 이상을 초과해서는 안 된다. _{소규모의 건물에서는 문제가 되지 않음}

⑥ 계획상 존재하는 창호나 기타 개구부는 닫는다.

⑦ 화장실의 배수구가 아직 물로 채워지지 않았을 경우는 해당되는 관을 막는다.

⑧ 건물의 상태를 꼼꼼히 기록해야 한다. _{창호, 외피, 임시적으로 설치한 기밀층 그리고 그 외에 검사를 위해 취한 모든 사항을 가급적이면 자세하게 기록. 테스트기의 설치 위치도 이에 속함}

• 사전 검사

① 측정하려고 하는 층의 가장 아랫부분에 송풍기를 기밀하게 설치

② 검사 시에 책정된 가장 높은 압력 하에서 건물 내에 설치되지 않은 기밀층이나 기타 침기 위치를 물기가 묻은 손으로 혹은 연기를 발생시키는 장치 혹은 풍속을 측정하는 장치로 검사

• 검사 진행

① 외부의 풍속을 측정하거나 혹은 보퍼트Beaufort 풍력계급의 바람세기 특성에 따라 추정해서 기입바람세기 3 이상은 시험 금지

② 건물의 기본 데이터 입력

  - 내부공간 볼륨[실제 내부면적에 높이를 도면을 통해 검사자가 사전에 계산하거나 아니면 조사를 의뢰한 건축주가 계산해서 기입하는 경우가 있다. 누가 하는가에 따라 오차계산에 연관이 된다. 특히 난방이 되는 공간이라 하더라도 천장일반적인 석고보드이 있는 경우에는 바닥에서 천장 하부까지의 높이가 볼륨 산정에 포함된다. 더불어 외기와 연결되어 있는 보일러실의 경우는 볼륨계산에 포함되지 않으며, 이때 문과 창문은 닫는다.]

  - 가구 등의 볼륨은 포함되지 않는다.

  - 실내 면적

  - 외기에 면하는 외피의 면적

  - 검사 방법의 선택방법 A 혹은 B

  - 기타 설비 특히, 공기조화기에 대한 정보 입력

  - 건물 높이

  - 건물의 연도

※ 검사를 위해 기입하는 데이터의 정확도와 설정의 정도에 따라 검사결과는 많은 차이가 있기에 주의를 기해야 한다.

③ 내외부의 온도 측정

④ 절대공기 압력의 측정

  - 송풍기의 유입구를 뚜껑으로 막은 뒤에 3 × 30s 동안 내외부의 자연적인 압력 차이

를 측정한다. 이때 평균값이 5Pa을 넘으면 측정이 불가능하며 유효한 검사치가 될 수가 없다. 이에 대한 내용은 반드시 검사보고서에 기록해야 한다.

• 측정
– 압력과 볼륨공기를 10Pa에서 시작해서 10Pa 간격으로 측정을 한다.최소 5번의 측정치
– 가장 높은 압력은 50Pa보다 높아야 한다.
– n50 값은 고압과 저압의 측정치가 있어야 한다.
※ 방법 B에서는 저압으로 체크해도 되지만 방법 A를 통해 n50값을 얻기 위해서는 반드시 한번은 저압으로 다음은 고압으로 테스트를 해야 하는데, 이유는 간단하다. 예를 들어 창호의 열리는 방향을 보면 저압일 경우는 창문이 내부로 열리게 되면 들어오는 공기의 양은 당연히 더 많다. 그러나 창문이 외부로 열리는 경우에는 그 값이 더 낮다. 그래서 평균값이 필요한 것이다.

※ 참고적으로 틈새바람을 체크할 때, 경우에 따라서는 방법 B라고 하더라도 저압이 아닌 실내를 고압으로 만들어 테스트하는 경우가 있다. 이유는 여름에 내외부의 온도차가 심하지 않아서 열화상카메라로 촬영을 하여도 침기 지역이 확연히 들어나지 않는 경우가 있기 때문이다. 이 때는 내부에 테스트용 연기를 이용해 외부에서 그 틈을 알 수 있기 때문이다. 단, 이 방법을 사용 시 해당지역 소방서와 미리 협의를 하는 것이 불필요한 비용 지출을 막는 길이다.

– 하자의 책임소재와 개선
　지금까지 건축에 있어서 습기수증기에 대해 그렇게 큰 관심을 갖지 않았다. 습기에 대한 문제점, 역할, 다른 여러 요소들과의 연관성, 실질적인 현장과 주거환경에 대해 연구하고 대책을 마련하는 데 소홀하지 않았나 싶다.
　그동안 거주자 혹은 건물 이용자는 여름에 건물 안이 더우면 여름이라는 이유로 습기가 많아서, 곰팡이 냄새가 나면 역시나 여름이고 장마철이라는 생각으로, 주어진 환경에 굴복하고 살아왔다. 더욱이 겨울에는 벽이나 창문에 생기는 결로나 찬 기운이 방안에 있어도웃풍 그다지 심각하게 생각해 본적이 없고, 그것이 당연한 것이라고 생각했

다. 그래서 우리는 건축가와 시공업자에게는 말할 나위 없는 충실한 모범생이었음에 틀림없다.

우리는 계약서에 그리 익숙한 민족이 아니다. 교통사고 후에도 쌍방합의라는 말에는 익숙하지만 변호사를 통하거나 제3자인 보험회사에서 알아서 처리하는 것은 왠지 꺼림칙하게 느껴진다. 이 모든 것이 누가 어떤 문제에 있어서 어떻게 책임을 지는가가 구체적으로 명시되어 있지 않기 때문이다. 혹여 명시가 되어 있더라도 법적인 효력이 약하기 때문이다. 법이라는 것이 인간을 편하게 하기 위해 있음에도 때로는 이 많은 법적조항 때문에 불편한 것도 사실이다. 하지만 우리 일반 건축에서의 책임소재와 질적인 내용의 이행은 소비자 입장에서 볼 때 아직도 개선의 여지가 많다. 건축에서 제일 먼저 없어져야 하는 단어는 부실공사가 아니라 이 부실을 조장하는 '융통성'이라는 말이다.

앞서 간단하게 든 예는 모두 시공자와 건축가가 하자보수 문제에 있어 가장 기본적으로 지켜야 할 것으로 그저 계절 탓으로 돌릴 문제가 아니다. 법적조항이 없다고 혹은 있어도 그것을 이행하지 않으면 그것은 이미 법이 아니다. 나가서 법적조항에 없더라도 그동안의 경험으로 봤을 때 문제가 예상 된다면, 그 문제에 대해서 심각하게 고려하고 대체 방안을 만드는 것이 건축가와 시공자의 기본자세이자 직업정신이다.

수 십 억원이나 하는 고가의 아파트에서 한달 냉방비만 3백만원이 넘는다는 말도 그리 놀랄 일이 아니다. 충분히 있을 법한 얘기인데, 그냥 넘기기에는 너무나 그 액수가 크다. 모든 것이 호화롭고 좋은 자재를 두루 사용했어도 절제와 통제되지 못한 시스템을 갖추지 못하면 결코 좋은 건축이 아니다. 그저 비싼 집일 뿐이다. 우리가 건축 수업 시간에 한번쯤은 꼭 듣게 되는 미스 반 데어 로에Mies van der Rohe의 '글라스 파빌리온'도 새로운 건축을 시도했다는 점에서는 높이 평가되지만 에너지 측면에서는 결코 추천할 수 없는 졸작이다. 건물의 한적한 곳에 숨겨진 어마어마한 냉난방 시스템을 본 사람이라면 동감할 것이다. 마찬가지로 에너지 절감을 목표로 많은 시행착오 끝에 지어진 초고층 건축물들도 당초에는 환경친화적인 인간을 생각한 건물이라며 주장해 왔지만, 그 결과는 상당히 거리가 멀었음을 최근의 언론 보도들을 통해 알 수가 있다.

지금까지 우리나라 현장에서 경험한 바로는 도배하는 분들이 기밀층을 가장 잘 시공하는 것 같다. 한편 창호업체는 원래 구조체와의 연결 부위는 본인들의 시공영역임에도 코킹 처리나 현장 우레탄 충진 외에 내구성이 좋은 기밀테이프 시공에는 아직 낯설어할 뿐만 아니라 거부하는 경향이 적지 않다. 가장 먼저 개선되어야 할 부분이라고 강조하고 싶다.

건축물의 기밀에 관한 기준은 조만간 법제화될 것이다. 폐열회수장치가 제성능을 다하고 실내 환경의 쾌적성을 높여 습기로 인한 문제를 최소화할 뿐만 아니라 환기로 인한 에너지 손실을 줄이기 위해서는 더 이상 미룰 수 없는 과제이다.

잘못하면 현재 일정 규모 이상의 공동주택에 의무로 설치되는 폐열회수형 공기조화기는 공기의 질은 높일 수 있을지는 모르지만 생각했던 에너지 절약하고는 거리가 멀어질 위험이 높다. 물론 다른 테마이기는 하지만 열교도 이에 해당된다. 열교와 기밀에 관한 확실한 법적장치가 없이 '에너지 총량제'를 정부의 시책에 부합하도록 정확히 계산하는 것은 불가능하다. 더불어 이런 기준을 바탕으로 하는 소프트웨어의 오차도 당연히 있고, 현장 사정이나 기타 이유로 최종 오차가 너무 클 위험이 있기 때문에도 법적 대책이 속히 강구되어야 한다.

1
패시브하우스
설비 이해

    건물외피의 단열 성능과 창호면적은 패시브하우스의 난방부하와 난방에너지 소요와 아주 밀접한 관계가 있다. 90% 이상 줄어든 난방에너지를 소비하는 패시브하우스는 가급적이면 패시브하우스연구소PHI Darmstadt에서 만든 에너지 계산 프로그램인 PHPPPassive House Planning Package로 계산하는 것이 좋다. 물론 요즘은 우리나라의 기후데이터도 PHPP에 호환하여 사용할 수 있으므로 각 지역별로 결과를 뽑을 수 있다.

    PHPP 외에 다른 소프트웨어를 사용해서 에너지 요구량을 계산하는 경우에는 패시브하우스와 거리가 생길 수 있으므로 주의를 해야 한다. 예를 들어 난방에너지 소요를 계산하는 독일의 DIN 4701-10에 따르면 겨울철 태양에너지를 패시브적으로 얻는 것에 대해 충분히 고려하지 않아 필요 이상의 난방에너지나 난방부하를 기준으로 난방장치를 설정할 수 있어 비경제적이라는 것이다. 단열이 개선된 패시브하우스 외피는 실내에서의 온도 상승이나 하락폭을 최대한 줄여주므로 적은 난방부하로도 난방이 가능하다. 그래서 20㎡의 공간을 두 개의 100W짜리 백열등만으로도 충분히 난방을 할 수 있다는 계산도 가능하다.

    적은 난방에너지가 소요되는 패시브하우스 건물에는 무엇보다 사용되는 설비에 특별한 요구 사항을 필요로 하고 새로운 형태의 설비시스템이 적용된다. 결론적으로 패시브하우스에 사용되는 설비시스템은 일반 건물이나 저에너지형 건물의 설비와는 분명한 차이점이 있다. 그렇다고 여타 시스템에 비해 복잡한 것도 아니다. 보통 일반적인 건물에는 설치되지 않는 폐열회수가 되는 공기조화기의 경우 실내환경의 쾌적성을 차이가 느껴질 정도로 향상시킨다.

1991년 Darmstadt Kranichstein의 첫 번째 패시브하우스 준공 이후 많은 자재 개발이 뒤를 이었다. 특히 외단열 미장공법과 창호 분야가 두드러졌고, 무엇보다도 설비 분야에서 비약적인 발전을 거뒀다. 경제성은 물론 효율성이 높아진 반면 사용된 기술은 점차 간단하게 발전하는 추세이다. 공기조화기와 축열조, 히트펌프를 하나로 묶는 콤팩트 시스템Compact system이 개발되면서 설치 측면에서 무엇보다 단순해졌다. 공기조화기 하나만 보더라도 처음에는 70% 수준의 회수가 고작이었지만, 현재는 잠열을 포함해 100%가 넘는 열회수 성능을 보이는 기계도 많이 있다. 잠열의 원리를 이용해 습기를 돌려주는 공기조화기는 아직 독일 패시브하우스에서 인증된 것이 없다. 하지만 건물을 인증 받고자 할 경우 정확한 데이터와 PHPP에 그 해당 값으로 계산한 경우에는 사용상에 문제가 없다.

2
패시브하우스
설비 개요

공기조화기를 부족한 열원으로 사용하는 것은 독일에서조차 겨울철 실내의 낮은 상
대습도로 인해 쾌적성에서 합당한 시스템은 아니다. 하지만 패시브하우스의 근본 아이
디어에 근거한다면 단순히 이 장치 하나만 있으면 패시브하우스에는 다른 난방원이 필
요가 없다. 그러나 독일에서도 요즘은 바닥난방을 설치하는 사례가 많이 늘어나면서
난방과 급탕을 위해 히트펌프를 사용하고 있다. 또한 히트펌프 열원으로는 지열 혹은
공기조화기의 폐열회수 장치를 통과해 외부로 나가는 공기와 외부공기를 사용하는 경
우가 많이 있다.

패시브하우스를 위한 단순한 공식

건물의 외피(패시브난방) + 공기조화기(난방원) ≥ 필요한 난방에너지

좀 더 세분화하면 인체의 발열과 기기의 폐열도 물론 해당이 된다PHPP 2.1 W/㎡. 그
외에 설치 가능한 난방원으로는 바이오가스, 일반 가스, 오일, 열병합, 기타 등등 실질
적으로 제한은 없다.

독일에서 현재 시중에 제공되는 일반적인 난방시스템은 그 크기와 용량에서 패시브

하우스에 필요한 난방에너지의 소요량을 훨씬 초과하여 경제성 측면에서는 효과적이지 않다. 펠릿을 사용해 급탕과 난방을 하는 경우가 있는데, 난방원으로 가능하지만 이전처럼 나무를 직접 때는 벽난로는 그 운용이 실내공기와 독립적으로 이뤄지지 않아 안전에 문제가 있다. 여기에 주방 후드까지 외벽을 뚫고 설치된다면 시스템의 올바른 작동은 필요 이상의 컨트롤 시스템을 설치해야만 비로소 가능하다. 주방 후드는 건물의 기밀성에서 언급한 것처럼 순환형으로 설치하고 중앙 집중의 배기관에 연결해서는 안 된다. 보통 후드의 성능은 시간당 적게는 약 150㎥에서 500㎥를 넘는다. 이는 전체 건물에서 배기되는 공기량의 약 3~5배에 달하는 양이다. 주방후드의 팬이 공기조화기에 영향을 미치고 기름을 걸러내는 필터를 설치하더라도 내구성에서 문제가 된다.

다른 방법으로는 건물 외부로 배출되는 배기Exhaust air에 연결시키는 방법이 있다. 필터나 배관 관리가 쉽다는 장점과 일산화탄소와 필요 이상의 습기를 바로 배출한다는 점에서는 장점이 있다. 그러나 문제는 배기되는 양만큼의 공기가 실내로 유입되어야 한다는 점이다. 벽난로가 있다면 이곳을 통해 배기가스가 역류할 수 있어 위험하고 틈새로는 옆집의 배기 같은 것이 들어올 가능성도 높다. 후드를 사용할 때 생길 수 있는 실내의 저압이 그 원인인데, 한 보고서[1]에 따르면 30Pa 이상이 가능하다고 한다. 또한 경우에 따라서는 작동되는 배기관도 배기를 하는 것이 아니라 오히려 급기가 되어 전체적인 시스템의 밸런스가 망가질 수도 있다. 이러한 문제점을 고려해 더 큰 공기조화기를 설치하는 것은 경제성은 물론 효율성 측면에서도 합리적인 방법은 아니다.

패시브하우스 건축에서 설비는 꼭 필요한 만큼만 효율이 좋은 것을 설치하는 것이 기본적인 접근 방법이다. 기계설비의 발전은 하루가 다르게 비약적으로 발전하고 있다. 경제성이 높아졌으나 아직까지는 고가이기에 설비장치보다 그 수명이 짧은 설비에 많은 투자를 할 필요는 없다. 설비보다는 건축 자체에 그리고 설계에 더 많은 투자를 하는 것이 보다 경제적이다.

---

[1] Baudirektion Kanton Zürich, HTA Luzern, 2004, 스위스

3
설비 시스템의
종류

공기조화기(폐열회수)

　패시브하우스의 공기조화기는 기존에 우리가 알고 있는 환기시스템과는 다소 차이가 있다. 독일어권에서도 주거공간 주거환기, 조절되는 급배기 시스템, 강제환기, 폐열회수가 되는 환기장치 등등 여러 정의와 용어가 사용되고 있다. 여기서 논하는 환기장치는 주거환경을 개선하는 의미에서 "쾌적환기장치"라고 용어 정리를 하는 것이 타당하다. 이 시스템은 에어컨과 같은 장치와 다르고 고성능이 아닌 일반 필터를 사용하게 되면 외부의 냄새가 내부로 유입될 수도 있다.

　신선한 공기를 실내로 유입Supply air하고 실내에서 이미 사용된 '오염된' 공기와 각종 냄새, 건물에 치명적인 불필요한 습기를 외부로 배출Return air시키는 것은 건강과 쾌적성을 위한 가장 기본적인 시스템이며, 환기의 기본이다. 가장 기본적인 일반 환기방식인 자연환기와 공기조화기를 통한 환기방식을 비교하면 다음과 같다.

자연환기의 장점	자연환기의 단점
• 공기조화기를 위한 투자에 경제적인 부담이 없고 유지관리비가 들지 않는다. • 공기조화기에서 주의사항인 급기의 오염(배관의 오염)을 걱정하지 않아도 된다.	• 겨울철에 환기 시 실내로 차가운 외기가 유입되므로 쾌적성에 문제가 된다. • 환기를 위해 창문을 열어두면 안전상의 문제와 급작스런 날씨 변동으로 빗물이 유입될 수 있다.

• 내외부의 압력차가 많지 않더라도 충분한 환기가 가능하다. • 집중 환기가 가능하다. • 더워진 내부를 식히는데 다른 공기조화기에 비해 훨씬 효율적이다. 이는 우리나라 여름철에 더욱 더 필요하지만 열대야에서는 야간에 온도차이가 없다면 한계가 있다.	• 실내공기의 질과 환기로 인한 에너지 손실이 재실자의 습관에 따라 많은 차이가 있다. • 주기적으로 일정한 간격을 갖고 환기를 하기에 실내 공기질에 차이가 있다(특히 학교 같은 경우). • 에너지를 많이 함유하고 있는 실내공기의 폐열을 회수할 수 없다 • 외기가 여과 없이 실내로 그대로 유입이 된다. 오염이 심한 도심의 경우는 오히려 문제가 된다. • 창문이 없거나 너무 작은 공간의 경우 악취가 나며 더불어 곰팡이 발생 위험이 높다. 일반적인 단독주택의 화장실이나 욕실이 현재 그렇다.

기계적 환기장치에는 분사형과 중앙집중형을 비롯해 혼합형도 있다. 하지만 여기서는 패시브하우스에서 주로 사용되는 중앙집중형만 논하고자 한다.

중앙집중식 공기조화기(쾌적환기시스템)의 장점	중앙집중식 공기조화기(쾌적환기시스템)의 단점
• 날씨에 영향을 받지 않는다. • 재실자의 습관에 영향을 받지 않는다.(기계를 사용하지 않는 경우는 예외) • 기밀한 건물에서 높은 폐열회수율을 얻을 수가 있어 에너지를 절약할 수 있다. • 급기 되는 공기와 실내온도차가 줄어들어 열적 쾌적성이 증가된다. • 성능 좋은 필터를 장착해 원하는 공기의 질을 얻을 수가 있다. • 재실자가 원하는 데로 급기구를 정해서 시공할 수가 있다. • 문을 개폐할 이유가 없으므로 외부로부터 소음 문제가 줄어들게 된다. • 현재 기술력의 발달로 일반인들도 충분히 유지관리가 가능해졌고, 필터 교체나 청소도 손쉽게 할 수 있다. • 기존 건물이나 신축 건물에도 설치할 수 있다.	• 공기조화기 내에 설치된 두 개의 팬으로 인한 추가적인 전기에너지의 소비[2]를 꼽을 수 있다. 하지만 효율적으로 작동되는 경우에는 약 1 : 5 정도의 대비를 보인다. 즉, 소비가 10이면 환기에너지 세이브가 5가 된다는 것이다. • 기계실이 필요하다는 점. 보통은 지하실이나 주방에 연결된 다용도실에 설치하지만 충분한 면적을 확보하는 것이 시공 시 문제를 줄이는 지름길이다. 보통 환기장치만 놓고 보면 면적이 크게 차지하지 않지만 배관 및 소음기까지 고려해야 한다. 경사지붕인 경우에는 지붕 아래에 설치하는 방법도 있지만, 이 경우에 공기조화기는 기밀층 바깥에 있더라도 분배되는 배관은 기밀층 내부인 실내 쪽에 있는 것이 좋다. • 기존의 자연환기나 단순한 배기형 환기시스템에 비해 초기 투자비가 높다.(현재 인증받은 제품의 경우 단독주택에서 설계, 시공 그리고 점검 포함 약 2천만원, 한국 2012년) • 정확한 작동과 공기량 측정을 위해 계획이 반드시 필수적이다. • 건물의 기밀성이 떨어지는 경우, 계획한 효율을 기대할 수 없다. 반드시 기밀테스트(Bloor door test)를 시행하되 단순히 n50값만 얻는 것이 아니라 침기 지역을 찾아내 보수공사를 해야 한다.

2 PH의 조건에 따르면 0.45W/(㎥h)를 최고 소비로 정하지만 최근에는 효율이 좋은 EC모터를 주로 사용하기에 0.30W/(㎥h) 이하의 소비를 보이는 장치가 많이 있다. AC모터에 비해 약 50% 이상의 에너지 세이브가 가능하다.

– 쾌적환기장치의 기본 특징

① 필요한 공기의 양은 위생적으로 필요한 환기량과 같다.

② 침기현상 없이 지속적으로 높은 공기질을 제공한다.

③ 공기조화기의 작동 시 발생되는 소음은 거주인의 쾌적성을 떨어트릴 정도로 느끼지 못한다.

④ 난방에너지의 절약은 사용되는 전기에너지[3]에 비해 몇 배 이상에 이른다.

⑤ 설치되는 공기조화기는 난방장치, 벽난로, 주방후드 등과 연계해서 계획되어야 한다.

⑥ 공기조화기의 조절장치는 간단하며 필터 교체가 점등되면 거주인 본인 스스로가 쉽게 교체가 가능하다.

⑦ 장치의 설치와 점검은 가급적이면 인증된 업체가 시행해야 한다.

⑧ 계획이나 설치 그리고 운전을 위한 기본은 해당 법규와 기준에 따라야 한다. 각종 기준이나 법적장치가 부족한 경우, 특히 패시브하우스 건축과 관련해 각 기준과 계획방법에 대한 보충과 확충이 이루어져야 한다. 또한 기후적 특성을 고려한 내용도 추가적으로 이루어져야 한다.

아무리 효율이 좋은 장치라 할지라도 건축적으로 기본적인 틀이 형성되지 않으면 제대로 작동하지 못하고 기대한 실내 쾌적성을 확보하기가 어렵다. 공기조화기를 효과적으로 사용하기 위한 건축적인 조건은 다음과 같다.

• 독일이나 오스트리아의 기준에 따르면 공기조화기가 설치된 일반 건물에서는 1.5회의 n50값을 말하지만 최소한 1.0회를 만족하는 것이 좋다. 패시브하우스는 반드시 최대 0.6회 이하의 값을 만족해야 한다.

• 위생상 필요한 환기를 계속하기에 실내의 악취나 환경위해 성분이 외부로 배출되는 것은 맞으나 그렇다고 환경적으로 위해한 자재를 검토 없이 사용하는 것은 문제가 있다. 오스트리아의 ÖNORM EN 15251기준에 따르면 TVOC는 100㎍/㎡h, 포름알데히드는 20㎛

---

3 독일 PHI

g/㎡h, 암모니아는 10㎍/㎡h, 암을 유발하는 물질IARC은 2㎍/㎡h 이하를 만족해야 한다. 전체 VOC는 공기 조화기가 설치되지 않을 경우는 최대 500㎍/㎥이지만 목표치는 250㎍/㎥ 이하이다.

공기조화기는 에너지 측면에서는 단열이 된 실내에 설치하는 것이 효율적인데 보통은 지하층에 많이 설치하게 된다. 일반 단독의 경우는 A/V 수치를 고려하면 지하를 난방공간으로 포함하는 것이 좋다.

앞장에서도 언급했지만 전체 일층면적이 지하가 되면 효율적이지만 일부만 지하가 되는 경우에는 효과가 떨어질 수도 있으므로 간단하게라도 A/V 수치를 비교하는 것이 좋다. 단열이 되지 않은 찬 공간에 설치되는 경우에는 현재 여러 주장이 있다. 열손실이 미비하다는 쪽과 생산업체에서 테스트한 열교환율이 확보되지 못한다는 의견으로 나뉜다. 필자는 PHI Darmstadt의 의견과는 달리 후자의 견해에 더 의미를 두고 있는데, 이유는 간단하다. 배관을 통한 열손실은 단열재의 두께로 충분히 보완 가능하지만, 기계 자체의 누기율과 기밀성특히 시간이 지나면서을 외부공간에서 추가적으로 하지 않으면 외부의 찬 공기와 섞이는 문제가 발생하여 많은 손실이 예상될 수 있기 때문이다. 특히 모든 기계의 열효율은 실험실에서 실내온도로 측정된 것이기에 현대의 측정 방법에 따른다면 외부에 설치된 경우에 한해서는 신뢰성이 문제될 수도 있다. 여러 생산업체에서 자체 테스트를 통해 외부에 설치해도 문제가 없다고 하지만 가급적이면 단열면 안에 설치할 것을 권한다.

– 이산화탄소와 습기를 외부로 배출

폐열회수장치가 장착된 공기조화기는 필터를 거쳐 위생적으로 필요한 공기를 실내로 유입Supply air시킨다. 침기웃풍, Draft risk와 같은 국지적인 쾌적성의 하락이 없고 냄새가 발생한 곳에 정확히 바로 배기Return air를 할 수가 있다. 실내환경에 가장 좋은 것은 음식, 화장실 냄새 마찬가지로 샤워나 목욕 시 발생되는 습기를 일정한 양으로 계속 외부에 배출시키는 것이다. 이는 재실 여부를 떠나 가동되는데, 스위스 기준인 SIA 2023에 의거 실내 CO_2의 양에 따른 환기를 보면 낮에는 성인 기준으로 28~36㎥/h이고 밤에는 18~27㎥/h의 신선한 공기가 유입되는 목표로 600~1000ppm의 이산화탄소 농도를 유지할 수가 있다. 이는 성인 기준으로 낮에는 약 36g/h, 밤에는 24g/h의 이산화탄소를 배출하는 것을 기준으로 한 것이다. 보통 4인 가족을 기준으로 하루에 필요한 신선한 공기는 2,000~3000㎥에 이른다.

이산화탄소 외에 실내 습기를 외부로 배출해야 구조체의 하자가 줄어들게 된다. 독일에 소재하는 Jena대학과 Dresden대학의 표본조사에 따르면, 5,000가구를 대상으로 조사한 결과, 22%가 곰팡이를 직접 유관으로 확인할 수 있었고, 공기조화기가 설치된 건물의 경우에는 그 위험도가 훨씬 줄어들었다고 한다.

현재 알려진 바[4]에 따르면 사람이 쾌적한 생활이 가능한 실내 상대습도는 30~65% 정도이다. 연간 부분적으로 며칠간 20% 이하로 떨어지더라도 쾌적성에 그다지 문제가 없다. 여기에 주방이나 다용도실은 약 60㎥/h, 화장실은 40㎥/h, 손님화장실은 크기에 따라 다르지만 20~30㎥/h이며, 경우에 따라서는 10㎥/h의 배기를 권장한다. 한편, 저장 창고나 다락같은 경우에는 약 10㎥/h의 공기를 배기하게 된다. 공기량을 산정하는 경우에 있어서는 배기건 급기건 더 많은 양을 근거로 놓고 공기조화기의 양을 설정하게 된다. 예를 들어 급기가 190㎥/h이고 배기가 단지 150㎥/h이라면 그 공기조화의 양은 190㎥/h을 기준으로 계산하게 된다.

– 라돈(Radon) 농도는 지하가 가장 높아

여름철은 겨울보다 온도가 높아 실내에 더 많은 농도로 냄새가 나며, 습기 배출도 겨울철의 공기순환량만으로는 부족한 경우가 많다. 그렇다고 공기조화기를 높게 설정해서 필요 이상의 전기를 소비하기보다는 자연환기 콘셉트로 전환하는 것이 좋다. 밤이 되면서 올라가는 실내온도를 효율 좋은 자연환기로 실내온도를 안정시키는 것과 같은 맥락으로 접근하는 것이 보다 효과적이다. 흔히 공기조화기를 에어컨과 같은 냉방장치로 이해한다. 그러나 냉방모듈을 별도로 설치하지 않는 한 단순한 공기순환 시스템에 불과하다. 물론 약간의 냉방효과는 가능하다.

배기의 중요성과 관련하여 주목할 것이 방사능 원소인 라돈Radon이다. 냄새가 없는 라돈 가스는 자연에 존재하는 것으로 일반적인 건축자재도 함유하고 있다. 라돈의 결과물은 중금속으로 우리가 숨을 쉬면서 계속해서 폐에 쌓이게 되는데, 유럽연합의 한

---

4 SIA V382/3 Kap. 5 3 3, 스위스 기준

보고서에 따르면 모든 폐암 원인의 9%는 바로 이 라돈가스에 직접적인 연관이 있다고 조사되었다. 흡연 다음으로 폐암을 일으키는 두 번째 원인이다.

라돈은 호흡을 통해 우리 폐에 바로 들어가게 되고 방사능 노출이 외부에서 내부가 아닌 내부에서 외부로 노출된다. 겨울철이 가장 위험한데, 확산을 통해 공기 중으로 퍼지게 되고 온도 차이로 인해 더운 공기가 위로 상승하면서 건물 아래 부위는 저압이, 상부는 고압이 형성돼 지하층이 있다면 틈 사이로 라돈가스가 1층, 2층으로 유입되므로 위험하다고 볼 수가 있다.

일반적으로 라돈의 농도는 지하가 가장 높다. 오스트리아는 이미 1992년에 약 4만 가구의 라돈 농도를 측정한 후 이를 각 지역별로 라돈 농도와 위험성을 지자체 별로 기록하였다.[5] 라돈의 위험으로부터 벗어나는 가장 좋은 방법은 지하층을 없애는 것이다. 지하를 저압으로 환기시키거나 지하와 상부 공간의 연결문은 기밀성이 좋은 것을 사용해야 한다. 지중 열교환기를 통해 공기조화를 하는 경우 브라인 시스템Brine-Air heat exchangers은 상관없지만 공기를 이용하는 큘튜브 시스템일 경우에는 그 침기율이 오스트리아의 기준인 ÖNORM S 5280-2에 따르면 0.05% 이하가 되어야 한다. 라돈 위험 지역에 있는 건물이며 지하가 있는 경우는 가급적이며 단순한 배기장치만을 가진 공기 순환시스템은 피해야 한다.

라돈에 이어 문제 소지가 높은 것으로는 미세먼지를 들 수 있다. 그 크기가 1/1000㎜ 이하라 인체의 일차방어선인 코를 통해 다 막기는 어렵다. 결국 기관지로 들어가게 되는데, 다시 재채기를 통해 밖으로 배출되는 것은 일부분에 불과하다. 이 작은 입자에 묻어 있는 암 유발 성분이 혈관에 이를 수 있고, 그 입자가 작을수록 그 여파는 일반적으로 더 크다. 이를 예방하기 위해 F8과 같은 특수필터를 사용하는 방법도 있지만, 공기조화기 내의 압력이 저하되므로 설치 시 충분한 검토가 필요하다.

이 외에 꽃가루나 환경위해 성분을 꼽을 수가 있다. 요즘 아토피성 피부질환과 꽃가루 알레르기 반응 등은 환기장치와 이에 맞는 필터 선택을 통해 일정한 양의 공기를 순환시키는 것이 효과적인 방지책이다. 우리가 느낄 정도로 불쾌한 공기라면 이미 많이 더러워진 것이다. 깨끗한 물이나 음식의 신선도에 대해서는 민감하지만 정작 공기에 대해서는 신경을 쓰지 못하는 것 같다. 이유는 간단하다. 눈에 보이지 않기 때문이다.

---

4 www.oenrap.vie.com

공기조화기 설치를 반대하는 의견 중의 하나로 소음을 들 수 있다. 패시브하우스에서 합당한 25dB 이하를 준수해야 한다. 25dB은 보통 1m 거리를 두고 있는 성인이 내는 숨소리와 같은 수치다. 60dB은 보통 크게 소리 내 얘기하는 정도이다. 공기조화기의 소음이 방해되면 조금 약하게 작동하거나 밤에 잘 때는 아예 끄는 경우가 있는데, 근본적인 해결 방법은 아니다. 오스트리아의 한 조사에 따르면 설치된 공기조화기 중에 약 7%가 소음 문제가 있다고 보고된 바 있다.

실 명	급 기(supply air)	배 기(return air)	소음(dB), 최소	소음(dB), 목표
거 실	60㎥/h		25dB(A)	20dB(A)
침 실	50㎥/h		23dB(A)	20dB(A)
아이방(1명)	25㎥/h		23dB(A)	20dB(A)
아이방(2명)	50㎥/h		23dB(A)	20dB(A)
사무실(1명)	25㎥/h			
부엌		60㎥/h	27dB(A)	23dB(A)
화장실		40㎥/h	27dB(A)	23dB(A)
손님화장실		20㎥/h(10㎥/h)	27dB(A)	23dB(A)
서비스 공간		60㎥/h	27dB(A)	23dB(A)

A : 거주공간에서의 소음 PHI Darmstadt에서는 공기조화기가 설치되는 공간의 소음을 35dB(A)로 정하고 있으며 서비스 공간은 최고 30dB까지 보고 있다. 손님화장실의 배기(Return air)의 경우는 변기 주변에서 바로 배기되는 경우는 10㎥/h로 낮출 수가 있다.[6] 출처 : Komfortlüftung.at, 55 Qualitätskriterien für Komfortluftung – Einfamilienhaus

– 공기조화기의 역할

패시브하우스에서 공기조화기는 보통 3시간에 한 번씩 전체를 신선한 공기로 교체한다. 이는 시간당 약 0.3~0.4회 환기에 해당하는 기본환기이다. 일반적으로 사람이 많이 모이는 공연장이나 홀 같은 곳에서는 공기조화기의 용량 산정 시 최고의 사용자 수를 근거로 두어 이른바 웃풍Draft risk같은 현상이 많이 일어난다. 패시브하우스에서 공기조화기는 일정한 공기의 질을 확보하고 습기로 인한 하자를 줄여 준다. 또 환경위해 요소를 계속 외부로 배출하므로 주거의 질적 유지에 없어서는 안 되는 필수요건이다.

---

6 오스트리아의 Haus der Zukunft에 따르면 조금 더 세분화가 되어 있다. 지하실이 아닌 주거공간에 인접된 곳에 설치되는 경우는 38dB, 지하실에 설치되는 경우는 43dB, 히트펌프가 같이 설치된 콤펙트 시스템이고 지하에 설치되는 경우는 48dB에 달한다. 거실과 주방은 가급적이면 25dB을 그리고 각 배기공간은 27dB을 맞추는 것이 좋다.

마찬가지로 패시브하우스에서 공기조화기의 폐열회수 역시 난방에너지 소요 15kWh/㎡a를 만족시키기 위해 반드시 있어야 한다. 에너지 절약뿐만 아니라 현대 생활 방식에 맞는 위생상으로도 반드시 필요한 선택사항이 아닌 필수사항이다.

– 열회수장치의 효율 계산

열(heat) : $\eta_x = \dfrac{x_{ZUL} - x_{AUL}}{x_{ABL} - x_{AUL}}$ $\qquad \eta_x = \dfrac{x_{ABL} - x_{FOL}}{x_{ABL} - x_{AUL}}$

tZUL : 급기의 온도Supply air

tAUL : 외기의 온도Outdoor air

tFOL : 외기로 빠져나가는 온도Exhaust air

tABL : 배기 온도Return air

※ 오른쪽은 열회수 공기조화장치를 통한 환기로 인한 에너지 절약을 나타낸다.

측정부위	1	2	3
배기온도(Return air)	21℃	℃	℃
배기습도	36%	46%	56%
외기온도(Outdoor air)	–3℃	+4℃	+10℃
외기습도	80%	80%	80%

독일 DIN V 4701-10에 따르면 모든 공기조화기의 열회수율은 9%가 더 줄어들게 되는데, 인증기관에서 발표되는 열회수는 이런 수치를 이미 포함하고 있기에 그대로 사용 가능하다. 하지만 생산회사 자체 보고서의 폐열회수는 보통 9%를 뺀 값을 열회수율로 보는 것이 좋다.

① 열교환기의 결빙을 막기 위한 사전 예열장치를 가동하는 경우
② 공기조화기의 열손실
③ 공기조화기의 기밀성누기율을 고려한 수치이다.

어떤 기준[7]에 의해 나온 수치인지가 기록되지 않은 열회수율은 말 그대로 가치 없는 수치에 불과하다.

습기(Moisture), prEN 13141-7 : 2007, 독일VDI 2071 :

$$\eta_x = \frac{x_{ZUL} - x_{AUL}}{x_{ABL} - x_{AUL}} \qquad \eta_x = \frac{x_{ABL} - x_{FOL}}{x_{ABL} - x_{AUL}}$$

XZUL : 급기의 절대습도Supply air

XAUL : 외기의 절대습도Outdoor air

XFOL : 외기로 빠져나가는 절대습도Exhaust air

XABL : 배기 절대습도Return air

위생적으로 필요한 공기를 폐열회수장치 없이 유지한다면 그로 인한 열에너지 소비는 약 30kWh/㎡a에 달한다. 예를 들어 PHPP 계산으로 약 14kWh/㎡a를 갖고 있는 최초의 패시브하우스 경우에도 폐열회수가 없다면 소요량은 36kWh/㎡a에 이른다. 결국 패시브하우스가 불가능하다는 말이 된다. 패시브하우스에 필요한 공기조화기를 통해 난방을 해결하는 경우에는 이미 언급한 바와 같이 우리나라 환경에는 낮은 습도로 인해 사전 검토가 반드시 필요하다.

패시브하우스에서 요구되는 난방부하는 10W/㎡이고 최대 난방에너지 소비는 15kWh/㎡로 에너지 등급상으로는 사실상 경제성 원칙에 의거한 최고 수준이다. 이 기준은 유입되는 외부 공기를 난방의 목적으로 데우는 한계와 연관이 있는데, 52℃가 공기를 덥히는 최대 온도이다. 이 온도를 넘어서면 냄새나 혹은 정전기 그리고 먼지가 활발하게 움직이게 되므로 쾌적성을 감안해 설정한 것이다. 약 150㎡의 건물을 단순하게 공기난방으로 할 경우에 실높이를 2.6m, 위생상 필요한 환기량을 180㎥/h, 실내온도

---

7 독일의 경우도 PHI의 기준과 DiBt의 기준에 따라(TZWL) 측정의 결과는 약 12%의 차이를 보이고 있다. PHI에서 75%이면 TZWL에 따른 수치는 87%가 되어야 한다.
DiBt : Deutschen Institut für Bautechnik Berlin
TZWL : Europäisches Testzentrum für Wohnungslüftungsgerate Dortmund
TZWL와 PHI 그리고 EN 13241-7의 수치는 서로의 측정조건이 상이하기에 비교할 수가 없다.

를 22℃를 유지한다면 유입공기가 30℃일 때 475Watt, 50℃일 때 약 1,663Watt[8]의 에너지가 필요하다. 이 에너지양이면 난방장치로 공기를 데워 기존의 난방장치를 대신한 사용이 가능하다는 결론이 나온다. 물론 건물 자체에서 난방부하를 이 수준까지 이를 수 있도록 단열이나 기밀, 열교억제 등에 설계가 충분히 성립되어야 한다. 초창기는 물론 현재까지 반복되는 실수 중의 하나가 공기난방의 경우 실내로 유입되는 공기의 양을 늘리고 시간당 환기횟수를 0.5~0.8회 정도로 하여 실내 상대습도가 상당히 낮아진다는 것이다. 이 문제는 독일 PHI에서 여러 문건이나 세미나 등을 통해 경고한 사항임에도 경제성이 있다는 장점 때문에 많이 선택되고 있기에 그렇다. 더구나 대부분 습기를 돌려주는 환기시스템이 아니라 판상형의 열교환기를 주로 설치하여 문제가 발생한다. 어느 정도의 상대습도가 가장 쾌적한가는 사람의 느낌에 따라 다르고 완벽하게 정의된 바는 없다. 재실자를 기준으로 공기조화기를 설치할 때에는 주거건물은 30㎥/h[9]을 기본 데이터로 정하는 것이 좋다. 이 값을 기준으로 하면 개인 단독주택은 환기횟수가 약 0.3h-1에서 0.4h-1 정도로 하고, 다세대 주택의 단위세대로 보면 0.4h-1에서 0.5h-1 정도의 환기를 보인다.

공기를 통한 냉방성능은 지열교환기를 거치더라도 공기 자체가 액체보다 함유할 수 있는 에너지양이 훨씬 적기 때문에 한계가 있다. 약간의 동굴효과는 있지만, 이로써 냉방부하를 감당하기에는 지역적으로 차이가 있지만 어렵다. 또한 배관에 생길 수 있는 응축수나 결로수로 인해 유입되는 급기Supply air는 +16℃를 넘는 것이 일반적이다.

지열교환기에 연결된 공기조화기는 여름철 실외의 온도가 내려간 야간에 자연환기를 적극적으로 사용하고 축열성능이 높은 자재와 효과적인 햇빛차양장치를 사용한다면 에어컨 없이도 실내생활이 가능하다. 하지만 더 중요한 것은 높은 실내의 습도를 줄이기 위한 제습장치도 감안해야 한다. 제습 효과에 따라 에어컨 용량이 추가적으로 필요한지를 판단할 수 있다. 아니면 처음부터 작은 에어컨을 약간의 냉방과 제습기로 사용하기 위해 설치하는 것도 효과적이다. 겨울철보다 여름철에는 건물 사용자간 서로의 연관된 메커니즘을 정확히 이해하고 사용한다면 보다 쾌적한 실내를 만들 수 있다. 이를 위해서는 사용자 지침서 같은 것을 좀 더 구체적으로 명확하게 사례별로 언급해서

---

8 Haus der Zukunft
9 오스트리아의 경우는 30이 아닌 36㎥/h를 기준으로 보기를 권한다.

배포하는 것도 좋은 방법이지만, 필요 이상의 정보를 담아서 사용자의 이해가 떨어지거나 혼동하는 일은 피해야 할 것이다.

– 공기난방시스템

우선 순위는 어떤 형태의 에너지를 건물에 사용하는가가 아니라 어떻게 경계치를 만들어 낼 것인가에 있다. 단순 공기조화기 난방은 고도의 설계가 필요하고, 시공 시에도 하자를 막기 위한 노력을 요한다. 그렇지 못하면 계획된 난방용량이 부족하거나 높은 유입 온도로 실내공기가 너무 건조하게 된다. 그로 인해 많은 먼지가 공기 중에 발생하면 노약자나 아이들이 감기에 자주 걸리는 일이 더욱 빈번해진다. 결국에 공기조화기를 통한 공기의 유입을 줄이던가 아니면 다른 추가적인 방안을 찾아야 한다. 보통 사용되는 것이 폐열회수뿐만 아니라 습기도 일정 한도로 다시 돌려주는 흔히 말하는 로터리 방식의 공기조화기를 많이 사용한다. 쾌적성의 차원을 떠나 건강성만 고려한다면 건조한 것이 습한 실내보다는 더 안전하다. 그러나 공기난방장치로 사용하는 경우에는 실내가 건조하다는 이유로 유입되는 공기의 양을 줄일 수 없는 단점이 있다. 양을 줄이면 실내의 건조함은 어느 정도 해결되지만 충분한 난방 에너지를 공급하지 못한다는 면에서는 마이너스 요인이 된다. 마찬가지로 배관을 단열재로 충분히 에워싸 시공해야 한다는 추가적인 불편한 요소도 있다. 일반 난방시스템과 달라서 따뜻하게 기댈수 없다는 단점이 있으며, 특히 한국의 정서를 고려하면 소비자들에게 받아들여지지 못한다는 점이다. 더불어 각각의 방의 온도를 조절하는 데 한계가 있는 것 또한 단점에 속한다. 또한 오랜 기간동안 건물을 비웠을 때 빠른 시간에 좀 더 높은 성능으로 난방

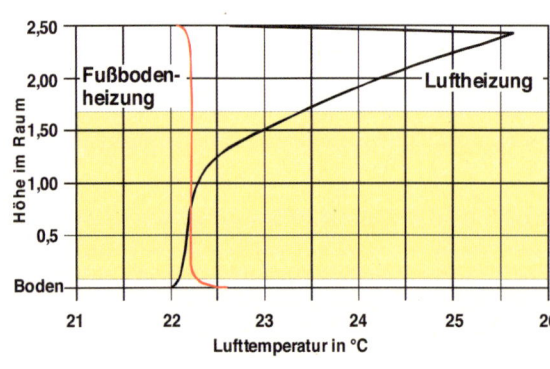

공기난방시스템과 바닥난방(빨간색)의 온도분포를 비교한 그래프. X축 : 온도, Y축 : 높이. 출처 : Passivhaus Institut, Passivhausprotokollband 23, 2003

을 할 정도의 여유분이 없다는 것, 마찬가지로 공사가 끝난 후에는 건조과정이 있어 처음 일년은 에너지 소비가 일반적인 평년에 비해 더 높다는 점을 꼽을 수 있다. 공기를 통해 난방을 하는 경우에는 반드시 어느 공간이건 최대의 난방부하가 10W/㎡를 넘지 말아야 한다. 이런 경우에는 15kWh/㎡a는 첫 번째 키포인트가 아니다.

외기Outdoor air를 빨아드리는 배관은 주차장이나 벽난로 배기관, 쓰레기 저장소의 경우 적어도 5m 이상의 이격거리를 두어야 한다. 높이는 독일에서 3m를 말하지만 현장에서는 1.5~3m 사이에 주로 시공된다. 라돈가스의 위험의 여지가 있다면 특별한 검사 결과가 없더라도 광산지역 같은 곳에서는 지면에서 3m 정도를 이격해서 시공하기를 권하고 있다.

이웃집 마당이나 테라스에 너무 가깝게 인입관을 시공할 경우에는 독일의 경우 봄부터 여름까지 바비큐 파티를 자주하는 생활의 요소 등을 고려한 위치 선정이 필요하다. 외기를 빨아드리는 관과 공기조화기를 지나 외부로 배출되는 관은 가급적이면 같은 면에 설치하지 않는 것이 공기가 섞이는 것을 막는 좋은 방법이다. 하지만 여의치 않다면 약 3m 정도 서로 이격거리를 확보해야 한다. 아니면 중간에 섞임을 방지하는 구조체를 설치하는 것도 좋은 방법이다. 외부공기 인입관은 혹여 작은 새 등이 통과할 수 없도록 메쉬를 설치한다. 필터가 없는 경우엔 최고 10Pa[10]15Pa까지는 안정권 이상의 압력 손실이 있으면 안 된다. 가급적이면 압력 손실은 낮을수록 좋다. 인입 시의 공기 속도는 1.5m/s를 넘지 말아야 한다목표치 : 1m/s.

지열교환기를 통과하기 전의 필터는 적어도 F5 정도의 성능을 설치하기를 권장한다. 이 경우 압력 손실은 일반적인 유입공기량으로 보았을 때 20Pa, 그리고 최종 압력 손실은 필터가 더러워진 것을 포함해 최대 40Pa을 기준으로 계산한다. 현재 고성능의 F7 필터를 사용하고도 전체 압력손실이 10Pa 이하인 시스템도 많이 공급되고 있다. 필터의 성능이 높아질수록 생길 수 있는 문제가 바로 필터 부위의 결빙현상이다. 이는 면적이 넓어질수록 위험 정도가 줄어들고, 또 겨울철에 복사열 손실로 인한 요인도 있으므로 입구시설에 밤 시간 동안 복사열 손실을 줄이는 방안을 세우는 것이 좋다.

제일 바람직한 것은 필터를 통과하기 전에 외기 온도가 조금 상승하는 것인데, 일반

---

10 공기지열교환기의 경우이며 외기가 지열교환기를 통하지 않는 경우는 5Pa이며 목표치는 3Pa이다.

적으로 추가 장치가 없으면 불가능하다. 그러나 브라인 시스템Brine-Air heat exchangers은 기본적으로 자체 필터F7가 있고 실내의 따뜻한 공간에 있으므로 이런 위험은 없다. 필터는 비나 눈으로 인해 젖지 않도록 관리하고 나중에 손쉽게 부품을 교체할 수 있게 주변에 방해 요소가 없도록 설계해야 한다. 내부로 인입되는 관의 크기와 같은 크기로 필터를 설치하는 것처럼 인입구의 크기가 너무 작아지면 필요 이상의 압력손실이 생긴다. 게다가 필터까지 바로 설치하게 되면 압력손실은 30Pa을 넘는 경우가 흔하며, F7의 필터를 인입관에 바로 설치하면 300Pa의 압력손실이 있다는 사례도 발표된 바가 있다.

이런 이유에서 가급적이면 인입구는 면적이 넓을수록 좋다. 인입 위치는 여름은 북쪽, 겨울에는 남쪽이 좋은데, 계절별로 인입되는 위치를 바꿔 사용하는 것은 불가능하다. 그러나 브라인 시스템과 같은 지열교환기에는 인입되는 위치가 중요하지 않지만, 이런 사전 예열장치가 없는 경우에는 남쪽 방향에 설치하는 것이 좋다. 지열교환기가 없고 인입구가 남쪽인 경우에는 더운 여름 한 낮에는 공기조화기를 가동하지 않는 것이 실내온도 안정에 도움이 된다. 실내공기가 필요 이상으로 올라갈 위험이 있고 여기에 창호를 위한 외부의 차양장치가 없다면 문제는 더 심각해 질 위험이 높다. 사용자는 이런 연관된 메커니즘을 잘 알아야 하지만 건축가가 조금만 노력한다면 사실 모든 것은 위에 언급된 것에 비해 쉽게 해결이 가능하다.

외부로 배출되는 배관Exhaust air은 인입관Outdoor air과 마찬가지로 최고속도는 1.5m/s이며 압력손실은 최고 5Pa 내에 해결되어야 한다. 배출되는 공기는 상대적으로 따뜻하고 습기가[11] 많아서 바로 외기로 배출되어야 한다. 이 때 건물외피가 통기층이 있는 경우는 공기가 안으로 들어가거나 혹은 현관에 빗물을 피하기 위한 처마나 필로티 등으로 인해 배출된 공기가 시간이 지나면서 정체되는 현상을 막아야 한다.

습기가 많이 모이게 되면 결과적으로 입면자재의 함수율이 증가하고 정전기 현상으로 먼지가 모이기 시작해 곰팡이가 생길 위험이 높아진다. 또한 입면의 색상이 서로 다르게 되는 문제도 발생할 수 있으므로 충분한 사전 검토가 필요하다.

---

11 외부로 배출되는 공기의 상대습도는 겨울철에는 80%를 넘는 경우가 일반적이다.

– 공기조화기의 급배기관

공기조화기의 급배기관은 될 수 있으면 큰 것을 사용해 필요 이상의 압력손실을 막아야 한다. 일반적인 단면의 경우 주관은 150~200㎜ 정도가 되고, 각 실의 연결배관은 100㎜를 많이 사용한다. 시공원칙은 공기배관 – 냉온수관 – 마지막으로 전기관이며, 가급적이면 서로 교차되는 지점을 막고 관 길이를 되도록 짧게 한다. 요즘은 다양한 시공 방법과 더불어 슬래브 타설 시 매립하는 배관도 많이 사용되는데, 현장에서는 일명 '스파게티관' 이라는 별명을 가지고 있다. 보통 지름이 75㎜에서 90㎜이며 외부에는 주름이 있어 휘어짐이 좋고 콘크리트 타설 시 접착면적이 많아 효율적이다. 관의 내부는 공기저항을 최대한 줄이기 위해 매끈한 표면을 가지고 있다. 사용재질은 주로 PP관이나 PE관이며 연결 부위는 기밀성 확보를 위해 기밀링으로 결합한다. 기밀링은 하나가 아닌 두 개로 형성되어야 배관의 침기를 막기에 더 효율적이다. 그 외에 테이프를 통해 배관 연결 부위를 접합하는 경우에는 폴리에틸렌 계열의 테이프에 메탈이 첨가된 제품이 좋은데, 보통 −15℃까지 작업이 가능하다. 배관 내에서 압력의 손실은 급배기 모든 관에서 50Pa에서 최대 200Pa를 넘지 않는 것이 좋다1Pascal=1/100mbar. 오스트리아의 Haus der Zukunft 프로그램에서 발표하는 공기조화기를 위한 경우에서는 전체 급기관에서 100PaOutdoor air-Supply air를 초과해서는 안 된다고 규정하고 있다. 지열교환기를 통하는 경우에는 최대 125Pa까지 보고 있다. 배기에서는 Return air에서 Exhaust air까지 목표치가 80Pa에 이르기도 한다. 배관은 원형이 사각형에 비해 시공성이나 경제성에서 훨씬 우수하다. 더불어 압력 손실 면에서도 납작한 사각형의 관에 비해서 보다 효과적이다.

– 공기조화기 설치 시 압력 손실을 줄여야 하는 이유

• 기계의 전기소모량이 늘어나며
• 기계에서 소음이 증가하게 되고
• 마찬가지로 높은 압력차에서는 분배기diffuser 부위의 소음이 증가하게 된다.

– 압력손실 체크리스트[12]

• 외기Outdoor air를 직접 빨아드리는 경우 최고 5Pa

- 외기Outdoor air를 필터 F5를 설치해서 지열교환기로 빨아드리는 경우 최고 20Pa
- 공기지열교환기 그리고 브라인 시스템을 통한 손실은 최대 15Pa
- 가급적이면 짧은 배관의 길이
- 내부표면이 미끈한 경우
- 가급적이면 넓은 곡선으로 연결관을 시공하며
- 공기의 속도가 느리며
- 표면적이 큰 필터를 사용해서 최대 20Pa로 줄이며
- 사전예열장치는 최대 15Pa
- 사후예열장치를 통과하면서도 최대 15Pa
- Supply Zone에서 Return Zone으로 이동하는 경우 문틈이나 기타의 경우 최대 2Pa
- 외부로 빠져나가는 Exhaust air에서는 5Pa 이하를 만족해야 한다.

'스파게티 관'을 슬래브에 매설하는 경우에는 구조적인 사항을 감안해야 하는데, 일반적으로는 75mm 아래위로 각각 50mm의 콘크리트 두께를 최소한 확보해야 한다. 마찬가지로 내화설계가 필요 없는 경우에도 각각 50mm를 확보해야 한다. 이 때 최소 슬래브의 두께는 약 180mm 정도이지만, 만일 전기배관의 매립으로 인해 겹치게 되면 최소 두께는 200mm 정도로 계획하는 것이 좋다. 독일의 내화설계를 정하는 DIN 4102에 따라 F90 정도의 내화성능을 얻고자 한다면 상부는 50mm 그리고 하부는 100mm를 이격해야 하므로 최소슬래브는 약 240mm 정도이고 전기관이 교차하는 경우는 260mm에 달한다. 그러나 콘크리트 타설 후 슬래브 위에 전기관을 설치하는 경우에는 위에 언급한 최소 기준을 지키는 것이 좋다.

콘크리트 슬래브에 매설하지 않고 바닥 난방 아래에 설치하는 경우에는 그 사이 공간이 충분하게 단열이 되어야 한다. 더불어 층간소음을 억제하기 위한 소음재 또는 차음재를 설치해야 한다. 결과적으로는 슬래브 위의 마감층 두께가 필요 이상으로 두꺼워지는 경우가 많아 다세대 주택에서는 추천할 만한 시공방식이 아니다.

---

12 55 Qualitätskriterien für Komfortlüftungen, Wohnraumlüftungsanlage mit Wärmerückgewinnung, www.komfortlueftung.at, 2007, 오스트리아

콘크리트 슬래브 상부에 배관을 한 경우로 주의할 사항은 층간소음 문제와 바닥난방일 때 최소단열 규정이 있기에 바닥 마감이 두꺼워져야 한다. 배관으로 인해 층간소음재를 부분적으로 얇게 하던지 혹은 끊어지는 것은 피해야 한다. 출처 : Helios, Germany

사전에 충분한 계획을 하지 못하면 현장에서 쉽게 발생하는 문제이다. 배관끼리 교차되는 것은 가급적이면 피하는 것이 좋다. 출처 : Helios, Germany

분배기에서 각 실로 가는 배관이 나눠지는 경우. 출처 : Helios, Germany

슬래브 내부에 배관을 설치하는 경우이며 여러 디퓨저와의 연결을 보여주는 모형. 출처 : Helios, Germany

배관지름	최대속도 2m/s	최대속도 2.5m/s
80mm	35㎥/h	
100mm	55㎥/h	70㎥/h
125mm	90㎥/h	110㎥/h
150mm	120㎥/h	160㎥/h
160mm	140㎥/h	180㎥/h
200mm	220㎥/h	280㎥/h

위의 표에서 볼 수 있듯이 배관의 지름이 작을수록 운반할 수 있는 공기 양은 공기의 속도와 관련해 한계가 있다. 보통 지름이 75mm인 경우에는 속도와 관련해 약 25~30㎥/h로 볼 수가 있다. 그 이상이 되면 소음 전달이 문제가 된다. 그렇다고 소음을 줄이기 위해 반대로 공기 속도를 줄이면 계획한 신선한 공기나 배기가 이뤄지지 않는다. 그래서 눈에 보이는 분배기는 하나라 할지라도 그 뒤에는 지름이 60mm 혹은 75mm인 관을, 예를 들어 두 개를 연결해 사용하는 것도 하나의 방법이다. 각 방에 하나 그리고 거실에는 두 개 이런 식의 접근은 사실 아무런 의미가 없다. 무엇보다 PHPP에 따라 각 실별 필요공기량을 정하고 이에 맞추어 배관의 개수나 분배기의 수를 정하는 것이 올바른 접근이다.

그 외에 공기난방 시스템이 아니더라도 거리가 먼 공간에 급기할 때에는 단열재로 보호해서 해당 실로 가는 동안 열적교환이 없도록 해야 원하는 온도를 얻을 수 있다. 그렇지 못하면 기대한 냉방효과는 전혀 기대할 수가 없다. 이는 지열교환기를 통해 여름철에 냉각된 공기를 각 실로 보내는 경우에도 마찬가지다. 공기난방시스템에 배관을 콘크리트 슬래브 속에 설치할 때에는 특히나 단열에 더 많은 주의를 기울어야 원하는 온도를 얻을 수 있다.

단열성능 λ = 0.04W/㎡K	배관온도 ≤ 25℃	배관온도 〉 25℃
최소두께	30mm	60mm

배관이 찬 공간[13]을 지나가거나 공기난방을 하는 경우에는 반드시 추가로 단열을 해야 하는데, 벽체를 통과하는 부분도 마찬가지다. 외기 인입관Outdoor air과 건물 밖으로

---

13 찬 공간이라 함은 단열재로 둘러싸인 외피를 벗어나 있는 공간을 말한다.

배기되는 관Exhaust air의 전체 길이는 따뜻한 실내에 설치된 공기조화기까지의 거리가 짧을수록 효율적이며, 배관에는 적어도 열전도가 0.04인 단열재를 30㎜ 이상 설치해야 한다. 설치되는 단열재는 내부의 습기가 상대적으로 차가운 배관의 표면과 만나 생길 수 있는 결로수를 막기 위해 반드시 투습이 어려운 단열재를 사용하던가 아니면 투습이 아예 불가능하도록 알루미늄 같은 소재를 추가로 감아주어야 한다.

급기 분배기를 외벽 가까이 설치할 때에는 약 50~100㎝를 이격해서 설치하며 마찬가지로 내벽에서도 약 50㎝를 떨어뜨려야 한다. 아울러 커튼이나 가구 뒤에도 설치하는 것은 피해야 한다. 외벽 가까이에 급기 분배기를 설치하면 신선한 공기가 바로 중간 공간을 통해 배기공간으로 가기까지 시간이 길어지게 된다. 공기가 실내온도에 의해 데워질 시간이 많아짐에 따라 결과적으로는 폐열회수에 더 도움이 되고 침실이나 거실에 골고루 신선한 공기가 유입된다는 장점이 있다. 소위 관의 길이를 짧게 하는 것이 압력 손실을 줄이는 가장 좋은 방법으로 알려져 있지만 효율성도 동시에 고려해야 한다.

배기를 위한 분배기는 보통 냄새나 습기의 근원 가까이에 설치하지만 천장형은 벽에서 약 20㎝ 정도, 벽체형은 천장에서 아래로 약 20㎝를 이격해서 설치한다. 습기가 직접적으로 발생하는 욕조, 샤워부스, 요리하는 공간에서는 바로 인접된 곳에 배기구를 설치해서는 안 된다. 급기가 되는 경우에는 사람이 앉는 곳 바로 위에는 쾌적성이 떨어지므로 설치하지 않는다.

가장 흔한 실수 중에 하나는 공기조화기의 폐열회수장치를 벗어나 외부로 배출되는 관을 수직으로 뽑는 것이다. 이렇게 하면 외부와 만나면서 응축수가 발생해 시간이 지나면서 관에 물이 고이게 된다. 가급적이면 짧게 수평으로 약간의 경사를 외부로 두어 시공하는 것이 효과적이다. 반대로 외부에서 바로 인입되는 경우에는 응축수 발생의 우려가 없다. 물론 지열교환기를 통해서 여름철 공기를 사전 냉각시킬 때에는 응축수가 발생한다.

– 급기와 배기의 흐름

계획한 급배기의 양과 시스템 전체의 조화를 위해서는 급기된 공기는 다시 배기되어야 한다. 기존의 공기조화시스템은 급기된 곳에서 바로 배기되는 반면 패시브하우스는 폐열회수를 위해 급기가 되는 곳침실, 거실, 식당과 공기가 배기되는 곳으로 이동하는 중간 지점복도, 계단실 그리고 배기되는 공간주방, 화장실, 창고, 부분적으로 복도으로 나뉘게 된다.

급배기 흐름의 다른 방법으로는 거실을 공기가 지나가는 중간지점으로 설정하는 것이다. 물론 공기질은 조금 낮아질 수도 있지만 그리 큰 문제는 아니다거실의 크기에 따라 다름. 장점은 공기가 실내에 머무는 시간이 길어진다는 것인데, 겨울철에 건조한 공기 문제를 어느 정도 상쇄시키고 무엇보다 환기로 인한 에너지 절약을 할 수 있다는 것이다. 그 이유는 바로 배기가 되는 공기에 비해 더 높은 에너지를 함유하고 있고, 이는 폐열 회수를 통해 회수가 가능하기에 그렇다.

실내에서 공기의 흐름 문제는 바로 급기공간Supply zone에서 다음 단계로 넘어가는 경우와 중간지점에서 배기공간Return zone으로 넘어갈 경우에 있다. 현재는 자재 부족으로 단순하게 문 아래 부분을 조금 잘라 내거나 아니면 원래 우리나라의 실내문은 기밀하지 않다는 이유로 체크하지 않는 경우도 많다. 이는 정량화된 것이 아니므로 전체 공기조화시스템에 문제가 생길 수 있다. 보통은 상부 문틀 사이로 차음재를 사용해 공기를 흐르게 하는 방법이 있다. 또한 문 중간에 화장실에서 자주 쓰이는 공기창 또는 간단하게 문 아래를 약 10㎜ 정도 짧게 하는 방법 등이 있지만 소음과 관련해서 그다지 타당성 있는 해결 방안이 아니다. 그래서 중량이건 경량이건 소음기가 달려 있는 시스템을 사용하기를 권한다. 가격도 저렴하고 무엇보다 흐르는 공기량을 정량화 했기에 계획하는 입장에서는 신뢰할 수 있는 시스템이다. 공기의 속도는 이때 최고 1.5m/s를, 압력손실은 최고 2Pa을 기준으로 한다. 배관 길이를 짧게 하기 위해 방문 위에 바로 급기구를 설치하는 경우가 있다. 그로 인해 급기된 공기가 바로 배기가 되는 것이 아닌가 하는 의문을 많이 제시한다. 결론적으로 모든 상황에 적용할 수는 없지만 문을 열어 논 상태라 할지라도 보통 10% 내외가 바로 중간단계로 공기가 흘러가게 되므로 그 영향은 그리 크지 않다고 볼 수 있다.

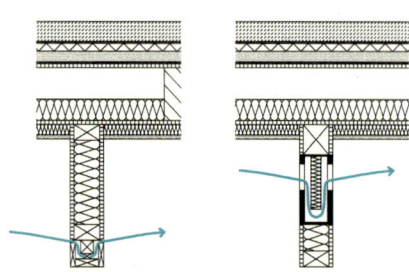

상부 문틀이나 소음기가 설치된 프레임을 설치하는 경우.
출처 : Haus der Zukunft, Qualitätssicherung von Passivhäusern in Holzbauweise, 2007

석고보드 벽에 설치되는 시스템. 출처 : westaflex, Germany

시공 후의 모습. 출처 : ebök, Germany

독일 DIN 1946-T6에 따른 예를 계산한다면 40㎥/h의 공기가 문을 통해서 다음 공간으로 이동해야 한다면 문의 사이즈를 80cm로 보았을 때 문과 바닥 사이의 틈은 약 13mm 정도 필요하다. 최고속도를 1.5m/s로 본다면 공기가 흐를 수 있는 유효높이는 9.3mm 정도가 필요하다.

소음은 아무리 개인주택이라 할지라도 고려해야 할 사항 중에 하나이다. 일반적인 독일의 내부 문은 약 20dB 정도인데, 조금 나은 것은 27dB인 제품이 많이 사용된다. 이런 경우 약 5~10mm 정도의 틈이 있다면 20dB의 문에서는 약 2dB이 나빠지고, 27dB 문의 경우는 약 7dB 정도가 나빠져 결론적으로는 별 차이가 없어진다. 현재 우리나라 실내문의 차음 성능은 대부분 20dB 이하로 보면 무리가 없다. 소음기가 달린 제품을 설치하면 현재 개당 평균 130유로 정도 하는데, 일반 단독주택에서도 사생활 보호 차원에서 설치할 것을 권장한다. 특히 화장실이 그러하다.

실내로 유입되는 공기의 속도와 쾌적성도 깊은 상관이 있다. 보통 0.2m/s를 그 최고속도로 많은 전공서적에서 언급하지만 실내에서 분배기를 통해 유입되는 공기를 통해 내부공간에 생기는 공기의 속도는 0.1m/s 20℃를 기준를 준수하는 것이 좋다. 물론 실

ÖNORM EN 13779:2008 draft risk 15%

지역적 온도(℃)	일반적인 공간(m/s)
20	0.10 ~ 0.16
21	0.10 ~ 0.17
22	0.11 ~ 0.17
24	0.13 ~ 0.21
26	0.15 ~ 0.25

내온도에 따라 공기의 속도도 어느 정도 달라질 수 있다. 실내의 온도가 높을수록 공기 흐름의 속도도 같이 상승할 수 있다.

– 공기조화기 설계와 설치

공기조화 설계를 위해서는 또 하나의 중요한 포인트가 거주공간이다. 사람이 주로 거주하는 부위를 알아야 하는데, 위 경계는 바닥에서 1.8m까지, 아래 경계는 0.05m, 냉난방장치로부터는 1m, 모든 벽내벽과 외벽으로부터는 0.5m, 창문과 문으로부터는 1m를 이격하는 것이 독일이나 오스트리아의 기준에서 정하는 지속적인 거주공간이 된다. 공기조화나 기타 설비에서 요구되는 쾌적성은 이 지속적인 거주공간에 한정되는 것이다.

공기조화기를 설치하는 공간에는 가급적이면 오일, 가스, 나무 등을 사용하는 난방장치를 같이 설치하지 않는 것이 좋다. 바닥 위에 설치하는 경우에는 진동에 안전해야 하고 마찬가지로 벽에 걸어서 설치하는 경우에도 반드시 진동방지제로 분리한 후에 설치해야 한다. 공기조화기에 생기는 응축수를 제거하는 시스템은 무엇보다도 냄새의 역류를 막아야 하므로 기밀하게 오수관에 연결하며, 보통 두 개의 트랩으로 된 제품을 사용하기도 한다. 트랩 내에 응축수가 없는 경우에도 냄새의 역류는 없어야 한다. 혹은 오수관 연결 없이 임시적으로 응축수 통을 설치해 일정한 간격으로 비우는 시스템도 있다. 또한 고려되는 것이 응축수를 제거하기 위해 작은 펌프를 설치하는 것인데, 통상 임시방편으로 사용하는 것이 보편적이다.

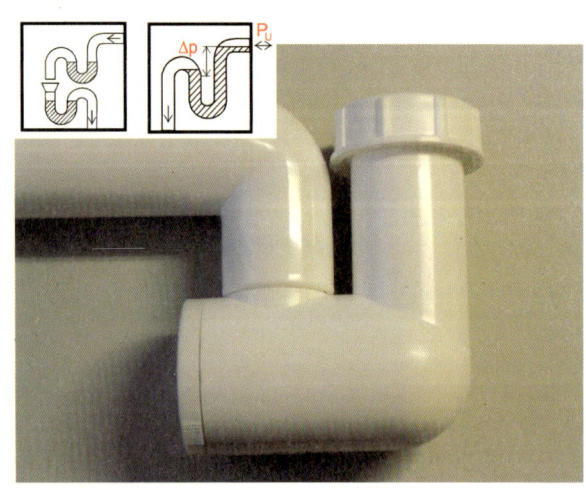

건조형으로 배관 내부가 건조되는 것을 막으며 냄새가 역류되는 것을 방지한다. 출처 : Paul Wärmerückgewinnung, Germany

공기조화기 자체도 역시 열교를 줄여 표면에 응축수 발생을 막아야 한다. 그런 이유에서 패시브하우스용 공기조화기는 단열재를 사용해서 기계 자체의 단열성능0.5W/㎡K과 열교를 줄인다.

외부공기 인입 시에 사용되는 필터의 클래스는 F7을 권한다. 이 필터로 인한 최대 압력 손실은 20Pa 이하로 줄여야 한다. 배기되는 곳에는 보통 G4 필터 이상을 일반적으로 사용하고 압력 손실은 10Pa 이하가 되어야 한다. 필터는 교체 시 어떤 특수공구를 필요로 하지 않을 정도로 사용자가 쉽게 교체할 수 있게 설계되어야 한다.

입자크기 ㎛	〉10	〉1	〉0.1	0.01 ~ 0.1
입자	꽃가루입자가 큰 먼지	조균	박테리아	미세먼지(바이러스, 배기가스)
필터 클래스	성능(정화성능)			
G4	85%	15%	0%	0%
F6	100%	50%	5%	0 ~ 5%
F7	100%	85%	25%	0 ~ 25%
F8	100%	95%	35%	0 ~ 35%
F9	100%	98%	45%	0 ~ 45%

필터클래스에 따른 정화성능, DIN EN 779에 따르면 필터클래스는 G1~4 미세필터는 F5~9까지가 있다. 흔히 말하는 미세먼지는 보통 지름이 10㎛ 이하를 말한다.

배기구에 설치되는 필터는 특히 주방에서 발생되는 기름이나 흡연자가 있는 경우에 합당한 제품을 사용해야 힌다. 요리습관이 특별한 우리나라 상황에서는 급기를 위한 필터 성능도 중요하지만, 배기를 위한 필터와 주방공간의 배기관을 점검할 수 있고 나아가 일부구간은 교체가 가능하도록 시공되어야 한다.

– 공기조화기 계획 시 고려해야 할 사항[14]

• 필요한 공기량을 계산
• 계산을 바탕으로 배관의 종류 및 크기를 설정
• 전체 다른 설비 시스템과 맞추어야 함
• 지열교환기 시뮬레이션

---

[14] 55 Qualitätskriterien für Komfortlüftungen, Wohnraumlüftungsanlage mit Wärmerückgewinnung, www.komfortluefttung.at, 2007, 오스트리아

- 설치된 설비를 인수인계 받을 시 전문가가 참여해야 함
- 공기조화기를 효율적으로 사용 그리고 다루기 위한 사용자 교육

– 공기조화기 선택 시 고려해야 할 사항

- 검사를 받은 제품
- 높은 열회수 성능
- 적은 전기에너지 소비 <0.35W/㎥h, 성능이 좋은 F7 이상의 필터 사용 시
- 내외부의 누기율이 3% 이하
- 일정한 공기를 공급할 수 있는 조절 성능
- 소음이 적을 것
- 배기되는 곳은 F7, 배기필터는 G4를 사용
- 조절장치에 필터교체 자동 알림 정보
- 지열교환기 사용 시 자동 바이패스Bypass 기능
- 공기량을 필요에 따라 충분히 제공할 수 있어야 함 위생, 기본 그리고 최대환기 3단계 시스템

공기조화기 조절[15]

꺼짐 : 환기횟수 0.06~0.10/h

이 모드에서는 환기가 줄어들어 위생상 필요한 만큼만 최소화된 것으로 거주자가 오랜 시간 동안 건물을 비우는 경우에 적용되는 사항이다. 여름철 낮 시간 동안에도 선택할 수 있는 모드이다.

겨울철에 오랜 기간 주택을 비우게 되거나 공기조화기를 통해 난방할 때에는 꺼짐 모드를 사용하지 않는 것이 좋다. 주택에 돌아온 이후에 어느 정도 실내의 쾌적성을 확보하는 데 너무 오랜 시간이 소요되는 까닭에서다. 아직 토론과 검토가 되고 있는 문제 중에 하나로 꺼짐모드에서 어느 정도 공기를 유입하는 것과 아니면 완벽하게 공기조화기를 작동시키지 않는 것을 들 수 있다. 만일 외부에서 사고로 인해 화학물질이나 큰 화재로 인해 환경유해 요소가 유입될 수 있다는 점을 고려해야 하기 때문이다.

---

15 Handbuch für Einfamilien-Passivhäuser in Massivbauweise, Haus der Zukunft, 2009

부재 : 환기횟수 약 0.20/h

이 단계에서는 사용자에게 실내가 건조할 경우 공기조화의 양을 줄일 수 있도록 조절할 수가 있으며, 더불어 추가적인 에너지 절약이 가능하다고 볼 수 있다.

일반 : 환기횟수 약 0.30/h

일반적인 실내환경 조건에서 겨울과 환절기 모드에 적합한 단계로 볼 수 있다. 이는 밤과 낮의 차이 없이 작동한다.

파티 : 환기횟수 약 0.60/h

많은 재실자로 인해 또는 일시적으로 실내공기가 쾌적하지 못할 경우에 선택하는 것으로 특히 요리를 하는 경우나 잠자리에 들기 전, 아침에 일어나 일시적으로 선택할 수 있는 단계이다. 더불어 여름철에 창문을 통한 야간환기가 어려울 경우에는 내부에 축적된 열을 외부로 빼는데 적합한 단계이기도 하다.

– 공기조화기에서 소음이 많이 니는 경우
• 소음기의 성능이 부족하거나 혹은 설치하지 않은 경우
• 공기의 속도가 너무 빠른 경우
• 배관에 예각이 많은 경우
• 분배기Diffuser에서 배관이 꺾이는 부위까지의 길이가 너무 짧은 경우
• 분배기가 사람이 머무는 곳과 너무 가까운 경우
• 분배기가 천장이나 벽체모서리에서 너무 가까이 설치된 경우
• 분배기의 크기가 너무 작은 경우
• 분배기에서 필요 이상의 압력 손실이 있는 경우
• 일반적으로 공기조화기 자체에 압력 손실이 있는 경우
• 필터가 더러워진 경우

- 사전예열 혹은 사후예열장치

- 기계실에서 발생하는 소음

- 배관고정을 확실히 하지 못해 진동이 있는 경우 등을 꼽을 수가 있다.

- 공기량이 적은 경우

- 계획한 수치와 설정한 수치가 적을 경우

- 결빙으로 인해 인입공기 팬이 꺼진 경우

- 분배기에서 조절을 확실히 하지 않은 경우

- 너무 높은 압력손실 지중열교환기, 더러운 필터, 예열장치 등등

- 너무 찬공기가 들어온다면

- 지열교환기 운용에 문제

- 여름용 열교환기나 바이패스 기능을 잘못 설정한 경우

- 사전예열장치의 고장

- 사후예열장치의 고장

- 지열교환기의 성능

- 배관이 난방이 되지 않은 곳에 설치된 경우

- 배관을 차가운 지하층 슬래브 위에 바로 설치한 경우

- 급기의 위치

- 혹은 배기팬이 작동하지 않는 경우

- 너무 더운 공기가 들어온다면 여름

- 지열교환기가 정확히 필요한 만큼 설치가 되었는지

- 지열교환기 조절장치가 바르게 되어 있는지

- 여름용 열교환기나 바이패스 기능을 잘못 설정한 경우

- 사전예열장치의 고장 계속 작동되는 경우

- 사후예열장치의 고장 계속 작동되는 경우

- 급탕관 옆에 급기배관이 설치되어 있는 경우

– 실내로 인입되는 공기에서 악취가 나는 경우

- 주차장 혹은 쓰레기 보관소에서 가까운 경우
- 공기 지열교환기의 경우 배관 내에 물이 고여 있는 경우
- 공기 지열교환기의 배관이 기밀하지 못한 경우
- 응축수 배출을 위한 관이 건조된 경우
- 실내의 공기압이 심한 저압을 형성할 경우 지하의 공기가 올라오는 경우
- 공사 중 발견하지 못한 이물질이 배관 속에서 썩는 경우
- 공기조화기가 기밀하지 못한 경우
- 주방후드 가동 시 화장실 공기가 다른 공간으로 역류되는 경우
- 사전예열장치의 온도가 너무 높은 경우

　많은 질문 중에 하나가 '폐열회수장치가 설치된 공기조화기 없이 패시브하우스를 만들 수 있는가'라는 질문이다. 결론은 패시브하우스의 기본적인 환기횟수인 0.3이나 0.4를 기준으로 했을 때 공기조화기가 없다면 패시브하우스가 요구하는 난방에너지를 만족시킬 수 없다. 물론 공기조화기가 없는, 필자가 아는 유일한 예외적인 프로젝트가 오스트리아 Damon-List, Jenbach Tirol에 있기는 하다. 모니터링을 통해 이 건물도 패시브하우스 기준을 만족하기는 하였지만, 아주 간혹 환기를 시켰기에 가능했다. 주거자의 철저한 관리가 만든 결과인데, 이런 식의 접근방법은 결코 추천할 만한 시스템이 아니다. 건물이라는 것은 입주자가 편안히 생활할 수 있는 선에서 접근되어야 하는데, 어떤 계획표에 따라 이뤄지는 것은 무리한 감이 있다. 특히 생활습관이 다른 우리나라에서는 거리를 두고 단지 예외로만 받아들여야 할 것이다.

　날씨가 비교적 따뜻한 곳에도 전열교환기를 설치하는 것이 한국 현실에 맞는다고 본다. 실내공기의 쾌적성을 확보하는 효과 이외에 건축 중에 사용된 수분을 어느 정도는 외부로 배출을 시킬 수가 있다. 특히 늦가을이나 겨울철에 입주하는 경우에 생길 수 있는 결로나 곰팡이로 인한 문제를 줄일 수 있다. 하지만 이보다 공사 중에 사용된 수분을 줄이는 더 효과적인 방법은 입주 전에 충분히 제습기를 사용하는 것이다. 현재 주로 사용되는 내부마감은 벽지인데 대부분 투습이 어려운 물성을 갖고 있으므로 입주시기에 맞춘 제습기 사용은 적은 투자로 많은 효과를 얻을 수가 있다.

4
콤팩트 시스템

   콤팩트 시스템은 공기조화장치_{폐열회수장치}, 축열조, 난방과 온수를 위한 히트펌프가 한 시스템에 포함되어 있는 것을 말한다. 패시브하우스에서 가장 많이 이용되는 난방 시스템이다.[16]

   난방장치의 가동온도는 공급온도 35℃ 이하이며 28℃로 순환되는 저온 난방장치이다. 바닥난방이 보통 이 온도에 해당된다. 공기조화기의 폐열회수장치를 통과한 공기 Exhaust air도 외기 보다 온도가 높아 히트펌프의 열원으로 가능하고 아니면 효율COP은 떨어지지만 단순하게 외기를 사용하기도 한다. 더불어 공기조화기의 사전 예열시스템인 지중에 설치한 브라인 시스템도 열원으로 사용할 수 있다. 난방 성능은 최고 5kW로 꼭 패시브하우스급이 아니더라도 한정적으로 이용할 수 있다. 효율이 높은 운용을 위해서는 지열시스템과 연계시키는 것이 투자대비이용COP, Coefficient Of Performance을 높이는 길이다.

   대부분의 콤팩트 시스템은 난방을 공기조화기를 통해서 하는 경우가 흔하다. 이 때에는 난방장치 가동과 공기의 유입량이 서로 맞아야 한다. 그렇지 못하면 난방을 위한 공기가 유입되고 실내가 건조해지는 결과가 생긴다.

---

16 Protokollband AK 38 : Heizsysteme im Passivhaus – Statistische Auswertung und Systemver – gleich, Beitrag Rainer Pfluger, Passivhaus Institut, 2008

PHPP를 통해 유입되는 공기 온도를 52℃로 설정하고 난방에너지를 계산하면 문제가 생길 수 있다. 공기난방을 하는 대부분의 콤펙트 시스템은 이 온도를 맞추지 못한다. 즉, PHPP에서 최고 설정 온도를 수정하던가 아니면 또 하나의 사후예열장치[17]를 설치해 유입공기Supply air의 온도를 52℃로 올려주어야 한다. 지열교환을 통한 히트펌프 방식은 가장 최근 방식에 속한다. 난방과 동시에 사전예열장치의 기능도 함께 한다는 장점이 있다. 난방분배는 저온도 방식예 : 바닥난방과 유입공기를 통한 혼합방식이다.

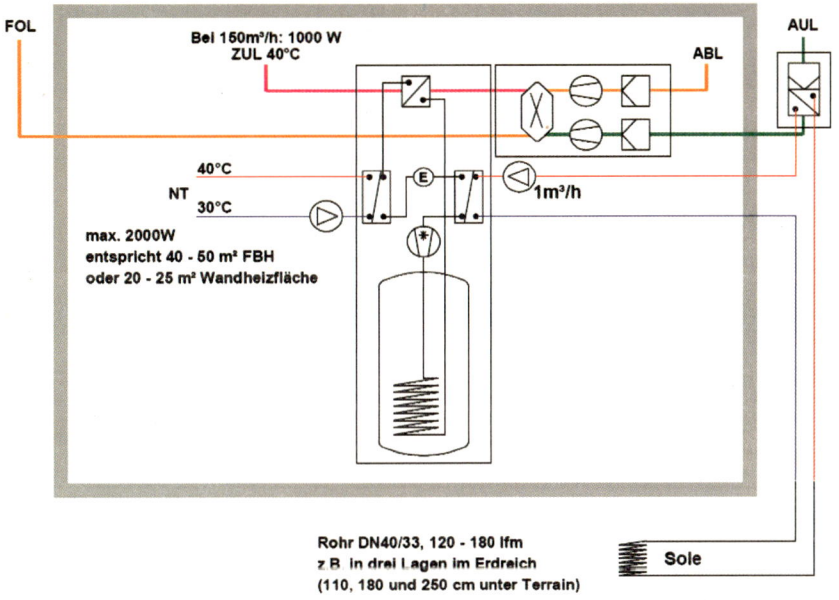

지열을 통한 콤펙트시스템. 출처 : Produktunterlagen Fa. Drexel&Weiss Energieeffiziente Haustechniksystem GmbH, Wolfurt Österreich

거의 일정한 난방원인 지열을 통해 COPCoefficient Of Performance를 3 이상으로 확보하는 것이 가능하고 브라인 시스템과는 비슷하지만 다른 형태도 난방장치의 열원으로 가능하다. 브라인 시스템을 난방원으로 사용할 경우에는 일반 공기조화기를 위한 사전예열보다는 그 길이가 길어야 한다. 땅의 물성을 기준으로 한 전체적인 길이의 계산이 반드시 필요하다.

---

17 여기서 말하는 사후예열장치는 프리히터가 아니라 열교환기를 지난 공기를 난방온도로 올려주는 것을 말한다.

나선 형태와 '바구니' 형태의 지열교환기. 출처 : 왼쪽 그림 Produktunterlagen Fa. Sano Erdwärme, Schleißheim Österreich, www.sano-erdwaerme.at 오른쪽 그림, Produktunterlagen Fa. Betatherm GmbH&Co KG, Wangen, www.betatherm.de

이런 지열교환기를 사용하는 시스템은 재실자가 적고 그로 인해 공기유입량이 많지 않은 패시브하우스에 효율적이다. 또한 일반 배기Exhaust air를 사용해 충분한 난방 성능을 얻지 못했을 때, 땅의 모양이나 배치면에서 패시브하우스를 만족하기가 어려운 경우, 일반적인 패시브하우스에 비해 더 많은 경제적인 투자가 필요한 건물에 적용 가능한 시스템이다. 난방을 위한 온도가 상대적으로 낮아 건물 내 거의 모든 공간에 난방 면적이 필요하기에 일반건물의 난방시스템과 비교를 한다면 패시브하우스연구소에서 말하는 설비로 인한 세이브는 거의 없다.

공기조화기의 응축수 배수시설도 필요하며 효율적인 히트펌프 가동을 위해 최소 공기량이 요구된다. 이때 보통 위생상 필요한 최소공기량 이상이 되므로 실내의 상대습도를 유지하기 위한 대안이 반드시 강구되어야 필요 이상으로 습도가 내려가는 것을 줄일 수 있다. COP에 영향을 주는 중요 요소 중의 하나는 배기에 함유된 습기의 양이다.

콤팩트 시스템, 축열조와 연결된 경우. 출처 : Zehnder, Germany

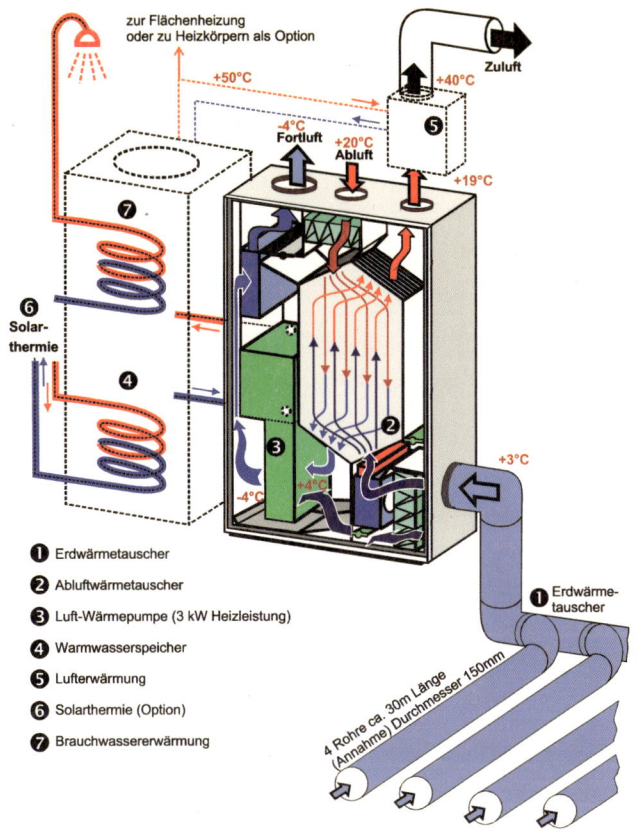

콤팩트 시스템 작동 및
연결 원리. 출처 : Paul
Wärmerückgewinnung,
Germany

여러 모델의 경우 여름철에 히트펌프의 방향을 바꾸는 방식으로 해서 냉방효과를 추
가적으로 얻을 수도 있는데, 약 1kW 정도의 냉방성능을 기대할 수 있다.

– 콤팩트 시스템 인증 시 필요한 요구사항

① 쾌적성　단순히 공기조화기를 가동 시 유입되는 외기Supply air의 온도는 공기조화기
　를 통한 난방 유무를 떠나 16.5℃를 반드시 넘어야 한다. 이 온도는 외기의 온도가 –
　10℃일 경우에도 해당된다.

② 효율성폐열회수 성능을 통해 본 열에너지 공기가 외부로 유입되는 곳과 외부로 배출되는 곳에
　서 공기의 양이 서로 적절하게 조율된 건식 상태의 폐열회수는 최소 75%를 넘어야
　한다.

③ **효율성**보조에너지인 전기 정해진 주변조건 하에서 단순히 공기조화기만 가동할 경우 소요되는 전기에너지는 $0.45Wh/m^3$를 넘어서는 안 된다.[18]

④ **기밀성**Airtightness, 혹은 누기율 히트펌프가 장착된 콤팩트 시스템의 작동 시 평균 공기량이 유입될 때 누기율은 3%[19]를 초과해서는 안 된다.

⑤ **효율성**Heat Pump, 난방과 급탕 시의 히트펌프 효율성 COP Coefficient Of Performance, 투자대비이용치[20] 값과 난방, 급탕, 준비, 손실 등을 표시하는 정보는 시험규정에 의거해서 정해지며 이는 인증서에 표기 된다. 여기에 기록된 정보는 PHPP 계산 시 일차에너지 소요량 계산을 책정하기 위한 기본 데이터가 된다. 여기서 그 경계가 되는 효율성을 고려한 최대치는 난방, 급탕, 공기조화기, 보조에너지를 모두 포함해서 $55kWh/m^2$를 넘어서는 안 되며, 이때의 면적은 에너지 계산에 관계된 면적이다. 증명PHPP로 계산, 기후데이터 : 스탠다드, 일인당 유효한 면적인 $35m^2$은 난방부하 $12W/m^2$, 난방에너지 소요 $15kWh/m^2$a와 급탕면에서는 $18kWh/m^2$a를 기준으로 한다. 만일 일차에너지의 소비가 일정한 공기량에서 $55kWh/m^2$를 넘는 경우는 사용되는 범위가 한정되게 된다.

콤펙트 시스템이 많은 장점을 가진 반면 약점도 있다. 바로 히트펌프로 인해 소음을 많이 발생시킨다는 것이다. 보통 저음에 취약하며 40~45dB 정도의 소음을 발생하므로 지하실에 독립적으로 설치되지 않고 일층 다용도실에 설치한다면 소음 방지를 위한 추가적인 대책이 반드시 필요하다. 더불어 진동으로 인한 분리 설치도 같이 고려되어야 한다. 일반 경량의 목조나 스틸구조로는 이 저주파를 잡기가 어렵고, 보통은 중량인 콘크리트의 경우 약 10㎝ 이상부터는 문제를 조절하기가 쉬워진다. 중량의 구조체를 설치하기 어려운 경우에는 석고보드 12.5mm 두 겹 – 분리층펠트지와 비슷하지만 무게가 많이 나가는 제품으로 약 3mm 혹은 얇은 철판을 대어도 된다. – 석고보드 12.5mm 한 겹 – 스터드 – 석고보드

---

18 오스트리아의 Haus der Zukunft 프로젝트에서는 전기에너지의 소모를 $0.35Wh/m^3$로 보기도 한다. 최신 기계들은 그 이하의 소모를 보이는 것들이 많다.

19 압력차가 100Pa일 경우의 수치, 이 누기율은 기계의 틈을 통해 냄새가 이동되는 것과도 관계가 있지만 장치의 효율과도 밀접한 관계가 있다.

20 독일이나 오스트리아에서의 COP 수치는 단지 시험성적서에 언급된 운용온도 하에서만 유효하다. 예를 들어 W10/W35라 함은 열원의 온도가 10℃이고 난방용으로 사용되는 온도가 35℃라는 것을 말한다.

12.5mm 한 겹 – 분리층펠트지와 비슷하지만 무게가 많이 나가는 제품으로 약 3mm – 석고보드 12.5mm 두 겹의 순서[21]로 하면 총 약 180mm 정도가 되고 석고보드는 양면으로 총 6장이 된다. 차라리 중량형으로 해결하는 것이 경제적이다.

콤펙트 시스템이 현재 많이 제공되고 있지만 알려진 바로는 여전히 전기회로에 가끔씩 문제가 있는 것은 사실이다. 물론 그리 심각히 받아드릴 문제는 아니지만 아직까지 우리나라에는 없기 때문에 이런 시스템을 수입할 때에는 반드시 애프터 서비스를 생각하면 그 문제를 사전에 고려해야 할 것이다.

---

21 PHI Darmstadt, Protokollband Nr.3

5
지열교환기
(Ground-coupled heat exchanger)

폐열회수장치가 달린 공기조화기로 공기가 유입되기 전에 외기를 예열하는 장치를 말하는데, 크게 세 가지 방식이 있다. 이 장치는 공기조화기의 폐열회수 성능이 높아지면서 공기조화기 내에 응축수나 심지어 생기는 결빙현상을 막기 위함이다. 이 결빙현상은 공기조화기의 성능을 떨어뜨리고 고장을 일으키는 원인이 된다.

공기조화기의 폐열회수 성능에 따라 다르지만, 보통 외기를 공기조화기까지 가기 전에 적어도 −2℃ 이상으로 올려주는 것이 지열교환기가 하는 주된 일이다. 여름철에는 30℃가 넘는 외기를 약 20℃ 정도까지 내려주는 역할도 한다. 여름과 마찬가지로 겨울에도 사용할 수 있는 이유는 겨울철에는 지중의 온도가 외기보다 훨씬 높기 때문이다. 지중의 온도가 겨울철에 열교환을 통해 내려가고 이를 낮은 온도로 유입되는 공

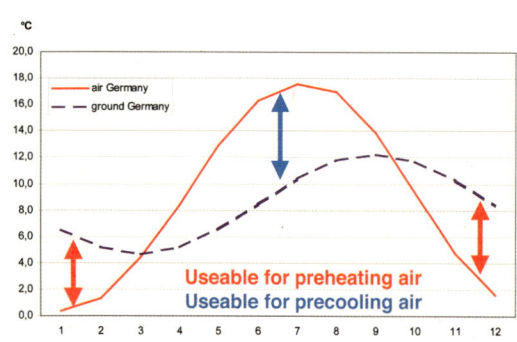

독일의 연중 외기와 지중평균온도. 출처 : Netec, Detmold Germany, Klaus Michael

기의 온도를 내려주고 반대로 여름에는 지중의 온도가 외기보다 낮으므로 외기가 가진 열을 다시 지중에 저장하는 사이클이 반복하게 된다. 여름에 지중에 저장된 외기로부터 뺏은 열은 겨울에는 다시 열원으로 사용 가능하다.

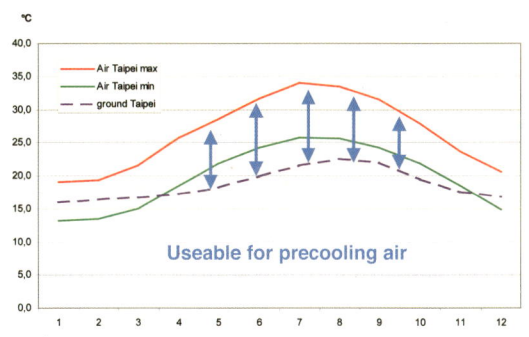

타이페이의 외기 최고 / 최저온도와 지중 온도와의 비교. 출처 : Netec, Detmold Germany, Klaus Michael

첫째, 흔히 말하는 공기지열교환기쿨튜브 시스템을 통해 유입되는 공기를 여름철에는 식히고 겨울철에는 지열을 통해 온도를 올려주는 방식이 있다.

쿨튜브를 사용한 외기의 인입. 출처 : Avenco AG, Germany

쿨튜브에 사용되는 자재. 출처 : Helios, Germany

둘째, 브라인 시스템Brine-Air heat exchangers, fluid systems은 쉽게 비교하자면 자동차의 엔진 냉각시스템과 근본 원리가 같다. 냉각액이 돌면서 엔진을 식혀주듯 마찬가지로 유입되는 공기를 여름에는 식히고 겨울에는 데워주는 것이다.

브라인 시스템 설치과정. 출처 : Netec, Detmold Germany, Klaus Michael

일반 단독주택의 경우 브라인 시스템 설치과정. 출처 : Netec, Detmold Germany, Klaus Michael

대규모 건물의 경우 브라인 시스템 설치과정. 출처 : Netec, Detmold Germany, Klaus Michael

브라인 시스템의 관이 건물 안으로 인입되는 경우로 그림과 같은 전용 방수 시스템에 대한 개발도 같이 이루어져야 한다. 출처 : Helios, Germany

　셋째, 전기 혹은 축열조의 온수를 사용해서 유입되는 공기를 예열하는 방식으로 추가적인 설비가 줄어드는 장점은 있지만 축열조와 연결해서 예열을 조절하는 장치의 세팅이 중요하다. 조절장치의 문제로 인해 필요 이상의 온수를 데우게 되어 오히려 에너지를 더 많이 소비하는 경우도 있다. 마찬가지로 온수펌프가 망가지면 결빙이 되므로 결국은 전체 난방시스템이 작동하지 않는 결과가 생길 수 있다. 급탕장치와 같이 연결되므로 조절밸브의 밸런스 조절이 문제가 있으면 급탕온수에 효율이 떨어지거나 인입공기를 데우는 것에도 문제가 생길 수 있다.

전기를 이용해서 외부로 지열교환기를 거치지 않고 공기가 들어오는 경우에 사용하는 결빙 방지용인 사전예열장치로 보통은 over heating을 막는 센서와 공기의 속도를 측정하는 센서가 부착되어 있다. 출처 : PAUL Wärmerückgewinnung

전기를 통해 외기를 예열하는 경우, 독일 같은 중유럽에서는 일년에 약 300kWh/a의 전기를 소모하는 것으로 보고되고 있다. 우리나라 기후는 같은 온난기후라 하더라도 겨울이 좀 더 추워서 더 많은 전기가 소비될 것으로 예상된다. 100% 전기예열장치를 실내 쾌적성에 맞춰 조절하는 것은 사실상 불가능하다. 보통 인입되는 공기를 필요 이상으로 데워 많은 전기를 소모하는 경우가 빈번하다. 또한 실내로 들어오는 공기에서 냄새가 나는 경우도 많이 있다. 공기조화기를 기준으로 사전예열프리히터과 사후예열이 있다.

– 사전예열장치[22]

• 외기를 최대 −2℃까지 예열이 가능하고

• 온수를 통하는 경우는 온수의 최대온도가 +45℃이며

• 더불어 온수 이용 시에는 결빙 방지제-25℃를 사용하여 동파를 대비해야 하고

22 55 Qualitätskriterien für Komfortluftüngen, Wohnraumlüftungsanlage mit Wärmerückgewinnung, www.komfortlueftung.at, 2007, 오스트리아

- 전기를 사용하는 경우는 표면의 최대온도가 조금씩 차이를 보이기는 하지만 +55℃를 넘지 말아야 한다.
- 사전예열장치를 통해 발생되는 압력손실은 15Pa 이하에 머물러야 한다.

– 사후예열장치

- 급기를 최고 +20℃까지 올릴 수 있어야 하며
- 온수를 통하는 경우는 온수의 최대온도가 +45℃이며
- 전기의 경우는 사전예열장치와 같은 최대 +55℃를 넘지 말아야 한다.
- 사후예열장치를 통해 발생되는 압력손실은 15Pa 이하에 머물러야 한다.

위에서 언급한 방식이 가장 대표적인 연결방법이다. 현재 주로 사용되는 시스템은 2세대에 해당되는 브라인 시스템이다. 이런 지열교환기를 설치하면 무엇보다 필터의 수명이 길어지고 위생적으로도 좋다. 마찬가지로 공기조화기 자체도 습기나 응축수의 발생이 줄어들어 내구성 면에서도 보다 효과적이다.

폐열회수의 성능에 따라 유입되는 외기의 온도는 결빙을 고려해 달라진다. 폐열회수장치를 벗어나 외부로 배출되는 공기 온도를 대략 1℃라 보면 폐열회수가 75%가 될 때 약 −11.8℃, 85%는 약 −7.8℃, 95% 열회수가 되면 적어도 유입되는 공기의 온도가 −4℃ 이상[23]되어야 안전하다고 볼 수 있다. 공기조화기로 들어오는 외기Outdoor air의 양을 줄이면 일차적으로는 배기로부터 폐열회수가 줄어들게 되지만 이차적으로는 결빙의 위험이 줄어들며 실내의 건조함이 개선된다.

단점으로는 급배기의 밸런스가 무너지고 공기조화기를 통해 공기의 유입이 줄어들면서 그 부족분을 채우기 위해, 예를 들어 외피의 기밀하지 못한 틈으로 찬 공기가 들어오게 된다는 점을 꼽을 수 있다. 결국 열교환의 의미가 상실될 위험이 높다. 독일의 DIN 1946-6, 4.4.3에 따르면 외부로 배출되는 공기의 양은 유입되는 공기의 양보다 최대 10%를 허용한다. 가급적이면 그 이하로 차이를 줄이는 것이 좋다. 만일 여기에 펠릿처럼 실내 벽난로가 설치되면 그 높은 차이로 인해 실내공기와 상관없이 작동되더

---

22 Haus der Zukunft

라도 배기가스가 역류될 위험이 높다. 일시적으로 들어오는 공기의 양을 줄이는 것은 제한적으로 가능하겠지만 근본적인 해결책이 아니며 안전상의 이유로도 하지 않는 것이 좋다. 차라리 우리나라 기후에 더 합당한 로터리 방식이나 판상형을 개선한 잠열열교환기를 사용하는 것이 여러모로 더 적합하다고 볼 수 있다.

– 잠열 열교환기(습기회수)의 장점

• 열전도 외에 습기도 실내로 되돌려주므로 쾌적성이 더 상승되며
• 잠열을 고려하면 현재 열교환 성능이 120% 이상이 되는 장비도 있고
• 기술력의 발달로 위생적인 문제도 없으며
• 일반 판상형에도 설치가 가능하다는 점
• 고장으로 인한 수리 기간이 짧다는 점
• 사전예열장치가 없더라도 외기 온도가 −10℃까지는 공조기에 결빙이나 결로가 생기지 않는다는 점을 꼽을 수가 있다. 기후에 따라 다르지만 겨울이 그리 춥지 않은 곳에서는 사전예열장치를 생략할 수가 있다.

습기를 되돌려 주는 공기조화기는 보통 특수 멤브레인Membrane을 설치한다. 이 멤브레인은 소금의 함량이 높아 응축수 혹은 결로수가 생기기 전에 습한 배기로부터 재료의 특성상 수증기를 빨아드리게 된다. 수증기의 이동은 노점온도 이상에서 이루어지므로 결로수는 없다. 배기쪽과 급기쪽의 습압의 차이에 따라 수증기가 이동하게 된다. 독일 Paul사의 모델 중 하나인 Santos F 250 DC의 경우에는 현열은 86%, 잠열은

Santos F 250 DC, 출처 : Paul Lüftung, Germany

63% 합계가 총 127%에 이른다. 이 제품은 판상형이지만 습기 회수가 가능하고 그 외에 흔히 말하는 로터리 방식으로 회전형이 있다.

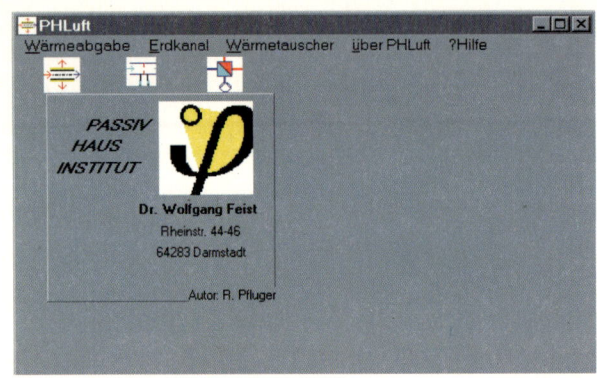

PH-Luft, 공기지열교환기 효율을 계산하는 소프트웨어. 출처 : www.passiv.de

공기를 사용하는 쿨튜브라 부르는 지열교환기를 통과한 외기의 온도와 효율을 계산하는 프로그램은 예를 들어 독일 PHI Darmstadt의 홈페이지에서 다운로드 받을 수 있다.[24]

– 공기지열교환기의 설치 시 주의점

공기지열교환기의 공기속도는 1~1.35m/s를 목표로 삼아야 한다. 사용되는 관의 직경은 보통 250mm로 유입되는 공기의 양은 약 170~260㎥/h가 가능하다. 재질은 PP관 또는 PE관을 사용하고 일반 PVC[25]는 예외적인 상황을 제외하고는 사용하지 않는다. 공기지열교환기를 통할 때 발생되는 압력손실의 목표치는 10Pa이지만 보통 15Pa까지도 안정권이라고 본다. 평균적으로 시공되는 깊이는 지표면에서 −1.5m라고 말하지만 적어도 2m 이상은 확보하는 것이 좋다. 그리고 예각이나 90°로 꺾는 배관은 피하는 것이 좋다. 경질의 배관일 경우는 45° 두 개를 사용해 연결해야 하지만, 요즘은 쉽게 굴절이 가능한 관도 있어 시공의 편이를 위한 대체품으로 가능하다. 더불어 오수관이나 식수관, 기초와의 간격은 최소 75㎝ 이상을 확보해서 열전도를 억제하고, 시공 시에는 적어도 응축수가 흐를 수 있도록 2%의 경사를 두어야 한다. 하지만 융착 시공과 같은 방법으로 기밀하게 시공하더라도 어느 정도 응축수가 남아 있는 때가 많다. 그로 인해 비릿한 냄새가 발생할 확률이 상대적으로 높아 사용을 하지 않는 경우가 많을 뿐만 아니라 하자 발생 위험도 높다. 관 내부의 곰팡이 발생을 줄이기 위해서는 인입 부

---

24 www.passiv.de
25 PE관 규정 – DIN 8074, 8075, PP관 : DIN 16962, PE–HD관 : DIN 19961, PVC관 : DIN 19534

위에 성능이 높은 F필터보통 F5 이상를 사용하는 것이 좋다.

　최종적으로 확인해야 할 것은 바로 건물로 인입되는 부위를 외벽의 방수시스템과 연결하는 것이다. 가급적이면 배관의 직경을 고려해 시스템으로 나오는 제품을 사용하는 것이 누수를 막는 가장 좋은 방법이다. 설치 길이는 그 깊이와 공기조화기의 성능과도 관계가 있지만 통상 일반 단독주택에서의 공기지열교환기는 25~40m가 필요하다. 공기를 통한 지열교환기의 설정을 위한 소프트웨어는 일반화 되었지만, 브라인 시스템은 아직 알려진 바가 없다. 그래서 그동안 시공된 건물과 공기지열교환기와의 비교를 통해 그 길이와 효율이 정해지는데, 최소 약 80m 이상[26] 시공해야 한다. 유입되는 외기의 1㎥/h의 공기당 0.5m[27]의 배관 길이가 필요하며, 1㎥/h당 흐르는 액체의 양은 1Liter/h이다.

　공기지열교환기는 전체 배관의 길이가 같더라도 설치하는 시공 방법에 따라 그 효율은 당연히 차이가 난다. 상대적으로 대지면적이 좁은 우리나라는 공기지열교환기 보다는 브라인 시스템이 보다 합당한 해결책으로 판단된다.

　바이패스bypass 기능이 있어 사전예열이 필요 없이 직접 공기가 유입[28]되지만 여름철에 패시브한 냉방기능을 확보하려면 쿨튜브를 거쳐야만 한다. 쿨튜브 시스템은 사전예열이 공기조화기가 가동하는 동안은 계속해서 이뤄진다고 볼 수 있다. 더불어 약 1.5m 이하의 지중에서 2% 이상의 경사를 두고 시공하면 토공사의 양도 많아지고 한 방향 경사인 경우는 끝 지점의 깊이가 3~4m를 넘는 게 흔하다. 또한 지하층을 주로 설치하지 않는 주거건물의 경우에는 연결 부위가 난해하기도 하다.

　일반 단독주택에서는 보통 영세하여 토공사를 할 경우 안전장치에 소홀한 면이 많고, 2m가 넘는 깊이에도 측벽 경사를 두지 않는 경우도 많다. 견적을 낼 때 반드시 이 점을 고려해야 인명사고를 미연에 방지할 수 있다. 더불어 지하층이 없을 때에는 응축수를 제거할 시설이 중간지점에 설치되어야 한다. 지하층 여부를 불문하고 중간에 응축수 제거 시설이 설치되면 냄새의 역류를 막는 관이 필요하다. 보통 화장실 세면대의 거위목과 같은 관인데, 건조 상태에서도 냄새 역류를 막을 수 있어야 한다.

---

26 보통 판매되는 배관의 길이가 100m에 이르므로 100m를 매설하기를 추천한다. 경우에 따라선 150m를 설치하기도 한다.
27 200㎥/h의 공기가 유입되는 건물의 경우는 약 100m의 배관길이가 필요하다.
28 지열교환기를 통하지 않고 외기를 직접 빨아드리는 온도는 보통 +5℃에서 +15℃가 일반적이지만 20℃까지도 많이 설정을 한다.

지열교환기는 건물의 기초로부터 가급적이면 1m 이상 이격하여 시공해야 한다. 기초 외부가 단열이 되어 있어 열전도면에서 땅의 열전도율 보다 적고지중은 습하므로 열을 더 빨리 전도, 기초 부위의 잡석다짐은 크기와 열전도면에서 효율이 절감돼 지열교환기의 성능이 현저하게 떨어지기 때문이다.

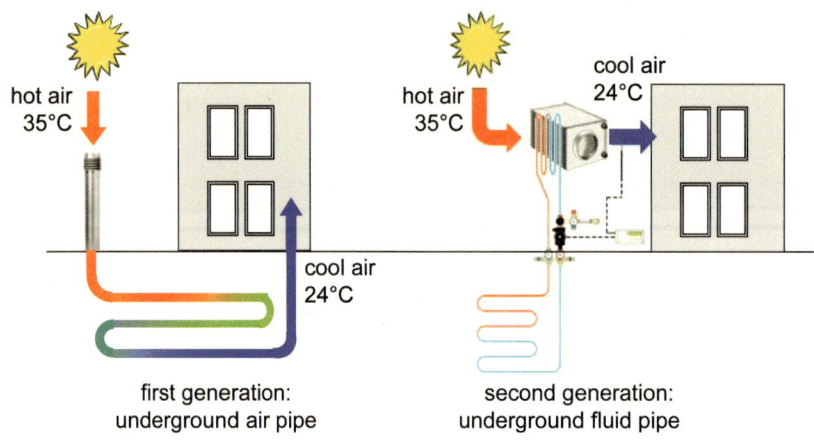

first generation:
underground air pipe

second generation:
underground fluid pipe

지열교환기의 종류. 출처 : Netec, Detmold Germany, Klaus Michael

– 여름철 냉방에너지를 줄이기 위한 방법

• 무엇보다 냉방부하발열이 적은 전등과 가정제품 사용를 줄이는 것이 최고의 방법이고

• 실내에 축열 성능이 좋은 자재를 사용하고

• 다음으로는 햇빛차단장치의 효율적인 운용이고

• 마지막으로는 야간에 외기 온도가 내려간 다음에 이뤄지는 효율적인 자연환기 시스템

• 그 외에는 냉장고나 복사기처럼 발열하는 면적이 큰 경우 바로 근처에서 배기Return air하는 것도 효율적이다.

위의 조건을 만족한다면 냉방부하를 현저히 줄이고 효율적으로 관리할 수 있다. 경우에 따라서는 아주 작은 소형 에어컨을 설치해 열대야를 대비하고 추가적으로 제습까지 하면 쾌적성을 더욱 확보할 수 있다. 물론 완벽한 제습을 말하는 것이 아니다. 약간의 제습이라도 같은 온도에서 느끼는 쾌적성은 현저하게 다르기에 그렇다. 제습장치와 브라인 시스템과 같은 지열교환기의 패시브한 냉방에너지를 적극적으로 사용하기 위한 전체 조건은 겨울철과 마찬가지로 기밀의 확보와 단열성능이다. 더불어 문제가 되는 열교는 겨울 뿐만 아니라 여름에도 더 많은 냉방에너지를 소비하게 한다.

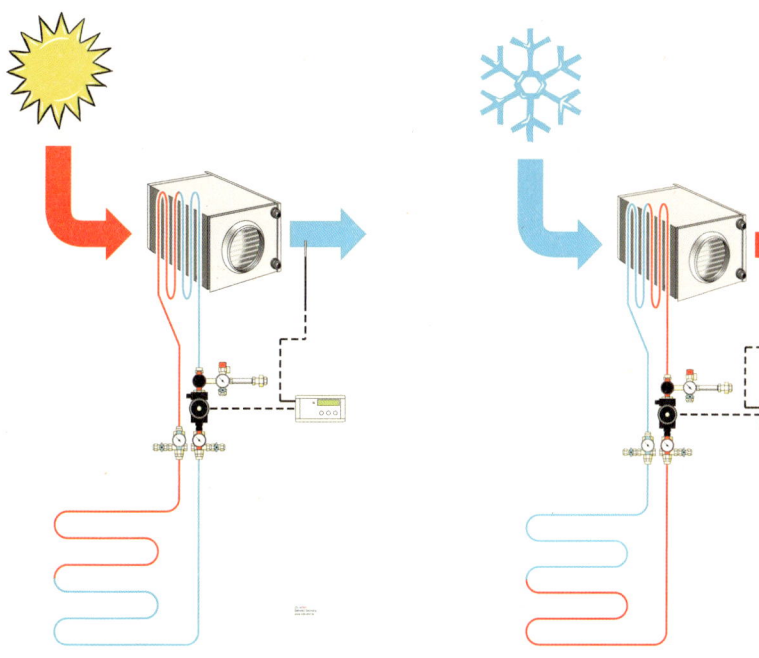

브라인 시스템 작동 개념, 여름. 출처 : Netec, Detmold Germany, Klaus Michael

브라인 시스템 작동 개념, 여름. 출처 : Netec, Detmold Germany, Klaus Michael

브라인 시스템 열교환기, Brine-Air heat exchangers

시공 후 모습, 단열재를 아직 시공하지 않은 경우.
출처 : Netec, Detmold Germany, Klaus Michael

(C) netec
Detmold, Germany
www.sole-ewt.de

– 브라인 시스템

이런 단점을 보완하는 방법이 브라인 시스템이다. 가장 큰 장점은 경사를 두고 시공할 필요가 없다는 것이다. 또 사전예열도 공기조화기로 유입되는 외기와 독립되어 있어 외기온도를 고려해 단지 필요한 양의 지열을 사용한다. 쿨튜브처럼 응축수가 생기지 않으므로 곰팡이 같은 미생물의 발생 역시 걱정하지 않아도 된다. 최소 1.5m 이하의 지중에 최소 50cm 간격으로 시공하면 된다. 브라인 시스템의 또 다른 장점으로는 겨울철에 외기를 데워 사용하듯이 여름철에는 고온다습한 외기의 온도와 습도를 줄여주는 패시브 냉방이 가능하다는 것이다. 그렇다고 이 시스템만으로는 여름철 냉방을 해결하기에는 무리가 있다. 우리나라 기후와 중유럽 기후와의 가장 큰 차이점은 여름에 있다. 한국형 패시브하우스는 겨울 난방과 마찬가지로 여름의 냉방에너지를 줄이기 위한 콘셉트로 개발되어야 한다.

자동차의 엔진 냉각장치처럼 부동액을 사용하고, 사용되는 관은 PE관으로 24~32mm의 규격을 쓰는데, 일반적으로 수도관으로 허가된 관은 사용이 가능하다. 브라인 시스템의 수압은 일반 수도관에 걸리는 수압보다 낮아서 문제가 없다. 주의할 사항은 관의 직경이 크다고 시스템의 효율도 높아지는 것은 아니라는 점이다. 지중에서 열교환은 배관 속의 액체와 지중간의 열전도를 통해 이뤄지는데, 직경이 크면 배관 중간 위치의 액체는 열전도가 극히 미비해진다. 또한 관을 구부리는 시공성도 확연히 떨어지게 된다.

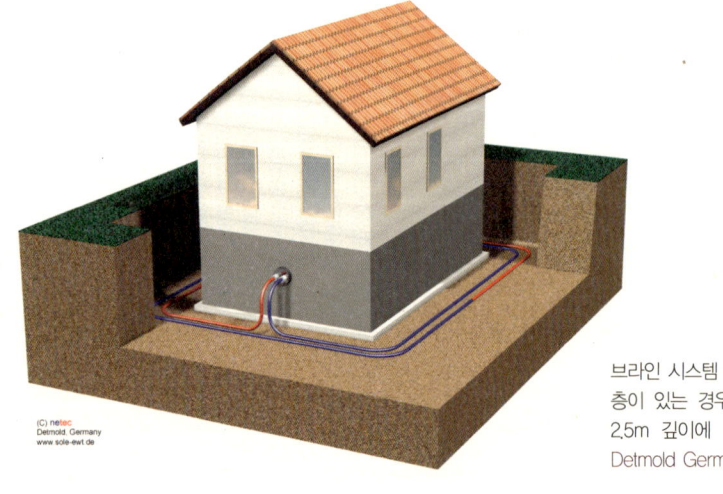

(C) netec
Detmold Germany
www.sole-ewt.de

브라인 시스템 설치 방법 ① – 지하층이 있는 경우로 보통 지표면에서 2.5m 깊이에 시공. 출처 : Netec, Detmold Germany, Klaus Michael

배관을 고정할 때는 철근 배근 시 사용하는 철사 같은 재료나 또는 소포나 배관을 묶는 플라스틱을 사용하면 관이 손상될 위험이 있으므로 땅속에서 시간이 지나면서 썩는 재료를 고정재로 사용하는 것이 효과적이다. 브라인 시스템이 공기지열교환기에 비해 두드러진 이점은 압력손실이 많이 줄어든다는 점이다. 일반 공기를 통한 지열교환기는 약 10~15Pa의 압력손실이 일반적인데, 이에 비해 브라인 시스템은 1~3Pa로 상당히 적다.

브라인 시스템 설치 방법 ② – 지하층이 없고 정원이 넓은 경우로 보통 지표면에서 1.5m 깊이에 시공. 출처 : Netec, Detmold Germany, Klaus Michael

브라인 시스템 설치 방법 ③ – 지하층이 없고 정원이 좁은 경우로 파일을 박아서 시공하는 경우. 출처 : Netec, Detmold Germany, Klaus Michael

브라인 시스템 설치 방법 ④ - 지하층이 없고 정원이 좁은 경우로 바닥매트 콘크리트 아래에 충분히 단열이 된 경우에만 시공 가능. 출처 : Netec, Detmold Germany, Klaus Michael

현재 독일어권에서 설치되는 브라인 시스템은 조절장치 면에서 두 가지가 있다. 첫째, 외기온도에 반응하여 필요한 양만 뽑아 쓰는 시스템과 둘째, 필요 없는 경우에는 기계가 꺼지거나 혹은 100% 모터가 돌아가는 시스템이다. 효율성에서 첫째 시스템이 좋고, 에너지 절감 측면에서도 훨씬 효과적이다. 첫째 시스템의 개발업체인 Netec시스템www.sole-ewt.de은 우리나라에도 공급하고 있어 향후 공조기 폐열회수장치와의 연계장치로 많이 보급될 것으로 보인다. 아울러 공기조화기의 성능 향상과 실내공기 환경 유지에 많은 역할을 할 것으로 기대한다.

- 두 종류의 지열교환기의 효율에 영향을 주는 요소

① 지중공간의 밀도가 높은 경우 그리고 밀실하게 잘 다진 경우

② 진흙이나 점토 비율이 높은 경우

③ 지열교환기 위의 흙으로 투수가 되는 경우

④ 햇빛이 잘 드는 공간

⑤ 지열교환기의 길이와 직경 더불어 간격

⑥ 설치 깊이

⑦ 지중의 습도

두 가지 시스템 방식 모두 중유럽보다는 우리나라 기후에 더 효과적으로 사용이 가능하다. 그 까닭은 무엇보다 여름철 높은 습기에 있다. 외기가 습하다는 것은 지중의 땅도 역시 습하다는 의미이다. 좀 더 효율적인 열전도를 위해서는 점토계열의 땅이 좋다. 해당 대지의 땅이 직경이 큰 모래거나 자갈층이 주를 이룬 경우에는 부분적으로 땅을 교체하는 것도 방법이다.

땅의 종류	φ 밀도 × 103(kg/㎥)	Cp 축열(Wh/kgK)	λ 열전도(W/mK)
거친 자갈층	2.0	0.51	0.52
황토층	1.5...1.8	0.28...0.83	2.3
진흙층 (건)	1.8	0.23	0.84
진흙층 (습)	1.5	0.24	1.28
모래층	1.6	0.31...0.89	0.93

땅의 종류에 따른 물성. 출처 : VDI-Warmeatlas De 2/6/7, Recknagel, Sprenger, Schramek : "Taschenbuch für Heizung und Klimatechnik", R. Oldenbourg-Verlag GmbH München, 1995

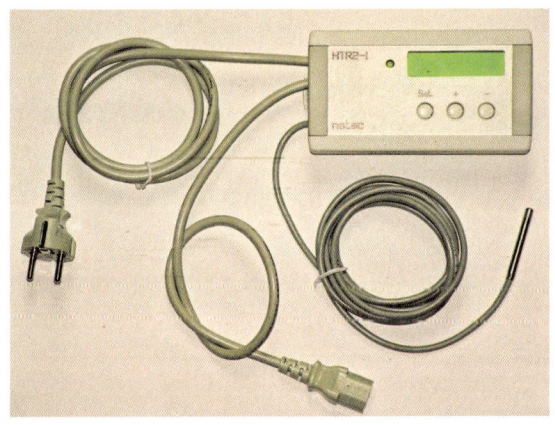

브라인 시스템에서 펌프를 조절하는 장치 HTR 2-1. 출처 : Netec, Detmold Germany, Klaus Michael

부동액은 보통 −25℃ 이상을 견디는 제품이 사용되며 환경적으로도 문제를 가지고 있지 않다. 태양열 집열판에서도 사용되는 압력상쇄용 탱크 용량도 가급적이면 충분한 크기로 설정해야 한다. 이에 대한 자료는 www.sole-ewt.de에 엑셀쉬트로 나와 있는데 설정에 많은 도움이 될 것이다. 사용되는 펌프의 에너지 등급은 가급적이면 효율이 높은 제품이 좋지만, 독일어권에서는 그런 펌프가 일반적이라 선택의 폭이 상당히 넓다. 사용되는 에너지 등급은 A++가 좋다. 에너지 효율이 좋다고 일반 가전제품처럼 가격이 반드시 높지만은 않다.

전체적인 발전 방향은 현재 브라인 시스템이 초기단계였던 큘튜브 시스템보다 더 많이 사용되고 있는 추세이다. 그 효율성도 상당히 높아져 앞으로 더 많이 사용될 것으로 기대된다. 기존의 브라인 시스템의 효율을 좀 더 높이기 위해서는 바닥난방에 사용하는 펌프를 효율이 높고 에너지를 적게 소비하는 시스템으로 교체하듯 효율이 더 우수한 것으로 교체하거나 처음 설치단계부터 사용하면 기대되는 에너지 절약은 그 이상이 될 것이다.

6
난방 및 온수시설

　패시브하우스가 아무리 단열과 기밀에 우수하고 단열부하가 일반 건물과 비교해 70~90%까지 줄어들더라도 11~3월까지는 건물 성능만으로 난방에 한계가 있어 난방설비를 통해 부족한 부분을 채워야 한다. 앞서 언급한 바와 같이 어차피 설치되는 공조기를 통한 공기난방 시스템이 있고 우리의 생활습관에 맞는 바닥난방, 나아가 패시브하우스용 벽난로 등을 설치할 수도 있다.

　패시브하우스는 난방장치가 필요 없다는 주장은 잘못된 것이다. 공기난방을 통해서라도 난방이 되어야 한다. 다만, 기존 난방설비와 규모면에서 차이가 있을 뿐이다. 무엇보다도 우리나라 전통의 좌식생활에 따른 바닥난방과 패시브하우스와는 무조건 맞지 않는다는 선입견을 버려야 한다. 유럽에서도 논의 중인 겨울철 공기난방은 별다른 추가 장치가 없다면 우리나라 기후에는 전혀 적합하지가 않다. 유럽의 상황을 1대1로 적용하는 실수는 절대 피해야 한다.

Aerex 패시브하우스용 공기조화기

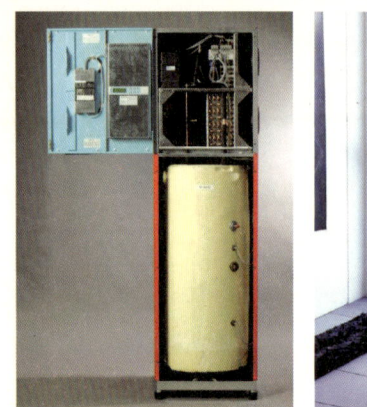

◀ 콤팩트시스템. 출처 : Drexel und Weiss / ▲ 스위스 패시브하우스용 벽난로, 펠릿을 사용하는데, 실내로의 발열
은 5%까지 줄일 수가 있다. 출처 : www.wodtke.de / ▶ 패시브하우스에 사용된 벽난로 시스템. 출처 :
Produktunterlagen Fa.Wodtke GmbH,Tübingen, www.wodtke.com, Typ Momo

　공기난방만을 통해선 추운 날 실내온도를 끌어 올리는 데는 한계가 있다. 더불어 부
족한 공기의 축열능력으로 인해 많은 양의 공기가 유입되어야 하므로 이미 언급한 것
처럼 실내공기가 건조해지는 문제점이 있다. 공기난방의 경우에는 초기 PHPP 설정
단계에서는 최대 난방에너지 소요량을 15kWh/㎡ · a도 약 1~2kWh/㎡ · a의 여유를
주고 계획하는 것이 안전하다.

　공기난방기와 작은 라디에이터의 혼합형 방식은 많이 사용되는 방법 중 하나이다.
특히 열을 많이 손실하는 공간2면 혹은 3면이 외기에 면해 있는 공간이나 약 23~24℃ 정도의
온도가 적정한 화장실에는 소형 라디에이터를 추가적으로 설치하기도 한다. 일반 물을
사용하는 시스템과의 연결도 패시브하우스에서 가능하다. 라디에이터는 일반 건물과
는 달리 외부 창호 부위에 설치하지 않고 내벽에 설치할 수 있고, 그 크기도 일반 건물
에 비해 훨씬 작다. 마찬가지로 바닥난방의 경우에도 일반 건물의 시공방식과는 다르
게 간격을 좀 멀리하거나 일부 부위에만 설치해 만일을 대비하는 예비 장치가 될 수 있
다. 이밖에 생각해 볼만한 시스템으로는 창문의 면적이 넓은 남쪽공간과 그 외 공간을
서로 분리해 바닥난방을 하는 것이다. 남측은 겨울철 맑은 날이면 패시브 난방으로 충
분히 에너지를 얻을 수 있는데, 그 공간까지 같은 간격이나 북측 공간과 연결된 배관을
사용하면 남측 공간은 오버 히팅이 되는 위험이 높아지게 된다.

PHPP

패시브하우스의 난방부하는 독일 Darmstadt의 패시브하우스연구소에서 개발한 PHPP라는 엑셀쉬트로 이뤄져야 한다. 한국어 버전도 현재는 구할 수 있다. PHPP를 통한 난방부하 계산은 EN 12831에 따른 계산보다 현실적으로 더 가까운 것으로 실제 지어진 여러 프로젝트에서 증명되고 있다. EN 12831에 의한 계산은 필요 이상이 되는 경우가 많아서 결론적으로 패시브하우스 건축의 난방부하 계산도구로는 그리 경제적이지 않다. 패시브하우스에서의 난방부하 계산의 근거는 아주 맑고 추운 날 또는 어느 정도 흐리며 추운 날을 정해 그중에서 제일 불리한 조건을 계산의 근거로 한다.

패시브하우스에서의 난방부하[29]는 10W/㎡이기에 난방면적이 150㎡이라면 난방성능은 1.5kW면 충분하다. 공기를 통한 난방을 하지 않고 일반적인 난방시스템을 사용하는 경우에는 독일은 물론 우리나라도 대부분의 난방장치오일, 가스, 펠릿, 목재 기타 등등가 그 이상의 성능을 갖고 있어 경제적이지 못하다. 실제 필요보다 그 이상의 규모를 설치해야 하기에 그렇다. 일반 히트펌프나 가스를 통해 공기를 데우는 난방방식은 일반 단독주택 규모에 합당한 크기를 구할 수 있다.

많이 사용되는 난방 콤비네이션으로는 히트펌프 혹은 히트펌프가 달린 콤펙트 시스템, 펠릿과 같은 바이오시스템과 태양열 집열판과의 연결이다. 반드시 가스나 열병합을 통한 난방시스템이 좋지 않다는 것은 아니다. 태양열 집열판과의 연결은 여름철 온수를 위해서 펠릿보일러나 펠릿벽난로를 사용할 필요가 없어 효율적이다. 그러나 조절장치의 세팅이 잘못되면 쓸데 없이 보일러가 가동되어야 하므로 반드시 조절장치 점검을 해야 한다.

펠릿보일러의 장점으로는 기존의 콤펙트 히트펌프에 비해 일차에너지 소비가 적다는 것과 난방 성능이 높아 실내온도를 22℃ 이상 올리는 것이 가능하다는 것이다. 또 오랫동안 집을 비웠다가 다시 쾌적한 상태로 난방하는 데 드는 시간도 짧다. 주의할 점은 공기조화기의 급기팬이 고장으로 정지되면 펠릿보일러도 안전을 위해 자동으로 멈춰야 실내에 생기는 저압을 막을 수 있다.

---

[29] 10Watt는 공기조화기의 Supply air로 난방할 수 있는 최고의 난방부하이기에 패시브하우스를 만족하기 위한 기준이 된다.

난방부하가 10W/㎡이고 난방에너지의 소요를 반드시 15kWh/㎡ · year과 연결시켜 하나의 공식으로 보는 것은 잘못된 인식이다. 이 두 수치는 독일의 기준 기후를 근거로 했을 때 나오는 수치이다. 기후가 다른 곳에서는 분명히 그 상황에 맞게 재검토 되어야 한다.

위치	난방에너지kWh/(㎡a)	난방부하W/㎡	난방에너지kWh/(㎡a)	난방부하W/㎡
			남측창호면적을 50%로 줄임	
München	17.0	10.9	18.8	10.9
Garmisch	15.0	11.7	18.6	10.9
Oslo	16.0	10.0	26.8	13.3
Bozen	6.3	10.0	8.8	9.3
Bidapest	11.0	–	12.7	

여러 지역의 기후를 바탕으로 한 단독주택의 연간 난방에너지 및 난방부하를 보여주는 좋은 사례이며 창호면적과의 직접적인 관계를 보여준다. 출처 : Prof. Dr. rer. nat. Harald Krause, Hochschule Rosenheim, Ingennieurbüro B. Tec

난방장치보일러의 운용을 위한 급기와 배기는 실내공기와는 전혀 관계가 없어야 한다. 공기조화기의 밸런스도 맞춰 배기가스일산화탄소의 역류를 막아야 한다. 배기관에는 센서를 설치해야 하고 공기조화기도 마찬가지로 설정한 밸런스가 유지되는지 점검되어야 한다. 실내에 생기는 저압이 4Pa 이상 되어서는 안 된다. 독일에서는 실내공기와 상관없이 외기로 운용되는 기계는 4Pa을 기준으로 한다. 외기와 비교해 이 수치를 벗어나는 경우에는 공기조화기가 자동적으로 꺼져야 한다.

만일 실내공기를 어느 정도 사용하는 장치가 설치된다면 공기조화기는 급기와 배기 모두에서 일정한 공기량을 항상 확보하는 시스템을 사용해야 한다. 벽난로나 보일러 시설이 실내공기와 상관없이 외기를 사용하더라도 자동적으로 그 기계가 실내공기와 독립적이지는 않다. 기계 자체가 기밀한지를 체크한 인증서나 검사증명서[30]가 있어야 한다. 근본적으로는 실내공기와 무관하게 작동해야 한다.

1kg의 목재를 태우는 데 소요되는 공기는 약 8~10㎥이다. 시간당 약 4~6kg의 나무를 태운다면 전체적으로 약 60㎥의 공기가 필요하다. 이 사실에 비추어 패시브하우스처럼 기밀한 건물에서는 공기의 유입이 외부에서 이뤄져야 하는 것은 당연한 결과이다.

급탕과 연결되는 펠릿 혹은 나무를 사용하는 경우에는 실내로 발산되는 에너지의 양

---

[30] 독일의 경우 DIBT허가서

과 급탕을 위한 에너지의 양의 비율이 중요하다. 나무는 약 30% 정도가, 펠릿은 약 20% 정도가 직접적으로 실내로 열을 발산하게 된다. 이런 연관 관계 없이 실내로 많은 열을 발산하는 시스템을 사용할 경우에는 실내가 건조한 사우나처럼 될 수 있는 오버 히팅이 생길 수 있어 사전에 충분히 고려해야 한다. 실내에 축열 성능이 높은 자재를 사용하거나 또는 각 실이 서로 연결되어 있는 상황이라면 그 영향을 다소 줄일 수 있다.

만일 완공된 건물이 겨울에 충분히 따뜻하지 않다면, 우선 난방부하 10Watt/㎡를 만족하는지 혹은 PHPP를 통한 계산을 정확히 했는지 검토해야 한다. 다른 가능성으로는 단열성능을 계획대로 시공하지 않았거나 아니면 예상 외로 많은 열교지역이 있어 계산된 난방성능과의 차이가 나는 경우를 들 수 있다. 이 밖에도 내부의 발열량재실자수, 가전기기 폐열 등에 대한 잘못된 계산, 패시브한 햇빛을 많이 받지 못한 경우, 부족한 기밀, 기계의 떨어지는 효율 등을 그 이유로 꼽을 수 있다.

- 3가지 난방시스템의 비교

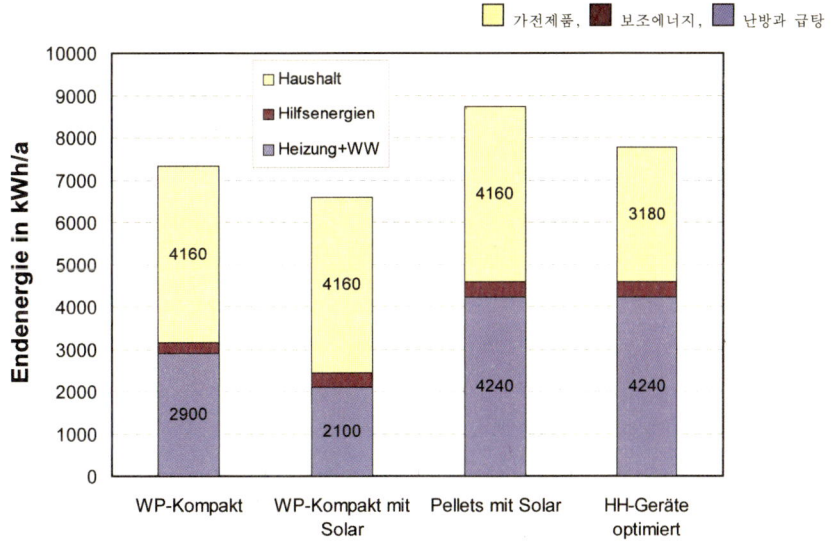

최종에너지 소비 비교. 출처 : Prof. Dr. rer. nat. Harald Krause, Hochschule Rosenheim, Ingennieurburo B. Tec

• 콤펙트 시스템히트펌프 : WP-Kompakt

• 콤펙트 시스템히트펌프 – 태양열 집열판 : WP-Kompakt mit Solar

• 펠릿벽난로 – 태양열 집열판 : Pellets mit Solar

위의 그래프를 통해 명확해 지는 것은 가전기기 사용을 통한 에너지 소비이다. 즉, 패시브하우스에 설치되는 난방장치를 효율이 더 좋은 시스템으로 한다는 것은, 동시에 가전제품의 에너지 효율성을 높일 때 그 의미가 있다. 특히 주거건물이 아닌 사무실 건물에선 절대적으로 소홀히 해서는 안 되는 항목이다.

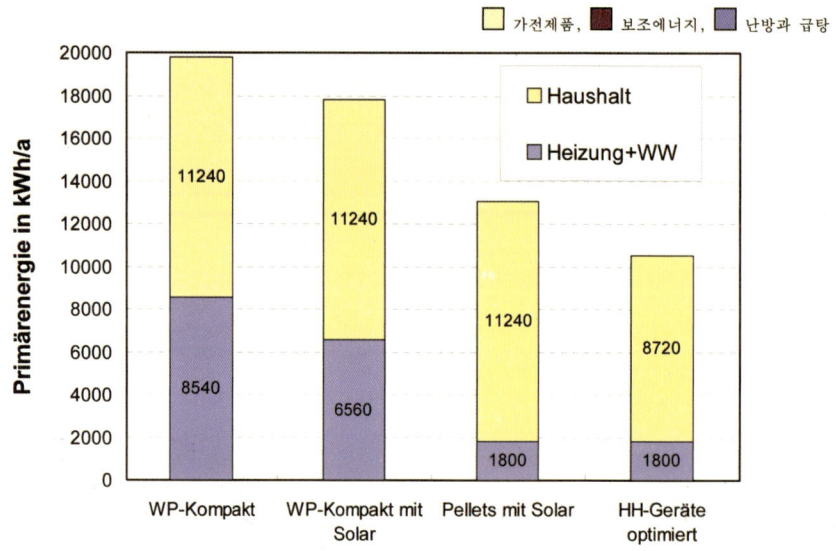

일차에너지 소비 비교. 출처 : Prof. Dr. rer. nat. Harald Krause, Hochschule Rosenheim, Ingennieurbüro B. Tec / 일차에너지 계수 : 전기 2.7, 펠릿 0.2

각 그래프에서 오른쪽 두 개의 막대는 펠릿보일러와 태양열집열판의 콤비네이션과 효율이 좋은 가전제품을 사용할 경우의 에너지 소비량이다 조건 : 200㎡ 전용주거면적, 5인 가족. 한편, 식기세척기와 세탁기는 각각 온수 및 냉수관이 같이 연결되어 있는 것이 전기에너지를 줄이는 효과적인 방법이다.

난방관 및 온수관의 단열을 잘 해야 하는 것은 누구나 주지하고 있다. 그러나 막상 부족한 단열이 여름철에 냉방부하까지 높인다는 문제에 대해서는 둔감한 듯하다. 모든 배관은 단열이 되는 외피 내부에 설치하는 것이 좋다. 충분한 단열을 통해 겨울철에는 난방에너지가 손실되는 것을 막고 난방을 하지 않는 계절, 특히 여름철에는 냉방부하를 줄여야 한다.

단열이 된 바닥에 배관을 할 때에는 중간 정도의 위치에 설치하는 것이 효율적이다. 실제 현장에서는 두 번 손이 가기 때문에 사실 그렇게 시공하는 것은 힘들다. 중요한 것은 배관 위의 단열재가 가급적이면 최소 60㎜는 확보되어야 한다는 점이다. 고형의 EPS 단열재라면 배관이 설치되는 곳을 파내고 사이 공간을 글래스 울로 채운 뒤, 그 위에 밀폐형 테이프를 붙이면 좋다. 일반적으로 배관 직경의 150~200%의 단열 시공은 효율성 측면에서는 입증이 되었지만 경제성에서는 다소 떨어진다. 이 정도의 비율은 배관이 외피 바깥 즉, 난방이 되지 않은 공간을 지날 때 사용하는 단열재 두께이다. 이 경우에는 경제성이 있다.

그 외에는 일반적으로 단열재 두께 = 1.5 × 배관내경이 되면 경제성을 고려한 손실을 줄이는 측면에서 최적치라고 본다. 단열재 두께 = 1.0 × 배관내경과 단열재 두께 = 2.0 × 배관내경의 차이는 약 30% 정도이다.

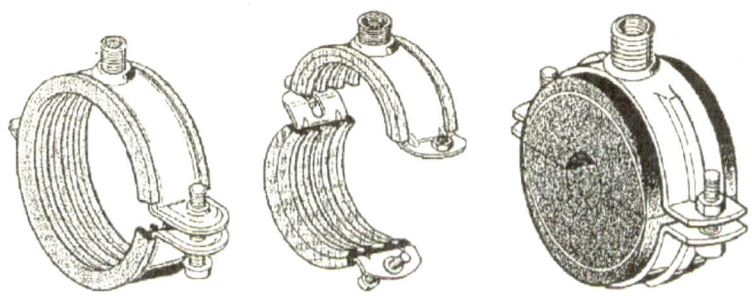

배관 고정재. 출처 : Fischer Befestigungssysteme, Germany

배관의 단열도 중요하지만 열교도 고려해야 한다. 열교는 보통 배관을 벽이나 천장에 고정시킬 때 사용하는 고정재에서 잘 나타난다. 이 부분은 약 1m 간격으로 설치하되 추가적인 단열로 10~30㎜를 확보하는 것이 좋다.

– 일차에너지에 대한 고려

패시브하우스연구소의 기준에 따르면 패시브하우스는 단열 성능과 관련하여 난방에너지의 소비를 제한한 것과 같이 일차에너지에 대한 제한을 두어 건설을 시작하기 이전 단계에 사용된 에너지에 대해서도 관계를 한다. 지역적으로 혹은 에너지를 제공하는 공사나 발전소를 운용하는 회사들의 일차에너지에 대한 계수는 서로 조금은 상이할 수 있다.

가스나 기름, 전기의 사용에 따라 적용되는 일차에너지 계수는 달라져야 한다. 전기도 화력이냐 아니면 수력 혹은 열병합, 끝으로 신재생에너지로부터 얻는 것이냐에 차이가 있지만 이런 혼란을 막기 위해서는 한국의 경우는 그런 서로 다른 치수를 앞으로 PHPP의 사용이 늘어날 것으로 예상을 하기에 서로 비교하고 경우에 따라서는 변경도 고려해 볼 만하다. 하지만 그전까지는 PHPP에서 정한 계수를 상호간 비교상의 투명성을 위해 사용하는 것이 합당하다.

- 난방유 : 1.1
- 가스 : 1.1
- 나무 : 0.2
- 전기혼합 : 2.7
- 전기태양전지 : 0.7
- **발전소**열병합발전 비율 70% 이상 : 0.8

위에서 몇 가지 예를 보인 것처럼 전기를 통해 1kWh의 에너지를 얻는 것과 13.5kWh의 에너지를 나무를 사용해 얻는 것은 일차에너지 상에서는 같다는 결과가 된다.

- 전기 : 1kWh × 2.7 = 2.7kWhprim
- 나무 : 13.5kWh × 0.2 = 2.7kWhprim

− 에너지를 절약하는 방법

'패시브하우스는 신재생에너지 혹은 재생가능에너지' 라는 공식은 잘못된 선입견이다. 가급적이면 신재생에너지나 기타 재생가능에너지의 사용을 적극적으로 권장하지만, 이것이 절대 패시브하우스의 필수조건은 아니다.

재생가능에너지의 대표적인 예로 지열교환기와 난방과 온수 지원을 위한 태양열 집열판을 꼽을 수 있다. 태양열 집열판이든 태양전지이든 필요 이상의 크기는 사실상 무의미하다. 국가에서 지원하는 정책 중에는 실제 필요한 것보다 그 이상 규모를 설치해야만 지원을 받을 수 있는 아이러니한 경우가 종종 있는 듯하다. 그중 제일 대표적인 것이 지열의 사용이다.

일반적인 태양열 집열판은 1인당 평균 2㎡, 진공관인 경우에는 약 1.5㎡가 필요하다. 5인 가족을 기준으로 보면 온수급탕를 위한 집열판의 크기는 약 10㎡면 충분하다는 계산이 나온다. 온수를 위한 설치 각도는 중유럽을 기준으로 25~55° 면 적당하다. 물론 경사각을 확보하기가 어렵다면 좀 더 넓은 면적을 설치해야 한다. 또한 건물의 방향이 남동이나 남서로 향하면 가급적이면 남서쪽을 향해 설치하는 것이 더 유리하다. 태양의 일사량은 거의 같다손 치더라도 서쪽으로 기우는 시간이면 이미 공기의 온도가 아침의 온도보다 올라가 있는 상태이고, 아침의 안개나 기타 상황보다 더 유리하기 때문이다.

높은 효율을 위해서는 정오를 기준으로 약 6시간 정도 그림자가 지지 않아야 한다. 예를 들어 9~15시 혹은 10~16시 사이가 해당된다. 난방용에 있어서는 그림자가 그다지 큰 영향이 없다. 겨울철에 태양열 획득이 극히 미비하여 이웃집이나 나무로 인한 그림자가 절대적인 변수로 작용하지 못한다. 그러나 우리나라 경우에는 중유럽의 겨울보다 일사량이 많기 때문에 이에 대한 연구가 병행되어야 한다고 생각한다. 현재 가장 기술력이 뒤처져 있는 분야가 우리에게는 바로 태양열을 저장하는 축열조이다. 축열조의 용량은 1인당 약 75~100Liter로 보면 무리가 없다.

더 손쉽게 에너지를 절약할 수 있는 방법으로는 두드러지게 눈에 띄지 않는 각종 펌프시설을 들 수 있다. 일예로 프랑크푸르트 인근의 패시브하우스 주거단지 예에서 보듯이 단순히 난방용수 펌프를 교체한 결과, 약 1,000kWh의 전기를 절약할 수 있었다. 이 수치는 일반적인 태양전지 약 10㎡가 한해 생산할 수 있는 양에 해당한다. 두 명의 아이가 있는 일반 가정에서 사용하는 전기량의 약 3분의 1에 해당된다.

'건축물의 냉난방부하를 어떻게 기계적으로 100% 극복할 수 있는가?'라는 접근 방식은 간단하지만 값비싼 접근 방법이다. 그 반대로 경제적인 접근 방법은 '건축적으로 냉방부하를 먼저 어떻게 줄이는가?'이다. 후자의 방법으로 먼저 부하를 최소화하고 그다음 남는 필요량만 설비로 해결하는 것이 보다 참된 에너지 절약의 길이다.

패시브하우스 'Lummerlund' in Friedberg Ossenheim, 출처 : Stadt Frankfurt am Main, Dezernat für Umwelt und
Energie

패시브하우스 'Lummerlund' in Friedberg Ossenheim, 출처 : Stadt Frankfurt am Main, Dezernat für Umwelt
und Energie

패시브하우스 'Lummerlund' in Friedberg Ossenheim. 출처 : Stadt Frankfurt am Main, Dezernat für Umwelt und Energie

Wilo-Stratos PICO 3W 펌프. 출처 : Fa. Wilo, www.wilo.de

구분	성능		사용시간		에너지 소모량		전기값		전체
	(Watt)	×	(hour)	=	(kWh)	×	(ct/kWh)	=	(€)
기존	220	×	8760	=	1,927	×	18,16	=	350,06
교체	100	×	8760	=	876	×	18,16	=	159,12
전체 에너지 세이브					1,051				190,94

위 결과를 보면 펌프 교체 후 일 년 동안 약 200유로 정도가 절약된 것을 알 수 있다. 우리 돈으로 환산하면 약 32만원이 해마다 절약되는 셈이다. 펌프 교체로 건축주는 시공비를 포함해 단지 550유로약 100만원만을 지출했다. 태양광의 성능과 맞먹는 결과이다.

– 패시브하우스 건축에서의 전형적인 실수

• 패시브하우스에 대해 좀 더 자세한 서로의 연관관계에 대한 충분한 설명이 부족한 경우, 예를 들어 단지 단열만 두껍게 하는 실수

• 건축가가 패시브하우스에 대해 경험이 부족하거나 그럴 경우라도 외부 패시브하우스 전문가와 협의를 하지 않는 경우로 전형적인 실수가 열교의 최소화를 간과할 때

- 건축가가 건축물리 전문가에게 의뢰를 했음에도 PHPP와 같은 프로그램으로 계산하는 것이 아니라 일반적인 소프트웨어를 통해 계산했을 때는 그 전체적인 값이 더 좋게 나와 실제 수치와는 패시브하우스 건축에 있어 거리가 있을 경우

- 의뢰를 받은 설비 전문가가 설비의 규모를 정하기 위해 건축물리 전문가 혹은 건축가가 계산한 잘못된 열관류를 기준으로 할 경우이다. 경험이 있는 설비전문가라면 이 잘못 계산된 열관류 값이 패시브하우스 건물에 맞지 않다는 것을 알아야 한다. 이 단계에게 경험상 충분하게 난방부하를 정했더라면 이 건물의 경우에는 단지 난방에너지를 기존의 패시브하우스에 비해 좀 더 소비되는 결과만을 초래할 뿐이다.

- 그 다음 단계로 건축가가 설계한 각 부위별 디테일을 열교와 연계하여 건축물리 전문가가 객관적으로 검사를 하지 않거나 혹은 시공을 위해 동의협의를 얻는 과정을 보통 경제적 이유로 하지 않는 경우이다. 결과적으로 열교로 인한 높은 에너지 손실이 발생하고 국지적으로 표면온도가 내려가는 경우이다.

- 기밀층 계획을 사전에 충분히 각 부위별로 구조별로 하지 않았을 경우

- 각 설비팀과 사전 조율을 하지 못하고 시공 중에 진행하는 경우, 대표적 예로는 타공 위치나 배관의 길이 및 배관단열의 두께 등이 이에 속한다.

시공 단계에 있어서 문제는 고려하지 않더라도 위에서 언급된 사항들이 하나 혹은 복수로 겹쳐서 발생하는 경우에는 일반 공기난방을 하는 패시브하우스의 경우 예외 없이 실내의 공기온도를 16℃ 이상 올리기가 어렵다는 실제적인 보고가 많다. 한국은 건축물리 전문가가 아직 따로 없는 실정이므로 현재 추진 중인 에너지평가사의 교육내용 중 물리적 내용을 저에너지형 건물과 연관해서 확충할 필요성이 있다. 결과적으로는 이 부족한 난방을 보충하기 위해 더 많은 에너지가 소비되는 결과로 이어지게 된다. 이런 하자로 인한 보고는 독일에서는 거의 드문 편이지만 오스트리아에서는 이런 문제로 인한 하자 보고가 상당히 많은데, 이에 대해 공개적으로 문제의 해결방안을 제시하고

있다. 마찬가지로 우리나라에서의 패시브하우스의 올바른 정착을 위해서는 정보의 상호교환이 무엇보다 중요하다고 본다. 같은 실수를 막기 위해서, 여러 상황에서의 올바른 시스템 접목을 위해서는 정보를 공개하고 하나씩 응용을 위한 기본 매뉴얼을 만드는 것이 중요하다.

맺음말

패시브하우스에 관한 정보를 체계적으로 정리하고 싶은 마음에서 시작한 것이 결국은 이렇게 초석을 두게 되었고, 이 작은 시작을 통해 앞으로 새로운 내용을 확충해 나갈 수 있는 발판을 마련하게 되었다. 모든 것이 그렇듯이 욕심은 그 끝이 없다. 학문도 마찬가지여서 어느 정도 정리된 가운데 부족한 분야도 있지만 여기서 일단 마무리하여 필요한 분들에게 작게나마 도움이 되기를 바랄 뿐이다. 개인적으로는 패시브하우스와 건축물리적인 내용을 이해하기 쉬운 말로 복잡한 숫자를 가급적이면 생략하고 서로 접목시키는 데 가장 큰 어려움이 있었지만 사실 일선의 건축가나 시공사를 위해서는 그런 복잡한 것이 결코 도움이 되지는 않는다. 이는 연구하는 학자들이 맡아야 할 일이고 그 결과를 일선에서 쉽게 사용할 수 있도록 풀어내는 것도 학자의 몫이다. 책 내용 중에는 보충되어야 하고, 좀 더 한국 상황에 맞추어 연구되어야 하고 실험되어야 할 사항이 분명히 있다. 하지만 이 작은 시작은 패시브하우스의 이면을 보여주기 위해서 그리고 한국에 패시브하우스가 올바르게 정착하기 위해선 반드시 필요한 작업이라고 생각을 했기에 부족함 속에서 출판을 결심하게 되었다.

그동안 소홀히 했지만 우리나라 기후에선 오히려 더 중요하고 필요한 내용을 다루게 되어서 기쁘기도 하다. 앞으로는 이 바탕에 좀 더 한국 상황에 맞는 패시브하우스와 건축물리적 내용을 확대해야 할 것이다. 이는 어느 누구 한 사람의 과제가 아니라 모든 건축인이 안고 가야 하는 시대적 사명이 아닌가 싶다. 혼자 하는 여정은 힘들지만 뜻을 같이하는 사람과 같이 걷는다면 내 부족함은 같이 함으로 채워질 수 있을 것이다. 수많은 퍼즐조각을 맞추는 일에 나의 퍼즐조각을 제자리에 놓기 위해 첫 발을 디뎠듯이 다른 퍼즐 조각을 기다려 본다. 시작은 더디지만 어느 순간 전체 그림의 윤곽이 들어나면 속도는 빨라질 것이다. 스스로 짜 맞춰지는 일도 있을 것이고 다른 이의 조각으로 내 조각을 더 쉽게 맞출 수도 있을 것이다. 이 일에 많은 사람이 동참하기를 바랄 뿐이다. 우리가 하는 일은 그동안 소홀히 한 '눈에 보이지 않는 것'에 대한 재고이기에 눈에 보이는 것에 예민한 사회에서는 인정받기 어려운 일이다. 그동안 입버릇처럼 되풀이 하던 내면의 가치를 우리가 주거하고 사용하는 건물에서도 적용이 된다면 이 세상은 조금은 더 아름다워 질 수 있을 것이라 필자는 확신한다.

오랜 시간 이 일을 할 수 있도록 나에게 힘을 준 아내와 같이 놀아줄 시간이 별로 없어 미안한 아빠를 이해해준 사랑하는 수현, 수진 그리고 창범이에게 고마울 뿐이다. 무엇보다 나에게 다른 시각으로 사물을 바라볼 수 있도록 인도하시고 길을 열어주신 제천의 부모님에게 감사의 말씀을 드린다. 더불어 부족한 저자의 말에 귀 기울여 들어주신 건축계의 모든 지인들에게 감사한 마음을 전한다.

참고문헌

1. DIN EN 13829, Thermal performance of buildings - Determination of air permeability of buildings - Fan pressurization method (ISO 9972:1996, modified); German version EN 13829:2000

2. DIN EN 1062, Paints and varnishes - Coating materials and coating systems for exterior masonry and concrete - Part 1: Classification; German version EN 1062-1:2004

3. DIN 4108-3, Thermal protection and energy economy in buildings - Part 3: Protection against moisture subject to climate conditions; Requirements and directions for design and construction:2001-07

4. DIN 4108-7, Thermal insulation and energy economy in buildings - Part 7: Air tightness of buildings - Requirements, recommendations and examples for planning and performance: 2011-01

5. Minergie-P, Das Haus der 2000-Watt-Gesellschaft, faktor, 2010

6. Energieeinsparverordnung, EnEV 2009

7. RWE Bauhandbuch, 13.Auflage

8. Feuchteverhalten von Holzständerkonstruktionen mit WDVS - Sind die Erfahrungen aus amerikanischen Schadensfällen auf Europa übertragbar, Dr.-Ing. Hartwig M. Künzel, Dipl.-Ing. Daniel Zirkelbach, Fraunhofer-Institut für Bauphysik

9. Dokumentation 560, Häuser in Stahl-Leichtbauweise

10. Grundlagen HLK, Siemens Schweiz AG Building Technologies Group

11. Informationsdienst Holz, Spezial : Flachdächer in Holzbauweise, 2008

12. Experimentelle und numerische Untersuchung des hygrothermischen Verhaltens von flach geneigten Dächern in Holzbauweise mit oberer dampfdichter Abdichtung unter Einsatz ökologischer Bauprodukte zum Erreichen schadensfreier, markt- und zukunftsgerechter Fraunhofer IRB Verlag, 2009

13. WDVS-Handbuch Caparol 2009/2010

14. Wärmedämmverbundsystem, Fraunhofer IRB Verlag, 2010

15. Die häufigsten Mängel bei Beschichtungen und WDVS, Rodulf Müller Verlag, 2007

16. VDI-Wärmeatlas De 2/6/7, Recknagel, Sprenger, Schramek: "Taschenbuch für Heizung und Klimatechnik", R. Oldenbourg-Verlag GmbH Munchen, 1995

17. 55 Qualitätskriterien für Komfortluftungen, Wohnraumluftungsanlage mit Wärmerückgewinnung, www.komfortlueftung.at, 2007

18. Protokollband Nr.34, Passivhaus Institut

19. Protokollband Nr.23, Passivhaus Institut

20. Protokollband AK38: heizsystem im Passivhaus, Passivhaus Institut, 2008

21. Handbuch für Einfamilien-Passivhäuser in Massivbauweise, Haus der Zukunft, 2009

22. Qualitätssicherung von Passivhäusern in Holzbauweise, Haus der Zukunft, 2007

23. Der Weg zum Nullenergiehaus, Karl-Heinz Haas, C.F. Müller Verlag, 2009

24. Passivhäuser Wohngebäude, Rudolf Lückmann, Weka Verlag, 2011

25. Passivhäuser 2. Auflage, Adolf-W. Sommer, Rudolf Müller Verlag, 2011

26. Gebäude-Luftdichtheit Band1, FLIB, 2008

27. Energieeffiziente wohngebäude 3. Auflage, Burkhard schulze Darup, Solarpraxis, 2009

28. Gestaltungsgrundlagen Passivhaüser, Wolfgang Feist, Verlag Das Beispiel, 2000

29. Vom Altbau zum Niedrigenergie+Passivhaus, Ingo Gabriel, Heinz Ladener, Ökobuch, 2008

30. 건축물의 에너지 절약설계기준, 개정고시 2010

31. 선진형 패시브하우스 집중탐구 I, 에너지 절감형 건축은 선택이 아닌 필수다, 전원속의 내집, 홍도영, 01. 2009

32. 선진형 패시브하우스 집중탐구 II, 공법별 비교와 국내 적용의 선결과제, 전원속의 내집, 홍도영, 02. 2009

33. 선진형 패시브하우스 집중탐구 III, 숨쉬는 집은 우리를 병들게 한다, 전원속의 내집, 홍도영, 03. 2009

34. 저에너지 건물에서의 기밀화, 한국그린빌딩협의회지, v.12 n.1, 홍도영, 03. 2011